高等学校土建类专业信息化系列教材

建筑施工技术

主 编 赵洁 吴俊

副主编 谢姗 彭枫

西安电子科技大学出版社

内 容 简 介

本书较系统地讲述了建筑工程施工的基本理论、工艺过程和原理、施工技术和施工方法，同时介绍了我国近些年发展起来的新的施工工艺和技术方法。本书根据新规范编写，注重理论和实践的结合。全书共 8 章，包括土方工程施工、地基处理与基础工程施工、砌筑工程施工、混凝土结构工程施工、结构安装工程施工、防水工程施工、外墙外保温工程施工、装饰装修工程施工。

本书可作为高职高专土木工程类各专业的教材，也可作为土木工程施工技术与管理相关人员岗位培训的教材和参考书。

图书在版编目(CIP)数据

建筑施工技术 / 赵洁，吴俊主编. -- 西安：西安电子科技大学出版社，2024.12
ISBN 978-7-5606-7284-7

Ⅰ.①建…　　Ⅱ.①赵…　②吴…　　Ⅲ.①建筑工程　Ⅳ.①TU

中国国家版本馆 CIP 数据核字(2024)第 103461 号

策　　划　李鹏飞
责任编辑　李鹏飞
出版发行　西安电子科技大学出版社（西安市太白南路 2 号）
电　　话　(029)88202421　88201467　　　邮　编　710071
网　　址　www.xduph.com　　　　　　　　电子邮箱　xdupfxb001@163.com
经　　销　新华书店
印刷单位　陕西博文印务有限责任公司
版　　次　2024 年 12 月第 1 版　　　2024 年 12 月第 1 次印刷
开　　本　787 毫米×1092 毫米　1/16　　印张　21.5
字　　数　511 千字
定　　价　55.00 元
ISBN 978-7-5606-7284-7 / TU
XDUP 7586001-1

＊＊＊ 如有印装问题可调换 ＊＊＊

前 言 PREFACE

建筑施工技术是土建类专业的一门核心课程，它主要研究建筑工程中各主要工种的施工规律、施工工艺原理和施工方法，以及建筑施工新技术、新工艺的发展。建筑施工技术课程涉及多学科知识的综合运用，具有实践性、综合性，且社会影响广泛。通过本课程的学习，并结合工程施工中的实际情况，学生能够解决工程施工中的许多技术问题。

本书是与建筑施工技术课程相配套的教材，按照高等学校土建学科教学指导委员会颁布的教学基本要求并参照住房城乡建设部颁布的相关政策编写而成。本书力求体现土建类专业的特色，强化理论与实践的结合，同时吸取近年来建筑领域在科研、施工、教学等方面的先进成果，突出应用型教育教学的特点，旨在培养面向生产第一线的应用型人才，使其"知识、能力、素质"协调发展。

本书在内容的设计上既保证知识的系统性和完整性，又体现先进性、实用性和可操作性，所编内容以"理论知识够用"为度，重在实践能力、动手能力的培养。本书以量大面广的一般民用建筑与工业建筑的施工技术为主，对主要施工工艺、施工技术和施工方法均按新规范要求编写，强调了如何保证施工质量、如何进行质量验收及如何设置安全生产措施等。

全书共 8 章，重点讲述土方工程施工、地基处理与基础工程施工、砌筑工程施工、混凝土结构工程施工、结构安装工程施工、防水工程施工、外墙外保温工程施工、装饰工程施工等相关内容。每章均有独立成节的住房城乡建设部要求的专项施工方案参考案例，便于现场施工技术人员参考，也便于进行案例教学和实践教学。

本书在编写过程中参考了诸多同行专家的著作成果，在此向他们表示诚挚的感谢。

由于编者水平有限，书中难免存在不足之处，敬请各位读者批评指正。

编 者
2024 年 7 月

CONTENTS // 目　录

1

第1章 土方工程施工

学习要求

1. 了解土方工程的施工特点、土的工程分类和土的基本性质。

2. 掌握土方量计算的方法、场地设计标高的确定方法，并会运用"表上作业法"进行土方调配。

3. 了解基槽、深浅基坑的各种支护方法，并明确其适用范围和基坑监测项目。

4. 理解流砂产生的原因，并了解其防治方法。

5. 掌握轻型井点的设计方法。

6. 了解井点和深井井点的适用范围。

7. 掌握基坑土方开挖的一般原则、方法和注意事项，了解常用土方施工机械的性能及适用范围，能正确、合理地选用土方施工机械。

8. 掌握填土压实的方法和影响填土压实质量的因素。

9. 掌握土方工程质量标准与安全技术要求。

土方工程是建筑工程施工中的主要工程之一，包括一切土方的挖掘、填筑、运输以及排水、降水等方面。土方工程施工时，要合理安排施工计划，尽量避免在雨季施工。同时，为了降低土方工程施工费用，贯彻不占或少占农田和可耕地并有利于改地造田的原则，需制订合理的土方调配方案，统筹安排。

土方工程根据其使用期限和施工要求可分为永久性和临时性两种。不论是永久性还是临时性的土方工程，都要求具有足够的稳定性和密实度，以确保工程质量和艺术造型都符合原设计的要求。同时，在施工中还需遵守技术规范和设计的各项要求，以保证工程的稳定和持久。

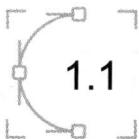

1.1 概 述

1.1.1 土方工程的施工特点

常见的土方工程包括以下内容。

(1) 场地平整：包括确定场地设计标高，计算挖、填土方量，并合理地进行土方调配等。

(2) 开挖沟槽、基坑、竖井、隧道，修筑路基、堤坝，这些工程包括施工排水、降水，以及土壁边坡和支护结构的处理。

(3) 土方回填与压实，包括土料的选择、填土压实及密实度的检验等。

此外，在土方工程施工前，应完成场地清理，地面水的排除以及测量放线工作；在施工中，应及时采取相关技术措施，预防流砂、管涌和塌方现象的产生，确保施工安全。土方工程施工要求标高准确、断面合理，土体需具备足够的强度和稳定性，并且要求土方量少、工期短、费用省。然而，土方工程通常具有工程量大、施工工期长、劳动强度大等特点。例如，在大型建设项目的场地平整和深基坑开挖中，施工面积可达数平方千米，土方工程量甚至可达数百万立方米。

土方工程施工的另一个特点是施工条件复杂且多为露天作业，受气候、水文、地质和邻近建(构)筑物等条件的影响较大，且土石成分因天然或人工填筑而复杂多变，存在较多难以确定的因素。因此，在组织土方工程施工前，必须做好施工前的准备工作，包括完成场地清理，仔细研究勘察设计文件并进行现场勘查。同时，需要制订严密、合理且经济的施工组织设计，编制好施工方案，选择恰当的施工方法和机械设备，尽可能采用先进的施工工艺和施工组织，以实现土方工程施工的综合机械化。此外，还需制订合理的土方调配方案，并采取相应的技术措施来确保工程质量，同时实施安全文明施工措施，对常见的质量问题做好预防措施。

1.1.2　土的工程分类

土的种类繁多，其分类方法各异。在土方工程施工中，按土的开挖难易程度不同，土可分为八类，如表 1.1 所示。表中一至四类为土，五至八类为岩石。在选择施工挖土机械和确定建筑安装工程劳动定额时，要依据土的工程类别而定。

表 1.1　土的工程分类

土的分类	土的级别	土 的 名 称	密度/(kg/m³)	开挖方法及工具
一类土 (松软土)	I	砂土，粉土，冲积砂土层，疏松的种植土，淤泥(泥炭)	600～1500	用锹、锄头挖掘，少许用脚蹬
二类土 (普通土)	II	粉质黏土，潮湿的黄土，夹有碎石、卵石的砂，粉土混卵(碎)石，种植土，填土	1100～1600	用锹、锄头挖掘，少许用镐翻松
三类土 (坚土)	III	中等密实的黏土，重粉质黏土，砾石土，干黄土，含有碎石、卵石的黄土，粉质黏土，压实的填土	1750～1900	主要用镐挖掘，少许用锹、锄头挖掘，部分用撬棍挖掘
四类土 (沙砾坚土)	IV	坚硬密实的黏性土或黄土，含碎石、卵石的中等密实的黏性土或黄土，粗卵石，天然级配砂石，软泥灰岩	1900	先用镐、撬棍挖掘，后用锹挖掘，部分用楔子及大锤挖掘
五类土 (软石)	V	硬质黏土，中等密实的页岩、泥灰岩、白垩土，胶结不紧的砾岩，软石灰岩及贝壳石灰岩	1100～2700	用镐或撬棍、大锤挖掘，部分使用爆破方法挖掘
六类土 (次坚石)	VI	泥岩，砂岩，砾岩，坚实的页岩、泥灰岩，密实的石灰岩，风化花岗岩，片麻岩，正长岩	2200～2900	用爆破方法开挖，部分用风镐开挖
七类土 (坚石)	VII	大理岩，辉绿岩，玢岩，粗、中粒花岗岩，坚实的白云岩，砂岩，砾岩，片麻岩，石灰岩，微风化的安山岩，玄武岩	2500～3100	用爆破方法开挖
八类土 (特坚石)	VIII	安山岩，玄武岩，花岗片麻岩，坚实的细粒花岗岩、闪长岩、石英岩、辉长岩、角闪岩、玢岩、辉绿岩	2700～3300	用爆破方法开挖

1.1.3　土的基本性质

1. 土的天然含水量

土的天然含水量 w 是天然状态下土中水的质量与固体颗粒的质量之比的百分率，即

$$w = \frac{m_{\text{w}}}{m_{\text{s}}} \times 100\% \tag{1.1}$$

式中：m_{w}——土中水的质量(kg)；

　　　m_{s}——土中固体颗粒的质量(kg)。

2. 土的天然密度和干密度

在天然状态下，单位体积的土的质量称为土的天然密度。土的天然密度用 ρ 表示，即

$$\rho = \frac{m}{V} \tag{1.2}$$

式中：m——土的总质量(kg)；

　　　V——土的天然体积(m^3)。

单位体积中土的固体颗粒的质量称为土的干密度。土的干密度用 ρ_{d} 表示，即

$$\rho_{\text{d}} = \frac{m_{\text{s}}}{V} \tag{1.3}$$

式中：m_{s}——土中固体颗粒的质量(kg)；

　　　V——土的天然体积(m^3)。

土的干密度越大，表示土越密实。工程上常把土的干密度作为评定土体密实程度的标准，以控制填土工程的压实质量。土的干密度 ρ_{d} 与土的天然密度 ρ 之间有如下关系：

$$\rho = \frac{m}{V} = \frac{m_{\text{s}} + m_{\text{w}}}{V} = \frac{m_{\text{s}} + wm_{\text{s}}}{V} = (1+w)\frac{m_{\text{s}}}{V} = (1+w)\rho_{\text{d}} \tag{1.4}$$

即

$$\rho_{\text{d}} = \frac{\rho}{1+w} \tag{1.5}$$

3. 土的可松性

土具有可松性，即自然状态下的土经开挖后，其体积因松散而增大，即使以后经过回填压实(或夯实)，也不能恢复其原来的体积。土的可松性程度用可松性系数表示，即

$$K_{\text{s}} = \frac{V_{松散}}{V_{原状}} \tag{1.6}$$

$$K_{\text{s}}' = \frac{V_{压实}}{V_{原状}} \tag{1.7}$$

式中：K_{s}——土的最初可松性系数；

　　　K_{s}'——土的最后可松性系数；

　　　$V_{原状}$——土在天然状态下的体积(m^3)；

　　　$V_{松散}$——土挖出后在松散状态下的体积(m^3)；

　　　$V_{压实}$——土经过回填压实(或夯实)后的体积(m^3)。

土的可松性对确定场地设计标高、土方量的平衡调配，计算运土机具的数量和弃土坑的容积，以及计算填方所需的挖方体积等都有很大影响。各类土的可松性系数参考值见表 1.2。

表 1.2   各类土的可松性系数参考值

土的类别	体积增加百分数/(%)		可松性系数	
	最初	最后	K_s	K_s'
一类土(种植土除外)	8～17	1～2.5	1.08～1.17	1.01～1.03
一类土(种植土)	20～30	3～4	1.20～1.30	1.03～1.04
二类土	14～28	2.5～5	1.14～1.28	1.02～1.05
三类土	24～30	4～7	1.24～1.30	1.04～1.07
四类土(泥灰岩、蛋白石除外)	26～32	6～9	1.26～1.32	1.06～1.09
四类土(泥灰岩、蛋白石)	33～37	11～15	1.33～1.37	1.11～1.15
五类至七类土	30～45	10～20	1.30～1.45	1.10～1.20
八类土	45～50	20～30	1.45～1.50	1.20～1.30

4. 土的渗透性

土的渗透性指水流通过土中孔隙的难易程度。水在单位时间内穿透土层的能力称为土的渗透系数，用 K 表示，单位为 m/d。水在土中的渗流速度一般可按达西定律计算，公式如下：

$$v = K\frac{H_1 - H_2}{L} = Ki \tag{1.8}$$

式中：v——水在土中的渗透速度(m/d)；

H_1——水流进入段的水头(m)；

H_2——水流出口段的水头(m)；

L——水流的流程(m)；

i——水力坡度，$i = \dfrac{H_1 - H_2}{L}$。

从达西公式(1.8)可以看出渗透系数的物理意义：水力坡度 i 等于 1 时的渗透速度 v 即为渗透系数 K，单位同样为 m/d。K 值的大小反映土渗透性的强弱，土的渗透性影响施工降水与排水的速度。土的渗透系数可以通过室内渗透试验或现场抽水试验测定，一般土的渗透系数参考值见表 1.3。

表 1.3   土的渗透系数 K 参考值

土的名称	渗透系数 K/(m/d)	土的名称	渗透系数 K/(m/d)
黏土	<0.005	中砂	5.0～25.0
粉质黏土	0.005～0.1	均质中砂	35～50
粉土	0.1～0.5	粗砂	20～50
黄土	0.25～0.5	圆砾石	50～100
粉砂	0.5～5.0	卵石	100～500
细砂	1.0～10.0	无填充物卵石	500～1000

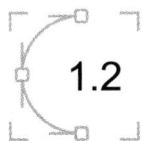

1.2　土方量与土方调配量计算

1.2.1　基坑、基槽土方量计算

1. 土方边坡

在开挖基坑、沟槽或填筑路堤时，为了防止塌方，保证施工安全及边坡稳定，其边沿应考虑放坡。土方边坡的坡度以其高度 H 与底宽 B 之比表示(如图 1.1 所示)，即

$$土方边坡的坡度 = \frac{H}{B} = \frac{1}{B/H} = 1 : m \tag{1.9}$$

式中：m——坡度系数，$m = B/H$。

式(1.9)的意义为：当土方边坡的高度为 H 时，其底宽 B 等于 mH。

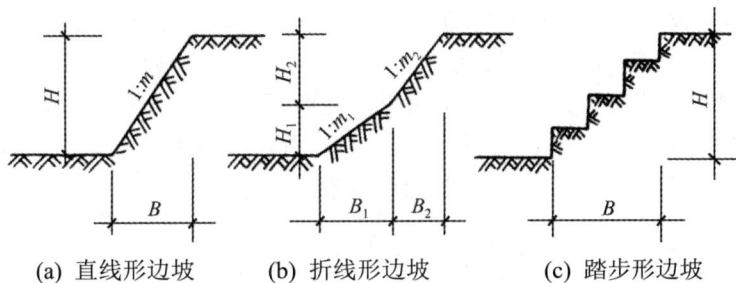

(a) 直线形边坡　　(b) 折线形边坡　　(c) 踏步形边坡

图 1.1　土方边坡

2. 基坑、基槽土方量计算

基坑土方量可按立体几何中的拟柱体(由两个平行的平面作底的一种多面体)体积公式计算(如图 1.2 所示)，即

$$V = \frac{H}{6}(A_1 + 4A_0 + A_2) \tag{1.10}$$

式中：H——基坑深度(m)；

　　　A_1、A_2——基坑上、下的底面积(m^2)；

　　　A_0——基坑的中间位置截面面积(m^2)。

基槽和路堤的土方量可以沿长度方向分段(如图 1.3 所示)后，再用同样方法计算，公式为

$$V_1 = \frac{L_1}{6}(A_1 + 4A_0 + A_2) \tag{1.11}$$

式中：V_1——第一段的土方量(m^3)；

　　　L_1——第一段的长度(m)。

将各段的土方量相加可得总土方量，即

$$V_总 = V_1 + V_2 + V_3 + \cdots + V_n$$

式中：V_1，V_2，$\cdots$，V_n——各段的土方量(m^3)。

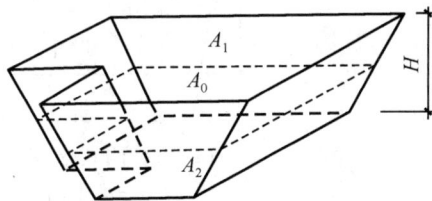

图 1.2　基坑土方量计算

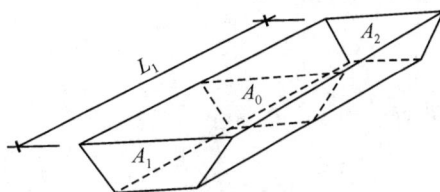

图 1.3　基槽土方量计算

1.2.2　场地平整土方量计算

1. 场地设计标高的确定

对于较大面积的场地平整，合理地确定场地的设计标高，对减少土方量和加速工程进度具有重要的经济意义。确定场地设计标高时应考虑以下因素：

(1) 满足生产工艺和运输的要求；

(2) 尽量利用地形，分区或分台阶布置，分别确定不同的设计标高；

(3) 尽量使场地内挖填方平衡，这样可使土方运输量最少；

(4) 要有一定的泄水坡度(≥2‰)，以满足排水要求；

(5) 要考虑最高洪水位对场地设计的影响。

场地设计标高一般应在设计文件中明确规定。若设计文件中未对场地设计标高作出规定，则可按照以下步骤来确定。

1) 初步计算场地设计标高

初步计算场地设计标高的原则是场地内挖填方平衡，即场地内挖方总量等于填方总量。计算场地设计标高时，首先将场地的地形图根据要求的精度划分为边长为 $10\sim40$ m 的方格网，如图 1.4(a)所示。然后，求出各方格角点的地面标高，当地形平坦时，可根据地形图上相邻两等高线的标高，采用插入法进行计算求得；当地形起伏较大或无地形图可供参考时，可在地面用木桩打好方格网，再使用仪器直接测出。

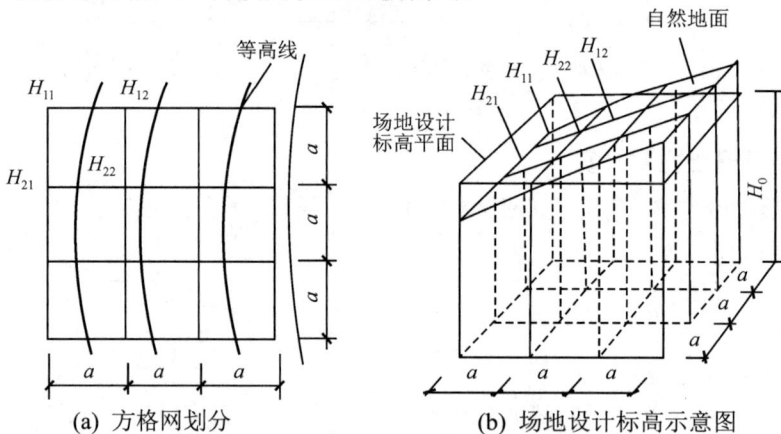

(a) 方格网划分　　　　　(b) 场地设计标高示意图

图 1.4　场地设计标高 H_0 计算示意图

按照场地内土方在平整前及平整后相等，即挖填方平衡的原则，如图 1.4(b)所示，场地设计标高可按下式计算：

$$H_0na^2 = \sum\left(a^2\frac{H_{11}+H_{12}+H_{21}+H_{22}}{4}\right) \tag{1.12}$$

即

$$H_0 = \frac{\sum(H_{11}+H_{12}+H_{21}+H_{22})}{4n} \tag{1.13}$$

式中：H_0——所计算的场地设计标高(m)；

　　　a——方格边长(m)；

n——方格数；

H_{11}、H_{12}、H_{21}、H_{21}——任一方格的四个角点的标高(m)。

从图 1.4(a)可以看出，H_{11} 是一个方格的角点标高，H_{12} 及 H_{21} 是相邻两个方格的公共角点标高，H_{22} 是相邻四个方格的公共角点标高。如果将所有方格的四个角点标高相加，则类似 H_{11} 这样的角点标高加一次，类似 H_{12}、H_{21} 的角点标高需加两次，类似 H_{22} 的角点标高要加四次。若令 H_1 为一个方格独有的角点标高，H_2 为两个方格共有的角点标高，H_3 为三个方格共有的角点标高，H_4 为四个方格共有的角点标高，则场地设计标高的计算公式(1.13)可改写为

$$H_0 = \frac{\sum H_1 + 2\sum H_2 + 3\sum H_3 + 4\sum H_4}{4n} \tag{1.14}$$

2) 调整场地设计标高

按式(1.13)和式(1.14)计算的场地设计标高 H_0 仅为一理论值，在实际运用中还需考虑以下因素进行调整。

(1) 土的可松性的影响。

由于土具有可松性，若根据挖填方平衡原则计算得到的场地设计标高进行挖填施工，则填土将有剩余。特别地，当土的最后可松性系数较大时，土的可松性更不容忽视。如图 1.5 所示，设 Δh 为土的可松性引起的设计标高的增加值，则设计标高调整后的总挖方体积 V'_W 应为

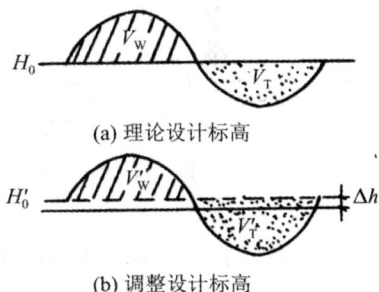

(a) 理论设计标高

(b) 调整设计标高

图 1.5　设计标高调整计算示意

$$V'_W = V_W - F_W \times \Delta h \tag{1.15}$$

总填方体积 V'_T 应为

$$V'_T = V'_W K'_s = (V_W - F_W \times \Delta h)K'_s$$

式中：V_W、V_T——按理论设计标高计算的总挖方、总填方体积；

　　　　F_W——按理论设计标高计算的挖方区总面积；

　　　　K'_s——土的最后可松性系数。

此时，填方区的标高也应与挖方区的标高一样增加 Δh，即

$$\Delta h = \frac{V'_T - V_T}{F_T} = \frac{(V_W - F_W \times \Delta h)K'_s - V_T}{F_T}$$

移项、整理并简化得(当 $V_T = V_W$)

$$\Delta h = \frac{V_W(K'_s - 1)}{F_T + F_W K'_s}$$

故考虑土的可松性后，场地设计标高调整为

$$H'_0 = H_0 + \Delta h \tag{1.16}$$

式中，F_T——按理论设计标高计算的填方区总面积。

(2) 场地挖方和填方的影响。

场地内大型基坑挖出的土方、修筑路堤所需的填方，以及出于经济考虑将部分挖方就近弃于场外或就近从场外取土作为填方的情况，均会引起挖填土方量的变化。必要时，也需要对场地设计标高进行调整。

为了简化计算，场地设计标高的调整值 H_0' 可按下列近似公式确定：

$$H_0' = H_0 \pm \frac{Q}{na^2} \tag{1.17}$$

式中：Q——场地根据 H_0 平整后多余或不足的土方量。

(3) 场地泄水坡度的影响。

按照上述计算和调整后的场地设计标高进行场地平整后，理论上平整后的场地应处于同一个水平面。但实际上，由于排水的要求，场地表面通常都会设置一定的泄水坡度，因此平整后的场地表面坡度需要符合设计要求。当没有具体的设计要求时，一般应向排水沟方向做成不小于 2‰的坡度。所以，在计算得到的 H_0 或经过调整后的 H_0' 的基础上，还需要根据场地要求的泄水坡度，进一步计算出场地内各方格角点在实际施工时的设计标高。对于单向泄水和双向泄水的场地，各方格角点设计标高的求法如下。

① 单向泄水时场地各方格角点的设计标高(如图 1.6(a)所示)。

以计算出的设计标高 H_0 或调整后的设计标高 H_0' 作为场地中心线的标高，则场地内任意一个方格角点的设计标高为

$$H_{dn} = H_0 \pm li \tag{1.18}$$

式中：H_{dn}——场地内任意一个方格角点的设计标高(m)；

l——该方格角点至场地中心线的距离(m)；

i——场地泄水坡度(不小于 2‰)；

$\pm$——若该方格角点比 H_0 高，则取"+"；反之则取"−"。

例如，图 1.6(a)中场地内角点 10 的设计标高为

$$H_{d10} = H_0 - 0.5ai$$

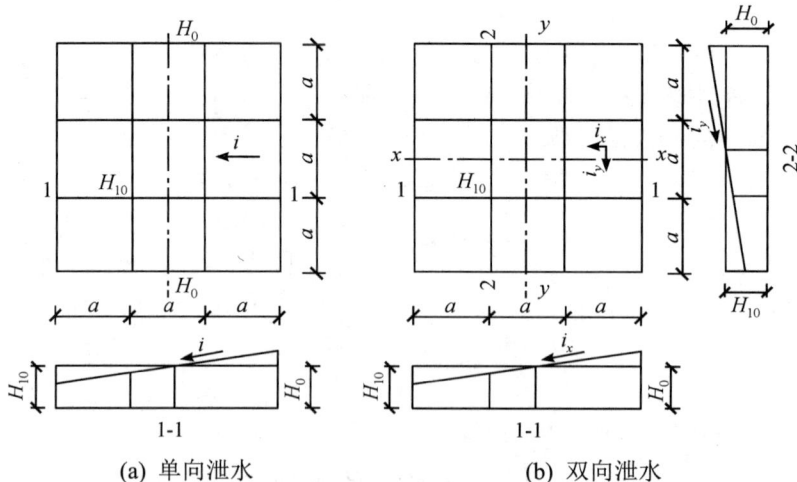

(a) 单向泄水   (b) 双向泄水

图 1.6 场地泄水坡度示意图

② 双向泄水时场地各方格角点的设计标高(如图 1.6(b)所示)。

以计算出的设计标高 H_0 或调整后的标高 H_0' 作为场地中心线的标高，则场地内任意一个方格角点的设计标高为

$$H_{dn} = H_0 \pm l_x i_x \pm l_y i_y$$

式中：l_x、l_y——该点在 x-x、y-y 方向上距场地中心线的距离(m)；

i_x、i_y——场地在 x-x、y-y 方向的泄水坡度。

例如，图 1.6(b)中场地内角点 10 的设计标高为

$$H_{d10} = H_0 - 0.5ai_x - 0.5ai_y$$

【例 1.1】 某建筑场地的地形图和方格网如图 1.7 所示，方格边长为 20 m，x-x 方向上的泄水坡度 i_x、y-y 方向上的泄水坡度 i_y 分别为 2‰、3‰。土建设计、生产工艺设计和最高洪水位等方面均无特殊要求，试根据挖填方平衡原则(不考虑土的可松性)确定场地设计标高，并根据 x-x、y-y 方向上的泄水坡度推算各方格角点的设计标高。

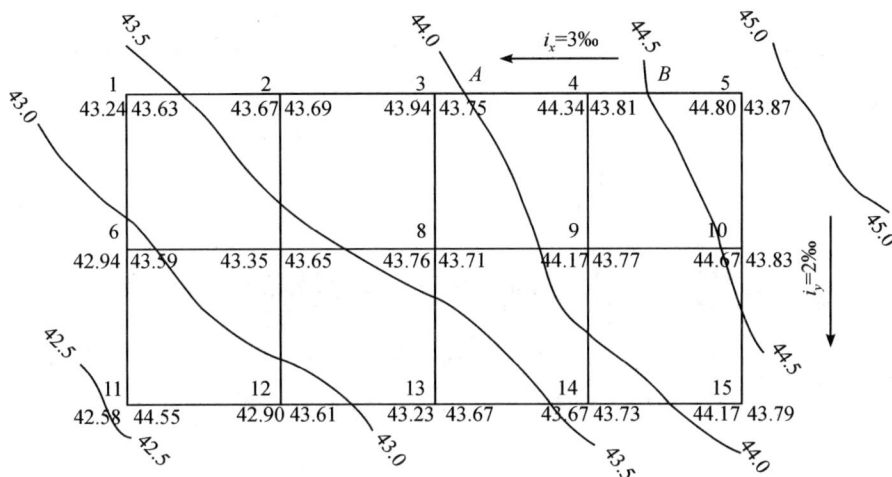

图 1.7　某建筑场地方格网布置图

解　(1) 计算各方格角点的自然地面标高。

根据地形图上标设的等高线，用插入法求出各方格角点的自然地面标高，如图 1.8 所示。由于地形是连续变化的，因此可以假定两等高线之间的地面高低是呈直线变化的。从图 1.7 中可看出，角点 4 的地面标高 (H_4) 处于与两等高线相交的直线 AB 上。由图 1.8 根据相似三角形的性质，可写出

$$h_x : 0.5 = x : l$$

则 $h_x = \dfrac{0.5}{l}x$，得

$$H_4 = 44.00 + h_x = 44.00 + \frac{0.5}{l}x$$

在地形图上，只要量出 x (角点 4 至 44.0 等高线的水平距离)和 l (44.0 等高线和 44.5 等高线与直线 AB 相交的水平距离)的长度，便可算出 H_4 的数值。但是，这种计算过程较为烦琐，因此，通常采用图解法来求得各角点的自然地面标高。如图 1.9 所示，在一张透明

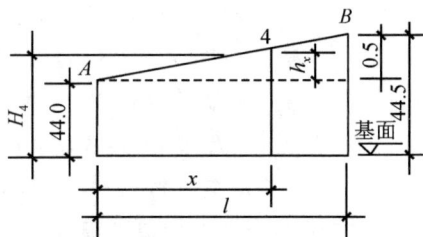

图 1.8　插入法计算地面标高简图

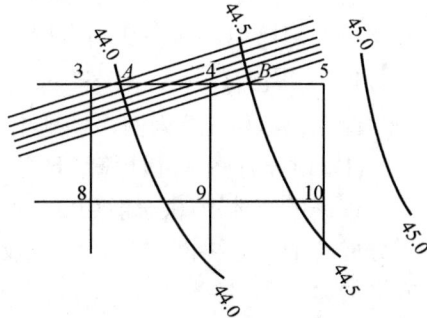

图 1.9　插入法的图解法

纸上面画出 6 根等距离的平行线(线条尽量画细些，以免影响读数的准确)。把该透明纸放到标有方格网的地形图上，将 6 根平行线的最外 2 根分别对准点 A 与点 B，这时 6 根等距离的平行线将 A、B 两点之间的 0.5 m 的高差分成五等分，于是便可直接读得角点 4 的地面标高 H_4 为 44.34 m。其余各角点的标高均可采用相同的方法求出。用图解法求得的各角点标高见图 1.7 中方格网角点左下角标示。

(2) 计算场地设计标高 H_0。

因为

$$\sum H_1 = 43.24 + 44.80 + 44.17 + 42.58 = 174.79 \text{ m}$$

$$2\sum H_2 = 2 \times (43.67 + 43.94 + 44.34 + 43.67 + 43.23 + 42.90 + 42.94 + 44.67) = 698.72 \text{ m}$$

$$3\sum H_3 = 0$$

$$4\sum H_4 = 4 \times (43.35 + 43.76 + 44.17) = 525.12 \text{ m}$$

所以

$$H_0 = \frac{\sum H_1 + 2\sum H_2 + 3\sum H_3 + 4\sum H_4}{4n} = \frac{174.79 + 698.72 + 525.12}{4 \times 8} = 43.71 \text{ m}$$

(3) 按照要求的泄水坡度计算各方格角点的设计标高。

以场地中心点(即角点 8)为 H_0 (见图 1.7)，某些角点(这里只列举几个角点)的设计标高为

$$H_{d8} = H_0 = 43.71 \text{ m}$$
$$H_{d1} = H_0 - l_x i_x + l_y i_y = 43.71 - 40 \times 3‰ + 20 \times 2‰ = 43.71 - 0.12 + 0.04 = 43.63 \text{ m}$$
$$H_{d2} = H_1 + 20 \times 3‰ = 43.63 + 0.06 = 43.69 \text{ m}$$
$$H_{d5} = H_2 + 60 \times 3‰ = 43.69 + 0.18 = 43.87 \text{ m}$$
$$H_{d6} = H_0 - 40 \times 3‰ = 43.71 - 0.12 = 43.59 \text{ m}$$
$$H_{d7} = H_{d6} + 20 \times 3‰ = 43.59 + 0.06 = 43.65 \text{ m}$$
$$H_{d12} = H_{11} + 20 \times 3‰ = 43.55 + 0.06 = 43.61 \text{ m}$$
$$H_{d15} = H_{d12} + 60 \times 3‰ = 43.61 + 0.18 = 43.79 \text{ m}$$

其余各角点设计标高均可类似求出，详见图 1.7 中方格网角点右下角标示。

2. 场地土方工程量计算

场地土方量的计算方法通常有方格网法和断面法两种。方格网法适用于地形较为平坦、面积较大的场地，断面法则多用于地形起伏变化较大或地形狭长的地带。

1) 方格网法

此处仍以例 1.1 为例，场地土方工程量计算步骤如下。

(1) 划分方格网并计算场地各方格角点的施工高度。

根据已有地形图(一般用 1/500 的地形图)，将要计算的场地划分成若干个方格网，尽量使方格网与测量的纵、横坐标网对应，方格的边长为 10～40 m，将角点的自然地面标高和设计标高分别标注在方格角点的左下角和右下角(见图 1.10)。

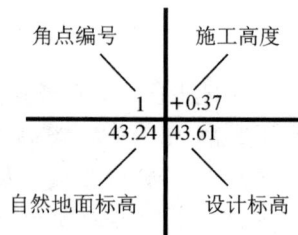

图 1.10 方格角点的标高

角点设计标高与自然地面标高的差值即为各角点的施工高度，表示为

$$h_n = H_{dn} - H_n$$

式中：h_n——角点的施工高度，以"+"为填，以"–"为挖，标注在方格角点的右上角；

　　　H_{dn}——角点的设计标高(无泄水坡度时，即为场地设计标高)；

　　　H_n——角点的自然地面标高。

计算各方格角点的施工高度，得

$$h_1 = H_{d1} - H_1 = 43.63 - 43.24 = +0.39 \text{ m}$$

$$h_2 = H_{d2} - H_2 = 43.69 - 43.67 = +0.02 \text{ m}$$

$$\vdots$$

$$h_{15} = H_{d15} - H_{15} = 43.79 - 44.17 = -0.38 \text{ m}$$

各角点的施工高度标注于图 1.11 各方格角点的右上角。

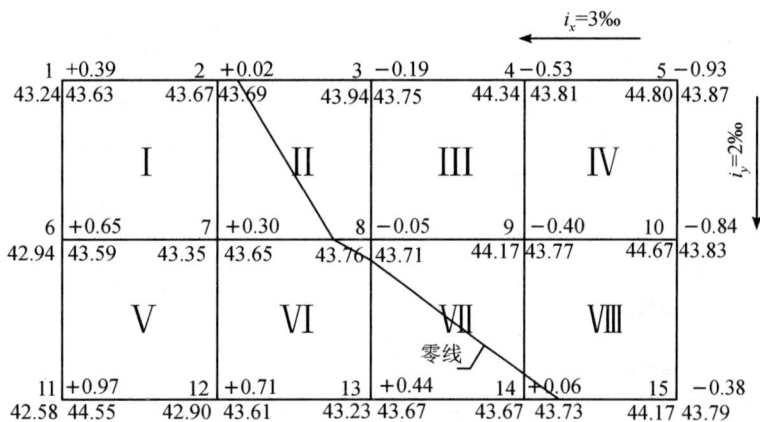

图 1.11　某建筑场地方格网挖填土方量计算图

(2) 计算零点位置。

在一个方格网内同时存在填方和挖方时，首先要计算出方格网边的零点位置，即不挖不填的点，并将其标注在方格网上。由于地形是连续的，因此连接这些零点得到的零线即成为填方区与挖方区的分界线(如图 1.11 所示)。根据相似三角形原理(如图 1.12 所示)，可得零点的位置为

$$x_1 = \frac{h_1}{h_1 + h_2} \times a$$

$$x_2 = \frac{h_2}{h_1 + h_2} \times a$$

式中：x_1、x_2——角点至零点的距离(m)；

　　　h_1、h_2——相邻两角点的施工高度(m)，均用绝对值；

　　　a——方格网的边长(m)。

图 1.11 中网格线两端分别是填方点与挖方点，故中间必有零点，零点至角点 3 的距离为

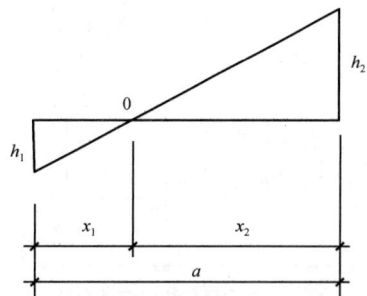

图 1.12　零点的位置按相似三角形原理原理计算示意图

$$x_{3-2} = \frac{h_3}{h_3 + h_2} \times a = \frac{0.19}{0.19 + 0.02} \times 20 = 18.10 \text{ m}$$

$$x_{2-3} = 20 - 18.10 = 1.90 \text{ m}$$

同理得

$$x_{7-8} = \frac{0.30}{0.30 + 0.05} \times 20 = 17.14 \text{ m}, \quad x_{8-7} = 20 - 17.14 = 2.86 \text{ m}$$

$$x_{13-8} = \frac{0.44}{0.44 + 0.05} \times 20 = 17.96 \text{ m}, \quad x_{8-13} = 20 - 17.96 = 2.04 \text{ m}$$

$$x_{9-14} = \frac{0.40}{0.40 + 0.06} \times 20 = 17.39 \text{ m}, \quad x_{14-9} = 20 - 17.39 = 2.61 \text{ m}$$

$$x_{15-14} = \frac{0.38}{0.38 + 0.06} \times 20 = 17.27 \text{ m}, \quad x_{14-15} = 20 - 17.27 = 2.73 \text{ m}$$

(3) 计算方格内的土方量。

按方格网底面积图形和表 1.4 所列公式，计算每个方格内的挖方或填方量。

表 1.4   常用方格网计算公式

项　目	图　示	计　算　公　式
一点填方或挖方(三角形)		$V = \frac{1}{2}bc\frac{\sum h}{3} = \frac{bch_3}{6}$，当 $b = c = a$ 时，$V = \frac{a^2 h_3}{6}$
二点填方或挖方(梯形)		$V_+ = \frac{b+c}{2}a\frac{\sum h}{4} = \frac{a}{8}(b+c)(h_1+h_3)$，$V_- = \frac{d+e}{2}a\frac{\sum h}{4} = \frac{a}{8}(d+e)(h_2+h_4)$
三点填方或挖方(五角形)		$V = \left(a^2 - \frac{bc}{2}\right)\frac{\sum h}{5} = \left(a^2 - \frac{bc}{2}\right)\frac{h_1+h_2+h_4}{5}$
四点填方或挖方(正方形)		$V = \frac{a^2}{4}\sum h = \frac{a^2}{4}(h_1+h_2+h_3+h_4)$

注：a 为方格网的边长(m)；b、c 为零点到一角的边长(m)；h_1、h_2、h_3、h_4 为方格网四角点的施工高程(m)，均用绝对值；$\sum h$ 为填方或挖方施工高程的总和(m)，用绝对值代入。

方格Ⅰ、Ⅲ、Ⅳ、Ⅴ、Ⅵ 底面为正方形，土方量为

$$V_{I+} = \frac{20^2}{4} \times (0.39 + 0.02 + 0.65 + 0.30) = 136 \text{ m}^3$$

$$V_{III-} = \frac{20^2}{4} \times (0.19 + 0.53 + 0.05 + 0.40) = 117 \text{ m}^3$$

$$V_{IV-} = \frac{20^2}{4} \times (0.53 + 0.93 + 0.40 + 0.84) = 270 \text{ m}^3$$

$$V_{V+} = \frac{20^2}{4} \times (0.65 + 0.30 + 0.97 + 0.71) = 263 \text{ m}^3$$

方格 II 底面为两个梯形，土方量为

$$V_{II+} = \frac{x_{2-3} + x_{7-8}}{2} \times a \times \frac{\sum h}{4} = \frac{1.90 + 17.14}{2} \times 20 \times \frac{0.02 + 0.30 + 0 + 0}{4} = 15.23 \text{ m}^3$$

$$V_{II-} = \frac{x_{3-2} + x_{8-7}}{2} \times 20 \times \frac{\sum h}{4} = \frac{18.10 + 2.86}{2} \times 20 \times \frac{0.19 + 0.05 + 0 + 0}{4} = 12.58 \text{ m}^3$$

方格 VI 底面为三角形和五边形，土方量为

$$V_{VI+} = \left(a^2 - \frac{x_{8-7} x_{8-13}}{2} \right) \times \frac{\sum h}{5}$$

$$= \left(20^2 - \frac{2.86 \times 2.04}{2} \right) \times \left(\frac{0.30 + 0.71 + 0.44 + 0 + 0}{5} \right)$$

$$= 115.15 \text{ m}^3$$

$$V_{VI-} = \frac{x_{8-7} x_{8-13}}{2} \times \frac{\sum h}{3} = \frac{2.86 \times 2.04}{2} \times \frac{0.05 + 0 + 0}{3} = 0.05 \text{ m}^3$$

方格 VII 底面为两个梯形，土方量为

$$V_{VII+} = \frac{x_{13-8} + x_{14-9}}{2} \times a \times \frac{\sum h}{4} = \frac{17.96 + 2.61}{2} \times 20 \times \frac{0.44 + 0.06 + 0 + 0}{4} = 25.71 \text{ m}^3$$

$$V_{VII-} = \frac{x_{8-13} + x_{9-14}}{2} \times a \times \frac{\sum h}{4} = \frac{2.04 + 17.39}{2} \times 20 \times \frac{0.05 + 0.40 + 0 + 0}{4} = 21.86 \text{ m}^3$$

方格 VIII 底面为三角形和五边形，土方量为

$$V_{VIII-} = \left(a^2 - \frac{x_{14-9} x_{14-15}}{2} \right) \times \frac{\sum h}{5}$$

$$= \left(20^2 - \frac{2.61 \times 2.73}{2} \right) \times \left(\frac{0.40 + 0.84 + 0.38 + 0 + 0}{5} \right)$$

$$= 128.44 \text{ m}^3$$

$$V_{VIII+} = \frac{x_{14-9} x_{14-15}}{2} \times \frac{\sum h}{3} = \frac{2.61 \times 2.73}{2} \times \frac{0.06 + 0 + 0}{3} = 0.07 \text{ m}^3$$

方格网的总填方量为

$$\sum V_+ = 136 + 263 + 15.23 + 115.15 + 25.71 + 0.07 = 555.16 \ \text{m}^3$$

方格网的总挖方量为

$$\sum V_- = 117 + 270 + 12.58 + 0.05 + 21.86 + 128.44 = 549.93 \ \text{m}^3$$

(4) 计算边坡的土方量。

为了维持土体的稳定，无论场地的边沿是挖方区还是填方区，都需要做成相应的边坡。因此，在实际工程中，还需要计算边坡的土方量。边坡土方量的计算相对简单，限于篇幅，这里就不详细介绍了。图 1.13 是例题 1.1 中场地边坡的平面示意图。

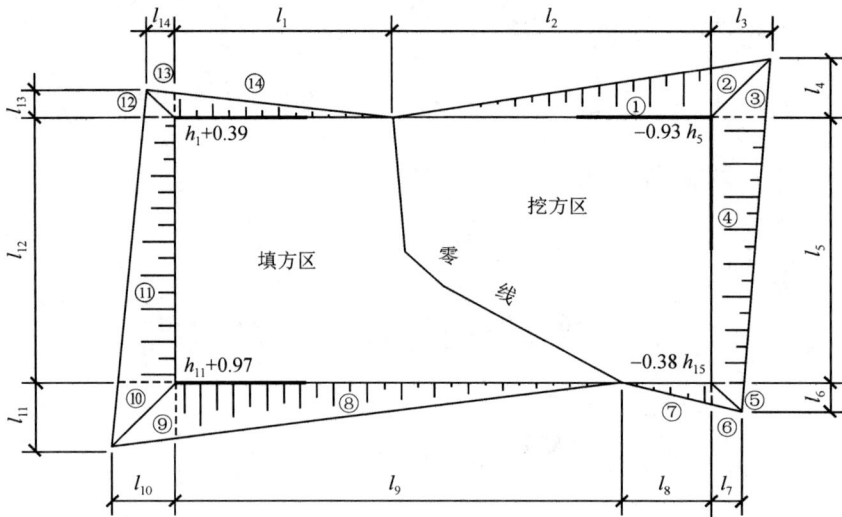

图 1.13   场地边坡平面图

2) 断面法

沿场地的纵向或相应方向取若干个相互平行的断面(可利用地形图定出或实地测量得出)，将所取的每个断面(包括边坡)划分成若干个三角形和梯形，如图 1.14 所示。对于某一断面，其中三角形和梯形的面积分别为

$$f_1 = \frac{h_1}{2} d_1, \quad f_2 = \frac{h_1 + h_2}{2} d_2, \quad \cdots, \quad f_n = \frac{h_n}{2} d_n$$

该断面面积为

$$F_i = f_1 + f_2 + \cdots + f_n$$

若 $d_1 = d_2 = \cdots = d_n = d$ ，则

$$F_i = d(h_1 + h_2 + \cdots + h_n)$$

求出各个断面面积后，即可计算土方体积。设各断面面积分别为 F_1 , F_2 , $\cdots$, F_n ，相邻两断面之间的距离依次为 l_1 , l_2 , $\cdots$, l_n ，则所求土方体积为

$$V = \frac{F_1 + F_2}{2} l_1 + \frac{F_2 + F_3}{2} l_2 + \cdots + \frac{F_{n-1} + F_n}{2} l_n$$

图 1.15 所示是用断面法求面积的一种简便方法，叫作累高法。此法不需用公式计算，

只需将所取的断面绘于普通坐标纸上(d 取等值)，用透明纸尺从 h_1 开始，依次量出(用大头针向上拨动透明纸尺)各点标高(h_1，h_2，…)，累计得出各点标高之和，然后将此值与 d 相乘，即可得出所求断面面积。

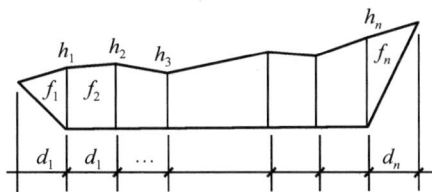

图 1.14　断面法计算图

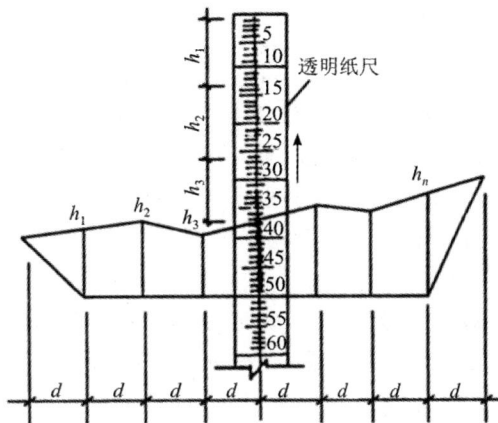

图 1.15　用累高法求断面面积

1.2.3　土方调配量计算

1. 土方调配的原则

土方工程量计算完成后，即可着手进行土方的平衡与调配。土方的平衡与调配是土方规划设计的一项重要内容，它涉及挖土的利用、堆弃和填土的取得这三者之间的综合平衡处理，旨在实现土方运输费用最小化并方便施工。

土方调配的主要原则包括：

(1) 力求达到挖填方平衡和运输量最小，以降低土方工程的成本。然而，仅考虑场地范围内的平衡往往难以满足运输量最小的要求。因此，还需综合考虑场地及其周围的地形条件，必要时可在填方区周围就近借土，或在挖方区周围就近弃土，而非仅局限于场地以内的挖填方平衡，以实现经济合理性。

(2) 考虑近期施工与后期利用的结合。当工程分期分批施工时，应结合后期工程的需求考虑先期工程的土方余额的利用数量和堆放位置，以便进行就近调配。堆放位置的选择应为后期工程创造良好的工作面和施工条件，力求避免重复挖运。若先期工程有土方欠额，则可从后期工程地点挖取。

(3) 尽可能与大型地下建筑物的施工相结合。当大型地下建筑物位于填土区且其基坑开挖的土方量较大时，为避免土方的重复挖、填和运输，该填土区可暂时不予填土，待地下建筑物施工完成后再进行填土。因此，在填方保留区附近应有相应的挖方保留区，或将附近挖方工程的余土按需合理堆放，以便就近调配。

(4) 调配区大小的划分应满足主要土方施工机械工作面大小(如铲运机铲土长度)的要求，以充分发挥土方机械和运输车辆的效率。

总之，进行土方调配时，必须根据现场的具体情况、相关技术资料、工期要求、土方机械与施工方法，结合上述原则进行综合考虑，以制订经济合理的调配方案。

2. 土方调配区的划分

场地土方平衡与调配时，需编制相应的土方调配图表，以便施工中使用。土方平衡与调配的方法如下。

1) 划分调配区

在场地平面图上，首先画出挖、填区的分界线(即零线)，然后在挖方区和填方区分别适当地划出若干个调配区。划分调配区时应注意以下几点：

(1) 调配区的划分应与建筑物的平面位置相协调，并考虑开工顺序及分期施工的顺序。

(2) 调配区的大小应满足土方机械的施工要求。

(3) 调配区的范围应与场地土方量计算用的方格网相协调，一般可由若干个方格组成一个调配区。

(4) 当土方运距较大或场地范围内的土方调配不能达到平衡时，可考虑就近借土或弃土。每一个借土区或一个弃土区可作为一个独立的调配区。

2) 求出每对调配区之间的平均运距

平均运距是指挖方区土方重心至填方区土方重心的距离。因此，要求平均运距，需先求出每个调配区的土方重心，其方法如下。

取场地或方格网中的纵、横两边为坐标轴，以一个角的顶点作为坐标原点(如图 1.16 所示)，分别求出各区土方的重心坐标 X_0、Y_0：

$$X_0 = \frac{\sum (x_i V_i)}{\sum V_i}, \quad Y_0 = \frac{\sum (y_i V_i)}{\sum V_i} \tag{1.19}$$

式中：x_i、y_i——第 i 块方格的重心坐标；

V_i——第 i 块方格的土方量。

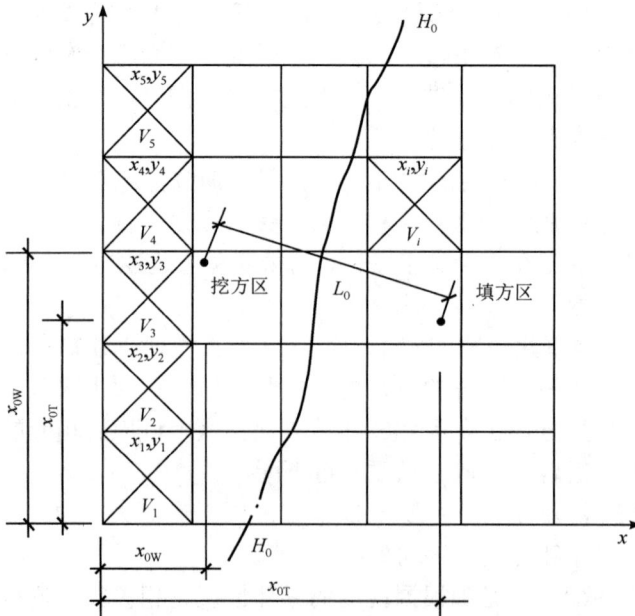

图 1.16　土方调配区间的平均运距

填方区、挖方区之间的平均运距 L_0 为

$$L_0 = \sqrt{(x_{0T} - x_{0W})^2 + (y_{0T} - y_{0W})^2} \tag{1.20}$$

式中：x_{0T}、y_{0T} ——填方区的重心坐标；

　　　x_{0W}、y_{0W}——挖方区的重心坐标。

为了简化 x_i、y_i 的计算，可假定每个方格(无论是完整的还是不完整的)上的土方是均匀分布的，因此，可以使用图解法求出形心位置，以代替方格的重心位置。

求出各调配区的重心后，将其标注在相应的调配区上。然后，使用比例尺量出每对调配区重心之间的距离，这就是相应的平均运距(L_{11}，L_{12}，L_{13}，…)。所有填、挖方调区之间的平均运距均需一一计算，并将计算结果列于土方平衡与运距表 1.5 中。

表 1.5　土方平衡与运距表

挖方区	填 方 区						挖方量/m³
	T_1	T_2	T_3	T_4	…	T_m	
W_1	L_{11} x_{11}	L_{12} x_{12}	L_{13} x_{13}	L_{14} x_{14}	…	L_{1n} x_{1n}	w_1
W_2	L_{21} x_{21}	L_{22} x_{22}	L_{23} x_{23}	L_{24} x_{24}	…	L_{2n} x_{2n}	w_2
W_3	L_{31} x_{31}	L_{32} x_{32}	L_{33} x_{33}	L_{34} x_{34}	…	L_{3n} x_{3n}	w_3
W_4	L_{41} x_{41}	L_{42} x_{42}	L_{43} x_{43}	L_{44} x_{44}	…	L_{4n} x_{4n}	w_4
⋮	⋮	⋮	⋮	⋮	…	⋮	⋮
W_m	L_{m1} x_{m1}	L_{m2} x_{m2}	L_{m3} x_{m3}	L_{m4} x_{m4}	…	L_{mn} x_{mn}	w_m
填方量/m³	t_1	t_2	t_3	t_4	…	t_n	$\sum\limits_{i=1}^{m} w_i = \sum\limits_{j=1}^{n} t_j$

注：① L_{11}、L_{12}、L_{13}，…为挖方区、填方区之间的平均运距；② x_{11}、x_{12}、x_{13}，…为调配土方量。

当填、挖方调配区之间的距离较远，采用自行式铲运机或其他运土工具沿现场道路或规定路线运土时，其运距应按实际情况进行计算。

【例 1.2】 已知某矩形广场的挖方区为 W_1、W_2、W_3、W_4，填方区为 T_1、T_2、T_3，各调配区的土方量和平均运距如图 1.17 所示。图中，小方格中的数字为各调配区的土方量，箭杆上的数字则为各调配区之间的平均运距，试求最优土方调配方案并绘出土方调配图。

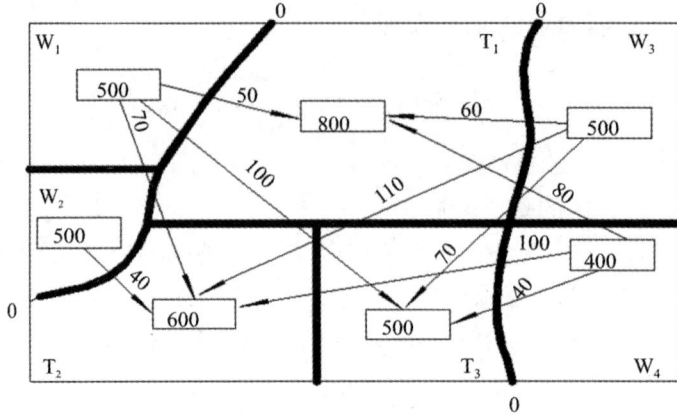

图 1.17　各调配区的土方量和平均运距

解　(1) 用"最小元素法"编制初始调配方案。

根据对应于价格系数 c_{ij} 最小的土方量 x_{ij} 取最大值的原则进行调配，具体步骤如下。

① 将土方数及价格系数(本例即平均运距)填入计算表格中，见表 1.6。

表 1.6　土方平衡与运距表

挖 方 区	填 方 区						
	T_1		T_2		T_3		挖方量/m³
W_1	x_{11}	50	x_{12}	70	x_{13}	100	500
		c_{11}		c_{12}		c_{13}	
W_2	x_{21}	70	x_{22}	40	x_{23}	90	500
		c_{21}		c_{22}		c_{23}	
W_3	x_{31}	60	x_{32}	110	x_{33}	70	500
		c_{31}		c_{32}		c_{33}	
W_4	x_{41}	80	x_{42}	100	x_{43}	40	400
		c_{41}		c_{42}		c_{43}	
填方量/m³	800		600		500		1900

② 在运距小方格中找一个 c_{ij} 的最小数值，如 $c_{22} = c_{43} = 40$，任取其中一个，现取 c_{43}。由于运距最短，经济效益最大，于是先确定 x_{43} 的值，使其尽可能地大，即取 $x_{43} = 400$(即将 W_4 的 400m³ 土全部运至 T_3)。由于挖方区 W_4 的土方全部调到填方区 T_3，所以 x_{41} 和 x_{42} 都等于零。此时，将 400 填入 x_{43} 格内，同时在 x_{41}、x_{42} 格内画一个"×"号。然后，在没有填数字和"×"号的方格内再选一个运距最小的方格，即 $c_{22} = 40$，便可确定 $x_{22} = 40$，同时使 $x_{21} = x_{23} = 0$。此时，又将 400 填入 x_{22} 格内，并在 x_{21}、x_{23} 格内画"×"号。重复上述步骤，依次确定其余 x_{ij} 的数值，最后得出如表 1.7 所示的初始调配方案。

由于利用"最小元素法"确定的初始调配方案是让 c_{ij} 最小的方格内的 x_{ij} 值取尽可能大的值，这符合"就近调配"的原理，因此求得的总运输量是比较小的。但这并不能保证该调配方案所求得的总运输量最小，所以还需要进行判别，以确定该方案是否为最优方案。判别的方法有"闭回路法"和"假想价格系数法"，其实质都是通过求检验数 λ_{ij} 来进行判别。

表 1.7 初始调配方案

挖方区	填方区			挖方量/m³
	T_1	T_2	T_3	
W_1	500（50）	×（70）	×（100）	500
W_2	×（70）	500（40）	×（90）	500
W_3	300（60）	100（110）	100（70）	500
W_4	×（80）	×（100）	400（40）	400
填方量/m³	800	600	500	1900

(2) 最优方案判别。

下面采用"假想价格系数法"求检验数。该方法是设法求得无调配土方的方格的检验数 λ_{ij}，并判别 λ_{ij} 是否为非负。若所有 $\lambda_{ij} \geqslant 0$，则该方案为最优方案；否则，该方案不是最优方案，需要进行调整。

首先，求出表中各个方格的假想价格系数 c_{ij}。对于有调配土方的方格，其假想价格 $c'_{ij} = c_{i}$；对于无调配土方的方格，其假想价格系数可利用任一矩形的四个方格内对角线上的假想价格系数之和相等的原理求出。然后，按照公式 $\lambda_{ij} = c_{ij} - c'_{ij}$ 计算出表中无调配土方方格的检验数，并列于表 1.8 中。

表 1.8 验证调配方案

填方区	挖方区			挖方量/m³
	T_1	T_2	T_3	
T_1	500（50 / 50）	$\times^+$（70 / 100）	$\times^+$（100 / 60）	500
T_2	$\times^+$（70 / -10）	500（40 / 40）	$\times^+$（90 / 0）	500
T_3	300（60 / 60）	100（110 / 110）	100（70 / 70）	500
T_4	$\times^+$（80 / 30）	×（100 / 80）	400（40 / 40）	400
填方量/m³	800	600	500	

只需将表 1.8 中无调配土方的方格右边两小格的数字上下相减即可得出检验数，如 $\lambda_{21} = 70 - (-10) = +80$，$\lambda_{12} = 70 - 100 = -30$。将计算结果填入表 1.8 中无调配土方"×"的右上角，但只写出各检验数的正负号，因为根据前述判别法则，只有检验数的正负号才能用于判别一个方案是否为最优方案。表 1.8 中出现了负检验数，说明初始方案不是最优方

案，需要进一步调整。

（3）方案的调整。

① 在所有负检验数中选一个(一般选最小的一个)，本例中唯一的负检验数是 λ_{12}，因此选择它所对应的变量 x_{12} 作为调整对象。

② 找出 x_{12} 的闭回路，具体做法是：从 x_{12} 格出发，沿水平与竖直方向前进，遇到适当的有数字的方格时作 90° 转弯(也可不转弯)，然后继续前进。如果路线得当，那么有限步后便能回到出发点，形成一条以有数字的方格为转角点、用水平和竖直线连起来的闭合回路，如表 1.9 所示。

表 1.9　闭　合　回　路

挖 方 区	填 方 区		
	T_1	T_2	T_3
W_1	500 ←	x_{12}	
W_2	↓	500	
W_3	300 →	100	100
W_4			400

③ 从空格 x_{12} (其转角次数为零或偶数)出发，沿着闭合回路前进(方向任意，转角次数逐次累加)。在各奇数次转角点的数字中挑出一个最小的(本例是从 500、100 中选 100)，然后将它从 x_{32} 方格调到 x_{12} 方格 (即空格) 中。

④ 将"100"填入 x_{12} 方格中，被挑出的 x_{32} 变为 0(该格变为空格)。同时，将闭合回路上其他奇数次转角上的数字都减去"100"，偶数转角上的数字都增加"100"，以保持填、挖方区的土方量平衡。这样调整后，便可得到如表 1.10 所示的新调配方案。

表 1.10　新　调　配　方　案

挖 方 区	填 方 区			挖方量/m³
	T_1	T_2	T_3	
W_1	400　50 / 50	500　70 / 70	+　100 / 60	500
W_2	+　70 / 20	500　40 / 40	+　90 / 30	500
W_3	400　60 / 60	+　110 / 80	100　70 / 70	500
W_4	+　80 / 20	+　100 / 40	400　40 / 40	400
填方量/m³	800	600	500	1900

对新调配方案再进行检验，查看其是否已是最优方案。如果检验数中仍有负数，那么就按上述步骤继续调整，直到找出最优方案为止。由于表 1.10 中所有检验数均为正数，因此该方案为最优方案。

将表 1.10 中的土方调配数值绘制成土方调配图，如图 1.18 所示。图中，箭杆上的数字表示调配区之间的运距，箭杆下的数字表示最终的土方调配量。

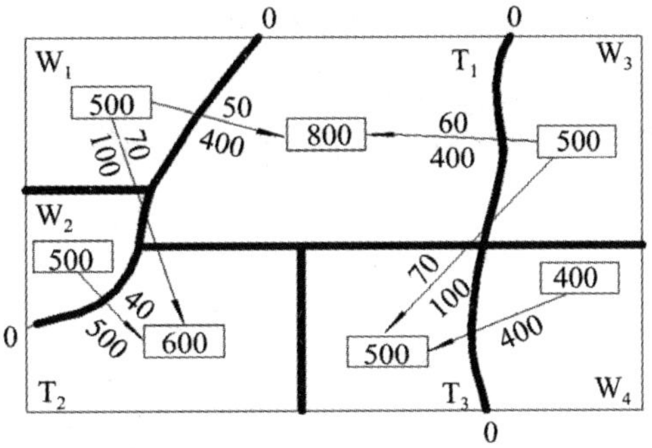

图 1.18　最优方案土方调配图

最后来比较一下最佳方案与初始方案的土方运输量。

初始调配方案的总土方运输量为

$$Z_1 = 500 \times 50 + 500 \times 40 + 300 \times 60 + 100 \times 110 + 100 \times 70 + 400 \times 40 = 97\,000\ (\mathrm{m}^3 \cdot \mathrm{m})$$

最优调配方案的总土方运输量为

$$Z_2 = 400 \times 50 + 100 \times 70 + 500 \times 40 + 400 \times 60 + 100 \times 70 + 400 \times 40 = 94\,000\ (\mathrm{m}^3 \cdot \mathrm{m})$$

因为

$$Z_2 - Z_1 = 94\,000 - 97\,000 = -3000\ (\mathrm{m}^3 \cdot \mathrm{m})$$

所以调整后总土方运输量减少了 3000 $\mathrm{m}^3 \cdot \mathrm{m}$。

土方调配的最优方案可能不止一个。在这些方案中，调配区或调配土方量可以不同，但总土方运输量都是相同的，多个最优方案可以提供更多的选择余地。

1.3　土方工程施工要点

1.3.1　施工准备

土方工程施工前，通常需要完成以下准备工作：清理场地、排除地面水、修筑临时设施、准备燃油和其他材料、敷设供电与供水管线、搭设临时停机棚和修理间等，以及进行测量放线和编制施工组织设计等工作。下面将重点介绍清理场地、排除地面水、修筑临时设施和测量放线等工作。

1. 清理场地

清理场地包括清理地面及地下各种障碍。在施工前，需拆除旧有地上建筑，拆迁或改建通信、电力设备、上下水道以及地下建筑物，迁移树木，清除耕植土及河塘淤泥等。这项工作通常由业主委托具备相应资质的拆卸或建筑施工公司完成，所产生的费用由业主承担。

2. 排除地面水

场地内低洼地区的积水必须排除，同时需关注雨水的排放，确保场地保持干燥，以利于土方施工的进行。在排除地面水时，常采用排水沟、截水沟、挡水土坝等措施。

应尽量利用自然地形来布置排水沟，以便水能自然排至场外，或流向低洼处后再用水泵抽排。主排水沟最好设置在施工区域的边缘或道路两侧，其横断面尺寸和纵向坡度应根据预计的最大流量来确定。通常，排水沟的横断面不小于 0.5 m×0.5 m，纵向坡度不小于2‰。在场地平整过程中，需保持排水沟的畅通无阻，必要时可设置涵洞。对于山区场地的平整施工，应在较高一侧的山坡上开挖截水沟。而在低洼地区施工时，除开挖排水沟外，还应视情况修筑挡水土坝，以阻挡雨水流入。

3. 修筑临时设施

修筑好临时道路及供水、供电等临时设施，确保材料、机具及土方机械能够顺利进场。

4. 测量放线

在放灰线时，可使用装有石灰粉末的长柄勺轻轻靠着木质板的侧面，边走边撒，以在地面上清晰地标出基础挖土的界线。

(1) 基槽放线：基于房屋的主轴线控制点，首先使用木桩将外墙轴线的交点标记在地面上，并在桩顶钉上铁钉作为明显的标志。随后，根据建筑物平面图，逐一测设出内部开间的所有轴线。最后，以中心轴线为依据，使用石灰在地面上撒出基槽开挖的边线。同时，在房屋四周设置龙门板(如图 1.19 所示)或在轴线延长线上设置轴线控制桩(又称引桩，如图 1.20 所示)，以便于基础施工过程中的轴线位置复核。若基槽附近有已建的建筑物，则可利用经纬仪将轴线投射至建筑物的墙面上。恢复轴线时，只需将经纬仪安置在某一轴线一端的控制桩上，瞄准另一端的控制桩，即可轻松恢复该轴线的位置。

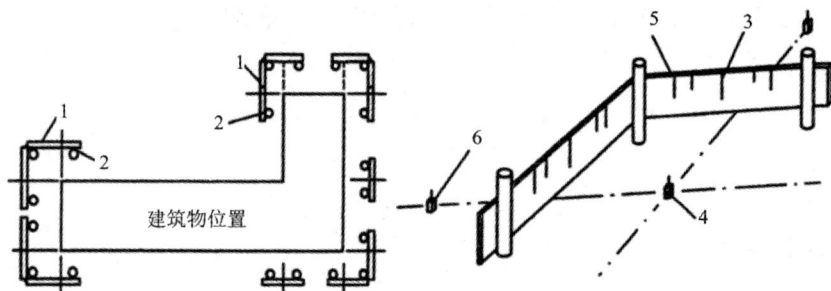

1—龙门板；2—龙门桩；3—轴线钉；4—角桩；5—灰线钉；6—轴线控制桩(引桩)。

图 1.19   龙门板设置示意图

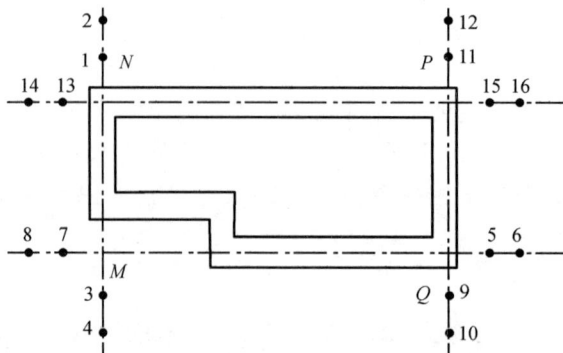

图 1.20   轴线控制桩(引桩)平面布置图

为了控制基槽的开挖深度,在接近槽底设计标高时,应使用水准仪依据地面上的 ±0.000 水准点,在基槽的侧壁上每隔 2～4 m 及所有拐角处设置一水平桩,如图 1.21 所示。在测设时,应确保水平桩的上表面距离槽底的设计标高为整分米数,这样便可作为清理槽底和打设基础地基时控制高程的准确依据。

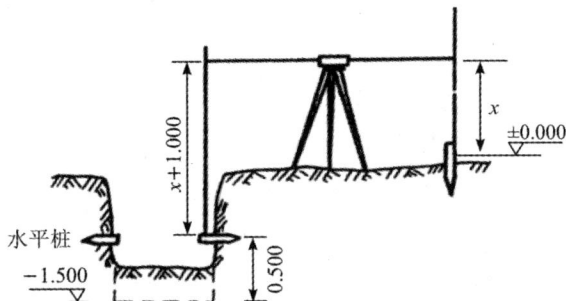

图 1.21　基槽底抄平水准测量示意图

(2) 柱基放线:在基坑开挖之前,需从设计图中核对基础的纵、横轴线编号及基础施工详图。依据柱子的纵、横轴线,利用经纬仪在矩形控制网上精确测定基础中心线的端点位置。同时,在每个柱基中心线上设置定位桩,每个基础中心线上通常设置四个定位木桩,其位置需确保桩位离基础开挖线的距离为 0.5～1.0 m。若基础间距较近,则可每隔 1～2 个或几个基础打设一定位桩,但两定位桩之间的间距应控制在不超过 20 m,以便于通过拉线恢复中间柱基的中线。桩顶需钉上钉子,明确标注中心线的位置。随后,依据施工图上柱基的尺寸及已确定的挖土边线尺寸,放出基坑上口挖土的灰线,清晰标出挖土范围。当基坑挖掘至一定深度时,应在坑壁四周距离坑底设计高程 0.3～0.5 m 处测设若干水平桩 (如图 1.22 所示),这些水平桩将作为基坑修坡及检查坑深的重要依据。

图 1.22　基坑定位高程测设示意图

在进行大基坑开挖时,应依据房屋的控制点,使用经纬仪精确放出基坑四周的挖土边线。

1.3.2　土方边坡与土壁支撑

土壁的稳定主要是由土体内的摩擦阻力和黏结力来维持的。一旦土体失去这种平衡状态,就会发生塌方,这不仅可能引发人身安全事故,还会影响工期,甚至可能危及附近的建筑物。

土壁塌方的主要原因包括:

(1) 边坡过陡,导致土体的稳定性降低,进而引发塌方,尤其在土质不良、开挖深度较大的坑槽中更为显著。

(2) 雨水或地下水渗入土中,使土体软化,这既增加了土的自重,又降低了土的抗剪强度,这是造成塌方的一个常见原因。

(3) 基坑上口边缘附近大量堆土、停放机具或材料，以及行车等动荷载的作用，会使土体中的剪应力增大，超过土体的抗剪强度，从而导致塌方。

(4) 土壁支撑的强度不足或失效，或支撑结构的刚度不够，也是导致塌方的一个重要因素。

为了防止塌方，确保施工安全，在基坑(槽)开挖过程中，可采取以下措施。

1. 放足边坡

土方边坡(如图 1.1 所示)的坡度应依据土质、开挖深度、开挖方式、施工工期、地下水位、坡顶负载及气候条件等多种因素来决定。在常规情况下，对于黏性土，边坡可以较陡，而对于砂性土，则边坡应更为平缓。若基坑附近有重要建筑物，则建议边坡比例维持在 1：1.0～1：1.5 之间。

参考《地基与基础工程施工工艺标准》(QCJJT—JS 02—2004)，对于天然湿度的土壤，在挖土深度不超过以下数值时，当挖土深度不超过下列数值时，可不放坡、不支撑：

深度≤1.0 m 的密实、中密砂土和碎石类土(充填物为砂土)；

深度≤1.25 m 的硬塑、可塑黏质砂土及砂质黏土；

深度≤1.5 m 的硬塑、可塑黏土和碎石类土(充填物为黏性土)；

深度≤2.0 m 的坚硬黏土。

挖方深度超过上述规定时，应考虑放坡或构建直立壁并加支撑。

根据《建筑地基基础工程施工质量验收规范》(GB 50202—2018)，临时性挖方的边坡值应符合表 1.11 的规定。

表 1.11   临时性挖方的边坡值

土 的 类 别		边坡值(高：宽)
砂土(不包括细砂、粉砂)		1：1.25～1：1.50
一般性黏土	硬	1：0.75～1：1.00
	硬、塑	1：1.00～1：1.25
	软	1：1.50 或更缓
碎石类土	充填坚硬、硬塑黏性土	1：0.50～1：1.00
	充填砂土	1：1.00～1：1.50

注：(1) 当设计有要求时，应符合设计标准；(2) 若采用降水或其他加固措施，则可不受本表限制，但需进行计算复核；(3) 对于开挖深度，软土不应超过 4 m，硬土不应超过 8 m。

2. 设置支撑

为了缩减施工面积、减少土方量，或受场地限制无法进行放坡时，可以设置土壁支撑。表 1.12 列出了一般沟槽的支撑方法，其中主要采用横撑式支撑；表 1.13 则展示了一般浅基坑的支撑方法，这些方法主要结合了上端放坡、拉锚等单支点板桩或悬臂式板桩支撑，也可能采用重力式支护结构，例如水泥搅拌桩等；表 1.14 所列为一般深基坑的支护(撑)方法，其中多采用多支点板桩。

表 1.12　一般沟槽的支撑方法

支撑方式	简　图	支撑方法及适用条件
间断式水平支撑		两侧挡土板水平放置，用工具式木横撑借助木楔顶紧，挖一层土，支顶一层。 　　适用于能保持直立壁的干土或天然湿度的黏土类土、地下水很少、深度在 2 m 以内的情况
断续式水平支撑		挡土板水平放置，中间留出间隔，两侧同时对称立竖楞木，再用工具式横撑上、下顶紧。 　　适用于能保持直立壁的干土或天然湿度的黏土类土、地下水很少、深度在 3 m 以内的情况
连续式水平支撑		挡土板水平连续放置，不留间隙，两侧同时对称立竖楞木，上、下各顶一根撑木，端头加木楔顶紧。 　　适用于较松散的干土或天然湿度的黏土类土、地下水很少、深度为 3～5 m 的情况
连续或间断式垂直支撑		挡土板垂直放置，连续或留适当间隙，然后每侧上、下各水平顶一根楞木，再用横撑顶紧。 　　适用于土质较松散或湿度很高的土、地下水较少、深度不限的情况
水平垂直混合支撑		沟槽上部设置连续或水平支撑，下部则设置连续式垂直支撑。 　　此方法适用于沟槽深度较大，且下部存在含水土层的情况

表 1.13　一般浅基坑的支撑方法

支撑方式	简　图	支撑方法及适用条件
斜柱支撑		水平挡土板被钉在柱桩的内侧,柱桩的外侧则利用斜撑进行支顶,斜撑的底端支撑在木桩上。在挡土板的内侧进行回填土作业。 此方法适用于开挖规模较大但深度不大的基坑,或在使用机械挖土时采用
锚拉支撑		水平挡土板支设于柱桩内侧,柱桩一端打入土中,另一端则利用拉杆与锚桩拉紧,在挡土板内侧进行回填土。 此方法适用于开挖规模较大、深度不深的基坑,或在使用机械挖土且无法安设横撑的情况下采用
短柱横隔支撑		打入小短木桩,部分埋入土中,部分露出地面,然后钉上水平挡土板,在挡土板背面进行填土并夯实。 此方法适用于开挖宽度较大的基坑,特别是在部分地段下部放坡不足时采用
临时挡土墙支撑		沿坡脚采用砖、石叠砌或利用草袋装土、砂进行堆砌,以确保坡脚的稳定。 此方法适用于开挖宽度较大的基坑,特别是在部分地段下部放坡不足时采用

表 1.14　一般深基坑的支护(撑)方法

支护(撑)方式	简　图	支护(撑)方法及适用条件
型钢桩横挡板支撑		沿挡土位置预先打入钢轨、工字钢或 H 型钢桩,桩间距设为 1～1.5m。随后,在挖掘过程中,将厚度为 3～6cm 的挡土板塞入钢桩之间以挡土,并在横向挡板与型钢桩之间打入楔子,确保横板与土体紧密接触。 此方法适用于地下水位较低,且深度不太大的一般黏性或砂土层
钢板桩支撑		在开挖基坑的周边打入钢板桩或钢筋混凝土板桩,板桩的入土深度及悬臂长度需经过计算确定。若基坑宽度较大,则可加设水平支撑。 此方法适用于一般地下水条件、深度及宽度均不太大的黏性砂土层

续表一

支护(撑)方式	简　图	支护(撑)方法及适用条件
钢板桩与钢构架结合支撑		在开挖基坑的周边打入钢板桩,同时在预定柱位置打入临时钢柱。在基坑中进行挖土作业,每下挖 3～4 m,安装一层构架支撑体系。挖土作业在钢构架网格中进行,或者也可以选择不预先打入钢柱,而是随着挖土的进行逐步接长支柱。 　　此方法适用于在饱和软弱土层中开挖规模较大、深度较深的基坑,特别是在钢板桩刚度不足时采用
挡土灌注桩支撑		在开挖基坑的周边,使用钻机进行钻孔,并现场灌注钢筋混凝土桩。待桩达到设计强度后,在基坑中部采用机械或人工方式挖土。每下挖约 1 m,安装一层横撑。在桩的背面安装拉杆,并与已设置的锚桩拉紧。随后,继续挖土至所需深度。在桩间的土方挖成外拱形,以发挥土拱效应。若基坑深度小于 6 m,或邻近有建筑物,亦可选择不设锚拉杆,而通过加密桩距或增大桩径来处理。 　　此方法适用于开挖规模较大、深度较深(>6 m)的基坑,特别是当邻近有建筑物但不允许进行支护,且背面地基存在下沉、位移风险时采用
挡土灌注桩与土层锚杆结合支撑		该方法与挡土灌注桩支撑类似,但在桩顶不设置锚桩和拉杆。而是挖至一定深度后,每隔一定距离,在桩的背面斜下方使用锚杆钻机打孔,然后安装钢筋锚杆,并进行水泥压力灌浆。待桩达到设计强度后,安装横撑并拉紧固定。随后,在桩之间进行挖土作业,直至达到设计深度。若设置 2～3 层锚杆,则可以每挖一层土,就安装一次锚杆。 　　此方法适用于大型且较深的基坑,特别是当施工期较长,邻近有高层建筑但不允许进行支护,以及邻近地基不允许有任何下沉或位移时采用
挡土灌注桩与旋喷桩组合支护		在深基坑的内侧,设置直径为 0.6～1.0m 的混凝土灌注桩,其间距控制在 1.2～1.5m。紧挨着这些混凝土灌注桩的外侧,再设置直径为 0.8～1.5m 的旋喷桩。通过旋喷水泥浆的方式,使水泥土桩与混凝土灌注桩紧密结合,共同构成一道防渗帷幕。这道帷幕既能抵抗土压力和水压力,又能起到挡水和防渗的作用。挡土灌注桩与旋喷桩的施工采取分段间隔进行。当基坑为淤泥质土层,存在基坑底部产生管涌、涌泥现象的风险时,也可在基坑底部以下采用旋喷桩进行封闭。在混凝土灌注桩外侧设置旋喷桩,有助于增强支护结构的稳定性,防止边坡坍塌、渗水和管涌等现象的发生。 　　此方法适用于土质条件差、地下水位较高,且要求既挡土又挡水防渗的支护工程

支护(撑)方式	简　图	支护(撑)方法及适用条件
双层挡土灌注桩支护		将挡土灌注桩在平面布置上由单排桩改为双排桩,桩呈对应或梅花式排列,同时保持桩数不变。双排桩的桩径 d 一般为 $400\sim600$ mm,排距 L 设定为$(1.5\sim3)d$。在双排桩的顶部,设置圈梁以形成一个整体刚架结构。另外,也可以在基坑每侧的中段设置双排桩,而在四角区域仍采用单排桩。采用双排桩支护能够增大支护的整体刚度,减小桩的内力和水平位移,从而提高护坡效果。 　　此方法适用于基坑较深,且当采用单排混凝土灌注桩挡土时,其强度和刚度均无法满足要求的情况
地下连续墙支护		在开挖基坑的周边,首先建造混凝土或钢筋混凝土地下连续墙。待其达到设计强度后,在墙体内侧采用机械或人工方式进行挖土,直至达到要求的深度。当基坑的跨度、深度较大时,可在内部增设水平支撑和支柱。此方法特别适用于逆作法施工,即每下挖一层,就及时浇筑完成下一层的梁、板、柱,以此作为地下连续墙的水平框架支撑。如此循环作业,直至地下室的底层全部挖完土并浇筑完成。 　　此方法适用于开挖规模较大、深度较深(超过10m)、存在地下水且周边有建筑物或公路的基坑
地下连续墙与土层锚杆结合支护		在开挖基坑的周边,首先建造地下连续墙进行支护。随后,在墙体的中部,利用机械配合人工开挖土方,直至达到锚杆的预设位置。接着,使用锚杆钻机在指定位置钻孔,放入锚杆,并进行灌浆。待锚杆达到设计强度后,安装锚杆横梁或锚头垫座。之后,继续向下开挖,直至达到要求的深度。如果设置了 $2\sim3$ 层锚杆,那么每挖一层土就安装一层锚杆,并采用快凝砂浆进行灌浆。 　　此方法适用于开挖规模较大、深度较深(超过10m)、存在地下水的大型基坑,特别是当基坑周边有高层建筑,不允许支护结构发生变形,需要采用机械挖方,且要求有较大施工空间,同时不允许在基坑内部设置支撑时采用
土层锚杆支护		沿着开挖基坑的边坡,每 $2\sim4$m 设置一层水平土层锚杆,直至挖土达到要求的深度。 　　此方法适用于在较硬土层或破碎岩石中开挖规模较大、深度较深的基坑,特别是当基坑邻近有建筑物,且必须确保边坡稳定时采用

续表三

支护(撑)方式	简　图	支护(撑)方法及适用条件
板桩(灌注桩)中央横顶支撑		在开挖基坑的周边打入板桩或设置挡土灌注桩，在基坑内侧进行放坡，并开挖中间部分的土方，直至坑底。首先，施工中间部分的结构至地面。然后，利用此结构作为支撑，向板桩(或灌注桩)支设水平顶撑。随后，挖除放坡部分的土方。每挖一层土，就支设一层水平横顶撑，直至达到设计深度。最后，建造该部分的结构。 　　此方法适用于开挖规模较大、深度较深的基坑，特别是当支护桩的刚度不足，但又不允许设置过多的支撑时采用
板桩(灌注桩)中央斜顶支撑		在开挖基坑的周边打入板桩或设置挡土灌注桩，在基坑内侧进行放坡，并开挖中间部分的土方，直至坑底。首先，施工好中间部分的基础。然后，从基础向桩的上方支设斜顶撑。随后，挖除放坡的土方。每挖一层土，就支设一层斜撑，直至达到坑底。最后，建造该部分的结构。 　　此方法适用于开挖规模较大、深度较深的基坑，特别是当支护桩的刚度不足，且坑内不允许设置过多的支撑时采用
分层板桩支撑		在开挖厂房群基础周边时，首先打入支护板桩。随后，在内侧开挖土方，直至达到群基础的底部标高。接着，在中部主体基础的四周打入二级支护板桩，并开挖深基础的土方。然后，施工主体结构至地面。最后，进行外围群基础的施工。 　　此方法适用于开挖规模较大、深度较深的基坑，特别是当中部主体结构与周围群基础的标高不一致，且没有重型板桩可供使用时采用

1.3.3　施工排水与降水

　　在开挖基坑或沟槽过程中，土壤的含水层常被切断，导致地下水持续渗入基坑内。若在雨季施工，则地面水亦会流入基坑。为确保施工顺利进行，并防止边坡塌方和地基承载力降低，必须做好基坑降水工作。

1. 明排水法

　　在施工现场，常用的明排水法包括截流、疏导和抽取三个步骤。截流旨在阻挡流向基坑的水；疏导则是排干积水；抽取是指在开挖基坑或沟槽时，在坑底设置集水井，并沿坑底周边或中心挖掘排水沟，引导水流经排水沟汇入集水井，随后使用水泵将水抽出基坑。利用集水井降低地下水位的示意图见图1.23。

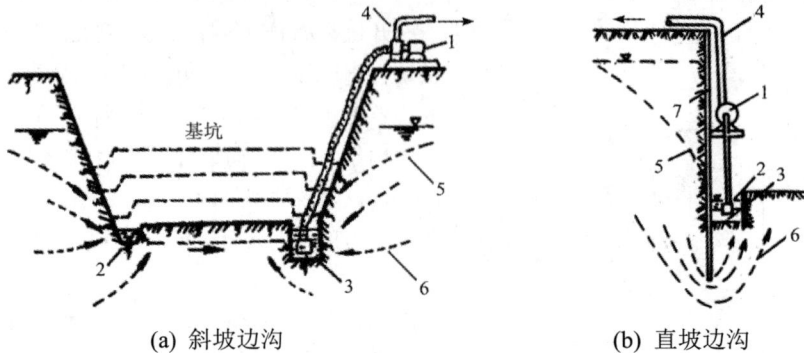

(a) 斜坡边沟　　　　　　　　　　(b) 直坡边沟

1—水泵；2—排水沟；3—集水井；4—压力水管；5—降落曲线；6—水流曲线；7—板桩。

图1.23　利用集水井降低地下水位的示意图

基坑周边的排水沟和集水井通常应设置在基础范围之外，且位于地下水流的上游。若基坑面积较大，则可在基础范围内挖设盲沟以助排水。集水井的设置应根据地下水量、基坑形状和水泵能力来定，通常每隔20～40 m设置一个。

集水井的直径或宽度一般为0.6～0.8 m，其深度随挖土的加深而加深，始终保持低于挖土面0.7～1.0 m，井壁可用竹、木等简易材料加固。当基坑挖至设计标高后，井底应低于坑底1～2 m，并铺设0.3 m厚的碎石滤水层，以防抽水时将泥沙抽出，同时避免井底土壤被搅动。必要时坑壁可用竹、木等材料进行加固。

2. 人工降低地下水位法

人工降低地下水位法是在基坑开挖前，预先在基坑四周埋设一定数量的滤水管(井)，利用抽水设备在基坑开挖前和开挖过程中不断地抽出地下水，从而使地下水位降低到坑底以下(轻型井点降低地下水位的全貌如图1.24所示)。这种方法能够从根本上解决地下水涌入坑内的问题(如图1.25(a)所示)，防止边坡因受地下水流的冲刷而导致的塌方(如图1.25(b)所示)，消除了坑底土层由地下水位差产生的压力，也避免了坑底土的上冒现象(如图1.25(c)所示)；消除了水压力，使板桩所受的横向荷载减少(如图1.25(d)所示)；由于没有了地下水的渗流，还能有效防止流砂现象的产生(如图1.25(e)所示)。降低地下水位后，土体会固结，进而使土层变得更加密实，提高地基土的承载能力。

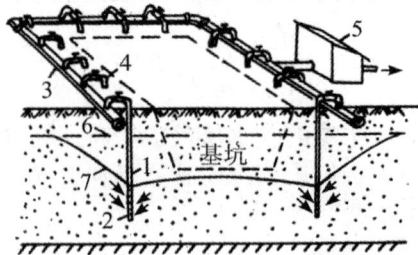

1—井点管；2—滤管；3—总管；4—弯联管；5—水泵房；6—原有地下水位线；7—降低后地下水位线。

图1.24　轻型井点降低地下水位的全貌图

人工降低地下水位的主要目的之一是防治流砂现象。

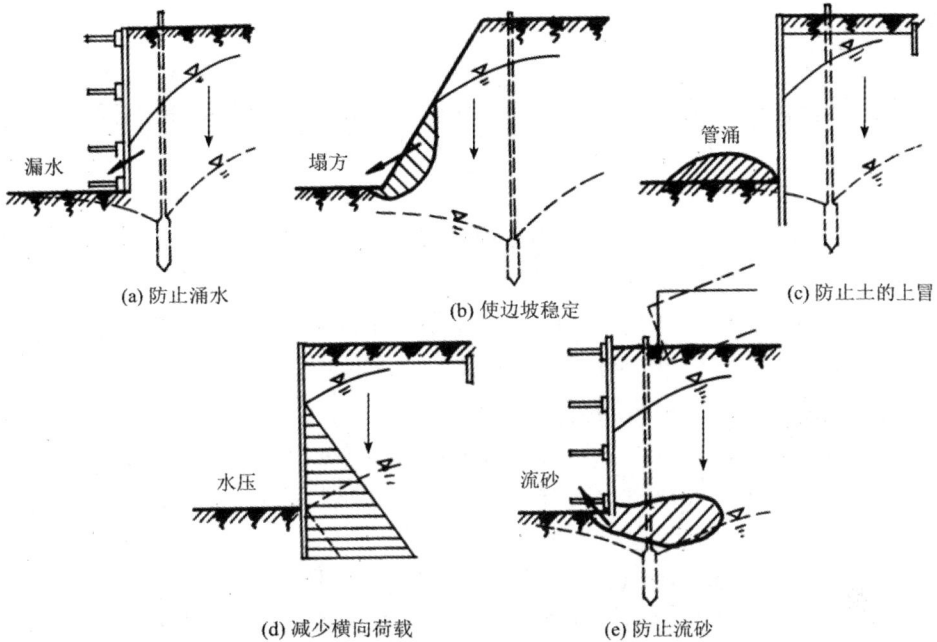

(a) 防止涌水　　　　　　(b) 使边坡稳定　　　　　　(c) 防止土的上冒

(d) 减少横向荷载　　　　(e) 防止流砂

图 1.25　人工降低地下水位的作用

　　流砂现象的产生是水在土中渗流时产生的动水压力作用于土体的结果。动水压力原理如图 1.26 所示，通过对截取的一段砂土脱离体(两端的高、低水头分别为 h_1、h_2)进行受力分析，可以容易地得出动水压力产生的原因及大小。

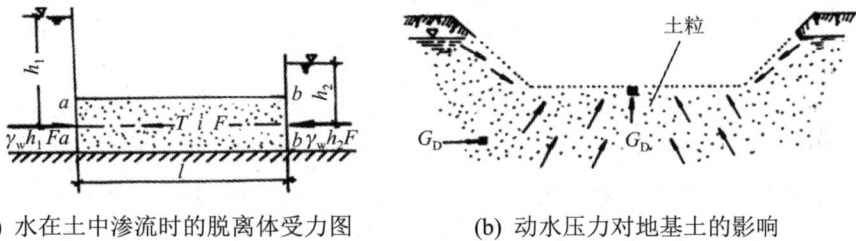

(a) 水在土中渗流时的脱离体受力图　　　　(b) 动水压力对地基土的影响

图 1.26　动水压力原理图

　　水在土中渗流时，作用在砂土脱离体中的全部水体上的力有：作用在土体左端 *a-a* 截面处的总水压力，其方向与水流方向一致，其大小为 $\gamma_w h_1 F$，其中 γ_w 为水的重度，F 为土截面面积；作用在土体右端 *b-b* 截面处的总水压力，其方向与水流方向相反，其大小为 $\gamma_w h_2 F$；水渗流时整个水体受到土颗粒的总阻力，其大小为 TlF(T 为单位体积土体阻力)。

　　由静力平衡条件 $\sum X = 0$(设向右的力为正)，即

$$\gamma_w h_1 F - \gamma_w h_2 F + TlF = 0$$

得

$$T = -\frac{h_1 - h_2}{l}\gamma_w \tag{1.21}$$

式中：$\dfrac{h_1 - h_2}{l}$——水头差与渗透路程 *l* 之比，称为水力坡度，以 *i* 表示；

　　　　"–"——实际方向向左。

式(1.21)可写成

$$T = -i\gamma_w$$

设水在土中渗流时对单位体积土体的压力为 G_D，由作用力与反作用力相等、方向相反的定律可知

$$G_D = -T = i\gamma_w \qquad (1.22)$$

我们称 G_D 为动水压力，其单位为 N/cm³ 或 kN/m³。由式(1.22)可知，动水压力 G_D 的大小与水力坡度成正比，即水头差 $h_1 - h_2$ 愈大，G_D 愈大；而渗透路程度 l 愈长，则 G_D 愈小；动水压力的作用方向与水流方向(向右方向)相同。当水流在水头差的作用下对土颗粒产生向上压力时，动水压力不仅使土粒受到水的浮力，而且还使土粒受到向上的动水压力。如果动水压力等于或大于土的浮重度 γ_w'，即

$$G_D \geqslant \gamma_w'$$

则土粒失去自重，处于悬浮状态，此时土的抗剪强度等于零，土粒能随着渗流的水一起流动，这种现象称为"流砂现象"。

细颗粒(颗粒粒径在 0.005～0.05 mm)、均匀颗粒、松散(土的天然孔隙比大于 75%)、饱和的土容易发生流砂现象。然而，动水压力的大小是决定是否出现流砂现象的重要条件。因此，防治流砂应着眼于减小或消除动水压力。

防治流砂的方法主要有水下挖土法、打板桩法、抢挖法、地下连续墙法、枯水期施工法及井点降水法等。

(1) 水下挖土法：即不排水施工，使基坑内外的水压达到平衡，从而避免形成动水压力。例如，在沉井施工中，采用不排水下沉的方式进行水中挖土和水下浇筑混凝土，这是防治流砂的有效措施。

(2) 打板桩法：将板桩沿基坑周围打入不透水层，以起到截住水流的作用；或者将板桩打入坑底面一定深度，使地下水在流至桩底以下后再流入基坑。这样不仅增加了渗流路程的长度，而且改变了动水压力的方向，从而达到减小动水压力的目的。

(3) 抢挖法：即组织分段抢挖，使挖土速度超过冒砂速度，并抛出大石块以平衡动水压力。若在施工过程中出现局部或轻微的流砂现象，则可组织人力分段抢挖。挖至设计标高后，立即铺设芦席并抛掷大石块，以增加土的压重，从而平衡动水压力。力争在流砂现象产生之前，将基础分段施工完成。

(4) 地下连续墙法：沿基坑周围先浇筑一道钢筋混凝土的地下连续墙，以起到承重、截水和防流砂的作用。该地下连续墙同时也是深基础施工的可靠支护结构。

(5) 枯水期施工法：选择枯水期间进行施工，因为此时地下水位较低，坑内外水位差减小，动水压力也随之减小，从而可以预防和减轻流砂现象。

需要注意的是，以上这些方法在应用上都存在一定的局限性，适用范围有限。

(6) 井点降水法：采用此方法可以降低地下水位至基坑底以下，使动水压力方向向下，增大土颗粒间的有效应力，有助于减少或消除细、粉砂层中的流砂现象。实际上，井点降水方法是避免流砂危害的常用且有效的方法。

3. 井点的种类

井点主要分为轻型井点、喷射井点、电渗井点、管井井点和深井井点。在选择井点降

水方法时，通常需考虑土壤的渗透系数、所需的降水深度、现有设备条件及经济性等因素，可参照表 1.15 进行选择。其中，轻型井点的应用最为广泛。

表 1.15　各种井点的适用范围

井点类型	土层渗透系数/(m/d)	降低水位深度/m
一级轻型井点	0.1～50	3～6
二级轻型井点	0.1～50	6～12
喷射井点	0.1～5	8～20
电渗井点	<0.1	根据选用的井点确定
管井井点	20～200	3～5
深井井点	10～250	>15

4. 轻型井点设备

轻型井点设备主要由管路系统和抽水设备组成，其工作原理如图 1.27 所示。管路系统包括滤管、井点管、弯联管及集水总管等部件。

(1) 滤管。滤管(其构造如图 1.28 所示)作为进水设备，通常采用长度为 1.0～1.5 m、直径为 38 mm 或 51 mm 的无缝钢管制作。管壁钻有直径为 12～18 mm、呈梅花形排列的滤孔，滤孔面积占据滤管表面积的 20%～25%。钢管外部包裹两层孔径不同的滤网，内层为细滤网，采用黄铜丝或尼龙丝布制成，规格为 30～50 孔/cm²；外层为粗滤网或棕皮，采用与滤孔相同的材料，规格为 3～10 孔/cm²。为确保流水顺畅，钢管与滤网之间用塑料管或梯形铅丝隔开，塑料管沿着钢管以螺旋形式缠绕。滤网外部再加绕一层粗铁丝作为保护网，而滤管下端装有一个铸铁塞头。滤管上端则与井点管相连接。

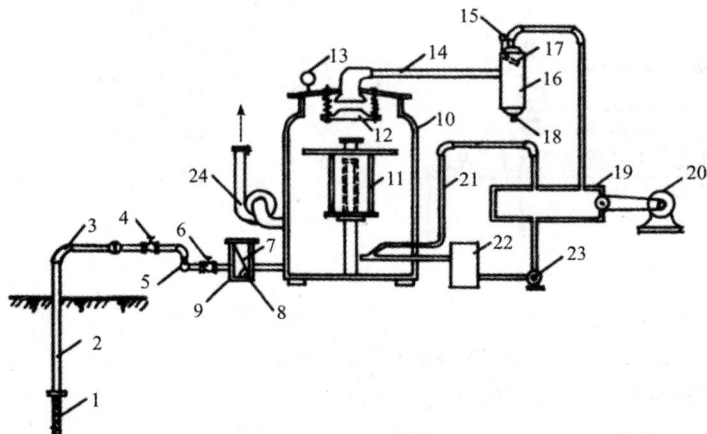

1—滤管；2—井点管；3—弯联管；4—阀门；5—集水总管；
6—闸门；7—滤网；8—过滤箱；9—掏砂孔；10—水气分离器；
11—浮筒；12—阀门；13—真空计；14—进水管；15—压力表；
16—副水气分离器；17—挡水板；18—放水口；19—真空泵；
20—电动机；21—冷却水管；22—冷却水箱；
23—循环水泵；24—离心水泵。

图 1.27　轻型井点设备工作原理

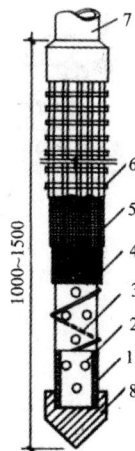

1—钢管；2—管壁上的小孔；
3—缠绕式塑料管；4—细滤网；
5—粗滤网；6—粗铁丝保护网；
7—井点管；8—铸铁塞头。

图 1.28　滤管的构造

(2) 井点管。井点管是直径为 38 mm 或 51 mm、长为 5～7 m 的钢管，可整根或分节组成。井点管的上端用弯联管与集水总管相连。

(3) 弯联管。弯联管通常由与井点管相同或相兼容的材质制成，如无缝钢管，以确保连接的强度和密封性。弯联管的直径需与井点管相匹配，常见的直径为 38 mm 或 51 mm，具体选择取决于井点管的规格。弯联管的长度及弯曲角度则依据现场实际条件及系统设计要求进行制订。

(4) 集水总管。集水总管是直径为 100～127 mm 的无缝钢管，每段长 4 m，其上装有与井点管连接的短接头，间距为 0.8～1.6 m。

常用的抽水设备有真空泵、射流泵和隔膜泵等。抽水设备的最大负荷长度(即集水总管的最大长度)通常为 100～120 m。常用的 W5、W6 型干式真空泵的最大负荷长度分别为 100 m、120 m。

5. 轻型井点的布置

轻型井点的布置应根据基坑的大小、深度，土质情况，地下水位的高低与流向，以及降水深度的要求等来确定。

1) 平面布置

当基坑或沟槽的宽度小于 6 m，且降水深度不超过 5 m 时，可采用单排线状井点(如图 1.29 所示)。这些井点应设置在地下水流的上游一侧，并确保两端延伸的长度不小于坑槽的宽度。

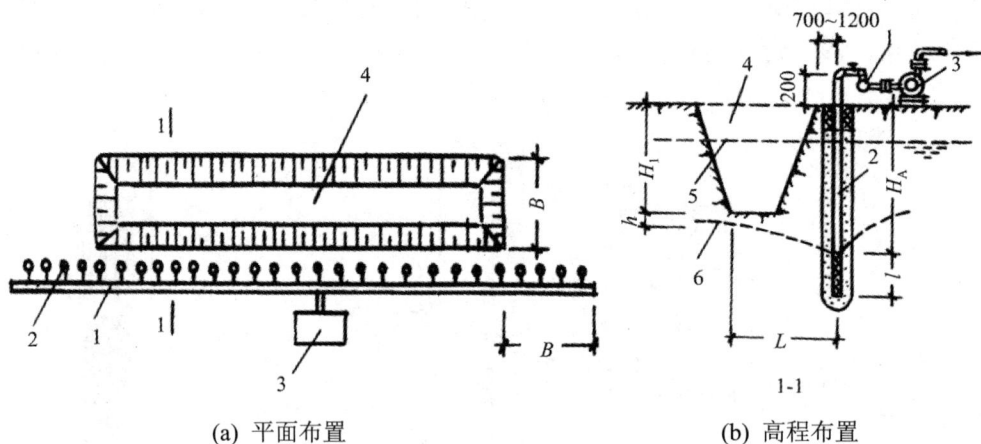

(a) 平面布置   (b) 高程布置

1—集水总管；2—井点管；3—抽水设备；4—基坑；

5—原地下水位线；6—降低后地下水位线。

图 1.29 单排线状井点布置图

当基坑或沟槽的宽度大于 6 m 或土质不良时，采用双排线状井点(见图 1.30)。在地下水流的上游，一排井点管的间距应设置得小一些，而在下游的一排，井点管的间距可以稍大。对于面积较大的基坑，推荐使用环状井点布置(如图 1.31 所示)，有时也可以布置成 U 形，以方便挖土机和运土车辆进出基坑。井点管与基坑壁的距离通常可设为 0.7～1.2 m，以防止局部发生漏气。井点管的间距通常为 0.8 m、1.2 m 或 1.6 m，具体由计算或经验来确定。在集水总管的四角部位，井点管应适当加密。

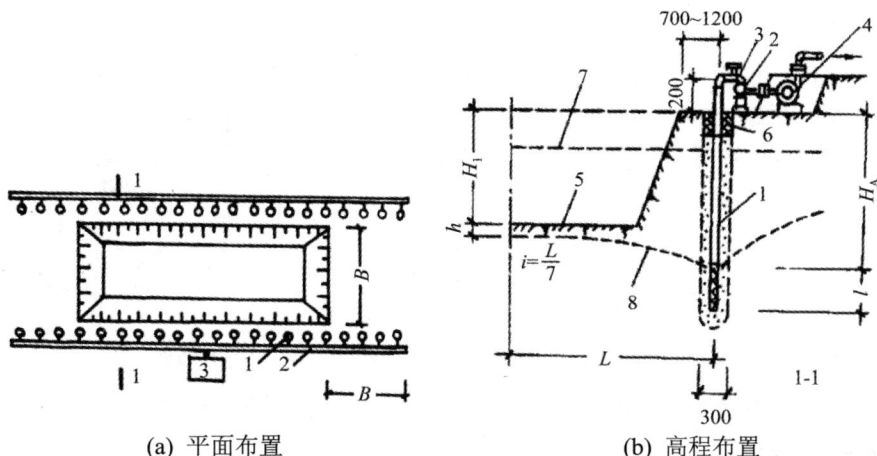

(a) 平面布置　　　　　　　　(b) 高程布置

1—井点管；2—集水总管；3—弯联管；4—抽水设备；5—基坑；6—黏土封孔；

7—原地下水位线；8—降低后地下水位线。

图 1.30　双排线状井点布置图

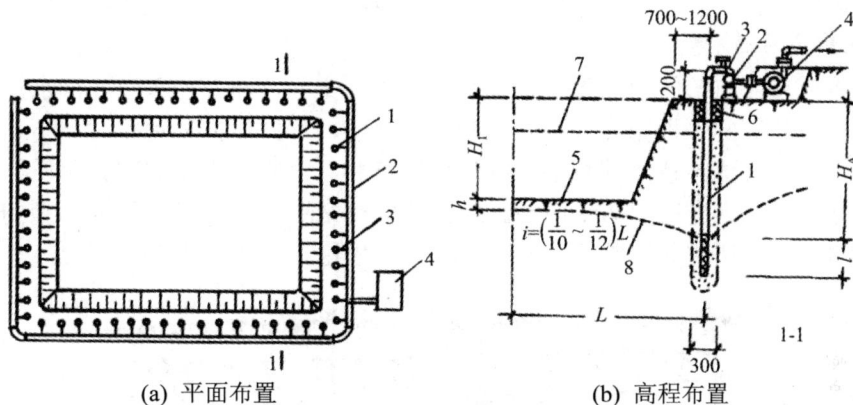

(a) 平面布置　　　　　　　　(b) 高程布置

1—井点管；2—集水总管；3—弯联管；4—抽水设备；5—基坑；

6—黏土封孔；7—原地下水位线；8—降低后地下水位线。

图 1.31　环状井点布置图

2) 高程布置

轻型井点的降水深度从理论上讲可达 10.3 m，但由于管路系统的水头损失，其实际降水深度一般不超过 6 m。井点管的埋设深度 H_A(不包括滤管)按下式计算：

$$H_A \geqslant H_1 + h + iL \tag{1.23}$$

式中：H_1——井点管埋设面至基坑底面的距离(m)；

h——降低后的地下水位至基坑中心底面的距离，一般取 0.5～1.0 m；

i——水力坡度，根据实测，单排线状井点的水力坡度为 1/4～1/5，双排线状井点的水力坡度为 1/7，环状井点的水力坡度为 1/10～1/12；

L——井点管至基坑中心的水平距离，当井点管采用单排线状布置时，L 为井点管至对边坡脚的水平距离。

根据式(1.23)算出 H_A 值，若 H_A 大于 6 m，则应降低井点管抽水设备的埋置面，以满足降水深度要求。具体做法是将井点系统的埋置深度设置得接近原有地下水位线(需预先挖槽),在特定情况下甚至可以略低于地下水位(当上层土质较好时,可先用集水井排水法挖除一层土,再布设井点系统),从而充分利用抽吸能力,增加降水深度。井点管露出地面的长度通常控制在 0.2~0.3 m,以方便与弯联管连接,同时滤管必须置于透水层内。

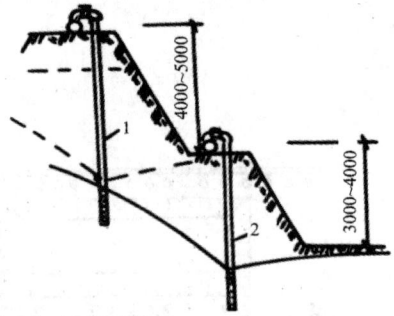

若一级轻型井点无法满足降水深度需求,则可采用二级轻型井点降水方法,即首先挖除第一级轻型井点所排干的土壤,随后在其底部安装第二级轻型井点。二级轻型井点示意图参见图1.32。

1—第一级轻型井点管;2—第二级轻型井点管。

图 1.32 二级轻型井点示意图

6. 轻型井点的设计与计算

井点系统的设计与计算必须建立在可靠资料的基础之上,例如施工现场地形图、水文地质勘察资料以及基坑的设计文件等。在设计井点系统时,除需要确定井点系统的具体布置外,还应当明确井点系统的涌水量,确定井点的数量和间距,并选择合适的井点设备。

1) 井点系统的涌水量

井点系统所需井点管的数量是依据其涌水量来确定的,而井点系统的涌水量则是基于水井理论来进行计算的。根据井底是否达到不透水层,水井可分为完整井与不完整井,凡井底到达含水层下方的不透水层顶面的井称为完整井,否则称为不完整井。根据地下水有无压力,水井又可分为无压井与承压井。水井的分类如图1.33所示。不同类型的井,其涌水量的计算方法也有所差异,其中,无压完整井的理论相对较为成熟。

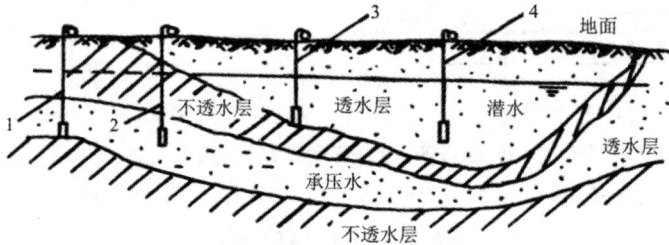

1—承压完整井;2—承压非完整井;3—无压完整井;4—无压非完整井。

图 1.33 水井的分类

(1) 无压完整井的环状井点系统的涌水量。

对于无压完整井(如图1.34(a)所示)的环状井点系统,其涌水量计算公式为

$$Q = 1.366K \frac{(2H-s)s}{\lg R - \lg x_0} \tag{1.24}$$

式中:Q——井点系统的涌水量(m^3/d);

K——土的渗透系数(m/d),可以通过实验室或现场抽水试验确定;

H——含水层厚度(m);

s——基坑中心降水深度(m);

R——抽水影响半径(m);

x_0——井点管围成的大圆井半径或矩形基坑环状井点系统的假想圆半径(m)。

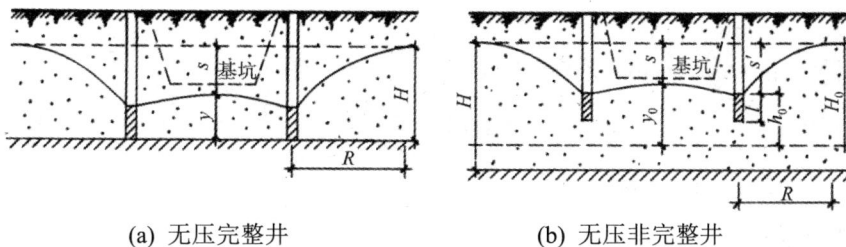

(a) 无压完整井　　　　　　　　　(b) 无压非完整井

图 1.34　环状井点系统涌水量计算简图

当计算涌水量时，需先确定 x_0、R、K 的数值。式(1.24)的理论基础源于圆形井点系统的假设。实践表明，对于长宽比不大于 5 的矩形基坑，可将环状井点系统围成的不规则形状简化为一个假想半径为 x_0 的圆井进行计算，且计算结果满足工程需求。即令

$$\pi x_0^2 = F$$

得

$$x_0 = \sqrt{\frac{F}{\pi}} \tag{1.25}$$

式中：F——环状井点系统所包围的面积(m^2)。

注意：若矩形基坑的长宽比大于 5，或基坑宽度超过抽水影响半径 R 的两倍时，则无法直接使用现有公式进行计算。此时，应将基坑划分为若干小块，以确保每块区域都符合公式的计算条件。然后，分别计算每小块的涌水量，加总后即可得到总涌水量。

抽水影响半径 R 是指井点系统抽水后，地下水位降落曲线达到稳定状态时的影响范围，它与土的渗透系数、含水层厚度、水位降低的数值以及抽水时间等因素有关。在抽水 2～5 d 后，水位降落形成的漏斗形状会趋于稳定，此时，抽水影响半径可以通过以下公式进行近似计算：

$$R = 1.95s\sqrt{HK} \tag{1.26}$$

(2) 无压非完整井的环状井点系统的涌水量。

在实际工程中，往往会遇到无压非完整井的环状井点系统，如图 1.34(b)所示。在这种情况下，地下水不仅会从井的侧面流入，还会从井底渗入，因此其涌水量会比完整井的更大。为了简化计算过程，无压非完整井的环状井点系统的涌水量仍然可以使用式(1.24)进行计算，但需要将式(1.24)中的含水层厚度 H 替换为有效含水深度 H_0，即

$$Q = 1.366K\frac{(2H_0 - s)s}{\lg R - \lg x_0} \tag{1.27}$$

抽水影响半径按式(1.26)计算，仅将式(1.26)中的 H 换成 H_0，即

$$R = 1.95s\sqrt{H_0 K}$$

H_0 的值可通过查表 1.16 确定。当计算得到的 H_0 大于实际的含水层厚度 H 时，仍采用 H 值，此时无压非完整井可以被视为无压完整井。

表 1.16　有效含水深度 H_0 值

$s'/(s'+l)$	0.2	0.3	0.5	0.8
H_0	$1.2(s'+l)$	$1.5(s'+l)$	$1.7(s'+l)$	$1.85(s'+l)$

注：s' 为井点管中水位降落值，l 为滤管长度。

(3) 承压完整井的环状井点系统的涌水量。

承压完整井的环状井点系统涌水量 Q 的计算公式为

$$Q = 2.73K \frac{Ms}{\lg R - \lg x_0} \tag{1.28}$$

式中：M——承压含水层厚度(m)。

2) 井点管数量及井点管间距

确定井点管数量时，首要步骤是确定单根井点管的出水量。单根井点管的最大出水量 q 可通过以下公式计算：

$$q = 65\pi dl\sqrt[3]{K} \tag{1.29}$$

式中：d——滤管的直径(m)；

$\quad\quad l$——滤管的长度(m)；

$\quad\quad K$——土的渗透系数(m/d)。

井点管的最少数量 n 由下式确定：

$$n = 1.1 \times \frac{Q}{q} \tag{1.30}$$

式中：1.1——考虑井点管堵塞等因素时的放大备用系数。

井点管的平均间距为

$$D = \frac{L}{n} \tag{1.31}$$

式中：L——集水总管的长度(m)。

实际采用的井点管平均间距 D 应与集水总管上的接头尺寸相匹配，通常采用的间距为 0.8 m、1.2 m、1.6 m 或 2.0 m。

【例 1.3】 某工程需开挖一矩形基坑，基坑底部的宽度为 12 m、长度为 16 m，基坑的深度为 4.5 m。挖土边坡比例为 1∶0.5。基坑的平面和剖面图如图 1.35 所示。经地质勘探确认，天然地面以下首先是厚度为 1.0 m 的黏土层，紧接着是 8 m 厚的中砂层(渗透系数 K 为 12 m/d)。在离天然地面 9 m 以下的深度，存在不透水的黏土层。地下水位位于地面以下 1.5 m 处。为降低地下水位，本工程决定采用轻型井点系统，请进行井点系统的设计。

解 (1) 布置井点系统。

为使集水总管接近地下水位且不影响地面交通，考虑到天然地面以下 1.0 m 内的土质为具有内聚力的黏土层，我们将集水总管埋设在地面下 0.5 m 处。具体做法是先挖一个深度为 0.5 m 的沟槽，然后在槽底铺设集水总管。此时，基坑上口平面尺寸($A \times B$)为

$$A \times B = [16 + 2 \times 0.5 \times (4.8 - 0.3 - 0.5)] \times [12 + 2 \times 0.5 \times (4.8 - 0.3 - 0.5)]$$
$$= 20 \text{ m} \times 16 \text{ m}$$

将井点系统布置成环状，但为使反铲挖土机和运土车辆有开行路线，在地下水的下游方向一般布置成端部开口(本例中端部开口为 7 m)。另外，考虑到集水总管距离基坑边缘 1.0 m，则总管长度为

$$L_{总} = [(16 + 2) + (20 + 2)] \times 2 - 7 = (18 + 22)] \times 2 - 7 = 73 \text{ m}$$

基坑短边井点管至基坑中心的水平距离为

$$L = \frac{12}{2} + 0.5 \times (4.8 - 0.3 - 0.5) + 1.0 = 9 \text{ m}$$

基坑中心要求降水深度为

$$s = (4.8 - 0.3) - 1.5 + 0.5 = 3.5 \text{ m}$$

采用一级轻型井点,井点管的埋设深度 H_A (不包括滤管)按下式计算:

$$H_A \geqslant H_1 + h + iL = (4.8 - 0.3 - 0.5) + 0.5 + \frac{1}{10} \times 9 = 5.4 \text{ m}$$

采用长为 6.0 m、直径为 51 mm 的井点管,滤管长度为 1.0 m。为确保与集水总管顺利连接,井点管露出地面 0.2 m,埋入土中的实际长度为 5.8 m(不包括滤管)(该长度大于所需的最小埋设深度 5.4 m),故高程布置符合要求。

此时,基坑中心实际降水深度应修正为

$$s = 3.5 + (6.0 - 0.2) - 5.4 = 3.9 \text{ m}$$

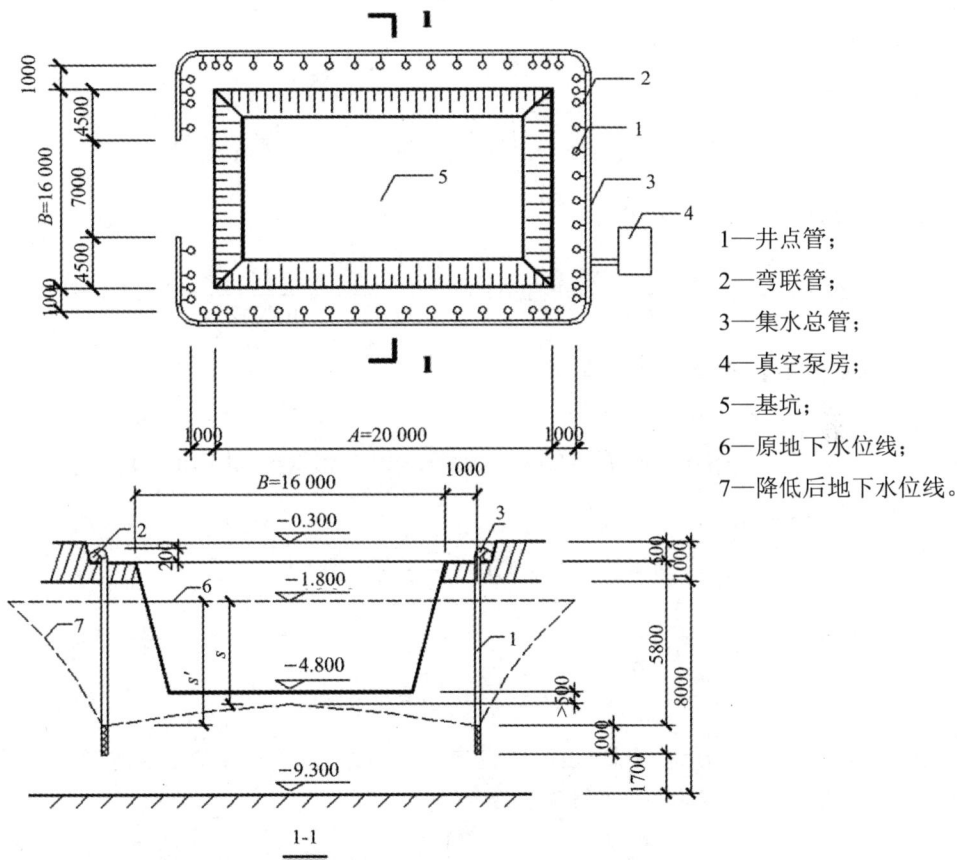

1—井点管;
2—弯联管;
3—集水总管;
4—真空泵房;
5—基坑;
6—原地下水位线;
7—降低后地下水位线。

图 1.35 轻型井点布置计算实例示意图

(2) 计算基坑涌水量。

井点管及滤管总长为 6.0 + 1.0 = 7.0 m,滤管底部到不透水层的距离为

$$(9.3 - 0.3) - (7.0 - 0.2) - 0.5 = 1.7 \text{ m} > 0$$

故可按无压非完整井的环形井点系统计算涌水量。

基坑中心实际降水深度为

$$s = 3.5 + (6.0 - 0.2) - 5.4 = 3.9 \text{ m}$$

井点管中水位降落值为

$$s' = s + iL = 3.9 + \frac{1}{10} \times 9 = 4.8 \text{ m}$$

有效含水深度 H_0 按表 1.16 求出。由 $\dfrac{s'}{s'+l} = \dfrac{4.8}{4.8+1.00} \approx 0.8$ 得

$$H_0 = 1.85 \times (s' + l) = 1.85 \times (4.8 + 1.0) = 10.73 \text{ m}$$

实际含水层厚度为

$$H = 9 - 1.5 = 7.5 \text{ m}$$

由于 $H_0 > H$，因此取 $H_0 = H = 7.5$ m。

抽水影响半径 R 为

$$R = 1.95 s \sqrt{H_0 K} = 1.95 \times 3.9 \times \sqrt{7.5 \times 12} = 72.15 \text{ m}$$

由于 $\dfrac{20}{16} \leqslant 5$，故矩形基坑环状井点系统的假想圆半径 x_0 为

$$x_0 = \sqrt{\frac{F}{\pi}} = \sqrt{\frac{18 \times 22}{\pi}} = 11.23 \text{ m}$$

将以上各值代入式(1.27)得

$$Q = 1.366 K \frac{(2H_0 - s)s}{\lg R - \lg x_0} = 1.366 \times 12 \times \frac{(2 \times 7.5 - 3.9) \times 3.9}{\lg 72.15 - \lg 11.23} = 878.23 \text{ m}^3 / \text{d}$$

(3) 确定井点管数量及井点管间距。

单根井点管的最大出水量为

$$q = 65 \pi d l \sqrt[3]{K} = 65 \times \pi \times 0.051 \times 1.0 \times \sqrt[3]{12} = 23.84 \text{ m}^3 / \text{d}$$

井点管的数量为

$$n = 1.1 \times \frac{Q}{q} = 1.1 \times \frac{878.23}{23.84} = 40.5 \approx 41 \text{ 根}$$

井点管的平均间距为

$$D = \frac{L_\text{总}}{n} = \frac{73}{41} = 1.78 \text{ m}$$

因为实际采用的井点管平均间距 D 应当与集水总管上接头尺寸相适应，所以取井点管的平均间距为 1.60 m，因此井点管的数量应为

$$n_\text{实} = \frac{L_\text{总}}{D_\text{实}} = \frac{73}{1.60} = 45.6 \approx 46 \text{ 根}$$

在基坑四角处，井点管应加密布置，每个角增加 2 根管，故实际采用的井点管总数为 46 + 8 = 54 根。

(4) 选择抽水设备。

抽水设备所带动的集水总管长度为 80 m，故可选用 W5 型干式真空泵一套。

水泵的抽水流量为

$$Q_1 = 1.1 \times Q = 1.1 \times 878.23 = 966.05 \text{ m}^3/\text{d} = 40.25 \text{ m}^3/\text{h}$$

水泵的吸水扬程为

$$H_s \geqslant 6.0 + 1.0 = 7.0 \text{ m}$$

根据 Q_1 及 H_s 的数值，选用 3B33 型离心泵，实际施工中选用 2 台，其中 1 台作为备用。

3) 井点管的埋设与使用

(1) 井点管的埋设。

轻型井点的施工过程主要包括准备工作，井点管的埋设、使用及拆除。准备工作包括井点设备、动力、水源及必要材料的准备，排水沟的开挖，附近建筑物的标高观测以及防止附近建筑物沉降措施的实施。

埋设井点管的程序是先排放集水总管，接着埋设井点管，并用弯联管将井点管与集水总管接通，最后安装抽水设备。井点管的埋设一般采用水冲法，并分为冲孔(如图 1.36(a) 所示)与埋管(如图 1.36(b)所示)两个步骤。

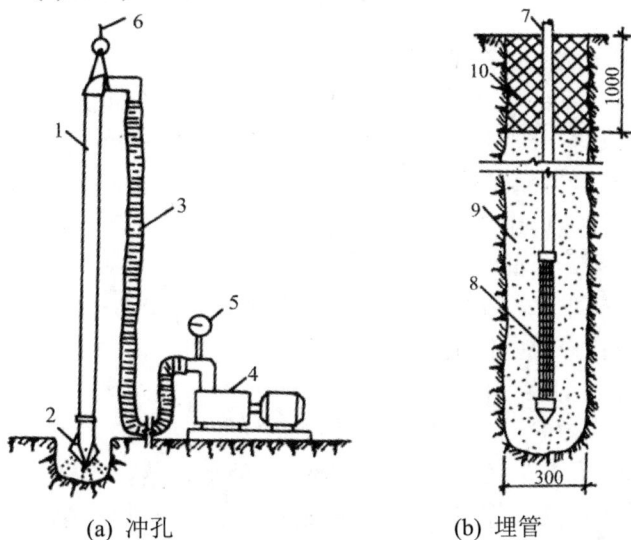

(a) 冲孔 (b) 埋管

1—冲管；2—冲嘴；3—胶皮管；4—高压水泵；5—压力表；6—起重机吊钩；7—井点管；
8—滤管；9—填砂；10—黏土封口。

图 1.36 井点管的埋设

冲孔时，先使用起重机将冲管吊起并放置在井点的位置上，然后启动高压水泵，将土壤冲松，冲管则边冲边下沉。冲孔直径通常为 300 mm，以确保井点管四周有足够厚度的砂滤层。冲孔深度宜比滤管底部深约 0.5 m，以防止冲管拔出时部分土颗粒沉积于底部而触及滤管底部。

井孔冲成后，应立即拔出冲管，插入井点管，并在井点管与孔壁之间迅速填灌砂滤层，以防止孔壁塌土。砂滤层的填灌质量是确保轻型井点顺利抽水的关键，一般应选用干净的粗砂，填灌均匀，并填至滤管顶上 1~1.5 m，以保证水流畅通。井点填砂后，在地面以下 0.5~1.0 m 的范围内需使用黏土进行封口，以防止漏气。

井点管埋设完毕后，应接通集水总管与抽水设备进行试抽水，检查是否存在漏水、漏气现象，出水是否正常，以及有无淤塞等问题。如发现异常情况，应检修完毕后方可继续使用。

(2) 井点管的使用。

使用轻型井点时，应保证连续不断地抽水，并准备双电源。若时抽时停，则滤网易堵塞，也容易抽出土粒，导致水质混浊，并可能引起附近建筑物因土粒流失而沉降开裂。正常的出水规律是"先大后小，先混后清"。抽水过程中需要经常观测真空度，以判断井点系统是否正常工作，真空度一般应不低于 55.3～66.7 kPa。造成真空度不足的原因较多，但通常是由于管路系统漏气，应及时检查并采取相应措施。

井点管淤塞时，一般可通过听管内水流声响、手扶管壁感受振动、夏冬季手摸管子感受温度变化等简便方法进行检查。当发现淤塞的井点管数量过多，严重影响降水效果时，应逐根用高压水进行反向冲洗或拔出重新埋设。

地下构筑物竣工并进行回填土后，方可拆除井点系统。拔出井点管时多借助于倒链、起重机等工具，所留孔洞应用砂或土填实。若地基有防渗要求，则地面上 2 m 范围内的孔洞应用黏土填实。

8. 回灌井点法

井点降水具有诸多优点，在基础施工中得到广泛应用，但其影响范围较大，影响半径可达百米甚至数百米，且会导致周围土壤固结，进而引起地面沉陷。特别是在弱透水层和压缩性大的黏土层中进行降水时，由于地下水流改变造成的地下水位下降、地基自重应力增加及土层压缩等现象，会产生较大的地面沉降；同时，由于土层的不均匀性和降水后地下水位呈漏斗状分布，四周土层的自重应力变化不一致，从而导致不均匀沉降，使周围建筑基础下沉或房屋开裂。因此，在建筑物附近进行井点降水时，为防止降水对区域内建筑物造成影响或损害，必须采取措施阻止建筑物下地下水的流失。除可在降水区域和原有建筑物之间的土层中设置一道固体抗渗屏障(如水泥搅拌桩、灌注桩加压密注浆桩、旋喷桩、地下连续墙)外，较经济且常用的方法是用回灌井点补充地下水，以保持地下水位。回灌井点是在降水井点与要保护的已有建筑物之间设置的一排井点，在井点降水的同时，向土层中灌入足够数量的水，形成一道隔水帷幕，使井点降水的影响半径不超过回灌井点的范围，从而阻止回灌井点外侧的建筑物下的地下水流失。这样，就不会因降水而导致地面沉降，或减少沉降值。回灌井点的布置图与水位图如图 1.37 所示。

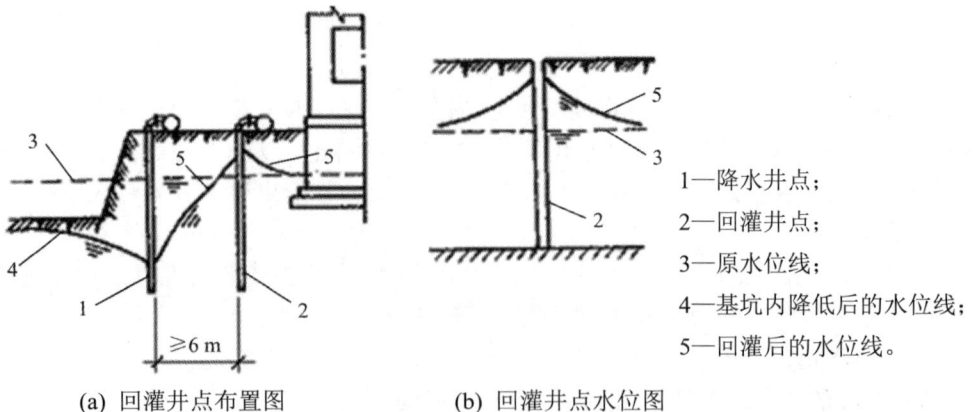

1—降水井点；
2—回灌井点；
3—原水位线；
4—基坑内降低后的水位线；
5—回灌后的水位线。

(a) 回灌井点布置图　　　(b) 回灌井点水位图

图 1.37　回灌井点的布置图与水位图

为了防止降水井点和回灌井点相通,回灌井点与降水井点之间应保持一定的距离,一般不宜小于 6 m,否则基坑内水位无法下降,将失去降水的作用。回灌井点的深度一般应控制在长期降水曲线下 1 m 左右为宜,并应设置在渗透性较好的土层中。

为了观测降水及回灌后四周建筑物、管线的沉降情况以及地下水位的变化情况,必须设置沉降观测点及水位观测井,并定时进行测量和记录,以便及时调节灌、抽量,使灌、抽基本达到平衡,确保周围建筑物或管线等的安全。

8. 其他井点

1) 喷射井点

当基坑开挖较深,采用多级轻型井点不经济时,宜采用喷射井点。喷射井点的降水深度可达 20 m,特别适用于降水深度超过 6 m、土层渗透系数为 0.1~2 m/d 的弱透水层。

喷射井点根据其工作时使用的喷射介质(液体和气体)的不同,分为喷水井点和喷气井点两种。喷射井点设备主要由喷射井点管、高压水泵(或空气压缩机)和管路系统等组成。喷射井点设备及平面布置简图如图 1.38 所示。喷射井点管由内管和外管组成,内管下端装有喷射扬水器,与滤管相连。当高压水(0.7~0.8 MPa)经内、外管之间的环形空间通过喷射扬水器侧孔流向喷嘴并喷出时,由于过水断面突然收缩变小,工作水流在喷嘴处获得极高的流速(30~60 m/s),在喷口附近造成负压并形成一定真空,从而将地下水经滤管吸入混合室与高压水汇合。汇合后的水流经扩散管时,由于截面扩大,水流速度相应减小,水的压力逐渐升高,然后沿内管上升经排水总管排出。

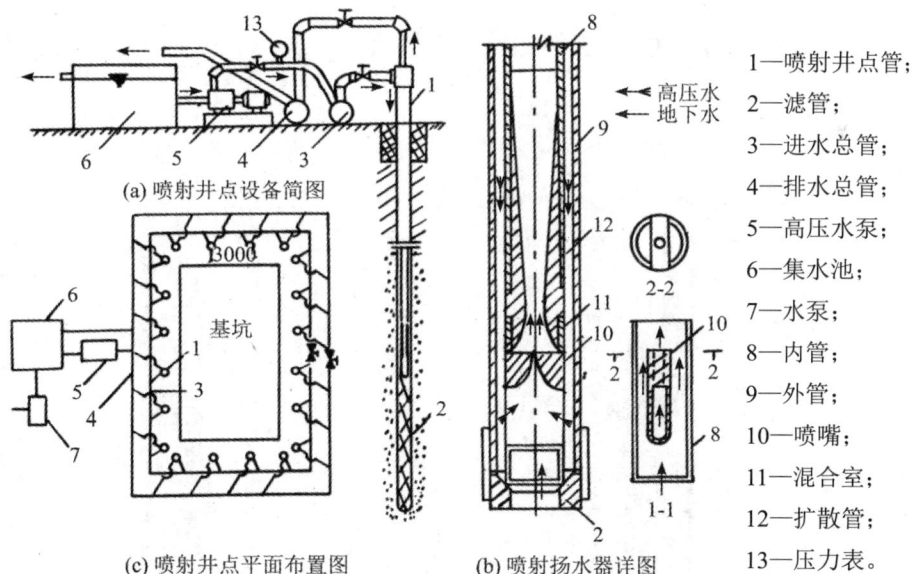

图 1.38　喷射井点设备及平面布置简图

(a) 喷射井点设备简图
(c) 喷射井点平面布置图
(b) 喷射扬水器详图

1—喷射井点管;
2—滤管;
3—进水总管;
4—排水总管;
5—高压水泵;
6—集水池;
7—水泵;
8—内管;
9—外管;
10—喷嘴;
11—混合室;
12—扩散管;
13—压力表。

2) 电渗井点

电渗井点适用于土的渗透系数小于 0.1 m/d 的含水层中,当使用一般井点无法降低地下水位时,尤其宜用于淤泥排水。

电渗井点降水的原理(如图 1.39 所示)是在降水井点管的内侧打入金属棒(钢筋或钢管),并连接导线。当通入直流电后,土颗粒会发生从井点管(阴极)向金属棒(阳极)移动的电泳现象,而地下水则会出现从金属棒(阳极)向井点管(阴极)流动的电渗现象,从而达到使软土地基易于排水的目的。

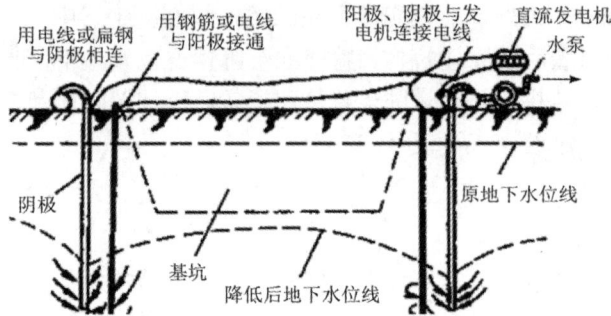

图 1.39 电渗井点降水示意图

电渗井点以采用轻型井点管或喷射井点管作为阴极,以 $\phi20\sim\phi25$ 钢筋或 $\phi50\sim\phi75$ 钢管作为阳极。阳极埋设在井点管内侧,与阴极并列或交错排列。当使用轻型井点时,两极之间的距离为 0.8~1.0 m;当使用喷射井点时,两极之间的距离为 1.2~1.5 m。阳极的入土深度应比井点管的深 500 mm,同时露出地面 200~400 mm。阴、阳极的数量应相等,并分别用电线连接成通路,然后接到直流发电机或直流电焊机的相应电极上。

3) 管井井点

管井井点(见图 1.40)就是沿基坑每隔 20~50 m 设置一个管井,每个管井配备一台水泵(如潜水泵、离心泵)进行不断抽水,以降低地下水位。采用管井井点法时,地下水位可降低 5~10 m,这种方法适用于土的渗透系数较大($K = 20\sim200$ m/d)且地下水量大的砂类土层。

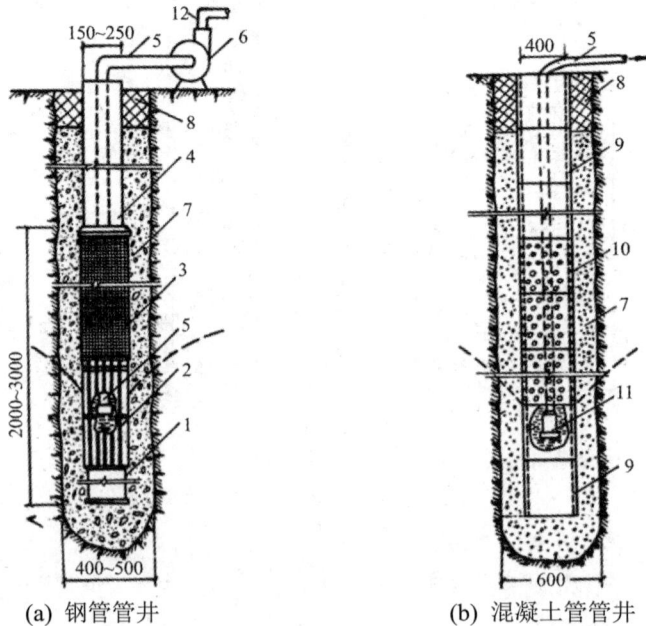

(a) 钢管管井　　　　　(b) 混凝土管管井

1—沉砂管;2—钢筋焊接骨架;3—滤网;4—管身;5—吸水管;6—离心泵;7—小砾石过滤层;
8—黏土封口;9—混凝土实管;10—混凝土过滤管;11—潜水泵;12—出水管。

图 1.40 管井井点

　　当要求的降水深度较大，且管井井点内采用一般的离心泵或潜水泵无法满足需求时，可采用特制的深井泵，其降水深度可达 50 m。

　　目前，在上海等地区应用较多的是带真空装置的深井泵。每个深井泵由井点管和滤管组成，并单独配备一台电动机和一台真空泵。启动该种深井泵后，达到一定的真空度即可实现深层降水的目的，即使在渗透系数较小的淤泥质黏土中也能有效降水。

1.4　土方工程的机械化施工

1.4.1　常用的土方施工机械

　　土方工程的施工过程包括土方开挖、运输、填筑与压实等步骤。由于土方工程量大、劳动繁重，施工时应尽可能采用机械化或半机械化施工方式，以减轻繁重的体力劳动，加快施工进度，并降低工程造价。

1. 推土机

　　推土机是土方工程施工中的主要机械之一，它是由履带式拖拉机安装推土铲刀等工作装置构成的机械。根据铲刀操纵机构的不同，推土机分为索式推土机和液压式推土机两种。索式推土机的铲刀依靠自身重量切入土中，在硬土中的切土深度较小。而液压式推土机则利用液压操纵，能使铲刀强制切入土中，具有较大的切土深度。同时，液压式推土机的铲刀还可以调整角度，具有更大的灵活性，是目前常用的一种推土机，其外形如图 1.41 所示。

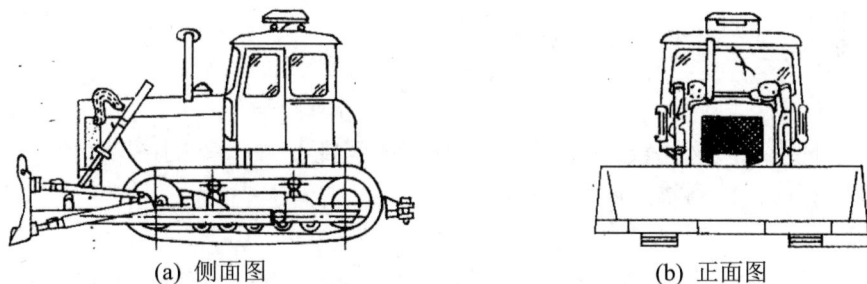

(a) 侧面图　　　　　　　　　　　　　(b) 正面图

图 1.41　液压式推土机外形图

　　推土机操纵灵活，运转方便，所需工作面较小，行驶速度快，易于转移，能爬 30° 左右的缓坡，因此应用范围较广。它适用于开挖一至三类土，多用于挖土深度不大的场地平整，开挖深度不大于 1.5 m 的基坑，以及回填基坑和沟槽。同时，推土机也可用于堆筑高度在 1.5 m 以内的路基、堤坝，平整其他机械卸置的土堆；推送松散的硬土、岩石和冻土，配合铲运机进行助铲作业；配合挖土机施工，为其清理余土和创造工作面。此外，卸下铲刀后，推土机还能牵引其他无动力的土方施工机械，如拖式铲运机、松土机、羊足碾等，进行土方的其他施工过程。

　　推土机的运距应控制在 100 m 以内，其中效率最高的推运距离为 40～60 m。为提高推土机的生产率，可采用下述四种施工方法。

(1) 下坡推土法(如图 1.42 所示)。

推土机顺地面坡势沿下坡方向推土，借助机械本身的重力作用，可增大铲刀的切土深度和运土数量，从而提高推土机的效率和缩短推土时间，一般可提高生产率 30%～40%。但坡度不宜大于 15°，以免后退时爬坡困难。

(2) 槽形推土法(如图 1.43 所示)。

当运距较远且挖土层较厚时，利用已推过的土槽再次推土，可以减少铲刀两侧土的散漏，这样作业可提高生产率 10%～30%。槽深以 1 m 左右为宜，槽间土埂宽约 0.5 m。在推出多条槽后，再将土埂推入槽内，然后统一运出。

图 1.42 下坡推土法

图 1.43 槽形推土法

此外，当推运疏松土壤且运距较大时，还应在铲刀两侧安装挡板，以增加铲刀前土的体积，减少土向两侧的散失。在土层较硬的情况下，可在铲刀前面安装活动松土齿。当推土机倒退回程时，这些松土齿即可将土翻松，从而减少切土时的阻力，提高切土运行速度。

(3) 并列推土法(如图 1.44 所示)。

对于大面积的施工区，可用 2～3 台推土机并列推土。推土时，两铲刀相距 15～30 cm，这样可以减少土的散失并增大推土量，能提高生产率 15%～30%。但平均运距不宜超过 50～75 m，亦不宜小于 20 m；且推土机数量不宜超过 3 台，否则倒车不便，行驶不一致，反而会影响生产率的提高。

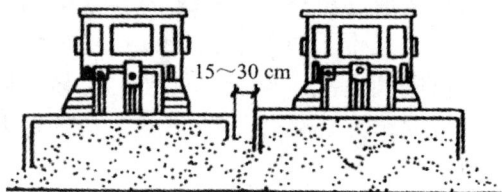

图 1.44 并列推土法

(4) 集中推土法。

当运距较远且土质又比较坚硬时，由于切土的深度不大，宜采用多次铲土、集中推土的方法，使铲刀前保持满载，以提高生产率。

2. 铲运机

铲运机是一种能够独立完成铲土、运土、卸土、填筑、整平等作业的土方机械。按行走机构的不同，铲运机可分为拖式铲运机(如图 1.45 所示)和自行式铲运机(如图 1.46 所示)两种。拖式铲运机由拖拉机牵引行驶，而自行式铲运机的行驶和作业都依靠其本身的动力设备。

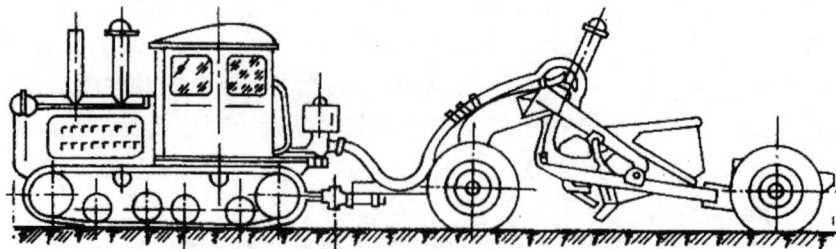

图 1.45   C6-2.5 型拖式铲运机外形图

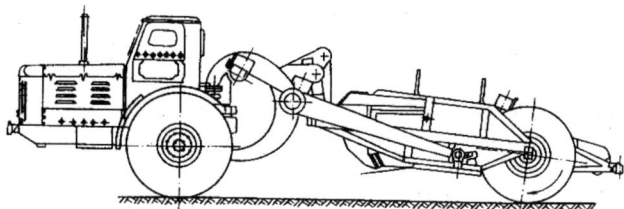
图 1.46　C3-6 型自行式铲运机外形图

铲运机的工作装置是铲斗，铲斗前方有一个能开启的斗门，铲斗前还设有切土刀片。切土时，铲斗门打开，铲斗下降，刀片切入土中。铲运机前进时，被切入的土挤入铲斗内；铲斗装满土后，提起铲斗，放下斗门，将土运至卸土地点。

铲运机对行驶的道路要求较低，操纵灵活，生产率较高。它可以在一至三类土中直接进行挖土、运土作业，常用于坡度在 20° 以内的大面积土方挖填、平整和压实工作，以及大型基坑、沟槽的开挖，路基和堤坝的填筑。但铲运机不适于在砾石层、冻土地带及沼泽地区使用。在坚硬土开挖时，需要用推土机助铲或用松土机配合。

在土方工程中，常使用的铲运机的铲斗容量为 2.5～8 m³。自行式铲运机适用于运距为 800～3500 m 的大型土方工程施工，尤其在运距为 800～1500 m 时生产率最高；拖式铲运机适用于运距为 80～800 m 的土方工程施工，在运距为 200～350 m 时生产率最高。当采用双联铲运或挂大斗铲运时，运距可增加到 1000 m。一般来说，运距越长，生产率越低。因此，在规划铲运机的运行路线时，应力求符合经济运距的要求。为提高铲运机的生产率，一般可采用下述方法。

1) 合理选择铲运机的开行路线

在场地平整施工中，铲运机的开行路线应根据场地挖、填方区分布的具体情况合理选择，这对提高铲运机的生产率有很大影响。铲运机的开行路线一般有以下几种：

(1) 环形路线。当地形起伏不大，施工地段较短时，多采用环形路线(如图 1.47(a)、(b)所示)。环形路线每一循环只完成一次铲土和卸土，挖土和填土交替进行。当挖、填方区之间距离较短时，可采用大环形路线(如图 1.47(c)所示)，一个循环能完成多次铲土和卸土，这样可减少铲运机的转弯次数，提高工作效率。

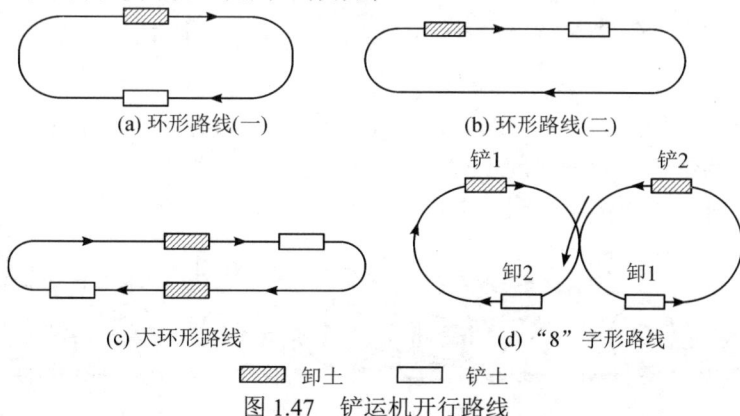

(a) 环形路线(一)　　(b) 环形路线(二)

(c) 大环形路线　　(d) "8" 字形路线

▨ 卸土　　▭ 铲土
图 1.47　铲运机开行路线

(2) "8" 字形路线。当施工地段较长或地形起伏较大时，多采用 "8" 字形路线(如图 1.47(d)所示)。采用这种开行路线时，铲运机在上下坡时斜向行驶，受地形坡度限制较小；

一个循环中两次转弯方向不同，可避免机械行驶时的单侧磨损；一个循环完成两次铲土和卸土，减少了转弯次数及空车行驶距离，从而亦可缩短运行时间，提高生产率。

尚需指出，铲运机应避免在转弯时铲土，否则铲刀受力不均，容易引起翻车事故。因此，为了充分发挥铲运机的效能，保证能在直线段上铲土并装满铲斗，铲土区应有足够的最小铲土长度。

2) 合理选择施工方法

为了提高铲运机的生产效率，除合理选择开行路线外，还可根据不同的施工条件选择不同的施工方法，具体如下。

(1) 下坡铲土法。铲运机利用地形进行下坡推土，借助铲运机的重力，加深铲斗切土深度，缩短铲土时间；但纵坡不得超过 25°，横坡不得大于 5°。铲运机不能在陡坡上急转弯，以免翻车。

(2) 跨铲法(如图 1.48 所示)。跨铲法是指铲运机采用间隔铲土的方式，预留土埂。这样，在间隔铲土时，由于形成一个沟槽，可减少向外撒土量；在铲土埂时，铲土阻力会减小。一般土埂的高度不大于 300 mm，宽度不大于拖拉机两履带间的净距。

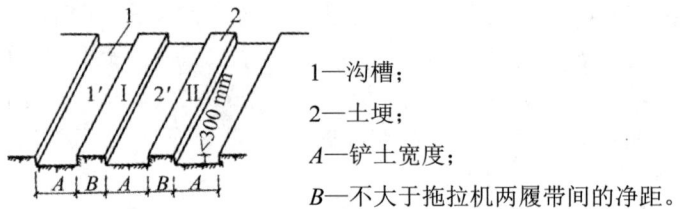

1—沟槽；

2—土埂；

A—铲土宽度；

B—不大于拖拉机两履带间的净距。

图 1.48　跨铲法

(3) 推土机助铲法(如图 1.49 所示)。在地势平坦、土质较坚硬的情况下，可使用推土机在铲运机后面进行顶推，以加大铲刀的切土能力，缩短铲土时间，提高生产率。在助铲的间隙，推土机还可以兼作松土或平整工作，为铲运机创造更好的作业条件。

图 1.49　推土机助铲

(4) 双联铲运法(如图 1.50 所示)。当拖式铲运机的动力有余时，可在拖拉机后面串联两个铲斗以进行双联铲运。对于坚硬土层，可采用双联单铲的方式，即先铲满一个铲斗，再铲另一个铲斗；对于松软土层，则可采用双联双铲的方式，即两个铲斗同时铲土。

图 1.50　双联铲运法

(5) 挂大斗铲运法。在土质松软地区，可改用大型铲斗，以充分利用拖拉机的牵引力，从而提高生产效率。

3. 单斗挖土机

单斗挖土机是基坑(槽)土方开挖常用的一种机械。按行走装置的不同，单斗挖土机分为履带式和轮胎式两类。根据工作的需要，单斗挖土机的工作装置可以更换。按工作装置的不同，单斗挖土机分为正铲挖土机、反铲挖土机、拉铲挖土机和抓铲挖土机四种。

1) 正铲挖土机

正铲挖土机的挖土特点是前进向上，强制切土。它适用于开挖停机面以上的一至三类土，且需与运土汽车配合完成整个挖运任务。正铲挖土机挖掘力大，生产率高。开挖大型基坑时需设坡道，挖土机在坑内作业，因此适宜在土质较好、无地下水的地区工作。当地下水位较高时，应采取降低地下水位的措施，将基坑土疏干。

(1) 正铲挖土机的作业方式。

根据挖土机的开挖路线与汽车相对位置的不同，正铲挖土机的作业方式分为正向挖土、侧向卸土和正向挖土、后向卸土两种。

正向挖土、侧向卸土如图 1.51(a)所示，即挖土机沿前进方向挖土，运输车辆停在侧面装土(可停在停机面上或高于停机面)。采用这种作业方式时，挖土机卸土时动臂转角小，运输车辆行驶方便，因此生产率高，应用较广。

正向挖土、后向卸土如图 1.51(b)所示，即挖土机沿前进方向挖土，运输车辆停在挖土机后方进行装土。采用这种作业方式时，挖土机卸土时的动臂转角较大，导致生产率较低，且运输车辆需要倒车进入。这种方式一般在基坑窄而深的情况下采用。

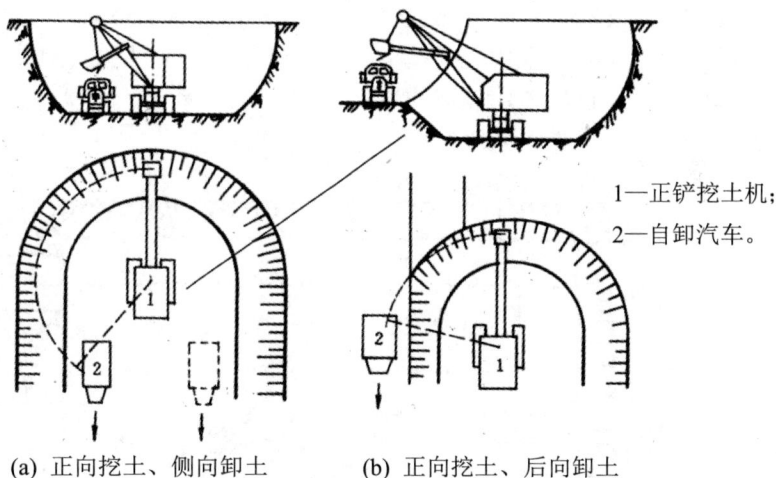

1—正铲挖土机；
2—自卸汽车。

(a) 正向挖土、侧向卸土　　　(b) 正向挖土、后向卸土

图 1.51　正铲挖土机的作业方式

(2) 正铲挖土机的工作面。

挖土机的工作面是指挖土机在一个停机点进行挖土时的工作范围。工作面的形状和尺寸取决于挖土机的性能和卸土方式。根据正铲挖土机作业方式的不同，其工作面分为侧工作面和正工作面两种。

挖土机侧向卸土时形成的工作面是侧工作面。根据运输车辆与挖土机的停放标高是否相同，侧工作面可分为高卸侧工作面(车辆停放处高于挖土机停机面)及平卸侧工作面(车辆与挖土机在同一标高)。高卸、平卸侧工作面的形状及尺寸分别见图 1.52(a)和图 1.52(b)。

挖土机后向卸土时形成的工作面为正工作面，该工作面的形状和尺寸是左右对称的。

正工作面的右半部与图 1.52(b)中平卸侧工作面的右半部相同。。

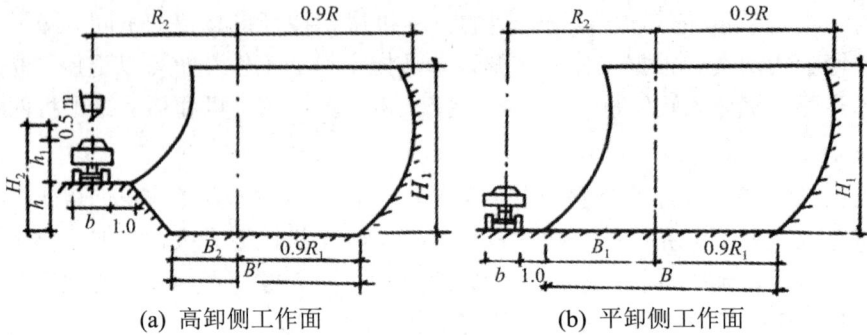

(a) 高卸侧工作面　　　　　　　　(b) 平卸侧工作面

图 1.52　侧工作面的形状及尺寸

(3) 正铲挖土机的开行通道。

开行通道指的是挖土机作业时所需遵循的既定开行路线和预设的工作面区域。这些通道和工作面的设计旨在明确挖土机的开行次序和次数，以确保基坑开挖工作能够高效、有序地进行。具体而言，开行通道包括挖土机进入基坑的初始路径(必要时需挖设坡道以便顺利进入)、在基坑内作业时的移动路径，以及挖掘任务完成后退出基坑的路径。在设计这些通道时，需综合考虑挖土机的作业半径、基坑的尺寸与形状、开挖深度、土壤特性以及现场安全规范等多个因素。通过精心规划开行通道，可以最大化挖土机的工作效率，减少重复作业和不必要的移动，同时确保施工全过程的安全性和稳定性。

当基坑开挖深度较小时，可布置一层开行通道(如图 1.53 所示)。基坑开挖时，挖土机需开行三次。第一次开行采用正向挖土、后向卸土的作业方式，其工作面为正工作面。挖土机进入基坑时需挖设坡道，坡道的坡度约为 1∶8。第二、三次开行时采用正向挖土、侧向卸土的作业方式，工作面为平卸侧工作面。

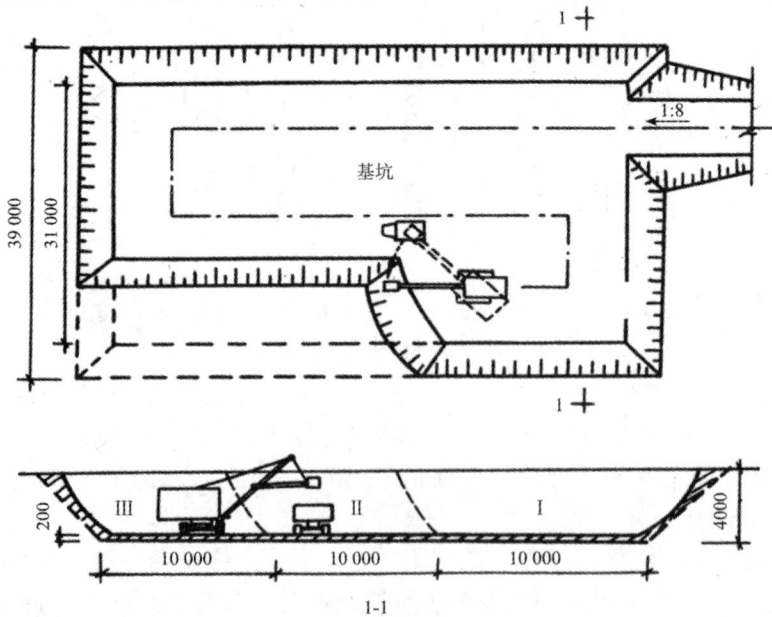

Ⅰ、Ⅱ、Ⅲ—通道断面及开挖顺序

图 1.53　正铲一层通道多次开挖基坑

当基坑宽度稍大于正工作面的宽度时，为了减少挖土机的开行次数，可采用加宽工作面的方法。此时，挖土机按"之"字形路线开行，如图 1.54(a)所示。

当基坑开挖深度较大时，开行通道可布置成多层。三层通道开挖的情况如图 1.54(b)所示。

(a) 一层通道"之"字形开挖　　　　　　　(b) 三层通道开挖

图 1.54　正铲开挖基坑

2) 反铲挖土机

反铲挖土机的挖土特点是后退向下，强制切土。反铲挖土机的挖掘力比正铲挖土机的小，能开挖停机面以下的一至三类土(机械传动反铲挖土机只宜挖一至二类土)。它不需设置进、出口通道，特别适用于一次开挖深度在 4 m 左右的基坑、基槽、管沟，也可用于地下水位较高的土方开挖。在深基坑开挖时，依靠止水挡土结构或井点降水，反铲挖土机通过下坡道，采用台阶式接力方式进行挖土也是常用方法。反铲挖土机可以与自卸汽车配合，装土运走，也可将土弃置于坑槽附近。履带式机械传动反铲挖土机如图 1.55 所示，履带式液压反铲挖土机见图 1.56。

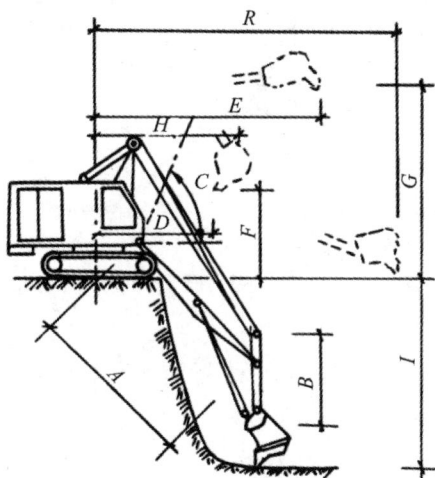

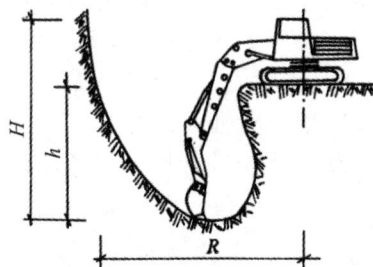

图 1.55　履带式机械传动反铲挖土机　　　　　图 1.56　履带式液压反铲挖土机

反铲挖土机的作业方式可分为沟端开挖(如图 1.57(a)所示)和沟侧开挖(如图 1.57(b)所示)两种。沟端开挖是指挖土机停在基坑(槽)的端部，向后倒退进行挖土，汽车停在基槽两侧进行装土。沟端开挖的优点是挖土机停放平稳，装土或甩土时的回转角度小，因此挖土效率较高，且挖的深度和宽度也较大。当基坑较宽时，可采用多次并行开挖的方式，如图 1.58 所示。

沟侧开挖是指挖土机沿基槽的一侧移动进行挖土，并将土弃置于距基槽较远处。在进行沟侧开挖时，开挖方向与挖土机的移动方向相垂直，因此挖土机的稳定性较差，且挖的深度和宽度均较小。这种方法一般只在无法采用沟端开挖或挖出的土不需要运走时采用。

(a) 沟端开挖   (b) 沟侧开挖

1—反铲挖土机；2—自卸汽车；3—弃土堆。

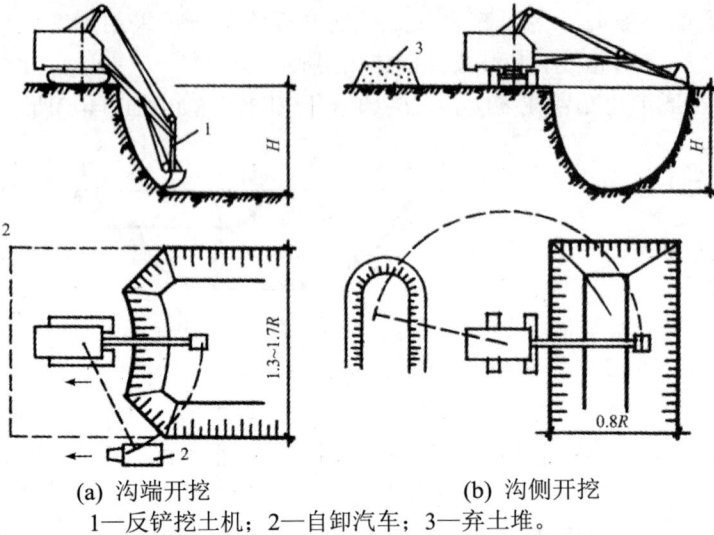

图 1.57   反铲挖土机的作业方式

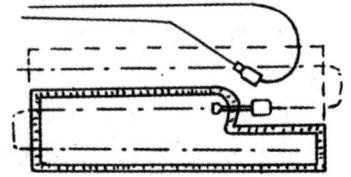

图 1.58   反铲挖土机多次并行挖土

3) 拉铲挖土机

拉铲挖土机的铲斗用钢丝绳悬挂在挖土机长臂上，挖土时铲斗在自重作用下落到地面切入土中，其挖土特点是后退向下、自重切土。拉铲挖土机的挖土深度和挖土半径均较大，能开挖停机面以下的一至二类土，但其动作的灵活性和准确性不如反铲挖土机，适用于开挖较深、较大的基坑(槽)、沟渠，挖取水中泥土以及填筑路基、修筑堤坝等作业。

履带式拉铲挖土机(如图 1.59 所示)的挖斗容量有 0.35 m³、0.5 m³、1 m³、1.5 m³、2 m³ 等数种，其最大挖土深度为 7.6 m(W3-50 型起重机)～16.3 m (W1-200 型起重机)。

图 1.59   履带式拉铲挖土机

拉铲挖土机的开挖方式与反铲挖土机的开挖方式相似，既可进行沟侧开挖，也可进行沟端开挖。

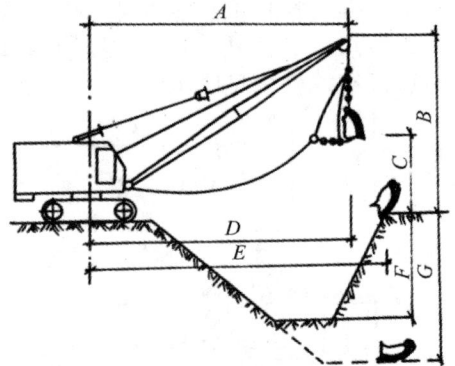

4) 抓铲挖土机

抓铲挖土机是在挖土机臂端用钢丝绳吊装一个抓斗，其挖土特点是直上直下、自重切土。抓铲挖土机的挖掘力较小，能开挖停机面以下的一类、二类土，特别适用于开挖软土地基基坑，尤其是窄而深的基坑、深槽、深井，采用抓铲挖土机时效果理想。此外，抓铲挖土机还可用于疏通旧有渠道以及挖取水中淤泥等，或用于装卸碎石、矿渣等松散材料。也有采用液压传动操纵抓斗作业的液压传动抓铲挖土机，其挖掘力和精度优于机械传动抓铲挖土机。履带式抓铲挖土机如图 1.60 所示。

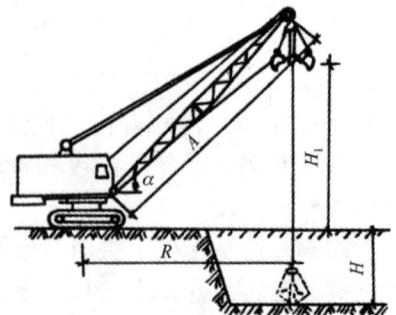

图 1.60   履带式抓铲挖土机

基坑开挖采用单斗(如反铲等)挖土机施工时，需配合运土车辆，将挖出的土随时运走。因此，挖土机的生产率不仅取决于挖土机本身的性能，还应与所选运土车辆的运土能力相协调。为使挖土机充分发挥生产能力，应配备足够数量的运土车辆，以保证挖土机连续工作。下面将介绍确定挖土机数量和运土车辆数量的方法。

(1) 确定挖土机数量。

挖土机的数量 N 应根据土方量大小和工期要求来确定，可按下式计算：

$$N = \frac{Q}{P} \times \frac{1}{TCK_1} (台) \tag{1.32}$$

式中：Q——土方量(m^3)；

$\quad\quad$ P——挖土机生产率(m^3/台班)；

$\quad\quad$ T——工期(工作日)；

$\quad\quad$ C——每天工作班数；

$\quad\quad$ K_1——时间利用系数，取值范围为 0.8～0.9。

单斗挖土机的生产率 P 可查定额手册或按下式计算：

$$P = \frac{8 \times 3600}{t} \times q \times \frac{K_c}{K_s} \times K_B (\text{m}^3/台班) \tag{1.33}$$

式中：t——挖土机每斗作业循环延续时间(s)，对于 W1-100 型正铲挖土机，t 的取值范围为 25～40 s；

$\quad\quad$ q——挖土机铲斗的容量(m^3)；

$\quad\quad$ K_c——铲斗的充盈系数，可取 0.8～1.1；

$\quad\quad$ K_s——土的最初可松性系数；

$\quad\quad$ K_B——工作时间利用系数，一般取 0.7～0.9。

在实际施工中，若挖土机的数量已经确定，则也可利用公式(1.32)来计算工期。

(2) 计算运土车辆。

运土车辆每车装土次数 n 为

$$n = \frac{Q_1}{q \frac{K_c}{K_s} r} \tag{1.34}$$

式中，Q_1——运土车辆的载重量(t)；

$\quad\quad$ r——实土重度(t/m^3)，一般取 1.7 t/m^3。

运土车辆的数量 N_1 应保证挖土机连续作业，可按下式计算：

$$N_1 = \frac{T_1}{t_1}$$

式中：t_1——运土车辆每车装车时间(min)，$t_1 = nt$；

$\quad\quad$ T_1——运土车辆每一个运土循环延续时间(min)，且

$$T_1 = t_1 + \frac{2l}{V_c} + t_2 + t_3$$

其中：l——运土距离(m)；

$\quad\quad$ V_c——重车与空车的平均速度(m/min)；

t_2——卸土时间，一般为 1 min；

t_3——操纵时间(包括停放待装、等车、让车等的时间)，一般取 2~3 min。

【例 1.4】 某工程基坑土方开挖，土方量为 9640 m³。现有一台 WY100 型反铲挖土机，其斗容量为 1 m³，为减少基坑暴露时间，挖土工期限制在 7 天。挖土采用载重量为 8 t 的自卸汽车配合运土，要求运土车辆数能保证挖土机连续作业。已知 $K_c = 0.9$，$K_s = 1.15$，$K_1 = K_B = 0.85$，$t = 40$ s，$l = 1.3$ km，$V_c = 20$ km/h。试求：

(1) WY100 型反铲挖土机的数量；

(2) 运土车辆数。

解　(1)采取两班制作业，则挖土机的生产率 P 为

$$P = \frac{8 \times 3600}{t} \times q \times \frac{K_c}{K_s} \times K_B = \frac{8 \times 3600}{40} \times 1 \times \frac{0.9}{1.15} \times 0.85 = 479 \text{ m}^3 / \text{台班}$$

挖土机的数量为

$$N = \frac{9640}{479 \times 2 \times 0.85 \times 7} = 1.69 \text{ 台}$$

取整数，故挖土机数量为 2 台。

每车装土次数为

$$n = \frac{Q_1}{q \times \frac{K_c}{K_s} \times r} = \frac{8}{1 \times \frac{0.9}{1.15} \times 1.7} = 6.0 (\text{取 6 次})$$

每车装车时间为

$$t_1 = n \times t = 6 \times 40 = 240 \text{ s} = 4 \text{ min}$$

运土车辆每一个运土循环延续时间为

$$T_1 = t_1 + \frac{2l}{V_c} + t_2 + t_3 = 4 + \frac{2 \times 1.3 \times 60}{20} + 1 + 3 = 15.8 \text{ min}$$

则每台挖土机所需运土车辆数量 N_1 为

$$N_1 = \frac{15.8}{4} = 3.95 \text{ 辆}$$

取 N_1 为 4，故 2 台挖土机所需运土车辆数量为 8 辆。

1.4.2　土方挖运机械选择和机械挖土的注意事项

选择土方挖运机械和机械挖土时，应注意以下事项。

(1) 机械开挖应根据工程规范、地下水位高低、施工机械条件、进度要求等合理地选用施工机械，以充分发挥机械效率，节省机械费用，加快工程进度。一般地，对于深度在 2 m 以内、长度不太大的基坑，宜采用推土机或装载机推土和装车；对于深度在 2 m 以内但长度较大的基坑，可选用铲运机进行铲土或加助铲进行铲土。对于面积大且深的基坑，若存在地下水或土的湿度较大，则当基坑深度不大于 5 m 时，可采用液压反铲挖土机在停机面一次开挖；当基坑深度超过 5 m 时，通常采用反铲挖土机进行分层开挖并开设坡道运土。若土质良好且无地下水，则也可开设沟道，使用正铲挖土机下入基坑进行分层开挖，此时多采用斗容量为 0.5 m³、1.0 m³的液压正铲挖土机。在地下水位较高的环境中挖土时，

可选用拉铲挖土机或抓铲挖土机，以提高施工效率。

(2) 使用大型土方机械在坑下作业时，若地基为软土地基或在雨期施工，则土方机械进入基坑行走需铺垫钢板或铺设路基箱垫道。对于大型软土基坑，为减少分层挖运土方的复杂性，还可采用"接力挖土法"，如图 1.61 所示。该方法是利用两台或三台挖土机分别在基坑的不同标高处同时挖土，其中一台挖土机在地表，其余挖土机在基坑不同标高的台阶上，边挖土边向上传递到上层，由地表挖土机装车，再用自卸汽车运至弃土地点。例如，上部可选用大型反铲挖土机，中、下层可选用反铲液压中、小型挖土机，以便实现挖土、装车的均衡作业。机械开挖不到之处，再配以人工开挖修坡、找平。基坑纵向两端设有道路出入口，上部汽车单向行驶。采用"接力挖土法"开挖基坑时，可一次挖到设计标高，一般两层挖土可挖到 -10 m，三层挖土可挖到 -15 m 左右。与通常的开坡道运输汽车运土法相比，这种挖土方法可能会使土方运输效率受到一定影响。但对于某些面积不大、深度较大的基坑，由于本身开坡道有困难，利用此法可避免载重汽车开进基坑装土、运土，工作条件好，效率也较高，并可降低成本。最后用搭枕木垛的方法使挖土机开出基坑(如图 1.62 所示)或牵引拉出。若坡度过陡，则也可用吊车吊运出坑。

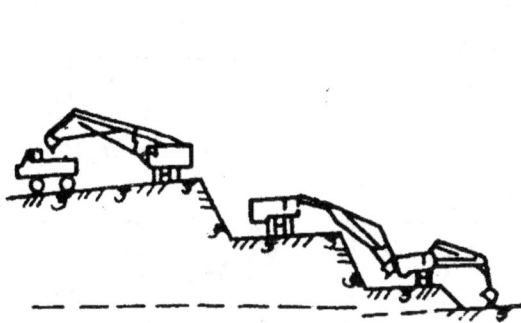

图 1.61　接力挖土法示意图　　　　　　图 1.62　挖土机开出基坑示意图

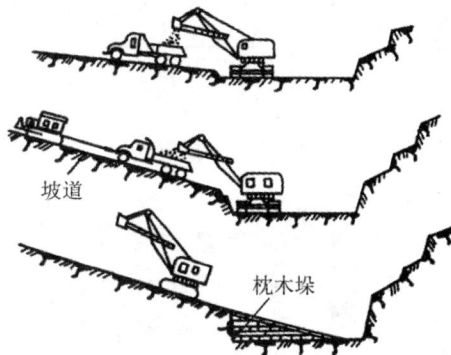

(3) 土方开挖前应绘制土方开挖图，明确开挖路线、顺序、范围、基底标高、边坡坡度、排水沟、集水井位置以及挖出的土方堆放地点。绘制土方开挖图时，应尽可能考虑使机械多挖。

(4) 由于大面积基础群基坑底标高不一，机械开挖次序一般采取先整片挖至一平均标高，然后再挖个别较深部位。当一次开挖深度超过挖土机最大挖掘高度(5 m 以上)时，宜分二至三层开挖，并修筑 10%～15% 的坡道，以便挖土机及运输车辆进出。

(5) 基坑边角部位，即机械开挖不到之处，应用少量人工配合清坡，将松土清至机械作业半径范围内，再用机械掏取运走。人工清土所占比例一般为 1.5%～4%，修坡的误差限制应以厘米计。大基坑宜另配一台推土机进行清土、送土、运土作业。

(6) 对于挖土机、运土车辆进出基坑的运输道路规划，应尽量利用基坑基础一侧或两侧尚未开挖且后续需开挖的部位，使之相互贯通以作为运输道路，或者利用已提前挖除土方的地下空间(如地下设施已移除的区域)，构建相邻基坑之间的地下运输通道，以减少挖土量和运输成本。

(7) 由于机械挖土对土的扰动较大，且不能准确地将地基抄平，容易出现超挖现象，因此，施工中机械挖土只能挖至基底以上 20～30 cm，其余 20～30 cm 的土方采用人工或其他方法挖除。

(8) 机械挖土施工的工艺流程为：确定开挖的顺序和坡度→分段分层平均下挖→修边和清底。

1.4.3　基坑土方开挖方式

基坑开挖分两种情况：一是无支护结构基坑的放坡开挖，二是有支护结构基坑的开挖。

1. 无支护结构基坑的放坡开挖

采用放坡开挖(如图 1.63(a)所示)时，一般基坑深度较浅，挖土机可以一次开挖至设计标高。在地下水位高的地区，对于软土基坑，通常采用反铲挖土机配合运土汽车在地面进行作业。如果地下水位较低且坑底坚硬，则也可以让运土汽车下坑，配合正铲挖土机在坑底进行作业。当开挖基坑深度超过 4 m，土质较好，地下水位较低，且场地条件允许放坡时，边坡宜设置阶梯平台，进行分阶段、分层开挖，每级平台的宽度不宜小于 1.5 m。

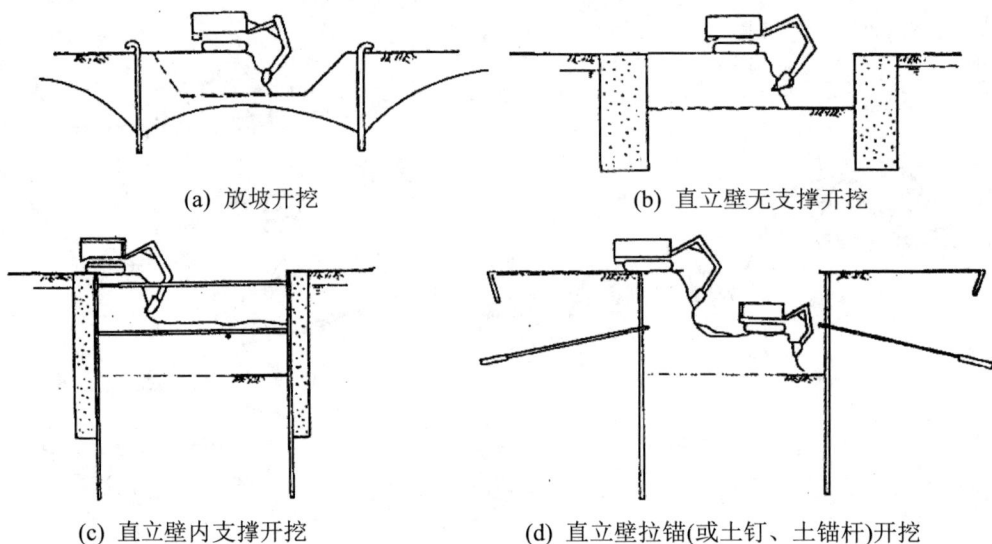

(a) 放坡开挖　　　　　　　　　　　　(b) 直立壁无支撑开挖

(c) 直立壁内支撑开挖　　　　(d) 直立壁拉锚(或土钉、土锚杆)开挖

图 1.63　有支护结构基坑的开挖

采用放坡开挖时，要求基坑边坡在施工期间保持稳定。基坑边坡的坡度应根据土质、基坑深度、开挖方法、留置时间、边坡荷载、排水情况以及场地大小等因素来确定。在进行放坡开挖时，应采取降低坑内水位和防止坑外水倒灌的措施。若土质较差且基坑施工时间较长，则可采用钢丝网喷浆对边坡坡面进行护坡，以保持基坑边坡的稳定。

采用放坡开挖时，基坑内的作业面大，方便挖土机械作业，施工程序简单，经济效益好。但在城市密集地区进行施工时，由于条件限制，往往不允许采用这种开挖方式。

2. 有支护结构基坑的开挖

有支护结构基坑的开挖，按其坑壁结构，可分为直立壁无支撑开挖(如图 1.63(b)所示)、直立壁内支撑开挖(如图 1.63(c)所示)和直立壁拉锚(或土钉、土锚杆)开挖(如图 1.63(d)所示)。有支护结构基坑的开挖顺序和方法必须与设计工况相一致，并遵循"开槽支撑，先撑后挖，分层开挖，严禁超挖"和"分层、分段、对称、限时"的原则。

1) 直立壁无支撑开挖

止水重力坝是一种重力式坝体结构，通常采用水泥土搅拌桩作为坝体，也可以选择粉喷桩等复合桩体作为坝体材料。重力式坝体既能挡土又能止水，为坑内提供了宽敞的施工空间和可降水的施工环境。

基坑深度一般在 5～6 m 之间，因此可以采用反铲挖土机配合运土汽车在地面进行作业。由于采用止水重力坝的基坑地下水位一般都比较高，所以很少使用正铲挖土机下坑进行挖土作业。

2) 直立壁内支撑开挖

在基坑深度大、地下水位高，且周围地质和环境条件不允许采用拉锚、土钉、土锚杆的情况下，一般采用直立壁内支撑开挖。基坑采用内支撑结构，能有效控制侧壁的位移，具有较高的安全度，但会减小施工机械的作业面，影响挖土机械和运土汽车的效率，增加施工难度。

对于采用直立壁内支撑的基坑，其深度通常较大，超过挖土机的最大挖掘深度，因此需进行分层开挖。在施工过程中，土方开挖和支撑施工需交叉进行。随着土方的分层、分区开挖，形成内支撑施工工作面，然后进行内支撑的施工。待内支撑达到一定强度后，进行下一层(或区)土方的开挖，形成下一道内支撑施工工作面，重复此过程，从而逐步形成完整的支护结构体系。因此，基坑土方的开挖必须与支撑施工密切配合。根据支护结构设计的工况，先确定土方分层、分区的开挖范围，然后按照分层、分区的顺序开挖基坑土方。在确定基坑土方分层、分区的开挖范围时，还需考虑土体的时空效应、支撑施工的时间以及机械作业面的要求等因素。

当设有较密的内支撑或需要严格限制支护结构的位移时，常采用盆式开挖顺序。即在尽量多挖去基坑下层中心区域的土方后，架设十字对撑式钢管支撑并施加预紧力；或在挖去本层中心区域的土方后，浇筑钢筋混凝土支撑，并逐个区域挖去周边土方，逐步形成对周围护壁的支撑。此时使用的机械一般为反铲挖土机和抓铲挖土机。必要时，还可对挡墙内侧四周的土体进行加固处理，以提高内侧土体的被动土压力，满足控制挡墙变形的要求。图 1.64 所示为某广场基坑采用盆式开挖及支撑的施工顺序示意图。

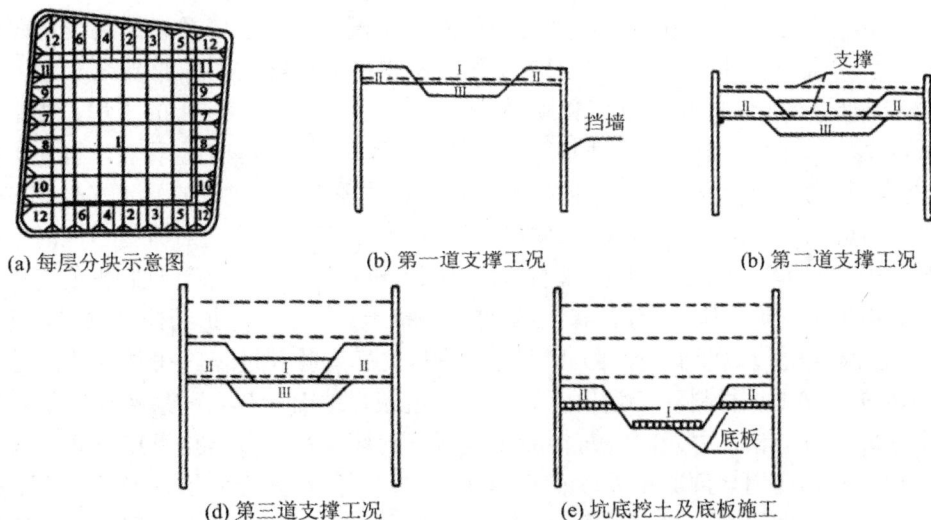

图 1.64　某广场基坑采用盆式开挖及支撑的施工顺序示意图

3) 直立壁拉锚(或土钉、土锚杆)开挖

当周围的环境和地质条件允许进行拉锚或采用土钉、土锚杆时，应选用直立壁拉锚(或土钉、土锚杆)开挖方式，因为这种开挖方式能为坑内提供宽敞的施工空间，并提高挖土机械的效率。在土方施工过程中，需要进行分层、分区的开挖，并穿插进行拉锚(或土钉、土锚杆)的施工。土方分层、分区的开挖范围应与拉锚(或土钉、土锚杆)的设置位置相协调，以满足拉锚(或土钉、土锚杆)施工机械的要求，同时也要确保土体的稳定性。

为了利用基坑中心部分的土体搭设栈桥，以加快土方外运并提高挖土速度，采用直立壁拉锚(或土钉、土锚杆)的基坑开挖，或者采用周边桁架空间支撑系统的基坑开挖，有时会采用岛式开挖顺序(图 1.65 所示为某工程采用岛式开挖及支撑的施工顺序示意图)。这种顺序是先挖除挡墙内四周的土方，待周边支撑形成后再开挖中间岛区的土方。一旦中间环形桁架空间支撑系统形成一定强度，即可穿插开挖中间岛区的土方(如图 1.65 中的 4 部分所示)，同时继续养护钢筋混凝土支撑，以缩短挖土时间。然而，由于先挖挡墙内四周的土方，挡墙的受荷时间会变长，在软黏土中时间效应显著，可能会增大支护结构的变形量，因此直立壁拉锚(或土钉、土锚杆)开挖的应用相对较少。

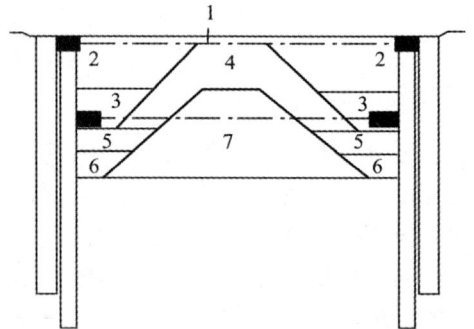

图 1.65　岛式开挖及支撑的施工顺序示意图

3. 基坑土方开挖中应注意的事项

(1) 支护结构与挖土应紧密配合，遵循"先撑后挖、分层分段、对称、限时"的原则。挖土与坑内支撑的安装要密切配合，每次开挖的深度不得超过将要加支撑位置以下500 mm，以防止立柱及支撑失稳。挖土的深度与所选用的施工机械有关。当采用分层分段开挖时，分层的厚度不宜大于 5 m，分段的长度不宜大于 25 m，并应快挖快撑，时间不宜超过 1～2 d，以充分利用土体结构的空间作用，减少支护结构的变形。为防止地基一侧失去平衡而导致坑底涌土、边坡失稳、坍塌等情况，深基坑挖土时应采用对称分层开挖的方法。另外，如前所述，土方开挖应选用合适的施工机械、开挖程序及开挖路线。而且，在开挖过程中，除非设计明确允许，否则挖土机械不得在支撑结构上作业或行走。

(2) 重视打桩效应，防止桩位移和倾斜。对于一般先打桩、后挖土的工程，如果打桩后紧接着开挖基坑，那么由于开挖时地基卸土，打桩时积聚的土体应力会释放，再加上挖土高差形成的侧向推力，土体易产生一定的水平位移，导致先打设的桩易产生水平位移和倾斜。因此，打桩后应有一段停歇时间，待土体应力释放、重新固结后再进行开挖。同时，挖土要分层、对称进行，尽量减少挖土时的压力差，以保证桩位正确。对于打预制桩的工程，必须先打工程桩再施工支护结构，否则也会由于打桩的挤土效应引起支护结构的位移和变形。

(3) 注意减少坑边地面荷载，防止开挖完的基坑暴露时间过长。在基坑开挖过程中，不宜在坑边堆置弃土、材料和工具设备等，应尽量减轻地面荷载，严禁超载。基坑开挖完成后，应立即进行验槽，并及时浇筑混凝土地基，封闭基坑，以防止暴露时间过长。若发现基底土超挖，则应用素混凝土或砂石回填并夯实，不能用素土回填。若挖方后不能立即转入下道工序或雨期挖方，则应在坑槽底标高上保留 15～30 cm 厚的土层不挖，待下道工序开工前再挖掉。冬期挖方时,每天下班前应挖一步(约 30 cm)虚土或用草帘覆盖,以防地基土受冻。

(4) 当挖土至坑槽底约 50 cm 时,应及时抄平。一般在坑槽壁各拐角处和坑槽壁每隔 2~4 m 处测设一水平小木桩或竹片桩,作为清理坑槽底和打基础垫层时控制标高的依据。

(5) 在基坑开挖和回填过程中应保持井点降水工作的正常进行。在土方开挖之前,应首先完成降水、排水施工,确保降水系统运转正常并达到要求后,方可进行土方开挖。在开挖过程中,要经常检查降水后的水位是否达到设计标高要求,要保持开挖面基本干燥。若坑壁出现渗漏水,则应及时进行处理。通过对水位观察井和沉降观测点的定时测量,检查是否对邻近建筑物等产生不良影响,并采取适当措施。

(6) 开挖前要编制包含周详安全技术措施的基坑开挖施工方案,以确保施工安全。

4. 基坑支护工程的现场监测

在深基坑的施工和使用过程中,荷载和施工条件变化的可能性较大,设计计算值与支护结构的实际工作状况往往不一致。因此,在基坑开挖过程中必须系统地进行监测,以防不测。基坑工程事故调查表明,重大事故发生前,大多都有预兆。如果能切实做好基坑监测工作,及时发现事故预兆并采取适当措施,则可以避免许多重大基坑事故的发生,减少基坑事故所带来的经济损失和社会影响。目前,开展基坑现场监测以避免基坑事故的发生已形成共识。《建筑基坑支护技术规程》(JGJ 120—2012)已明确规定,在基坑开挖过程中,必须开展基坑工程监测。对于基坑工程监测项目的选择,要结合基坑工程的具体情况,如工程规模大小、开挖深度、场地条件、周边环境保护要求等,可按表 1.17 进行选择。

表 1.17　基坑监测项目表

监测项目	基坑侧壁的安全等级		
	一级	二级	三级
支护结构水平位移	应测	应测	应测
周围建筑物、地下管线变形	应测	应测	宜测
地下水位	应测	应测	宜测
桩、墙内力	应测	宜测	可测
锚杆拉力	应测	宜测	可测
支撑轴力	应测	宜测	可测
立柱变形	应测	宜测	可测
土体分层竖向位移	应测	宜测	可测
支护结构界面上侧向压力	宜测	可测	可测

由于基坑开挖到设计深度以后,土体变形、土压力和支护结构的内力仍会继续发展和变化,因此基坑监测工作应从基坑开挖前制订基坑监测方案开始,直至地下工程施工结束,贯穿于基坑工程和地下工程施工的全过程。基坑监控方案应包括监测目的、监测项目、监控报警值、监测方法及精度要求、监测点的布置、监测周期、工序管理和记录制度以及信息反馈系统等。

从表 1.17 中可以看出,对于任何基坑侧壁安全等级,支护结构水平位移均属于应测项目。实际上，在深基坑开挖施工监测中，支护结构水平位移监测通常包含两个方面，即围护桩(墙)顶面水平位移监测和围护桩(墙)侧向变形监测。而在不同深度上各点的水平位移监测则称为围护桩(墙)的测斜监测。

围护桩(墙)顶面水平位移监测是深基坑开挖施工监测中的一项基本内容。通过这项监测，可以掌握围护桩(墙)在基坑开挖施工过程中顶面的平面变形情况，并与设计值进行比较，分析其对周围环境的影响。另外，围护桩(墙)顶面水平位移数值可以作为测斜和测试孔口的基准点。在进行围护桩(墙)顶面水平位移监测时，一般选用精度为 2″ 级的经纬仪。监测点应沿围护桩(墙)结构体延伸方向布设，水平位移监测点的间距宜为 10~15 m。围护桩(墙)顶面水平位移监测的方法包括准直线法、控制线偏离法、小角度法、交会法等。

在基坑外侧水土压力的作用下，围护桩(墙)会发生变形。要掌握围护桩(墙)的侧向变形，即其在不同深度处各点的水平位移，可以通过对围护桩(墙)进行测斜监测来实现。

对于基坑变形的监控值，若设计中有明确的指标规定，则以设计要求为依据；若无设计指标，则可按表 1.18 中的规定执行。

表 1.18　基坑变形的监控值　　　　　　　　单位：cm

基坑类别	围护结构墙顶位移监控值	围护结构墙体最大位移监控值	地面最大沉降监控值
一级基坑	3	5	3
二级基坑	6	8	6
三级基坑	8	10	10

注：(1) 符合下列情况之一者，为一级基坑：① 重要工程或支护结构作为主体结构的一部分；② 开挖深度超过 10m 的基坑；③ 与邻近建筑物、重要设施的距离在开挖深度范围以内的基坑；④ 基坑范围内有历史文物、近代优秀建筑、重要管线等需严加保护的基坑。

(2) 三级基坑为开挖深度小于 7 m，且周围环境无特殊要求的基坑。

(3) 除一级和三级外的基坑属二级基坑。

(4) 当周围已有的设施有特殊要求时，尚应符合这些要求。

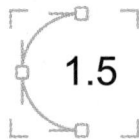

1.5　土方填筑与压实

1.5.1　土料选择与填筑要求

为了保证填土工程的质量，必须正确选择土料和填筑方法。

对于填方土料，应按设计要求验收后方可填入。若设计无要求，则一般按下述原则进行：碎石类土、砂土(使用细、粉砂时应取得设计单位同意)和爆破石碴可用作表层以下的填料；含水量符合压实要求的黏性土，可用作各层填料；碎块草皮和有机物含量大于 8% 的土，仅用于无压实要求的填方。含有大量有机物的土，容易降解变形而降低承载能力；含水溶性硫酸盐大于 5% 的土，在地下水的作用下，硫酸盐会逐渐溶解，形成孔洞，影响填土的密实性。因此，前述两种土以及淤泥、淤泥质土、冻土、膨胀土等均不应作为填料。

填土应分层进行，并尽量采用同类土填筑。当采用不同土填筑时，应将透水性较大的土层置于透水性较小的土层之下，不得将各种土混杂在一起使用，以免填方内形成水囊。

当使用碎石类土或爆破石碴作为填方工程的填料时，这些材料中的最大颗粒尺寸(即最大粒径)需要受到一定的限制。这个限制通常是相对于每层铺土的厚度而言的。在一般情况下，碎石类土或爆破石碴的最大粒径不得超过每层铺土厚度的 2/3。然而，当采用振动碾进行压实作业时，由于振动碾的压实效果更为显著，碎石类土或爆破石碴的最大粒径不得超过每层铺土厚度的 3/4。铺填时，大块料不应集中堆放，且不得填在分段接头处或填方与山坡的连接处。

当填方位于倾斜的山坡上时，应将斜坡挖成阶梯状，以防填土横向移动。

回填基坑和管沟时，应从四周或两侧均匀地分层进行，以防基础和管道在土压力作用下产生偏移或变形。回填前，应清除填方区的积水和杂物。若遇软土、淤泥，则必须进行换土后回填。在回填时，应防止地面水流入填方区，并预留一定的下沉高度(一般不得超过填方高度的 3%)。

1.5.2　填土压实方法

填土的压实方法一般有碾压法、夯实法、振动压实法。对于大面积的填土工程，多采用碾压法。对于较小面积的填土工程，则宜采用夯实法，即利用夯实机具进行压实。

1. 碾压法

碾压法是利用机械滚轮的压力压实土壤，使之达到所需的密实度。碾压机械主要包括平碾、羊足碾和气胎碾。

平碾又称为光碾压路机(如图 1.66 所示)，是一种以内燃机为动力的自行式压路机。按重量等级的不同，平碾可分为轻型平碾(30～50 kN)、中型平碾(60～90 kN)和重型平碾(100～140 kN)三种，它们适用于压实砂类土和黏性土。轻型平碾压实土层的厚度不大，但能使土层上部变得较密实。当初步使用轻型平碾碾压后，再用重型平碾碾压松土，会取得较好的效果。若直接用重型平碾碾压松土，则由于土层强烈的起伏现象，碾压效果较差。

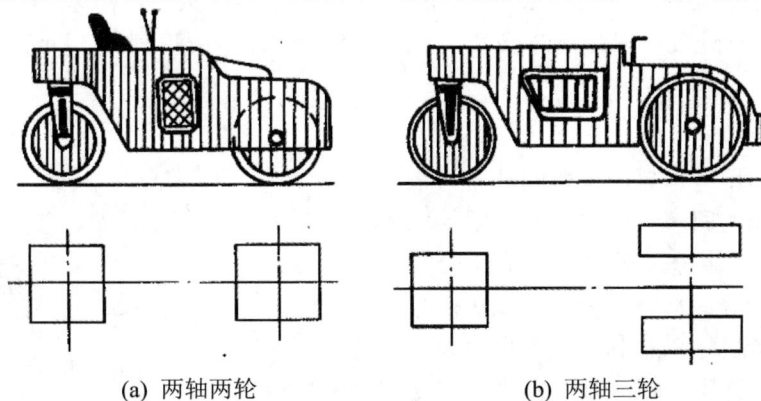

(a) 两轴两轮　　　　　　　　　(b) 两轴三轮

图 1.66　光碾压路机

羊足碾一般无动力，需靠拖拉机牵引，其外形如图 1.67 所示。羊足碾有单筒、双筒两种，单筒羊足碾的构造示意图如图 1.68 所示。根据碾压要求的不同，羊足碾可分为空筒羊足碾、装砂羊足碾、注水羊足碾三种。尽管羊足碾与土的接触面积小，但对单位面积的压力较大，土压实的效果好。不过，羊足碾主要用于压实黏性土。

图 1.67　羊足碾的外形

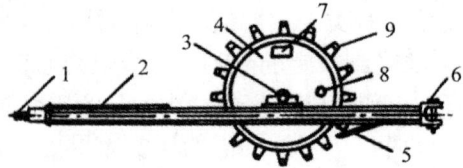

1—前拉头；2—机架；3—轴承座；4—碾筒；5—铲刀；
6—后拉头；7—装砂口；8—水口；9—羊足头。

图 1.68　单筒羊足碾的构造示意图

气胎碾又称为轮胎压路机(如图 1.69 所示)，其前、后轮分别密排着四个、五个轮胎。这些轮胎既是行驶轮，也是碾压轮。由于轮胎弹性大，在压实过程中，土与轮胎都会发生变形。经过几遍碾压后，铺土的密实度提高，沉陷量逐渐减少。因此，轮胎与土的接触面积逐渐缩小，但接触应力则逐渐增大，最终使土料得到压实。由于气胎碾在工作时是弹性体，其压力分布均匀，因此填土的压实质量较好。

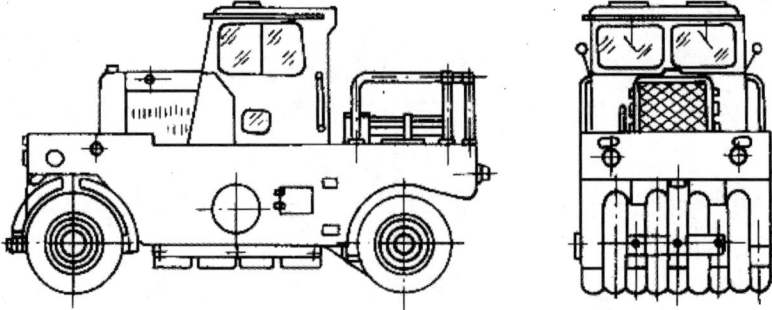

图 1.69　轮胎压路机

碾压法主要用于大面积的填土工程，如场地平整、路基、堤坝等。采用碾压法压实填土时，铺土应均匀一致，碾压遍数要相同，碾压方向应从填土区的两边逐渐压向中心。每次碾压时，相邻碾压带之间应有 15～20 cm 的重叠。碾压机械的开行速度不宜过快。一般来说，平碾的开行速度不应超过 2 km/h，羊足碾的开行速度应控制在 3 km/h 以内，否则会影响压实效果。

2. 夯实法

夯实法是利用夯锤自由下落的冲击力来夯实土壤，主要用于小面积的回填土或作业面受限的环境中。夯实法分为人工夯实和机械夯实两种。人工夯实所使用的工具有木夯、石夯等。常用的夯实机械包括夯锤、内燃夯土机、蛙式打夯机，以及利用挖土机或起重机装上夯板后的夯土机等。其中，蛙式打夯机(如图 1.70 所示)轻巧灵活，构造简单，因此在小型土方工程中应用最为广泛。

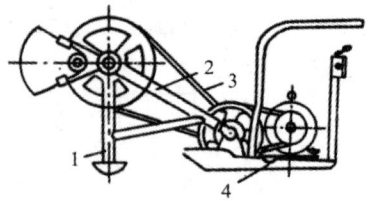

1—夯头；2—夯架；
3—三角胶带；4—底盘。

图 1.70　蛙式打夯机

3. 振动压实法

振动压实法是将振动压实机置于土层表面，利用振动机构使压实机产生振动，从而使土的颗粒发生相对位移，达到紧密状态。这种方法在振实非黏性土时效果较好。

近年来，人们结合碾压法和振动压实法，设计和制造了振动平碾、振动凸块碾等新型压实机械。振动平碾适用于填料为爆破碎石碴、碎石类土、杂填土或轻亚黏土的大型填方；振动凸块碾则更适用于填料为亚黏土或黏土的大型填方。当需要压实爆破碎石碴或碎石类土时，可选用重量为 8~15 t 的振动平碾，铺土厚度为 0.6~1.5 m。操作时，先进行静压，再进行振动碾压。碾压遍数需通过现场试验确定，一般为 6~8 遍

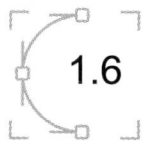

1.6　土方工程质量标准与安全技术要求

1.6.1　土方开挖、回填质量标准

土方开挖、回填质量应符合以下标准。

(1) 平整场地的表面坡度应符合设计要求。若设计无具体要求，则场地表面沿排水沟方向的坡度不应小于 2‰。平整后的场地表面应逐点进行检查，检查点的设置为每 100~400 m² 取 1 点，但总数不应少于 10 点；对于长度、宽度和边坡的检查，每 20 m 取 1 点，且每边不应少于 1 点。

(2) 在施工过程中，应检查平面位置、水平标高、边坡坡度、压实度以及排水和降低地下水位系统，并随时观测周围环境的变化。

(3) 土方开挖工程的质量检验标准应符合表 1.19 中的规定。

(4) 柱基、基坑、基槽和管沟基底的土质必须符合设计要求，并严禁扰动。

(5) 填方的基底处理必须符合设计要求或遵循《建筑地基基础工程施工质量验收标准》(GB 50202—2018)中的相关规定。

(6) 填方柱基、坑基、基槽、管沟回填的土料应按设计要求进行验收，合格后方可填入。

(7) 填方施工结束后，填方工程的质量检验标准应符合表 1.20 中的规定。

表 1.19　土方开挖工程的质量检验标准　　　　　单位：mm

项目	序号	项　目	允许偏差或允许值					检验方法
			柱基、基坑、基槽	挖方场地平整		管沟	地(路)面基层	
				人工	机械			
主控项目	1	标高	−50	±30	±50	−50	−50	用水准仪检查
	2	长度、宽度(由设计中心线向两边量)	+200 −50	+300 −100	+500 −150	+100	—	用经纬仪和钢尺检查
	3	边坡坡度	按设计要求					观察或用坡度尺检查
一般项目	1	表面平整度	20	20	50	20	20	用 2 m 靠尺和楔形塞尺检查
	2	基底土性	按设计要求					观察或土样分析

注：地(路)面基层的偏差规定仅适用于直接在挖方或填方上进行的地(路)面基层施工。

表 1.20　填土工程的质量检验标准　　　　　　　单位：mm

项目	序号	项目	允许偏差或允许值					检验方法
			桩基、基坑、基槽	场地平整		管沟	地(路)面基础层	
				人工	机械			
主控项目	1	标高	−50	±30	±50	−50	−50	用水准仪检查
	2	分层压实系数	按设计要求					按规定方法检查
一般项目	1	回填土料	按设计要求					取样检查或直观鉴别
	2	分层厚度及含水量	按设计要求					用水准仪或抽样检查
	3	表面平整度	20	20	30	20	20	用靠尺或水准仪检查

填方压实后应具有一定的密实度。密实度应以设计规定的控制干密度 ρ_{cd} 作为检查标准。土的控制干密度与最大干密度之比称为压实系数 D_y。对于一般场地平整，其压实系数约为 0.9；对于地基填土(在地基主要受力层范围内)，其压实系数为 0.93～0.97。

填方压实后的干密度应有 90%以上符合设计要求，其余 10%的最低值与设计值的差不得大于 0.08 g/cm³，且这些低值应分散，不宜集中。

检查土的实际干密度时一般采用环刀取样法，或用小型轻便触探仪直接通过锤击数来检验，其取样组数为：基坑回填时，每 30～50 m³ 取样一组(每个基坑不少于一组)；基槽或管沟回填时，每层按长度 20～50 m 取样一组；室内填土时，每层按 100～500 m² 取样一组；场地平整填方时，每层按 400～900 m² 取样一组。取样部位应在每层压实后的下半部。取出试样后，首先测定土的湿密度和含水量，然后按下式计算土的实际干密度 ρ_d：

$$\rho_d = \frac{\rho}{1+\omega} \tag{1.35}$$

式中：ρ——土的湿密度(g/cm³)；
　　　ω——土的含水量。

若按式(1.35)算得的土的实际干密度 $\rho_d \geqslant \rho_{cd}$，则压实合格；若 $\rho_d < \rho_{cd}$，则压实不足，应采取相应措施以提高压实质量。

1.6.2　安全技术要求

土方工程的安全技术要求如下：

(1) 基坑开挖时，两人操作间距应大于 2.5 m。多台机械开挖时，挖土机间距应大于 10 m。挖土应由上而下，逐层进行，严禁采用先挖底脚(挖神仙土)的施工方法。

(2) 基坑开挖应严格按要求放坡，操作时应随时注意土壁的变动情况。若发现有裂纹或部分坍塌现象，则应及时进行支撑或放坡，并注意支撑的稳固和土壁的变化。

(3) 当基坑(槽)挖土深度超过 3 m，且使用吊装设备吊土时，起吊后，坑内操作人员应立即离开吊点的垂直下方。起吊设备距坑边一般不得少于 1.5 m，坑内人员应戴安全帽。

(4) 用手推车运土时，应先平整好道路。卸土回填时，不得放手让车自动翻转。用翻斗汽车运土时，运输道路的坡度、转弯半径应符合有关安全规定。

(5) 深基坑上下应先挖好阶梯或设置靠梯，或开斜坡道，并采取防滑措施。禁止踩踏支撑上下，坑四周应设安全栏杆或悬挂危险标志。

(6) 基坑(槽)内设置的支撑应经常检查，查看是否有松动、变形等不安全迹象，特别是雨后更应加强检查。

(7) 回填管沟时，应采用人工先在管子周围填土夯实，并应从管道两边同时进行，直至管顶 0.5 m 以上。高差不超过 0.3 m，且在不损坏管道的情况下，方可采用机械回填和压实。

1.7　工程实践案例

【案例 1.1】　杭州天工艺苑工程地下室围护综合施工实录。

1. 工程概况

天工艺苑工程位于杭州市主要街道解放街南侧、金鸡岭巷以西，是一幢集购物、娱乐、停车等功能于一体的综合性大型商场建筑。商场地下一层采用梁式满堂基础，地上 5～7 层则为无梁板结构，总面积达 22 500 m²。其中，地下室面积为 3226 m²，工程桩为长 6～6.5 m 的 ϕ377 mm 的夯扩桩。地下室底板的长为 66 m、宽为 56.5 m，板厚 0.8 m，挖土深度为 5.3 m。该工程由杭州市工业设计院设计，并由杭州市建筑工程公司负责施工。地下室围护结构平面图如图 1.71 所示。

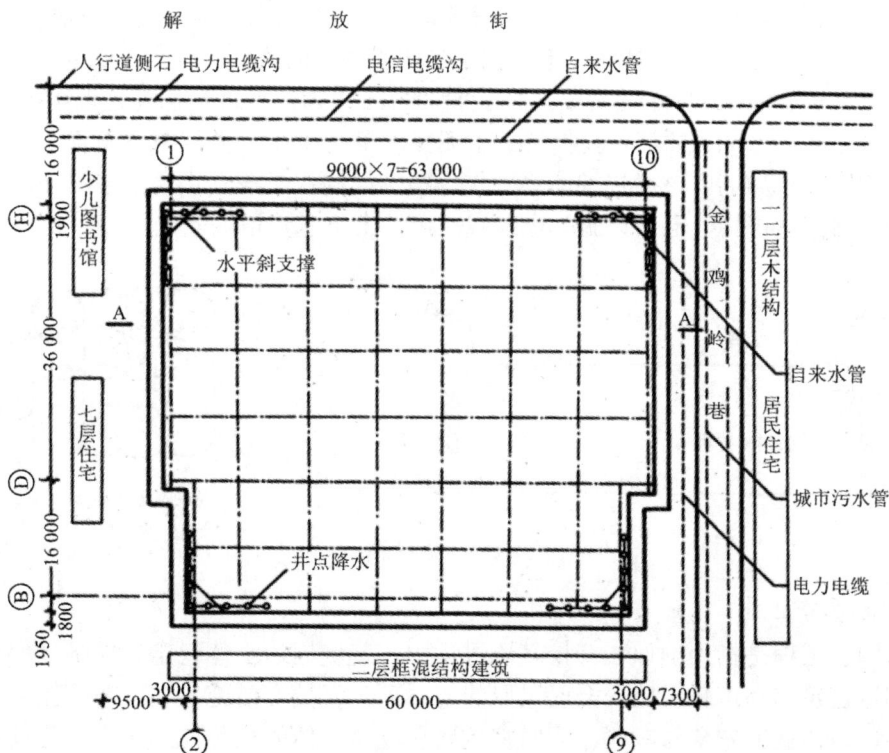

图 1.71　地下室围护结构平面图

本工程地处杭州繁华的市区,人流密集且复杂,四周环境各异。工程北侧紧邻解放街,距离人行道侧石 16 m,其间埋设有电力电缆、电信光缆、污水管道等基础设施;西侧 9.5 m 处为无桩基的四层框架混合结构杭州市少儿图书馆以及浅桩基的七层砖混结构住宅楼;南侧距基坑边缘 2.7 m 处为二层框架混合结构建筑;东侧则邻近人流车流繁忙的金鸡岭巷,距离基坑边缘 3 m 处布设有大口径自来水管和电力电缆管,同时在金鸡岭巷与解放街交会的路口下方,还埋有杭州市的污水总干管。

根据地质勘测报告资料,常年地下水位在自然地坪下 1.2 m,土的主要物理力学指标见表 1.21。

表 1.21   土的主要物理力学指标

土层名称	重度/(kN/m³)	快 剪		层厚/m
		内摩擦角 ϕ/(°)	内聚力/kPa	
杂填土	18.31	8	4	1.2~4.9
砂质粉土(优质填料)	19.6	23.6	18.2	7.6~11.20
砂质粉土(良好填料)	19.7	27.25	14	3.4~6.5

注:其中砂质粉土(优质填料)东厚西薄,砂质粉土(良好填料)西厚东薄,渗透系数为 4.6×10^{-4}。

2. 基坑围护体系

根据地质资料及周围环境,本着安全经济、施工可行、速度快的原则,基坑围护结构选用了深层水泥搅拌桩作为重力式挡土墙。设计采用 $\phi600$ 的搅拌桩共 4 排,横向搭接 150 mm,纵向搭接 100 mm,搅拌桩的具体连接方式详见图 1.72。桩的总长度为 10.6 m,其中内、外两侧桩内配有长度为 7.5 m 的 $3\phi12$ 钢筋(上部 0.5 m 作为锚筋进行插筋处理),而中间桩则配有长度为 2 m 的 $3\phi12$ 插筋。搅拌桩的水泥掺入量为 15%,并掺入了石膏、早强剂以及木质素磺酸钙等外加剂。该搅拌桩体系既作为挡土结构,又兼具止水帷幕的功能,有效确保了临近道路、建筑物、电信设施、电缆线路以及上下水管道的安全。

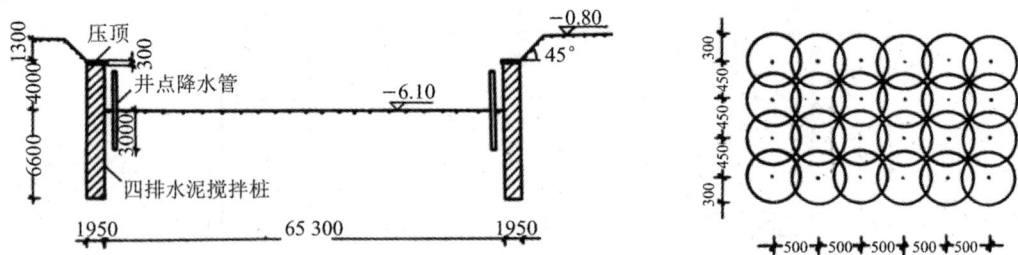

图 1.72   搅拌桩的连接

3. 基坑围护工程

基坑围护工程是指为确保在开挖基坑过程中,基坑周边土体稳定、控制基坑变形,以及保护邻近建筑物和市政设施安全而采取的一系列工程技术措施。它旨在确保基坑的稳定性,保障坑内作业的安全与顺畅,同时将坑底和坑壁土体的位移控制在安全范围内,以保护邻近建筑物和市政设施免受影响,确保其正常使用。

基坑围护工程施工包括搅拌桩施工、搅拌桩压顶板及挖土施工、支护监测等环节。

1) 搅拌桩施工

搅拌桩是软土地基处理的一种有效形式,通过将水泥作为固化剂的主剂,利用搅拌桩机将水泥喷入土体并充分搅拌,使水泥与土发生一系列物理化学反应,从而使软土硬结,提高地基强度。搅拌桩施工的工艺流程和要求如下:

(1) 深层搅拌桩施工的关键在于必须确保桩基施工的连续性和桩的垂直度,并确保相邻两桩相互搭接至少 100 mm,以达到良好的止水效果。

根据场内实际情况,确定施工顺序如下:场地驳土 1.3 m→定位→打钢钎探桩→挖除大石块(老基础)→搅拌桩施工→搅拌桩中插ϕ12 钢筋→浇捣盖梁。

(2) 清除搅拌桩施打位置上的大石块及原建筑基础是搅拌桩施工的关键步骤,也是保证桩身质量的重要环节。在实施时,清除了 2 m 范围内的障碍物后,搅拌桩施工通常会比较顺利。然而,有时会遇到无法清除的原建筑老桩基,特别是沉管桩。当碰到此类情况时,采用绕开桩身,加密四周搅拌桩搭接的方法,可以达到止水目的,效果较好。

(3) 深层搅拌桩的工艺流程为:搅拌机就位→预搅下沉(同时制备灰浆)→喷浆提升搅拌→复搅下沉→复搅提升→试块制作→移位。

(4) 技术要求包括:深层搅拌桩采用一次喷浆、二次搅拌工艺,必须确保注浆搅拌均匀,搅拌桩的水泥掺量应为 15%,并需控制好提升速度与注浆速度之间的关系,同时严格控制水灰比(0.45)。由于该搅拌桩既是止水帷幕又是挡土墙体,因此搭接必须可靠,搭接时间一般不超过 12 h。若搭接时间超过 12 h,则应在搭接处加桩或增加注浆量。施工中应避免出现断浆情况,如因设备故障导致断浆,则需重新注浆。

2) 搅拌桩压顶板及挖土施工

搅拌桩压顶板及挖土施工的方法及要求如下:

(1) 根据设计要求,在搅拌桩施工完成后,需浇捣混凝土压顶板,板厚为 300 mm,采用 C20 混凝土,并配置ϕ12@200 的构造筋。

(2) 地下室挖土工作需分两次进行,以逐步释放土体应力,保护围护桩安全,减少位移量。首次挖土深度为 2 m,采用斗容量为 1.2 m³ 的反铲挖土机与载重为 5 t 的自卸汽车配合,通过坡道直接进入坑内进行挖土作业。经计算,配备 5 辆自卸汽车可确保挖土机的连续作业。

(3) 基坑四周需沿搅拌桩边缘设置四组深 5 m 的轻型井点管,并安排专人值班,进行日夜不间断的抽水工作。

(4) 第二次挖土同样采用反铲挖土机与自卸汽车配合,从东向西进行。挖土时,每挖一块区域即进行清理。特别需要注意的是,在围护桩边缘应预留三角土,待最后采用人工方式挖除。挖除后,应迅速铺设块石地基,以避免基底暴露时间过长。

(5) 当块石垫层铺设完成后,应立即浇捣 100 mm 厚的 C10 混凝土垫层。

3) 支护监测

支护监测的方法及要求如下:

(1) 为确保基坑在开挖过程中围护结构的安全,需在基坑开挖期间实施工程环境监测,以实现信息管理,指导施工。

(2) 首先，在基坑围护结构的顶梁上，每面设置四个控制点，并标上红漆三角作为标识，共计 16 个控制点，需定期进行监测。监测的主要内容为水平位移和沉降。监测时间安排如下：首次监测在土方开挖前进行。第二次监测在上层土方开挖时进行。第三次监测在挖土接近基底时进行，此时为监测的重点阶段，需密切注意墙体的动向，测工需跟班作业，并根据需要增加观测次数。最后一次监测在地下室施工完成后进行。此外，还需在基坑周边的建筑物上设置沉降监测点，进行动态监测，并在原有建筑裂缝处制作石膏饼标记，以便进行观察记录。

(3) 通过实践证明，本工程采用的水泥搅拌桩围护技术效果显著，墙体相对位移较少，经实测最大的位移量仅为 20 mm，沉降几乎可忽略不计，且基坑周边的建筑物(包括地下的上下水管、电缆等)均未发生异常变化。

(4) 关于真空井点降水，本基坑根据地质条件和地下水的实际情况，布置了四套轻型井点降水装置，滤管插入深度为基坑下 3 m。实际降水效果显示，水位降低至基坑底以下 200 mm 处，且未出现管涌现象。为确保工程在停电情况下的顺利进行，特准备了一台柴油发电机作为应急备用。

【案例 1.2】　工程支护施工案例分析。

某工程平面框图及支护、放坡等布置如图 1.73 所示。图中明确展示了施工分为两个施工段：第 1 施工段因场地较为空旷，故采用放坡开挖(坡度为 1∶1.5)的方式(图中以点画线表示)；第 2 施工段则因紧邻道路，且管线众多，故采用长度为 10.8 m 的 φ600@750 钢筋混凝土钻孔灌注桩作为开口支护，并外加一排 φ600 水泥搅拌桩形成止水帷幕。混凝土支护桩至基础外边缘的间距为 800 mm，支护平面总长度为 68 m。支护桩的设计和实际施工的开挖剖面及桩身、压顶的配筋情况详见图 1.74。值得注意的是，由图 1.74 可观察到，原设计意图中要求在自然地面以下挖去 2 m 范围内深 1.5 m 的地表土，但在实际施工过程中，这一步骤却不知何故被省略了。

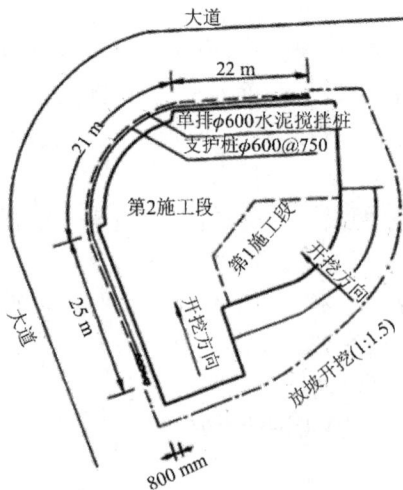

图 1.73　支护平面布置图

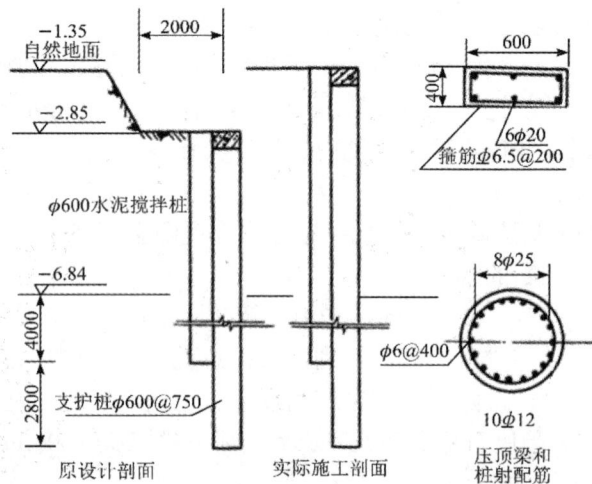

图 1.74　支护桩的设计和实际施工的开挖剖面及桩身、压顶的配筋情况

基坑开挖分 2 个施工段进行施工。在开挖第 1 施工段及其周围土方时，采用放坡开挖

方式，工程进展顺利。随后进行第 2 施工段的土方开挖，开挖方向如图 1.73 所示，从开口桩端开始并直接开挖到底。在开挖初期(1997 年 12 月底)，立即发现支护桩及邻近的工程桩向基坑内侧出现不同程度的倾斜。当支护桩的水平位移达到最大时，每小时可达 3 cm。因面临施工进度要求，仍继续开挖，并在第 2 施工段开挖方向左侧边采取了支护外侧挖土卸荷及管井降水措施，同时在支护内侧增设了临时支撑并堆放了沙包。经过 1 个月的努力，最终使支护桩和工程桩趋于稳定。经检查，支护桩向内侧发生双向位移(向内及向开口端方向)，最大水平位移约为 1.0 m，工程桩(空心预制桩)的最大水平位移为 70 cm，支护桩外侧土体垂直下沉最大为 60 cm，未发现工程桩隆起现象。

此次开口支护施工虽最终抢险成功，但施工过程中的不当操作已确实导致了事故的发生。同时，设计方因未能在支护桩开口两端设计围护加强措施，也需承担相应责任。

请根据案例 1.2 回答下面的问题。

(1) 试从施工角度分析酿成事故的原因。

(2) 如果你是现场施工技术员，谈谈准备采取什么样的开挖手段和施工监测措施(如监测点种类、数量、位置设置和监测手段及与挖土的配合等)来保证施工的顺利进行。

本 章 小 结

本章内容涵盖了土方规划、土方工程施工的要点、土方机械化施工以及基坑土方开挖工艺。在土方规划部分，介绍了土的工程分类与性质、土方边坡的设计原则、土方量的计算方法、场地设计标高的确定依据以及土方调配策略等内容。在土方工程施工要点部分，重点通过图示展示了基槽、深浅基坑的多种支护方式及其各自的适用范围。分析了流砂现象的产生原因，并提出了相应的防治措施。同时，强调了施工排水的重要性，特别是轻型井点降水技术的应用，以及填土压实的工艺要求，这些都是土方工程施工中的关键环节。在土方工程机械化施工部分，着重介绍了常用土方机械的类型、性能特点，并探讨了提高机械生产率的有效措施。此外，还提出了一般土方挖运机械的选择原则及操作注意事项，以帮助施工人员更合理地选择和使用机械。关于基坑土方开挖工艺，本章分别阐述了无支护结构基坑和有支护结构基坑的开挖工艺流程，特别强调了土方开挖过程中的注意事项，如开挖顺序、开挖深度控制等，并详细说明了开挖过程中基坑支护的监测要求，以确保施工安全。最后，本章简要概述了土方工程的质量标准以及施工过程中应遵守的安全技术要求，为土方工程的实施提供了重要的指导和参考。

复习思考题

1. 土按开挖的难易程度分为几类？各类的主要特征是什么？
2. 试述土的可松性及其对土方工程施工的影响。

3. 试述用方格网法计算土方量的步骤和方法。

4. 土方调配应遵循哪些原则？调配区应如何划分？

5. 试分析土壁塌方的原因和预防塌方的措施。

6. 试述一般基槽、一般浅基坑和深基坑的支护方法及其适用范围。

7. 试述常用中浅基坑支护方法的构造原理、适用范围和施工工艺。

8. 试述流砂形成的原因以及因地制宜防治流砂的方法。

9. 试述人工降低地下水位的方法及其适用范围，轻型井点系统的布置方案和设计步骤。

10. 试述推土机、铲运机的工作特点、适用范围及提高生产率的措施。

11. 试述单斗挖土机有哪几种类型？各有什么特点？

12. 试述正铲、反铲挖土机的开挖方式有哪几种？挖土机和运土车辆配套如何计算？

13. 如何选择土方挖运机械？土方开挖时有哪些注意事项？

14. 如何因地制宜选择基坑支护和土方开挖方式？

15. 根据基坑安全等级，应监测哪些基坑监测项目？其中哪些是应测项目？哪些是宜测和可测项目？

16. 试述填土压实的方法和适用范围。

17. 影响填土压实的主要因素有哪些？如何检查填土压实的质量？

18. 某基坑底部长 82 m、宽 64 m、深 8 m，四边均放坡，边坡坡度为 1∶0.5。

(1) 请绘制平面和剖面图，并计算土方开挖的工程量。

(2) 若混凝土基础和地下室所占体积为 24 600 m³，则应预留多少回填土(以自然状态的土体积计算)？

(3) 若有多余土方需要外运，则外运的土方量(以自然状态的土体积计算)是多少？

(4) 如果使用斗容量为 3 m³ 的汽车进行外运，那么需要运输多少车次(已知土的最初可松性系数 K_s = 1.14，最后可松性系数 K'_s = 1.05)？

19. (1) 按场地设计标高确定的一般方法(不考虑土的可松性)计算如图 1.75 所示场地方格中各角点的施工高度并标出零线(零点位置需精确算出)，角点编号与天然地面标高如图所示，方格边长为 20 m，i_x = 2‰，i_y = 3‰。

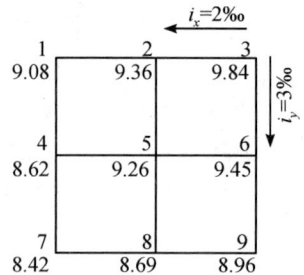

(2) 分别计算挖、填方区的挖、填方量。

(3) 以零线划分的挖、填方区为单位计算它们之间的平均运距(提示：利用公式 $X_0 = \dfrac{\sum(x_iV_i)}{\sum V_i}$，$Y_0 = \dfrac{\sum(y_iV_i)}{\sum V_i}$)。

图 1.75　题 19 图

20. 已知某场地的挖方区为 W_1、W_2、W_3，填方区为 T_1、T_2、T_3，其土方量和各调配区间的运距见表 1.22。

(1) 用"表上作业法"求土方的初始调配方案和总土方运输量。

(2) 用"表上作业法"求土方的最优调配方案和总土方运输量，并与初始方案进行比较。

表 1.22　题 20 表

挖方区	填方区			
	T_1	T_2	T_3	挖方量/m³
W_1	50	80	40	350
W_2	100	70	60	550
W_3	90	40	80	700
填方量/m³	250	800	550	1600

21. 某基坑底面积为 22 m × 34 m，基坑深 4.8 m。地下水位在地面下 1.2 m 处，天然地面以下 1.0 m 为杂填土，不透水层在地面下 11 m 处，中间土层均为细砂土。地下水为无压水，其渗透系数 K = 15 m/d。基坑四边均放坡，边坡坡度为 1∶0.5。井点管长度为 6 m，直径为 38 mm，滤管长度为 1.2 m。计划采用环形轻型井点系统来降低地下水位，请进行井点系统的布置和设计，具体包括以下三项内容：

(1) 轻型井点的高程布置(需计算并绘制高程布置图)。

(2) 轻型井点的平面布置(需计算涌水量、确定井点管数量和间距，并绘制平面布置图)。

(3) 选择合适的离心水泵型号。

22. 在例题 3 的基础上，若现场仅有一台 WY100 型液压反铲挖土机，且挖土工期无限制，计划采用两班制作业方式。要求运土车辆数能确保挖土机连续作业，其他条件保持不变。试求：

(1) 挖土工期；

(2) 所需的运土车辆数。

第 2 章　地基处理与基础工程施工

学习要求

1. 掌握地基加固的原理和拟定加固方案的原则，了解地基加固的方法。
2. 了解钢筋混凝土预制桩的构造特点和预制桩成桩的施工方式。
3. 掌握钻孔灌注桩的工艺原理和施工要点，了解各类成孔灌注桩的施工方式。
4. 掌握地下室筏板式基础的施工过程和施工要点。

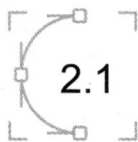

2.1　地基处理及加固

地基是指建筑物基础以下的土体，其主要作用是承托建筑物的基础。地基虽不属于建筑物本身的一部分，但与建筑物的关系十分密切。地基问题的处理是否恰当，不仅影响建筑物的造价，而且直接影响建筑物的安全性和稳定性。

当基础直接建造在未经加固的天然土层上时，这种地基被称为天然地基。若天然地基不能满足地基强度和变形的要求，则必须事先经过人工处理后再建造基础。这种对地基进行加固的过程称为地基处理。

地基加固处理的原理是：通过处理使土质由松变实，使土的含水量由高变低，从而达到地基加固的目的。常用的人工地基处理方法包括换填法、强夯法、压实地基法、挤密地基法、深层搅拌法等。

2.1.1　换填法

当建筑物的地基土比较软弱，不能满足上部荷载对地基强度和变形的要求时，常采用换填法来处理。具体实践中可分为以下几种情况：

(1) 挖：即挖去表面的软土层，将基础置于承载力较大的基岩或坚硬的土层上。此方法主要用于软土层较薄、上部结构荷载不大的情况。

(2) 填：当软土层较厚，且需要大面积进行加固处理时，可在原有的软土层上直接回填一定厚度的好土或砂石、矿石等。

(3) 换：即挖与填相结合，也称为换填地基法。施工时先将基础下一定范围内的软土挖去，然后用人工填筑的地基作为持力层。根据回填材料的不同，换填地基可分为砂地基、碎石地基、素土地基、灰土地基等。换填地基的处理深度应根据建筑物的要求和基坑开挖的可能性等因素综合确定。此方法通常用于上部荷载不大、基础埋深较浅的多层民用建筑的地基处理工程，且开挖深度一般不超过 3 m。

换填法适用于淤泥、淤泥质土、膨胀土、冻胀土、素填土、杂填土以及暗沟、暗塘、古井、古墓或拆除旧基础后的坑穴等的地基处理。

下面介绍砂和砂石地基、灰土地基的材料要求、施工要点和质量检验方法。

1. 砂和砂石地基

砂和砂石地基是将基础下一定范围内的土层挖去，然后用级配良好、质地坚硬的中粗砂、碎石、卵石等材料进行回填，并经过分层夯实。这种方法旨在提高基础下地基的强度，降低地基的压应力，减少沉降量，以及加速软土层的排水固结。

砂和砂石地基的应用范围广泛，施工工艺简单。无论是使用机械还是人工方式，都可以使地基达到密实的效果。该方法工期短、造价低，特别适用于加固处理 1～3m 厚的软弱、透水性强的黏性土地基。然而，它并不适用于加固湿陷性黄土和不透水的黏性土地基。

1) 材料要求

砂和砂石地基的材料宜采用级配良好、质地坚硬的中砂、粗砂、石屑、碎石、卵石等。这些材料的含泥量不应超过 5%，并且不应含有植物残体、垃圾等杂质。当砂和砂石地基用作排水固结地基时，其含泥量不应超过 3%。在缺少中、粗砂的地区，若选择使用细砂或石屑，由于其不易压实且强度较低，因此在用作换填材料时，应掺入粒径不超过 50 mm、不少于总重 30% 的碎石或卵石，并确保拌和均匀。若回填在需经碾压、夯实或振动处理的地基上，则应确保混合材料的最大粒径不超过 80 mm。

2) 施工要点

(1) 铺设地基前应验槽，确保基底表面的浮土、淤泥、杂物等清理干净。两侧应设置一定的坡度，以防止振捣时发生塌方。若基坑(槽)内有孔洞、沟和墓穴等，则应将其填实后再进行地基施工。

(2) 当地基底面标高不同时，土面应挖成阶梯或斜坡形状，并按照先深后浅的顺序进行施工。搭接处应夯压密实，确保连接牢固。在分层铺筑时，接头应做成斜坡或阶梯搭接，每层错开 0.5～1.0 m，并注意充分捣实，以确保地基的密实度。

(3) 对于人工级配的砂石材料，在施工前应充分拌匀，然后再进行铺筑夯实，以确保地基的均匀性和密实性。

(4) 砂和砂石地基的压实机械应首选振动碾和振动压实机。砂和砂石地基的压实效果、分层填铺厚度、压实次数以及最优含水量等参数应根据具体的施工方法和施工机械在现场进行确定。若无相关试验资料，则砂和砂石地基的每层铺筑厚度可参考表 2.1。分层厚度可用样桩进行控制。在施工时，必须确保下层的密实度经检验合格后方可进行上层的施工。一般情况下，地基的厚度可取 200～300 mm。

(5) 砂和砂石地基的材料应根据施工方法的不同来控制最优含水量。最优含水量应由工地试验确定，也可参考表 2.1 进行选择。对于矿渣材料，应充分洒水湿透后再进行夯实，以确保其密实度和稳定性。

(6) 当地下水位高出基础底面时，应采取排水或降水措施来降低水位。同时要注意边坡的稳定性，以防止塌土混入砂和砂石地基中而影响其质量。

(7) 当采用水撼法或插振法进行施工时,应在基槽两侧设置样桩,以控制铺砂的厚度,每层铺砂厚度为 250 mm。铺砂完成后,应灌水使水面与砂面齐平,然后插入振动棒进行振捣,依次振实,直至不再冒气泡为止。地基的接头部分应重复进行振捣,插入式振动棒振完后所留下的孔洞应用砂填实。在振动首层地基时,应注意不得将振动棒插入原土层或基槽的边部,以避免软土混入砂和砂地基而降低其强度。

(8) 地基铺设完毕后,应及时进行回填,并尽快进行基础施工。

(9) 在冬季进行施工时,砂石材料中不得夹有冰块,并应采取相应的措施防止砂石内的水分冻结。

表 2.1　砂和砂石地基的每层铺筑厚度及最优含水量

振捣方法	每层铺筑厚度/mm	施工时最优含水量/(%)	施 工 说 明	备 注
平振法	200～250	15～20	用平板式振捣器往复振捣	不宜用干细砂或含泥量较大的砂所铺筑的砂和砂石地基
插振法	振捣器插入深度	饱和	(1) 用插入式振捣器; (2) 插入点间距可根据机械振幅大小决定; (3) 不应插至下卧黏性土层; (4) 插入振捣完毕所留的孔洞应用砂填实	
水撼法	250	饱和	(1) 注水高度略超过铺筑面; (2) 用钢叉摇撼捣实,插入点间距为 100 mm; (3) 钢叉分四齿,齿的间距为 800 mm,长为 300 mm,木柄长为 900 mm	湿陷性黄土、膨胀土地区不得使用
夯实法	150～200	8～12	(1) 用木夯或机械夯; (2) 木夯重 400 kg,落距为 400～500 mm; (3) 一夯压半夯,全面夯实	—
碾压法	250～350	8～12	60～100 t 压路机往复碾压	(1) 适用于大面积的砂和砂石地基; (2) 不宜用于地下水位以下的砂和砂石地基

3) 质量检验

砂和砂石地基的施工质量检验应随施工分层进行。主要的检验方法包括环刀取样法和贯入测定法。

(1) 环刀取样法:使用容积不小于 200 cm^3 的环刀,将其压入地基每层的 2/3 深处进行取样,然后测定其干密度。若测定的干密度不小于通过试验所确定的该砂料在中密状态时的干密度数值,则判定为合格。对于砂和砂石地基,可在地基中设置纯砂检验点,并在相同的试验条件下,使用环刀取样法测定其干密度。

(2) 贯入测定法:在检验前,先将地基表面的砂刮去约 30 mm,然后使用贯入仪、钢筋或钢叉等工具,根据贯入度的大小来定性地检验砂和砂石地基的质量。若测定的贯入度不大于通过相关试验所确定的贯入度,则判定为合格。钢筋贯入法的具体操作是:将直径为 20 mm、长为 1.25 m 的钢筋垂直举至砂和砂石地基表面上方 700 mm 处,使其自由下落,然后测定其贯入度。

2. 灰土地基

灰土地基的施工方法是将基础底面以下一定范围内的软弱土层挖去，然后用按照一定体积配合比调配的灰土，在最优含水量条件下进行分层回填并夯实(或压实)。

灰土地基主要由石灰和土组成，其中石灰和土的体积比通常为 3∶7 或 2∶8。灰土地基的强度会随着用灰量的增加而提高，但当用灰量超过一定限度时，其强度的增加会变得很小。

灰土地基的施工工艺相对简单，费用也较低，因此它是一种应用广泛、经济且实用的地基加固方法，特别适用于加固处理 1～3 m 厚的软弱土层。

1) 材料要求

灰土地基的主要材料包括土和石灰，具体要求如下。

(1) 土：可采用地基坑(槽)中挖出的黏性土或塑性指数大于 4 的粉土，但必须经过筛选，确保颗粒直径不大于 15 mm，且土中的有机物含量不得超过 5%，不宜使用块状的黏土、粉土、淤泥、耕植土以及冻土。

(2) 石灰：应选用符合国家三等石灰标准的生石灰。在使用前，生石灰需要消解 3～4 天并进行筛选，确保粒径不大于 5 mm。

2) 施工要点

灰土地基施工的要求如下：

(1) 在铺设地基前，应进行验槽。如果发现基坑(槽)内有孔洞、沟或墓穴等，则应将其填实后再进行地基施工。

(2) 灰土在施工前应充分拌匀，并严格控制含水量。一般来说，最优含水量约为 16%。如果水分过多或不足，则应晾干或洒水湿润。在现场，可以通过经验直接判断灰土的含水量。具体方法是：手握灰土成团，两指轻捏即碎，这时即可判定灰土的最优含水量满足要求。

(3) 压实灰土地基时，应选用平碾、羊足碾、轻型夯实机或压路机，并分层铺筑并夯实。灰土地基的每层虚铺厚度可参考表 2.2。

表 2.2　灰土地基的每层虚铺厚度

夯实机具种类	重量/t	虚铺厚度/mm	备　注
石夯、木夯	0.04～0.08	200～250	人力送夯，落距为 400～500 mm，一夯压半夯，夯实后约 80～100 mm 厚
轻型夯实机械	0.12～0.4	200～250	蛙式打夯机、柴油打夯机，夯实后约 100～150 mm 厚
压路机	6～10	200～300	双轮

(4) 分段施工时，墙角、柱基及承重窗间墙下不得接缝。上、下两层的接缝距离应不小于 500 mm，并且接缝处应夯压密实。

(5) 灰土应当日铺筑并夯实，入槽(坑)的灰土不得隔日夯打。若灰土刚铺筑完毕或尚未夯实即遭雨淋浸泡，则应将积水及松软的灰土挖去，并进行填补夯实。受浸泡的灰土应晾干后再夯打密实。

(6) 地基施工完成后，应及时修建基础并回填基坑，或采取临时遮盖措施，以防止日晒雨淋。夯实后的灰土在 30 d 内不得受水浸泡。

(7) 冬季施工时，必须在基层不冻的状态下进行。土料应覆盖保温，不得使用夹有冻土及冰块的土料。施工完成后的地基应加盖塑料布或草袋进行保温。

3) 质量检验

质量检验时宜采用环刀取样法测定灰土地基的干密度。质量标准可按压实系数 λ_c 进行鉴定，一般为 0.93~0.95，其计算公式为

$$\lambda_c = \frac{\rho_d}{\rho_{d,max}}$$

式中：ρ_d——实际施工达到的干密度；

$\rho_{d,max}$——室内击实试验得到的最大干密度。

若使用贯入仪检查灰土质量，则应先在现场进行试验，以确定贯入度的具体要求；若无设计要求，则可按表 2.3 取值。

表 2.3　灰土质量要求

土料种类	灰土最小密度/(t/m³)
粉土	1.55
粉质黏土	1.50
黏土	1.45

2.1.2　强夯法

强夯法具有施工速度快、造价低、设备简单、能处理的土壤类别多等特点。在强夯施工时，通常使用起重机将很重的锤(一般为 8~40 t)起吊至高处(一般为 6~30 m)，然后使其自由落下。这样产生的巨大冲击能量和振动能量会对地基产生冲击和振动，从而在一定范围内提高地基土的强度，降低其压缩性，达到改善地基受力性能的目的。该方法是我国目前最为常用且最经济的深层地基处理方法之一。

强夯法适用于处理碎石土、砂性土、黏性土、湿陷性黄土和回填土等地基。

1. 施工机具

强夯施工的主要机具和设备包括起重设备、夯锤、脱钩装置等。

(1) 起重设备。起重机是强夯施工的主要设备，施工时宜选用起重能力大于 100 kN 的履带式起重机。为防止起重机在起吊夯锤时发生倾翻，以及弥补可能存在的起重量不足，也可在起重机臂杆端部设置辅助门架，如图 2.1 所示。

(2) 夯锤。夯锤的形状有圆台形和方形，其材料可以是铸钢(或铸铁)，或者在钢板壳内填筑混凝土。夯锤的质量范围为 8~40 t。夯锤的底面积根据表面土质的不同而有所差异：对于砂石、碎石、黄土，底面积一般为 2~4 m²；对于黏性土，底面积一般为 3~4 m²；对于淤泥质土，底面积一般为 4~6 m²。为了消除作业时夯坑对夯锤的气垫作用，夯锤上应对称地设置 4~6 个直径为 250~300 mm 的上下贯通的排气孔。夯锤的构造如图 2.2 所示。

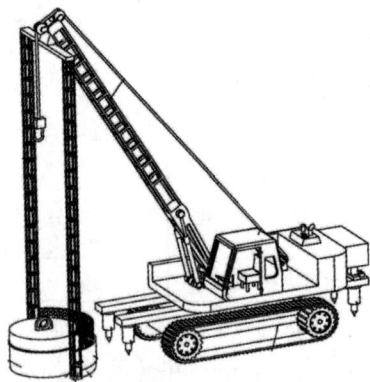

图 2.1　起重机设置辅助门架强夯

(3) 脱钩装置。当使用履带式起重机作为强夯施工的起重设备时，通常采用通过动滑轮组配合脱钩装置来实现夯锤的起落。最常用的脱钩装置是工地自制的强夯自动脱钩器(见图 2.3)。脱钩装置由吊环、耳板、销环轴辊、销柄和拉绳等组成，且这些部件需要满足足够的强度要求，以确保使用过程中的灵活性、脱钩的快速

性以及操作的安全性。

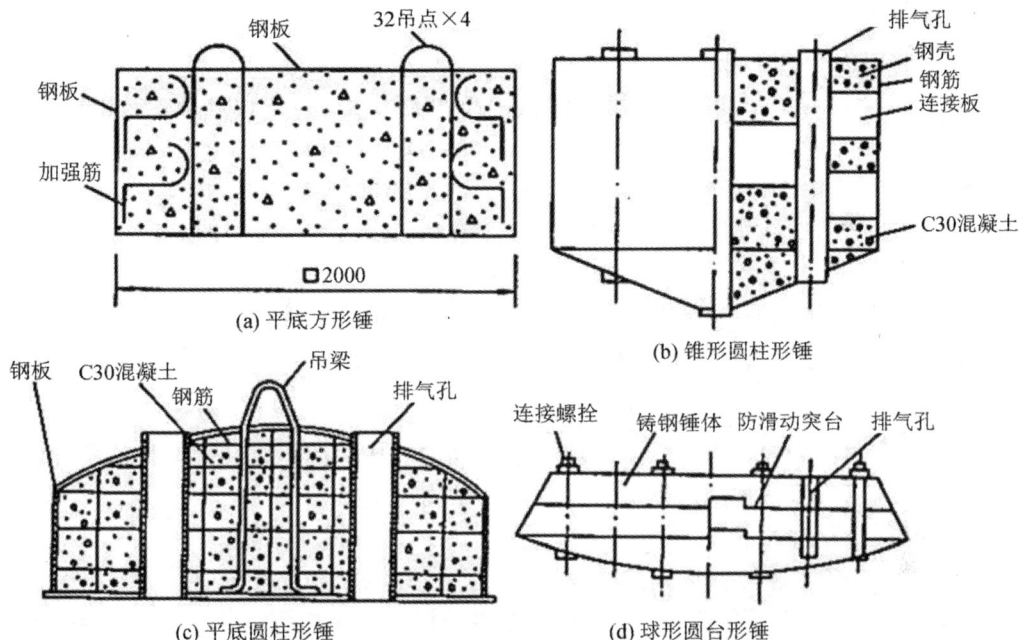

(a) 平底方形锤

(b) 锥形圆柱形锤

(c) 平底圆柱形锤

(d) 球形圆台形锤

图 2.2 夯锤的构造

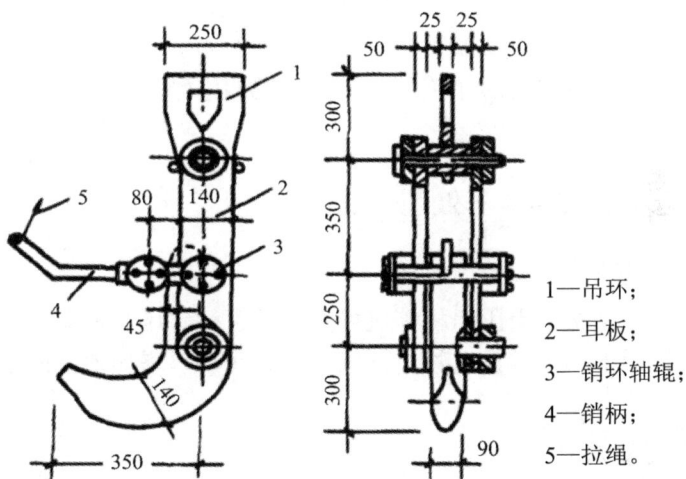

1—吊环；

2—耳板；

3—销环轴辊；

4—销柄；

5—拉绳。

图 2.3 强夯自动脱钩器

2. 施工要点

采用强夯法时，施工要点如下：

(1) 施工前应进行试夯，试夯面积不小于 10 m × 10 m。通过对试夯前后的地基变化情况进行对比，以确定正式夯击施工时的技术参数。

(2) 场地应做好排水工作。地下水位高时，应采取降低水位的措施。冬季施工时，要采取防冻措施。

(3) 夯点的布置应根据基础底面的形状确定。施工时，按照"由内向外、隔行跳打"

的原则进行。夯实范围应大于基础边缘 3 m。

3. 注意事项

采用强夯法施工时，应注意以下事项，以确保施工质量和安全：

(1) 施工前应进行场地调查，查明施工范围内有无地下设施和各种地下管道等。

(2) 强夯前应平整场地。地下水位较高时，可在场地内铺垫一层 0.5～2 m 厚的粗颗粒材料，如沙砾石、碎石、矿渣等(不宜使用细砂)，用以支承机械设备。

(3) 当强夯施工产生的振动可能对邻近的建筑物和设备产生影响时，应挖设防振沟，并设置相应的监测点。

(4) 注意现场安全。非强夯施工人员不得进入夯点 30 m 范围内。当夯锤起吊后，现场操作人员应迅速撤离至夯点 10 m 以外，以防飞石伤人。

4. 质量检查

现场测试方法有标准贯入法、静力触探法、动力触探法等，宜选用两种或两种以上的测试方法进行测试，并将测试数据进行综合分析以确定结果。

检测点的数量要求如下：

(1) 每单位工程检测点不少于 3 点。

(2) 对于 1000 ㎡以上的工程，每 100 ㎡至少应设置一个检测点。

(3) 对于 3000 ㎡以上的工程，每 300 ㎡至少应设置一个检测点。

(4) 每一个独立基础下应至少设置一个检测点。

(5) 在基槽中，每 20 m 长度应设置一个检测点。

对于复杂场地或重要的建筑物，应适当增加检测点的数量，以确保测试结果的全面性和准确性。

2.1.3 其他较常见的地基处理方法

1. 压实地基法

压实地基法是指使用压路机等机械对地基进行碾压，使其排水固结。同时，也可以在地基范围的地面上预先堆置重物，预压一段时间，以增加地基的密实度和承载力，从而减少沉降量。

2. 挤密地基法

挤密地基法主要利用沉管、冲击或爆破等方法在地基中挤土成孔，然后向孔内夯填灰土、砂石、石灰和水泥粉煤灰等材料，形成灰土挤密桩、砂石挤密桩、石灰挤密桩和水泥粉煤灰挤密桩。在成孔过程中，桩孔部分的土被横向挤开，实现横向挤密。与换填法相比，挤密地基法不需要大量开挖和回填，施工工期短，费用低，处理深度大，桩体与挤密土共同组成人工复合地基，是一种深层地基加密处理的有效方法。

3. 深层搅拌法

深层搅拌法加固地基时，使用水泥土、水玻璃、丙凝等作为固化剂，通过特制的搅拌机械，边钻进边向软土中喷射浆液或雾状粉体，并在地基深处将软土和固化剂强制搅拌混合，使固化剂与软土充分反应，产生一系列物理和化学变化，使土体固结，从而增加地基的强度，减少沉降，形成复合地基。

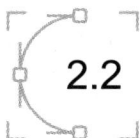

2.2　桩基础工程施工

当天然地基上的浅基础沉降量过大或基础的稳定性不能满足建筑物的要求时，常采用桩基础(简称桩基)。桩基础由桩和桩顶的承台组成，是深基础的一种形式。

(1) 按桩受力情况的不同，桩可分为摩擦桩和端承桩，如图 2.4 所示。端承桩是指桩的下端阻力承受全部或主要荷载，且桩尖进入岩层或硬土层的桩；摩擦桩是指桩顶荷载全部由桩侧摩擦力或主要由桩侧摩擦力和桩端的阻力共同承受的桩。

(2) 按桩的施工方法的不同，桩可分成预制桩和灌注桩。预制桩是在构件预制厂或施工现场制作的桩，如木桩、钢筋混凝土方桩、预应力混凝土管桩等，施工时用沉桩设备将其沉入土中。灌注桩是在施工现场的桩位上用机械或人工成孔，然后在孔内灌注混凝土或钢筋混凝土而成的桩。

(a) 端承桩　　(b) 摩擦桩

图 2.4　桩基示意图

(3) 按成桩方式的不同，桩可分为挤土桩(包括挤土灌注桩、挤土预制桩)、非挤土桩(包括人工挖孔桩、干作业法桩、泥浆护壁法桩、套筒护壁法桩)和部分挤土桩(包括部分挤土灌注桩、预钻孔打入式预制桩、螺旋成孔桩等)。

下面主要介绍预制桩施工、静力压桩施工、钢筋混凝土灌注桩施工。

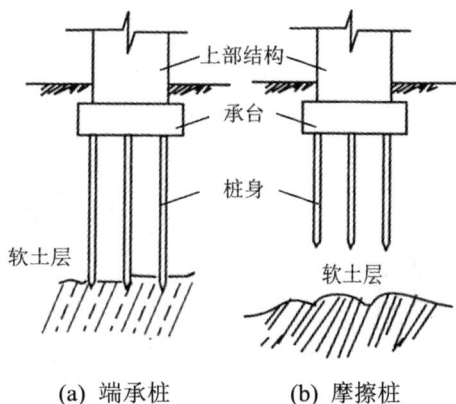

2.2.1　预制桩施工

预制桩主要有实心桩和预应力管桩两种，沉桩方法有锤击法、振动法和静力压桩法，其中锤击法应用最为普遍。

1. 预制桩的制作、吊装、运输和堆放

1) 预制桩的制作

较短的预制桩(长度在 10 m 以内)可以在预制厂进行加工，而较长的预制桩由于运输不便，通常需要在施工现场进行露天制作(长桩可以分节制作)。方形桩的边长通常为 200～450 mm，现场预制时采用重叠法，重叠层数不宜超过 4 层。预应力管桩均在工厂内采用离心法制作，其直径为 300～550 mm。

预制桩钢筋骨架的主筋连接宜采用对焊。在同一截面内，主筋接头数量不得超过主筋总数的 50%，且桩顶 1 m 范围内不应有接头。钢筋骨架的偏差应符合相关规定。

预制桩的混凝土强度等级应不低于 C30。浇筑时，应从桩顶向桩尖进行，并应一次浇筑完毕，严禁中断。制作完成后，应进行洒水养护，养护时间不少于 7 天。上层桩的制作应待下层桩的混凝土强度达到设计强度的 30%后方可进行。

2) 预制桩的起吊、运输和堆放

预制桩的桩身强度需达到设计强度的 70% 后方可起吊，达到 100% 后才能运输。桩在起吊和搬运时，必须确保吊点符合设计要求。若无吊环且设计无特别要求，则应遵循最小弯矩原则，并按图 2.5 所示位置进行起吊。起吊过程应平稳，不得损坏桩身。桩的堆放场地应平整、坚实。垫木应与吊点位置相对应，并保持在同一平面内。相同桩号的桩应堆放在一起，且桩尖应朝向同一端。多层垫木需上下对齐，最下层的垫木应适当加宽。堆放层数一般不宜超过 4 层。

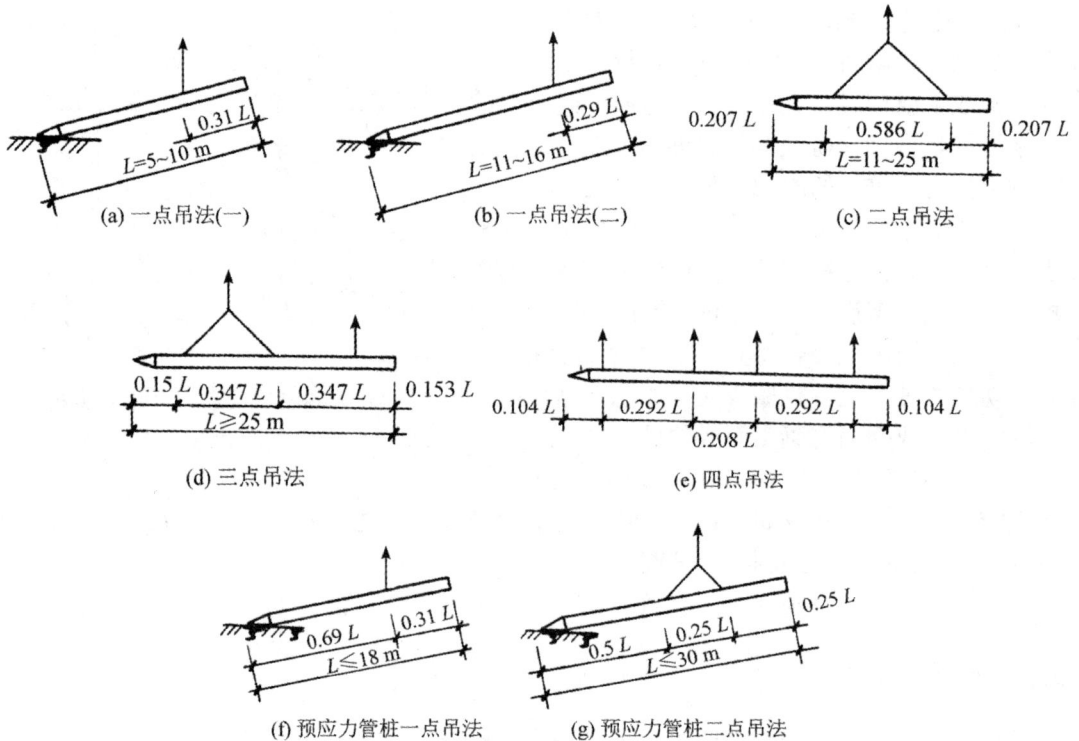

图 2.5　预制桩吊点位置

打桩前，桩应运到现场或桩架处以备打桩，并应根据打桩顺序随打随运，以避免二次搬运。当现场运距较近时，可采用起重机吊运或在桩下垫以滚筒用卷扬机拖拉；当现场运距远时，可采用汽车或轻便轨道小平板车进行运输。

2. 打桩机具

打桩机具主要包括桩锤、桩架和动力装置三部分。

1) 桩锤

桩锤是对桩施加冲击力，将桩打入土中的主要机具。施工中常用的桩锤有落锤、单动汽锤、双动汽锤、柴油锤和振动锤，桩锤的选用参见表 2.4。采用锤击法沉桩时，选择桩锤是关键。选用桩锤时，应根据施工条件先确定桩锤的类型，再确定桩锤的重量，且桩锤的重量应大于或等于桩重。打桩时宜遵循"重锤低击"的原则，即选择重量较大的桩锤并减小落距，这样，桩锤不易产生回跳，桩头不易损坏，且桩更容易打入土中。

表 2.4　桩　锤

桩锤种类	适用范围	优缺点	附注
落锤	(1) 适宜打各种桩; (2) 黏土、含砾石的土和一般土层均可使用	构造简单,使用方便,冲击力大,能随意调整落距,但捶打速度慢,效率较低	落锤是指桩锤用人力或机械拉升,然后自由落下,利用自重夯击桩顶
单动汽锤	适宜打各种桩	构造简单,落距短,设备和桩头不易打坏,打桩速度(即冲击力)比落锤的大,效率较高	利用蒸汽或压缩空气的压力将锤头上举,然后由锤的自重向下冲击沉桩
双动汽锤	(1) 适宜打各种桩,便于打斜桩; (2) 使用压缩空气时可在水下打桩; (3) 可用于拔桩	冲击次数多,冲击力大,工作效率高,可不用桩架打桩,但设备笨重,移动较困难	利用蒸汽或压缩空气的压力将锤头上举及下冲,以增加夯击能量
柴油锤	(1) 最宜用于打木桩、钢板桩; (2) 不适于在过硬或过软的土中打桩	附有桩架、动力等设备,机架轻、移动便利,打桩快,燃料消耗少	利用燃油爆炸,推动活塞,引起锤头跳动,具有重量轻和不需要外部能源等优点
振动锤	(1) 适宜于打钢板桩、钢管桩、钢筋混凝土桩和木桩; (2) 用于砂土、塑性黏土及松软砂黏土; (3) 在卵石夹砂及紧密黏土中效果较差	沉桩速度快,适应性强,施工操作简易安全,能打各种桩并辅助卷扬机拔桩	利用偏心轮引起激振,通过刚性连接的桩帽传到桩上

2) 桩架

桩架是将桩吊到打桩位置,并在打桩过程中引导桩的方向,防止其发生偏移,以保证桩锤能沿要求方向冲击的设备。桩架的种类和高度应根据桩锤的种类、桩的长度以及施工地点的条件等因素来确定。

目前,应用最多的桩架有滚筒式桩架、多功能桩架和履带式桩架。

滚筒式桩架依靠两根钢滚筒在垫木上滚动来行走,其优点是结构简单、制作容易,但在平面转弯、调头方面不够灵活,且需要较多的操作人员,适用于预制桩和灌筑桩的施工。

多功能桩架具有很大的机动性和适应性,能在水平方向进行 360° 旋转,导架可以伸缩和前后倾斜,底座装有铁轮,底盘能在轨道上行走,适用于各种预制桩和灌筑桩的施工。

履带式桩架以履带起重机为底盘,增加了导杆和斜撑以用于打桩,移动方便且比多功能桩架更灵活,同样适用于各种预制桩和灌筑桩的施工。

3) 动力装置

(1) 落锤的动力装置。落锤通常以电力为动力源,通过电动卷扬机将重锤提升至一定高度,随后释放使其自由下落,利用重锤下落产生的冲击力将桩打入土中。为确保电力供应的稳定性和使用的安全性,落锤还需配备变压器、电缆等。

(2) 单动汽锤的动力装置。单动汽锤的动力来源于蒸汽或压缩空气,通过蒸汽锅炉或空气压缩机产生的高压蒸汽或压缩空气驱动汽缸中的活塞上升,随后通过释放高压介质使活塞自由下落，从而带动锤头打击桩体。

(3) 双动汽锤的动力装置。与单动汽锤不同，双动汽锤的锤击部分(包括汽缸里的活塞和冲击锤)在下降过程中不仅依赖自重，还受到蒸汽或压缩空气的作用力，这种双重作用机制使得双动汽锤能够实现更高的锤击频率和产生更大的冲击力。为了提供这种动力源，双动汽锤同样需要蒸汽锅炉或空气压缩机来持续供应高压蒸汽或压缩空气。

(4) 柴油锤的动力装置。柴油锤的桩锤内部设有燃烧室，通过喷入燃烧室内的雾化柴油在高压高温条件下燃爆产生的强大压力来驱动锤头工作。这种动力装置使得柴油锤不需要依赖外部动力源，因此具有较高的独立性和灵活性。柴油锤通常还配备有燃油喷射泵、油箱、冷却水箱以及桩帽等附属设备，以确保柴油的充足供应、有效冷却以及桩锤的稳固固定。

(5) 振动锤的动力装置。振动锤的动力源自电动机。电动机借助三角皮带将动力传输至振动器内的偏心块，驱动偏心块高速旋转并产生离心力，最终转化为振动锤的垂直振动。

3. 打桩施工

1) 打桩前的准备工作

打桩前的准备工作包括：

(1) 测定桩的轴线位置和标高，并经过检查，且办完预检手续。

(2) 处理完高空和地下的障碍物。当施工影响邻近建筑物或构筑物的使用或安全时，应会同有关单位采取有效措施予以处理，尽量不扰民。

(3) 根据轴线放出桩位线，用木橛或钢筋头钉好桩位，并用白灰作标志，以便于施打。

(4) 场地应进行碾压平整处理，以确保排水畅通无阻，从而便于桩机的移动，并保持桩机在操作过程中的稳定与垂直。

(5) 打试验桩。施工前必须打试验桩，其数量不少于 2 根，以确定贯入度并校验打桩设备、施工工艺以及技术措施是否适宜。

(6) 选择和确定打桩机的进出路线和打桩顺序，制订施工方案，并做好技术交底。

(7) 准备好桩基沉桩记录和隐蔽工程验收记录表格，并安排好记录和监理人员。

2) 打桩顺序

打桩顺序的合理性直接影响打桩的进度和施工质量。在确定打桩顺序时，需要综合考虑桩的密集程度、桩的深度、现场地形条件、土质情况以及桩机移动的便利性等因素。

打桩顺序一般分为自中间向两侧打设、自中间向四周打设、自两侧向中间打设、逐排打设、分段打设等方式，如图 2.6 所示。

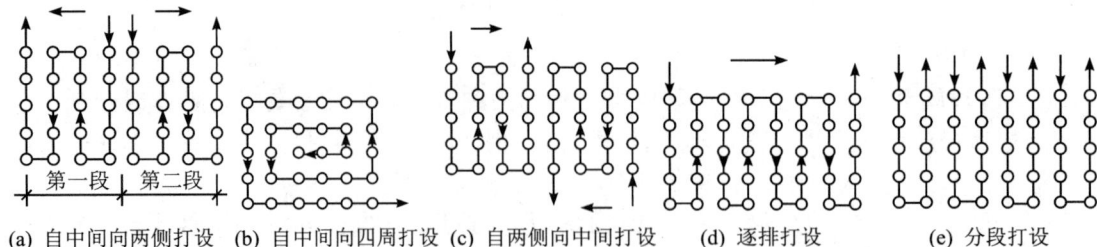

(a) 自中间向两侧打设　(b) 自中间向四周打设　(c) 自两侧向中间打设　(d) 逐排打设　(e) 分段打设

图 2.6　打桩顺序

确定打桩顺序时应遵循以下原则：

(1) 当桩基的设计标高不同时，打桩顺序宜先深后浅。

(2) 对于不同规格的桩，宜先打大桩后打小桩。

(3) 在桩距大于或等于 4 倍桩径的情况下，应从提高效率的角度出发确定打桩顺序，宜选择倒行和拐弯次数最少的顺序。

(4) 应避免自外向内或从周边向中央的打桩顺序，以免中间土体被挤密，导致桩难以打入，或即使勉强打入，也可能使邻桩发生侧移或上冒。

3) 工艺流程

打桩施工的工艺流程为：桩机就位→起吊预制桩→稳桩→打桩→接桩→送桩→中间检查验收→移桩机至下一个桩位。

(1) 桩机就位。打桩机就位时，应对准桩位，保证垂直稳定，确保在施工中不发生倾斜、移动。

(2) 起吊预制桩。先拴好吊桩用的钢丝绳和索具；然后用索具捆住桩上端吊环附近处，一般不宜超过 30 cm；接着启动机器起吊预制桩，使桩尖垂直对准桩位中心，缓缓放下插入土中，确保位置准确；最后在桩顶扣好桩帽或桩箍，即可除去索具。

(3) 稳桩。桩尖插入桩位后，先用较小的落距轻锤 1~2 次，使桩入土一定深度，再调整桩至垂直稳定。对于 10 m 以内的短桩，可目测或用线坠进行双向校正；对于 10 m 及以上的长桩或打接桩，必须用线坠或经纬仪进行双向校正，不得仅用目测。桩插入时的垂直度偏差不得超过 0.5%。在打桩前，应在桩的侧面或桩架上设置标尺，以便在施工中进行观测和记录。

(4) 打桩。使用落锤或单动汽锤打桩时，锤的最大落距不宜超过 1.0 m。使用柴油锤打桩时，应确保锤跳动正常。打桩时宜采用重锤低击的方式，锤重的选择应根据工程地质条件、桩的类型、结构、密集程度以及施工条件来确定。打桩顺序应根据基础的设计标高来确定，宜先深后浅；根据桩的规格，宜先大后小，先长后短。

(5) 接桩。多节桩的接桩可采用焊接、法兰连接或硫磺胶泥锚接等方式。前两种接桩方式适用于各类土层，而硫磺胶泥锚接方式仅适用于软弱土层。各类接桩均应严格按照相关规范执行。

(6) 送桩。当桩顶标高较低，需要送桩入土时，应使用钢送桩器将桩放在桩顶上，并通过锤击送桩器将桩送入土中。钢送桩器的构造如图 2.7 所示。

(7) 中间检查验收。当每根桩打至满足贯入度要求，桩尖标高进入持力层，接近或达到设计标高时时，应进行中间检查验收。一般要求最后三次(每次十锤)的平均贯入度不大于规定的数值，或以桩尖打至设计标高为准。符合设计要求后，填好施工记录。若发现桩位与要求相差较大，

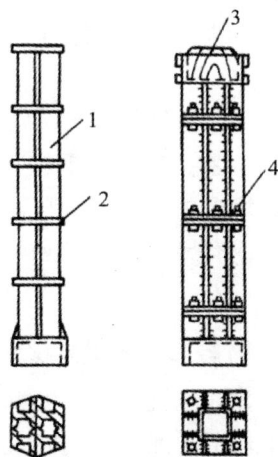

(a) 钢轨送桩　　　(b) 钢板送桩

1—钢轨；2—15 mm 厚钢板箍；
3—硬木垫；4—连接螺栓。

图 2.7　钢送桩器的构造

则应会同有关单位研究处理。

(8) 移桩机至下一个桩位。

在打桩过程中，遇见下列情况应暂停，并及时与有关单位研究处理：

(1) 贯入度剧变；

(2) 桩身突然发生倾斜、位移或有严重回弹；

(3) 桩顶或桩身出现严重裂缝或破碎。

4) 打桩的质量控制

(1) 摩擦桩位于一般土层时，以控制桩端设计标高为主，贯入度可作为参考。

(2) 端承桩的入土深度以最后贯入度控制为主，桩端标高作为参考。

(3) 当贯入度已达到设计要求而桩顶标高未达到时，应继续锤击 3 阵，每阵 10 击，且每阵的贯入度不应大于设计规定的数值。必要时，施工控制贯入度应通过试验确定。

5) 常见的质量问题

(1) 桩身断裂。桩身断裂可能由桩身弯曲过大、强度不足、地下有障碍物等原因造成，也可能是在堆放、起吊、运输过程中产生断裂而未被及时发现。一旦发现，应及时进行检查。

(2) 桩顶碎裂。桩顶强度不够、钢筋网片不足、主筋距桩顶面太近、桩顶不平、施工机具选择不当等原因可能造成桩顶碎裂，应加强施工准备时的检查。

(3) 桩身倾斜。场地不平、打桩机底盘不水平、稳桩不垂直、桩尖在地下遇到硬物等原因可能造成桩身倾斜，应严格按工艺操作规定执行。

(4) 接桩处拉脱开裂。连接处表面不干净、连接铁件不平、焊接质量不符合要求、接桩上下中心线不在同一条线上等原因可能造成接桩处拉脱开裂，应保证接桩的质量。

2.2.2　静力压桩施工

静力压桩是用静力压桩机或锚杆将预制钢筋混凝土桩分节压入地基土中的一种沉桩施工工艺。它适用于软土、填土及一般黏性土层，特别适合在居民稠密区、危房附近、对环境要求严格的地区进行沉桩作业。但是，静力压桩不宜用于地下有较多孤石、障碍物，或有厚度大于 2 m 的中密以上砂夹层的情况，也不适用于单桩承载力超过 1600 kN 的情况。

1. 静力压桩机具设备

静力压桩机分为机械式和液压式两种。其中，机械式静力压桩机由卷扬机、加压钢丝绳滑轮组、油压表、桩帽、桩架导向笼和活动压梁等组成，如图 2.8 所示。该种桩机的施压部分位于桩顶端部，能施加约 600～2000 kN 的静压力。此种桩机的装配费用较低，但设备高大笨重，行走移动不便，压桩速度较慢。液压式静力压桩机则由夹持及拔桩装置、行走机构、底盘结构等组成，如图 2.9 所示。该种桩机采用液压操作，自动化程度高，结构紧凑，行走方便快速，其施压部分位于桩身侧面，是当前国内较广泛采用的一种新型压桩机械。

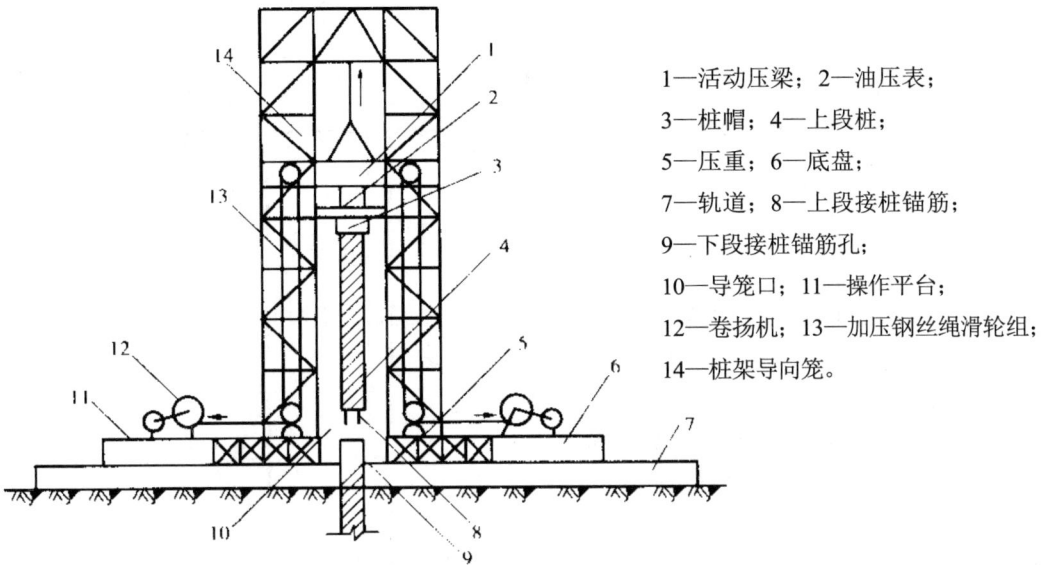

1—活动压梁；2—油压表；
3—桩帽；4—上段桩；
5—压重；6—底盘；
7—轨道；8—上段接桩锚筋；
9—下段接桩锚筋孔；
10—导笼口；11—操作平台；
12—卷扬机；13—加压钢丝绳滑轮组；
14—桩架导向笼。

图 2.8　机械式静力压桩机示意图

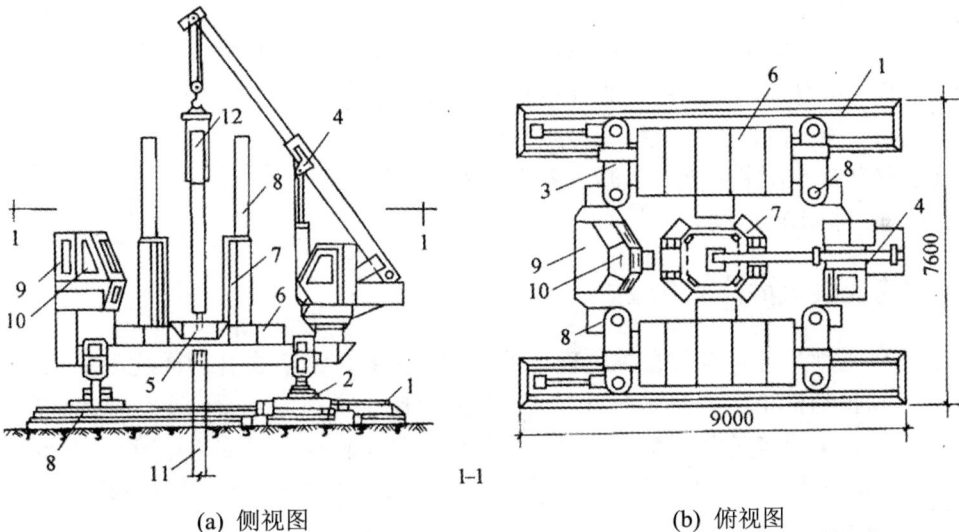

(a) 侧视图　　　　　　　　　　　　　(b) 俯视图

1—长船行走机构；2—短船行走及回转机构；3—支腿式底盘结构；4—液压起重机；
5—夹持及拔桩装置；6—配重铁块；7—导向架；8—液压系统；9—电控系统；
10—操纵室；11—已压入的下节桩；12—吊入的上节桩。

图 2.9　液压式静力压桩机

2. 施工工艺流程

静力压桩施工一般采用分段压入、逐节接长的方式进行，其主要施工工艺流程为：测量定位→桩机就位→吊桩→插桩→桩身对中调直→静压沉桩→接桩→再静压沉桩→送桩→终止压桩→切割桩头。静力压桩施工工艺示意图如图 2.10 所示。

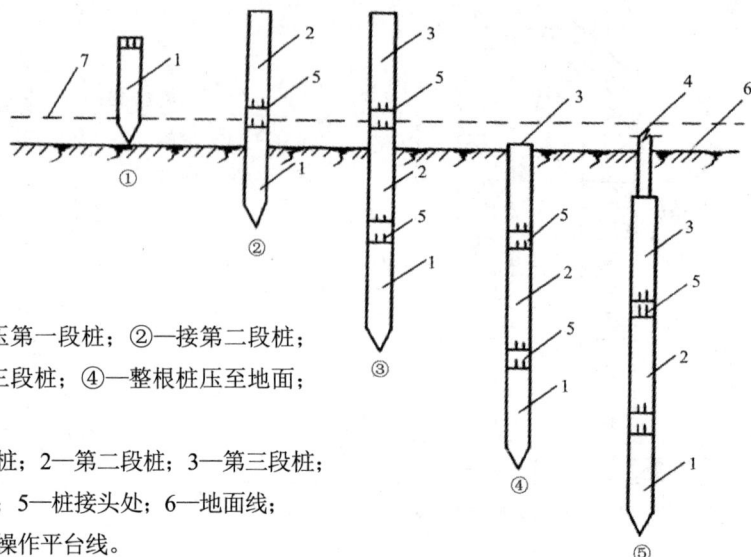

①—准备压第一段桩；②—接第二段桩；
③—接第三段桩；④—整根桩压至地面；
⑤—送桩。
1—第一段桩；2—第二段桩；3—第三段桩；
4—送桩器；5—桩接头处；6—地面线；
7—压桩机操作平台线。

图 2.10　静力压桩施工工艺示意图

3. 静力压桩施工应注意的要点

静力压桩施工时应注意以下要点：

(1) 静力压桩机应根据设计和土质情况配备足够的额定重量；

(2) 桩帽、桩身和送桩器的中心线应重合一致；

(3) 压同一根桩时，应尽量缩短停歇时间；

(4) 采取有效的技术措施，以减小静力压桩的挤土效应；

(5) 注意控制压桩速度。

2.2.3　钢筋混凝土灌注桩施工

钢筋混凝土灌注桩是直接在施工现场的桩位上成孔，然后在孔内灌注混凝土或钢筋混凝土而成。与预制桩相比，钢筋混凝土灌注桩具有施工噪声低、振动小、挤土效应小、无须接桩等优势，但成桩工艺复杂，施工速度较慢，且质量受多种因素影响。根据成孔工艺的不同，钢筋混凝土灌注桩可分为泥浆护壁钻孔灌注桩、套管成孔灌注桩和人工挖孔灌注桩。

1. 泥浆护壁钻孔灌注桩

泥浆护壁钻孔灌注桩是利用钻孔机械进行灌注桩成孔时，为防止塌孔，采用相对密度大于 1 的泥浆进行护壁的一种灌注桩。此种桩适用于各种土层。

泥浆护壁钻孔灌注桩按成孔工艺和成孔机械的不同，可分为冲击成孔灌注桩、冲抓成孔灌注桩、回转钻成孔灌注桩和潜水钻成孔灌注桩。其中，回转钻成孔灌注桩应用最多，是国内应用范围较广的成桩方式。

回转钻机具有钻头回转切削、泥浆循环排土、泥浆保护孔壁等优点。它采用湿作业方式施工，适用于各种地质条件。

泥浆在施工中具有排渣和护壁的作用。根据泥浆循环方式的不同，回转钻机分为正循环回转钻机和反循环回转钻机两种。正、反循环回转钻机成孔的工艺原理分别如图 2.11、

图 2.12 所示。

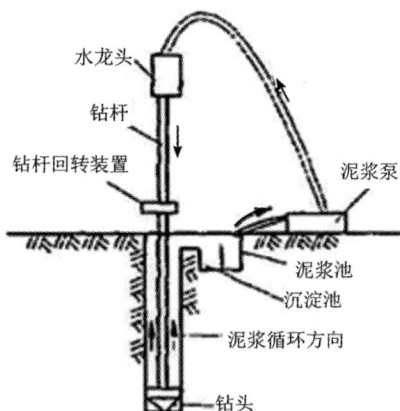

图 2.11　正循环回转钻机成孔的工艺原理

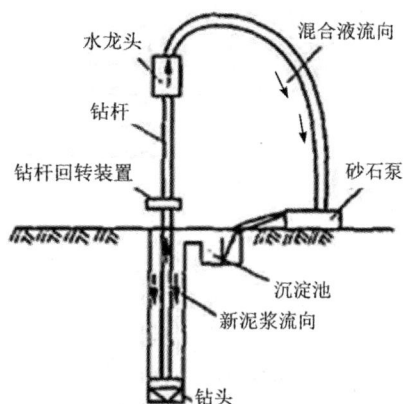

图 2.12　反循环回转钻机成孔的工艺原理

正循环回转钻机成孔的工艺原理是：由空心钻杆内部通入泥浆或高压水，这些流体从钻杆底部喷出，携带钻头下的土渣沿孔壁向上流动，最终从孔口将土渣带出并流入泥浆池。正循环回转钻机具有设备简单、操作方便、费用较低等优点，适用于小直径桩($\phi < 0.8$ m)成孔的施工，但其排渣能力较弱。

反循环回转钻机成孔的工艺原理与正循环回转钻机成孔的相反，泥浆带渣流动的方向也是相反的。在反循环回转钻机成孔时，泥浆上流的速度较高，能携带大量的土渣。因此，反循环回转钻机成孔是目前大直径桩($\phi > 0.8$ m)成孔的一种有效的施工方法。

1) 施工工艺流程

泥浆护壁钻孔灌注桩的施工工艺流程见图 2.13。

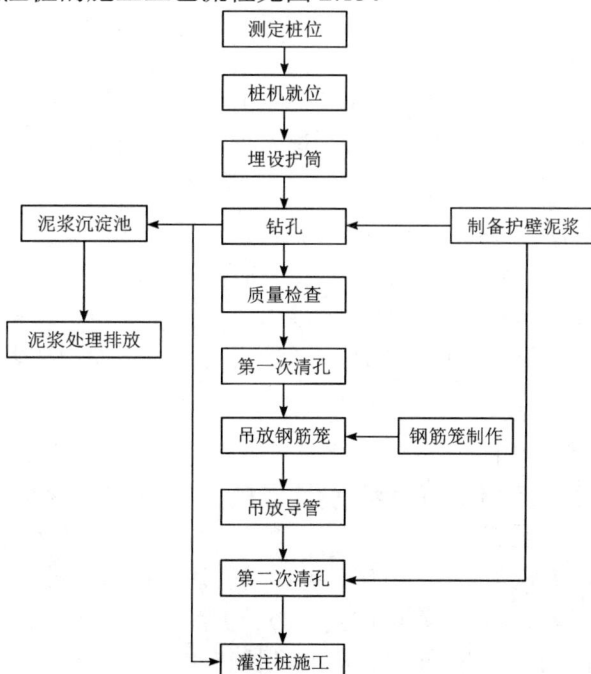

图 2.13　泥浆护壁钻孔灌注桩的施工工艺流程

2) 操作要求

(1) 对施工平台的要求。

在进行钻孔灌注桩施工时，需要使用钻孔机进行钻孔。为了保证施工质量和安全，施工过程中需要一个稳固的施工平台来支撑钻孔机的使用。对施工平台的具体要求如下：

① 当场地内无水时，可稍作平整、碾压，以满足机械行走移位的要求。

② 当场地内有浅水且水流较平缓时，采用筑岛法施工。桩位处的筑岛材料应优先使用黏土或砂性土，不宜回填卵石、砾石土，并禁止采用大粒径石块回填。筑岛高度应高于最高水位 1.5 m，筑岛面积则应根据所采用的钻孔机械、混凝土运输浇筑等的要求来确定。

③ 当场地内有深水时，可采用钢管桩施工平台、双壁钢围堰平台等固定式平台，也可选择浮式施工平台。所选平台必须牢靠稳定，能承受工作时所有静、动荷载，并应满足机械施工、人员操作的空间要求。

(2) 对护筒的要求。

在钻孔灌注桩施工中，常埋设钢护筒来定位需要钻的桩位。对护筒的具体要求如下：

① 护筒一般由钢板卷制而成，钢板的厚度应根据孔径大小选择，通常采用 4~8 mm 的钢板。护筒内径宜比设计桩径大 100 mm，且其上部宜开设 1~2 个溢流孔。

② 一般情况下，护筒的埋置深度在黏性土中不宜小于 1 m，在砂土中不宜小于 1.5 m。护筒的高度应确保护筒内泥浆面的高度大于地下水位的高度。在淤泥等软弱土层中，应适当增加护筒的埋深，且护筒顶面宜高出地面 300 mm。

③ 在旱地或筑岛处，护筒可采用挖坑埋设法进行埋设，护筒底部和四周应回填黏性土并分层夯实。在水域中设置护筒时，应严格注意其平面位置和竖向倾斜度。护筒的沉入可采用压重、振动、锤击等方法，并辅以护筒内取土的方式。

④ 护筒埋设完毕后，应确保护筒中心的竖直线与桩中心重合。除非设计另有规定，否则平面允许误差为 50 mm，且竖直线倾斜度应不大于 1%。

⑤ 在护筒连接处，应确保筒内无突出物，且应具有良好的耐拉、耐压性能，同时要保证不漏水。应根据地下水位涨落的影响适当调整护筒的高度和深度。必要时，应将护筒打入不透水层。

3) 护壁泥浆的调制和使用

护壁泥浆一般由水、黏土(或膨润土)和添加剂按一定比例配制而成，可利用机械在泥浆池或钻孔中搅拌均匀。泥浆池的容量宜不小于桩体积的 3 倍。泥浆的配置应根据钻孔的工程地质情况、孔位、钻机性能以及循环方式等因素来确定。泥浆的密度应控制在 1.1 左右。

4) 钻孔的施工要求

钻孔施工的一般要求如下：

(1) 钻孔前，应根据工程地质资料和设计资料，选择适当的钻机种类和型号，并配备适用的钻头，同时调配合适的泥浆。

(2) 钻机就位前，应调整好施工机械，并对钻孔所需的各项准备工作进行检查。

(3) 钻机就位时，应采取措施确保钻具中心和护筒中心重合，其偏差不应大于 20 mm。钻机就位后应平整稳固，并采取固定措施，以保证在钻进过程中不产生位移和摇晃。一旦发现位移或摇晃，应及时进行处理。

(4) 钻孔作业应分班连续进行，认真填写钻孔施工记录。交接班时，应交代钻进情况及下一班需要注意的事项。应经常对钻孔泥浆进行检测和试验，注入的泥浆密度应控制在 1.1 左右，排出的泥浆密度宜控制在 1.2～1.4 之间，不符合要求时应随时进行纠正。应经常注意土层变化，并在土层变化处捞取渣样，判明后记入记录表中，并与地质剖面图进行核对。

(5) 开钻时，在护筒下的一定范围内应慢速钻进，待导向部位或钻头全部进入土层后，方可加速钻进。

(6) 在钻孔、排渣或因故障停钻时，应始终保持孔内具有规定的水位，以及要求的泥浆相对密度和黏度。

5) 清孔的施工要求

清孔分为两次进行，即第一次清孔和第二次清孔。

(1) 第一次清孔。在钻孔深度达到设计要求时，应对孔深、孔径、孔的垂直度等进行检查。符合要求后，进行第一次清孔。第一次清孔应根据设计要求采用换浆、抽浆、掏渣等方法进行。对于以原土造浆的钻孔，清孔可采用射水法，同时钻机只钻不进。待泥浆相对密度降到 1.1 左右时，即认为清孔合格。若注入制备的泥浆，则采用换浆法清孔，直至换出的泥浆密度小于 1.15～1.25 时，方为合格。

(2) 第二次清孔。钢筋骨架、导管安放完毕，且在混凝土浇筑之前，应进行第二次清孔。第二次清孔应根据孔径、孔深以及设计要求，采用正循环、泵吸反循环、气举反循环等方法进行。

第二次清孔后的沉渣厚度和泥浆性能指标应满足设计要求。沉渣厚度一般应满足下列要求：摩擦桩≤300 mm，端承桩≤50 mm，摩擦端承或端承摩擦桩≤100 mm。泥浆性能指标在浇注混凝土前应满足下列要求：孔底 500 mm 以内的相对密度≤1.25，黏度≤28 mPa·s，含砂率≤8%。

不论采用何种清孔方法，在清孔排渣时，必须注意保持孔内水头，以防止塌孔。不应采取加深钻孔深度的方法代替清孔。

6) 灌注水下混凝土的施工要求

灌注水下混凝土时应注意以下几点：

(1) 开始灌注混凝土时，漏斗下的封水塞可采用预制混凝土塞、木塞或充气球胆。

(2) 混凝土运至灌注地点时，应检查其均匀性和坍落度。若不符合要求，则应进行第二次拌和。二次拌和后仍不符合要求时，不得使用。

(3) 第二次清孔完毕并检查合格后，应立即进行水下混凝土灌注。灌注的时间间隔不宜大于 30 min。

(4) 混凝土应连续灌注，严禁中途停止。

(5) 在灌注过程中，导管埋在混凝土中的深度应控制在 2～6 m。严禁导管提出混凝土面。同时，应有专人测量导管埋深及管内、外混凝土面的高差，并填写水下混凝土灌注记录。

(6) 在灌注过程中，应时刻注意观测孔内泥浆返出情况，并倾听导管内混凝土下落的声音。若有异常，则必须采取相应处理措施。

(7) 在灌注过程中，宜使导管在一定范围内上下窜动，以防止混凝土凝固，同时增加灌注速度。

(8) 为防止钢筋骨架上浮,当灌注的混凝土顶面距钢筋骨架底部约 1 m 时,应降低混凝土的灌注速度。当混凝土拌和物上升到骨架底部 4 m 以上时,提升导管,使其底口高于骨架底部 2 m 以上。之后即可恢复正常灌注速度。

(9) 灌注的桩顶标高应比桩顶设计标高高出一定高度,一般为 0.5～1.0 m,以保证桩头混凝土的强度。多余部分在接桩前必须凿除,并确保桩头无松散层。

(10) 在灌注将近结束时,应核对混凝土的灌入数量,以确保所测混凝土的灌注高度正确。

2. 套管成孔灌注桩

套管成孔灌注桩又称为打拔管灌注桩,包括振动套管成孔灌注桩和锤击套管成孔灌注桩两种,是目前建筑工程中常用的一种灌注桩类型。它主要应用于黏性土、淤泥、淤泥质土、稍密的沙土以及杂填土等地层。图 2.14 所示为套管成孔灌注桩的施工过程。

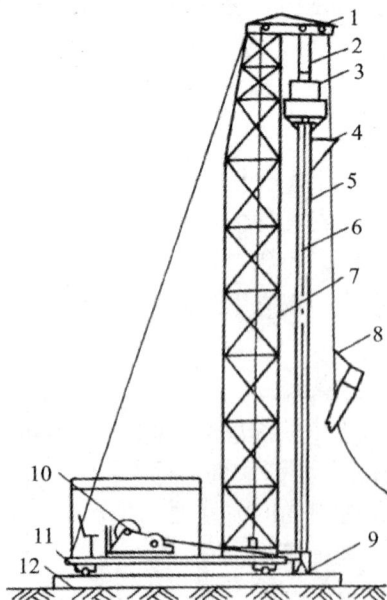

①—就位;②—沉套管;③—开始灌混凝土;
④—安放钢筋笼并继续浇混凝土;
⑤—拔管成形。

图 2.14　套管成孔灌注桩的施工过程

1) 振动套管成孔灌注桩

振动套管成孔灌注桩采用激振器或振动冲击锤进行沉管。振动套管成孔灌注桩桩机如图 2.15 所示。在施工时,首先安装好桩机,并将桩管下端的活瓣合拢,对准桩位后,徐徐放下桩管使其压入土中,随后即可启动激振器进行沉管。桩管在激振力的作用下,以一定的频率和振幅产生振动,从而减少了桩管与周围土体间的摩擦阻力,使得钢管在加压作用下能够顺利沉入土中。振动套管成孔灌注桩的成桩过程如图 2.16 所示。

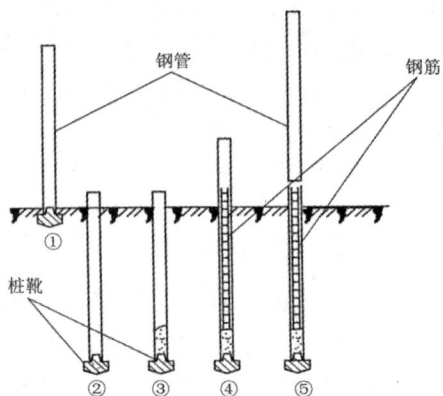

1—导向滑轮;

2—滑轮组;

3—激振器;

4—混凝土漏斗;

5—桩管;

6—加压钢丝绳;

7—桩架;

8—混凝土吊斗;

9—活瓣桩尖;

10—卷扬机;

11—行驶用钢管;

12—枕木。

图 2.15　振动套管成孔灌注桩桩机

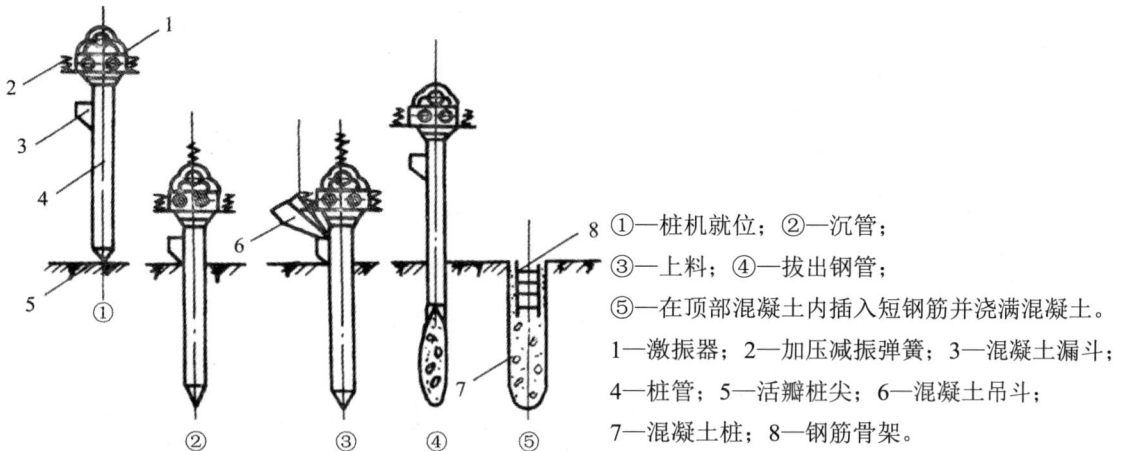

①—桩机就位；②—沉管；
③—上料；④—拔出钢管；
⑤—在顶部混凝土内插入短钢筋并浇满混凝土。
1—激振器；2—加压减振弹簧；3—混凝土漏斗；
4—桩管；5—活瓣桩尖；6—混凝土吊斗；
7—混凝土桩；8—钢筋骨架。

图 2.16　振动套管成孔灌注桩的成桩过程

振动套管成孔灌注桩可采用单振法、复打法和反插法施工。

(1) 单振法：即一次拔管法。在桩管内灌满混凝土后，先振动 5～10 s，再开始拔管，应边振边拔。每提升 0.5 m 停拔，振动 5～10 s 后再拔管 0.5 m，再振动 5～10 s，如此反复，直至桩管全部拔出地面。

(2) 复打法：在同一桩孔内进行两次单打，或根据需要进行局部复打。复打施工必须在第一次浇筑的混凝土初凝之前完成，同时前后两次沉管的轴线必须重合。

(3) 反插法：在套管内灌满混凝土后，先振动再拔管。每次拔管 0.5～1.0 m 后，再把钢管下沉 0.3～0.5 m。拔管时，分段添加混凝土，并始终保持振动，如此反复进行，直到钢管全部拔出地面。反插法能使桩的截面增大，从而提高桩的承载力，宜在软土地基上应用。采用反插法施工时应严格控制拔管速度不得大于 0.5 m/min。

2) 锤击套管成孔灌注桩

锤击套管成孔灌注桩采用锤击套管成孔灌注桩桩机(如图 2.17 所示)。该桩机利用锤击将带有活瓣桩尖(如图 2.18 所示)或已安装钢筋混凝土预制桩尖(靴)的钢套管沉入土中，随后，边浇筑混凝土边用卷扬机拔管成桩。锤击套管成孔灌注桩的成桩过程如图 2.19 所示。

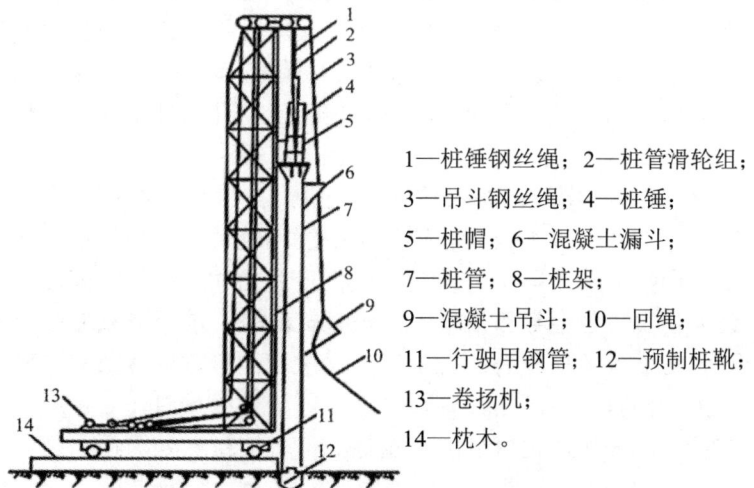

1—桩锤钢丝绳；2—桩管滑轮组；
3—吊斗钢丝绳；4—桩锤；
5—桩帽；6—混凝土漏斗；
7—桩管；8—桩架；
9—混凝土吊斗；10—回绳；
11—行驶用钢管；12—预制桩靴；
13—卷扬机；
14—枕木。

图 2.17　锤击套管成孔灌注桩桩机

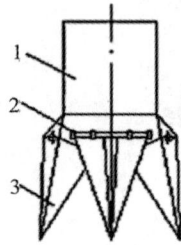

1—桩管；2—锁轴；3—活瓣。

图 2.18   活瓣桩尖示意图

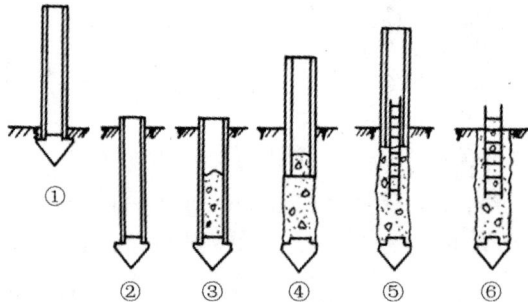

①—就位；②—沉入套管；③—开始浇筑混凝土；

④—边锤击边拔管并继续浇筑混凝土；⑤—下钢筋笼并继续浇筑混凝土；⑥—成型。

图 2.19   锤击套管成孔灌注桩的成桩过程

3) 套管成孔灌注桩易产生的质量问题及处理

(1) 断桩。断桩一般发生在地面以下软硬土层的交接处，且多数出现在黏性土中，而在中砂石和松土中很少出现。产生断桩的主要原因包括：桩间距过小，受到邻桩施打时挤土的影响；软硬土层间传递的水平力大小不同，对桩产生剪应力；混凝土终凝不久，强度较弱，受到振动和外力的扰动；拔管时速度过快，混凝土来不及下落，周围的土迅速回缩而形成断桩。

避免断桩的措施有：布桩不宜过密，桩间距宜大于 3.5 倍桩径；合理制订打桩顺序和桩架行走路线，以减少振动的影响；采用跳打法施工，且跳打应在相邻已成形的桩达到设计强度的 60% 以上后进行；认真控制拔管速度，一般以 1.2～1.5 m/min 为宜。

若已查出断桩，则应将断桩段拔出，将孔清理干净并略增大面积或加上箍筋，然后再重新浇筑混凝土。

(2) 缩颈。缩颈的桩又称为瓶颈桩，其桩身局部直径小于设计直径。产生缩颈的主要原因包括：在含水率很高的软土层中沉桩管时，土受挤压产生很高的空隙水压，拔管后这些土挤向新灌的混凝土，从而造成桩径截面缩小；拔管速度过快，混凝土流动性差或混凝土装入量少，也会导致混凝土出管时扩散差，进而造成缩颈现象。

预防缩颈的措施有：施工时，每次应向桩管内尽量多装混凝土，以确保其有足够的扩散压力；同时，应严格控制拔管速度。处理缩颈时，若桩身轻度缩颈，则可采用反插法；若桩身局部缩颈，则可采用半复打法；若桩身多处缩颈，则可采用复打法。

(3) 吊脚桩。吊脚桩是指桩底部混凝土悬空或混凝土中混进泥沙而形成松软层。吊脚桩形成的原因是预制桩尖质量差，沉管时被破坏，导致泥沙、水挤入桩管。处理方法是：将桩管拔出，纠正桩尖或将砂回填桩孔后重新沉管。

3. 人工挖孔灌注桩

人工挖孔灌注桩是指采用人工挖土成孔，然后安放钢筋笼，灌注混凝土成桩。人工挖孔灌注桩的特点包括：施工机具设备简单，操作工艺简便，作业时无振动、无噪声、无环境污染，对周围建筑物影响小；施工速度快，可多桩同时进行；施工费用低；当土质复杂时，可直接观察或检验分析土质情况；桩端可人工扩大，以获得较大的承载力，满足一柱一桩的要求；桩底沉渣能清除干净，施工质量可靠。人工挖孔灌注桩工艺是目前大直径灌注桩施工的一种主要方式，但其缺点是劳动强度较大，单桩施工速度较慢，安全性较差。

挖孔桩的直径一般为 0.8～2 m，最大直径可达 3.5 m；桩的长度一般在 20 m 左右，最长可达 40 m。

1) 人工挖孔灌注桩主要施工过程

(1) 挖孔。国内主要采用人工挖土成孔，而国外一般采用机械挖土成孔。施工人员在保护圈内使用常规挖土工具(如短柄铁锹、镐、锤、钎)进行挖土作业，将土运出孔的提升机具主要有卷扬机、电动葫芦和活底吊桶。

(2) 辅助工程。辅助工程主要包括支护、通风和降水措施。为防止塌孔和确保操作安全，应根据桩径的大小和地质情况采用可靠的支护方法。支护方法包括采用钢筋混凝土护圈、沉井护圈和钢套管护圈等。钢筋混凝土护圈一般每节高度为 0.8～1 m，施工时护圈上下搭接 50～75 mm，厚度为 8～15 cm，采用 C20 或 C25 混凝土，并配以适量的钢筋。钢筋混凝土护圈(如图 2.20 所示)应用最为广泛，而沉井护圈和钢套管护圈则主要应用于强透水土层。通风设备主要包括鼓风机和送风管，用于向桩孔中强制送入新鲜空气。当地下水渗出较少时，可随吊桶一起将其吊出；当大量渗水时，可设置集水井，并用泵将水抽出井外；当涌水量很大时，可选择一桩进行超前开挖，用泵进行抽水，以起到深井降水的作用。

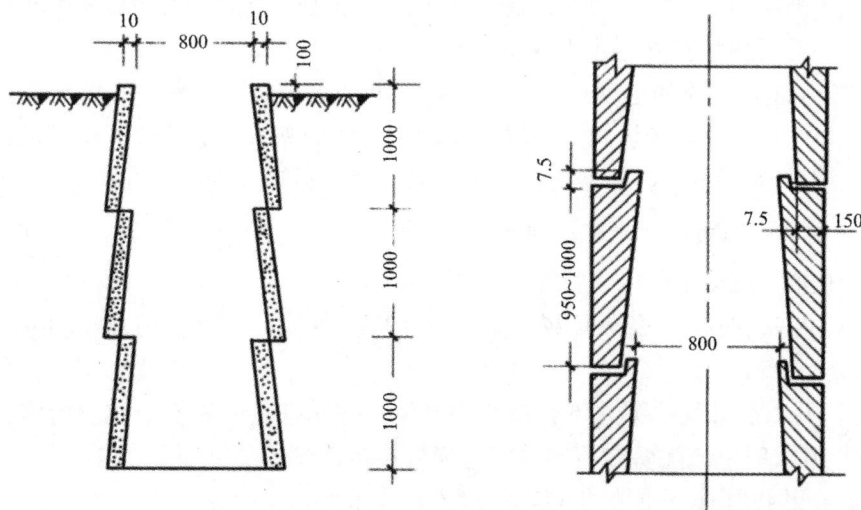

(a) 外齿式护圈　　　　　　　　　(b) 内齿式护圈

图 2.20　钢筋混凝土护圈

(3) 钢筋混凝土工程。钢筋笼的制作方法与一般灌注桩的制作方法相同，钢筋就位时采用小型吊运机具或履带式起重机进行吊装；混凝土采用水泥强度等级为 32.5 的普通水泥或矿渣水泥，下料时采用串桶或溜管进行，浇捣时连续分层进行，每层厚度不超过 1.5 m，施工完成后养护时间不少于 7 d。

2) 人工挖孔灌注桩常见的问题及处理方法

人工挖孔灌注桩常见的问题主要有塌孔、井涌(流泥)、护壁裂缝、淹井、截面变形和超挖等。

(1) 塌孔。塌孔主要发生在地下水渗流较严重、土层变化部位挖孔深度大于土体稳定极限高度和支护不及时的情况下。施工时需连续降水，确保孔底不积水，防止偏位和超挖，并及时进行支护。对于塌方严重的孔壁，应用砂、石子填塞，并在护壁的相应部位增加泄水孔，以排除孔洞内的积水。

(2) 井涌。井涌是由于土颗粒较细，当地下水位差很大时，土颗粒悬浮在水中形成流态泥土从井底上涌的现象。当出现流动性的涌土、涌砂时，可采取减少护壁高度(护壁的高度设为 300～500 mm)，随挖随浇筑混凝土的方法进行施工。

(3) 护壁裂缝。护壁裂缝产生的主要原因是护壁过厚，其自重大于土体的极限摩擦力，导致下滑并引起裂缝。若过度抽水或塌方使护壁失去支撑土体，也可能使护壁产生裂缝。因此，护壁不宜过大，应尽量减轻自重，并在护壁内适当配置 ϕ10@200 的竖向钢筋。裂缝一般可不处理，但应加强施工监视和观察，发现问题及时处理。

(4) 淹井。淹井是由于井孔内遇到较大泉眼或渗透系数较大的沙砾层，导致附近的地下水在井孔中集中。处理淹井的方法是在群桩中设置深井，并用水泵抽水以降低地下水位。施工完成后，用于处理淹井的深井应用沙砾进行封堵。

(5) 截面变形。截面变形的原因是在挖孔过程中未及时量测桩的中心线与半径，以及护壁支护时未严格控制尺寸。因此，在挖孔时，每节支护都需要量测桩的中心线和半径，遇到松软土层时要加强支护，并严格控制支护尺寸。

(6) 超挖。超挖现象的出现通常是因为每层截面未控制好，导致孔壁塌落，或者遇到地下土洞、下水道、古墓和坑穴等情况。在施工时，如无特殊原因，应尽量避免超挖。当遇到上述孔洞时，可采用 3∶7 灰土或其他地基加固材料进行填补，并拍打、夯实。

3) 人工挖孔灌注桩的特殊安全措施

人工挖孔灌注桩应采取以下特殊安全措施：

(1) 桩孔内必须设置应急软爬梯，供人员上下井使用，不得使用麻绳和尼龙绳吊挂或脚踏井壁凸缘上下。

(2) 每日开工前必须检测井下有毒有害气体，并应有足够的安全防护措施。当桩孔开挖深度超过 10 m 时，应配备专门向井下送风的设备，风量不宜少于 25 L/s。

(3) 孔口四周必须设置围护护栏，高度不小于 0.8 m。

(4) 挖出的土石方应及时运离孔口，不得堆放在孔口四周 1 m 范围内，且机动车辆的通行不得对井壁的安全造成影响。

(5) 孔内使用的电缆、电线必须有防磨损、防潮、防断等保护措施，照明应采用安全矿灯或 12 V 以下的安全灯，并严格遵守各项安全用电的规范和规章制度。

2.2.4　静态泥浆护壁、旋挖式钻孔灌注桩施工

静态泥浆护壁、旋挖式钻孔灌注桩是在螺旋钻孔、回转斗钻孔等工艺的基础上，综合吸收各种成孔工艺的优点而发展起来的一种新型桩基施工工艺。该工艺采用非水介质取土成孔，钻孔出土的土由钻具直接带出，不依靠泥浆输送，因此成孔泥皮薄、孔径规整、桩的承载力稳定。同时，钻机的安装比较简单，钻头拆卸方便，机械化程度高，成孔速度快。施工时对环境的污染小，噪声低，振动小，非常适合在市区施工。由于该工艺施工速度快、施工质量好、土层适应性广，它也是其他重要基础设施以及公路、铁路桥梁等工程的首选工艺，是灌注桩成孔工艺的发展方向。

1. 适用范围

静态泥浆护壁、旋挖式钻孔灌注桩适用于淤泥、黏性土、砂土、杂填土及含有卵石、碎石的土层，不适用于含有强承压水的土层。

2. 施工特点

静态泥浆护壁、旋挖式钻孔灌注桩的施工特点如下：

(1) 减少了环境污染，因为只需少量泥浆进行护壁和清孔，大大降低了泥浆的需求和排放，进而降低了施工成本。

(2) 钻机的安装相对简单，且在施工场地内移动快捷方便。

(3) 钻头拆卸方便，可以根据土层的变化和钻进需求随时更换，加快了钻进速度，扩大了工艺的适用范围。

(4) 污染小，噪声低，振动小，非常适合在市区进行施工。

(5) 钻杆采用了伸缩式设计，减轻了劳动强度，加快了施工进程。

(6) 施工作业条件良好，钻孔产生的土方可以随时运走。

3. 施工机具设备

施工机具设备主要由主机、动力头、钻杆和动力装置等组成。主机有履带式、步履式和车装底盘式。动力头分为与主机分离式和合一式。钻机的钻杆分为多节连接式和伸缩式。动力装置主要有电动机、柴油发动机和液压马达。

4. 钻具类型

钻具的类型较多，可以根据不同的土层选用不同形式的钻头。例如，短螺旋钻(正钻钻进，反钻甩土)适用于多种土层。尖底钻头特别适用于黏性土和硬土。平底钻头则更适用于松散土层。对于含有砖头瓦块等杂填土的土层，可选用耙式钻头。若遇到卵石层，则可选用大卵石锥进行钻进。而在清理孔内残留物时，可选用扫孔钻。

5. 工艺流程

静态泥浆护壁、旋挖式钻孔灌注桩施工的工艺流程与 2.2.3 节钢筋混凝土灌注桩施工的工艺流程相似，具体流程如图 2.21 所示。

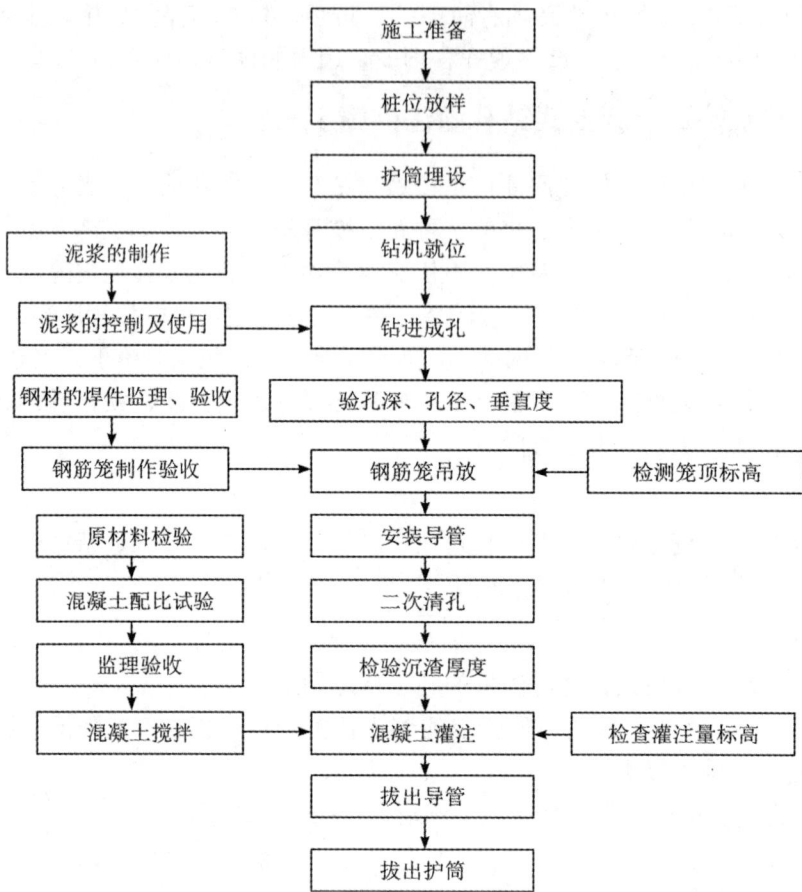

图 2.21 静态泥浆护壁、旋挖式钻孔灌注桩施工的工艺流程图

2.2.5 桩基的检测与验收

1. 桩基的检测

桩基的质量检验主要有两种基本方法：一种是静载试验法(也称为破坏试验)，另一种是动测法(也称为无破坏试验)。

1) 静载试验法

静载试验法是对单根桩进行竖向抗压(或抗拔或水平)试验的方法，通过静载加压来确定单桩的极限承载力。该方法需要在打桩后经过一定的时间，待桩身与土体的结合趋于稳定后才能进行。对于预制桩，若土质为砂类土，则打桩完成后到开始试验的时间间隔应不少于 10 d；若为粉土或黏性土，则不应少于 15 d；若为淤泥或淤泥质土，则不应少于 25 d。对于灌注桩，在桩身混凝土强度达到设计等级的前提下，若土质为砂类土，则打桩完成后到开始试验的时间间隔应不少于 10 d；若为黏性土，则应不少于 20 d；若为淤泥或淤泥质土，则不应少于 30 d。

桩的静载试验数量应不少于总桩数的 1%，且不少于 3 根；当总桩数少于 50 根时，应不少于 2 根。静载试验可以直观地反映桩的承载力和混凝土的浇筑质量，提供可靠的数据；但其装置较复杂且笨重，装、卸操作费工费时，成本高，测试数量有限，且易对桩基造成破坏。

桩身质量也应进行检验，检验数量不少于总数的 20%，且每个柱子承台下至少检验 1 根。

2) 动测法

动测法是检验桩基承载力及桩身质量的一种新方法，是对静载试验法的补充。它通过对桩土体系进行适当的简化处理，建立起数学-力学模型，借助现代电子技术与量测设备采集桩土体系在给定动荷载作用下的振动参数，并结合实际桩土条件进行计算；然后，将所得结果与相应的静载试验结果进行比较，基于一定数量的动、静试验对比结果，找出两者之间的相关关系，并以此作为标准来确定桩基承载力。另外，通过应用波在混凝土介质内的传播速度、传播时间和反射情况，可以检验、判定桩身是否存在断裂、夹层、颈缩、空洞等质量缺陷。

动测法具有仪器轻便灵活、检测速度快(单桩检测时间仅为静载试验的 1/50 左右)、不破坏桩基、相对准确且费用较低等优点，适合进行普查。然而，动测法也存在一些不足之处，如需要收集大量的测试数据进行统计分析，且需要静载试验的结果来充实和完善其数据库，编写相应的电脑软件。此外，动测法所测的极限承载力有时与静载试验值之间存在较大的离散性。

在单桩承载力的动测方法中，国内有多种具有代表性的方法，如动力参数法、锤击贯入法、水电效应法、共振法、机械阻抗法、波动方程法等。其中，动力参数法和锤击贯入法是最为常用的两种方法。

2. 桩基的验收

1) 桩基验收要求

桩基工程的桩位验收，除设计有特定规定外，应按下述要求进行：

(1) 当桩顶设计标高与施工场地标高相同时，桩基工程的验收应在施工结束后进行。

(2) 当桩顶设计标高低于施工场地标高时，可对护筒位置进行中间验收。待承台或底板开挖到设计标高后，再进行最终验收。

2) 桩基允许偏差

(1) 预制桩。预制桩(包括预制混凝土方桩、先张法预应力管桩、钢桩)桩位的允许偏差见表 2.5。

表 2.5 预制桩桩位的允许偏差

项次	项　目	允许偏差/mm
1	盖有基础梁的桩。(1) 垂直基础梁的中心线；(2) 沿基础梁的中心线	$100 + 0.01H$ $150 + 0.01H$
2	桩数为 1～3 根的桩基中的桩	100
3	桩数为 4～16 根的桩基中的桩	1/2 桩径或边长
4	桩数大于 16 根的桩基中的桩。(1) 最外边的桩；(2) 中间桩	1/3 桩径或边长 1/2 桩径或边长

注：H 为施工现场地面标高与桩顶设计标高的距离。

(2) 灌注桩。灌注桩在成桩后的桩位偏差应符合表 2.6 规定。桩顶标高至少要比设计标高高出 500 mm。桩底清孔需按规范要求进行。每浇筑 50 m³ 混凝土，必须制作一组试件。

对于小于 50 m³ 的桩，每根桩必须制作一组试件。

表 2.6　灌注桩的平面位置和垂直度的允许偏差表

项次	成孔方法		桩径允许偏差/mm	垂直度允许偏差/(%)	桩位允许偏差/mm	
					1～3 根桩、单排桩基垂直于中心线方向和群桩桩基础的边桩	条形桩基沿中心线方向和群桩基础的中间桩
1	泥浆护壁钻孔桩	$D \le 1000$ mm	±50	<1	$D/6$ 且不大于 100	$D/4$ 且不大于 150
		$D > 1000$ mm	±50		$100 + 0.01H$	$150 + 0.01H$
2	套管成孔灌注桩	$D \le 500$ mm	−20	<1	70	150
		$D > 500$ mm	−20		100	150
3	干成孔灌注桩		−20	<1	70	150
4	人工挖孔桩	混凝土护壁	+50	<0.5	50	150
		钢套管护壁	+50	<1	100	200

注：(1) 桩径允许偏差的负值是指个别端面。

(2) 采用复打、反插法施工的桩，其桩径允许偏差不受表 2.6 限制。

(3) H 为施工现场地面标高与桩顶设计标高的距离，D 为设计桩径。

3) 桩基验收资料

桩基工程验收时应提交下列资料：

(1) 工程地质勘察报告、桩基施工图、图纸会审纪要、设计变更通知单及材料代用通知单等；

(2) 经审定的施工组织设计、施工方案及执行中的变更情况记录；

(3) 桩位测量放线图，包括工程桩位复核签证单；

(4) 成桩质量检查报告；

(5) 单桩承载力检测报告；

(6) 基坑挖至设计标高的基桩竣工平面图及桩顶标高图。

3. 桩基工程的安全技术措施

桩基工程的安全技术措施如下：

(1) 打桩前，应对现场进行详细的踏勘和调查。对于可能对地下各类管道和周边建筑物产生影响的工程，应采取有效的加固或隔离措施，以确保施工安全。

(2) 机具进场时，需注意避开危桥、陡坡、陷地，并防止碰撞电杆、房屋等，以免造成事故。

(3) 施工前应对机械进行全面检查，发现问题及时解决，严禁带病作业。

(4) 机械设备操作人员必须经过专门培训，熟悉机械操作性能，并经专业部门考核取得操作证后，方能上岗作业。严禁违规操作，以杜绝机械和车辆事故的发生。

(5) 在打桩过程中，若遇地坪隆起或下陷，则应及时对桩架及路轨进行调平或垫平。

(6) 护筒埋设完毕、灌注混凝土完毕后的桩坑应加以保护，避免人和物品掉入，以防发生人身事故。

(7) 打桩时，桩头垫料严禁用手拨正。不要在桩锤未打到桩顶时即起锤或过早刹车，以免损坏桩机设备。

(8) 操作成孔桩机时，需确保钻机安定平稳，以防止钻架突然倾倒或钻具突然下落而发生事故。

(9) 所有现场作业人员必须佩戴安全帽，特种作业人员需佩戴与其工种相符的个人防护装备。

(10) 所有现场作业人员严禁酒后上岗。

(11) 施工现场的一切电源、电路的安装和拆除必须由持证电工操作。电器必须严格接地、接零，并使用漏电保护器。

4．桩基工程的环保要求

桩基工程的环保要求如下：

(1) 对受工程影响的一切公共设施与结构物，在施工期间应采取适当措施加以保护。

(2) 使用机械设备时，要尽量减少噪声、废气等污染物的排放；施工场地的噪声应符合《建筑施工场界环境噪声排放标准》(GB 12523—2011)的规定。

(3) 施工废水、生活污水不得直接排入农田、耕地、灌溉渠和水库，严禁排入饮用水源地。

(4) 运转时有粉尘发生的施工场地应配备防尘设备，在运输细料和松散料时，应使用帆布、盖套等遮盖物进行覆盖。

(5) 驶出施工现场的车辆应进行清理，避免携带泥土。

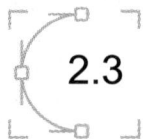

2.3　桩承台筏式基础施工

桩基础施工已全部完成，并已按设计要求完成挖土工作，同时办理完桩基施工验收记录后，即可进行桩承台施工。在施工前，需先修整桩顶混凝土，剔除桩顶疏松部分。若桩顶低于设计标高，则须使用与桩身同级的混凝土进行接高处理，待混凝土强度达到设计强度的50%以上后，再将埋入承台梁内的桩顶部分进行剔毛、冲净处理。若桩顶高于设计标高，则应预先进行剔凿，以确保桩顶伸入承台梁的深度完全符合设计要求。

筏式基础(如图 2.22 所示)分为梁板式(由钢筋混凝土底板和梁组成)和平板式(由整块钢筋混凝土底板组成)两种类型，它们均适用于存在地下室或地基承载力较低而上部荷载较大的场合。筏式基础的外形和构造类似于倒置的钢筋混凝土楼盖，主要优点在于整体刚度较大，能有效分散和承受上部结构的荷载。

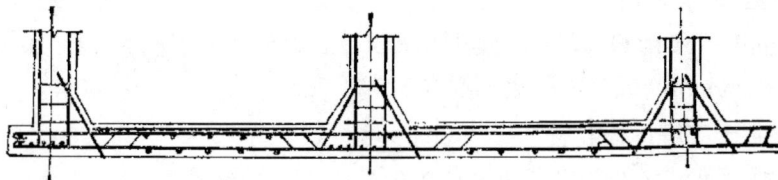

图 2.22　筏式基础

1. 构造要求

筏式基础的承载面积大，能有效减小基底压力并增强基础刚度，其构造要求如下：

(1) 底板下方宜铺设厚度不小于 100 mm 的素混凝土地基，其混凝土强度等级不低于 C10，且每边应伸出基础底板不小于 100 mm。

(2) 基础的混凝土强度等级不应低于 C30。基础平面布置应尽量对称，以减少基础荷载的偏心距。底板应尽量做成等厚度，且其厚度不应小于 300 mm。

(3) 若筏式基础采用梁板式结构，则梁顶面应高出板顶面不小于 300 mm，且梁宽不应小于 250 mm。

(4) 钢筋宜采用 HRB335 和 HPB235 级钢筋，且钢筋的保护层厚度不应小于 35 mm。

2. 施工要点

筏式基础大多底板较厚、埋深较大，因此，在制订施工方案时，应对温度应力和收缩裂缝控制给予足够的重视。施工缝宜设置在剪应力小的断面上。具体的施工要点如下：

(1) 基础施工必须在无水的情况下进行。若地下水位较高，则应提前将地下水位降低至基坑底面以下 500 mm。

(2) 筏式基础的施工方案应根据其具体的结构特点和施工条件来确定。常见的施工方案有两种：第一种是先进行地基处理，随后在处理好的地基上绑扎底板、梁的钢筋及柱子的插筋，接着浇筑底板混凝土。待底板混凝土达到设计强度的 25% 后，再在底板上支设梁模板，并继续浇筑梁部分的混凝土。第二种方案是同时支设好底板和梁的模板，其中梁的侧模板采用支架稳固支承并固定，之后一次性连续浇筑完底板和梁的混凝土。

(3) 在混凝土浇筑过程中，应尽量避免留设施工缝。若因特殊情况必须留设，则应严格按照施工缝的处理要求进行，同时应采取有效的止水技术措施，以防止水分渗透而影响结构质量。

(4) 基础浇筑完成后，应及时对混凝土表面进行覆盖和洒水养护。

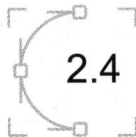

2.4 工程实践案例

【案例 2.1】 某拟建的多层公寓施工记录。

某拟建的多层公寓项目位于××区西山桥阮家桥村，东临西塘中路，北靠花园路，南邻市机电公司用地。该项目包括 5 幢 16～24 层的高层建筑、少量附属建筑和 1 个一层的大型地下停车库。本工程由××房产公司开发，×××设计研究院设计，××市勘测设计研究院完成岩土勘察工作。某施工企业中标的施工工期为 70 天。

1. 工程桩数量(见表 2.7)

桩身混凝土强度等级为 C30，采用预拌混凝土，混凝土的坍落度为 18～20 cm，混凝土灌注前孔底沉渣≤50 mm，桩身混凝土加灌高度为 1.5 m。

2. 地貌与地基土工程地质特征

工程地质情况详见××勘测设计研究院提供的岩土工程勘测报告。拟建工程场地复杂程度为中等复杂，地基复杂程度为中等复杂。

表 2.7　××钻孔灌注桩工程数量表

编号	子项名称	桩型 ϕ/mm	桩长/m	桩数/根	地质资料上的成孔深度/m
1	1#楼	800	50	296	55
		600	24	24	32
2	2#楼	800	40	80	43
3	3#楼	800	50	244	58
		600	40	6	43.5
4	4#楼	800	40	62	37
5	5#楼	600	40	55	47.5

3. 施工准备

为了确保施工能够顺利进行，本工程的施工准备工作包括以下几点。

(1) 准备技术资料并制订相应的保证措施。

(2) 将施工中要投入的仪器(如经纬仪、水准仪等)送至计量局进行检验，合格后送至工地使用。

(3) 进行技术交底。

(4) 清理现场，清除施工现场地上和地下的全部障碍物。

(5) 复核规划红线，进行桩基轴线放样及桩位布置。将桩基定位点、水准点引出至施工影响范围外，确保基准点、水准点在施工过程中不受影响，并采取有效措施加以保护。

(6) 配合施工总承包方进行施工场地平整，合理安排施工场地和材料堆场，科学布置泥浆循环系统，并挖好泥浆池，用砖块砌好池壁。

(7) 打试桩：在全场正式施工前，将首先施工的第一根工程桩作为试桩，并邀请建设单位、设计单位、质检单位、监理单位、勘测单位等相关部门的人员参加。对试桩的成孔孔径、垂直度、孔壁稳定性、沉渣厚度、岩样质量、嵌岩深度及充盈系数等进行检测，以确认其是否满足设计要求。同时，通过试桩进一步核对地质资料，检验施工工艺是否符合设计和施工规范要求，以确定工程桩施工中的相关参数，为全面开展工程桩施工做好充分准备。

(8) 编制施工劳动力安排表、施工机具及配套设备表、材料计划安排表等。

(9) 进行临时设施设置，引入施工用水、电。

4. 技术准备

技术准备是施工准备工作的核心。由于任何技术上的差错或隐患都可能导致人身安全和质量事故的发生，进而造成生命、财产和经济上的巨大损失。因此，必须严谨认真地做好技术准备工作，具体内容如下。

(1) 精确进行建筑物位置定位放线：定位放线应严格依据规划部门指定的红线及总平面图，准确确定标准轴线，并详细记录测量定位过程。

(2) 妥善完成高程引进工作。

(3) 设置坐标点，并进行复测，同时邀请监理进行复查。在测量放线过程中，应注意以下事项：

① 仔细核验标准轴线桩的位置是否准确无误。

② 严格对照施工平面图，检查建筑物各轴线的尺寸是否符合设计要求。

③ 校验基准点和龙门桩的高程数据，确保其精确性。

④ 认真填写工程定位测量记录，并绘制清晰的定位测量图。在图上应明确标注方向、测量起始点、测量顺序及测量结果，最后由复测人和监理签字确认。

5. 大直径钻孔灌注桩施工

与普通钻孔灌注桩相比，大直径钻孔灌注桩的混凝土要求有更好的和易性、较小的泌水性，水下混凝土配料的选择要求也更高，具体的施工要求如下。

(1) 绘制施工工艺流程图(见图 2.13)。

(2) 桩位放样。桩位测量放线应与设计提供的桩位平面图完全吻合，并设置放线控制点，记录夹角和距离，以便于后续的数据检验和校核。桩位放样采用 $\phi14$ 钢筋，每根钢筋打入土中至高出地面 20～30 cm，顶部涂以红色油漆作为明显标志。完成后，及时通知监理和业主进行复核，以确保桩位的准确无误。

(3) 护筒及其埋设。本工程采用的护筒由钢板制成，厚度为 4 mm，护筒上部设计有出溢浆口，并焊接有吊环以便于吊装。每节护筒的长度控制在 1.2～1.5 m 之间。护筒的内径应大于钻头直径至少 100 mm，以确保钻头在钻孔过程中的顺畅。护筒埋设完成后，需进行平面位置的检查，确保其偏差不超过 20 mm。

(4) 钻机移位与对中。钻机在就位时，必须精确校对桩位中心、轴线及水平位置，确保桩机正确、水平且稳固地就位，以防止在施工过程中发生倾斜或移动。同时，钻机的垂直度必须严格符合规范要求(≤1%)。

(5) 成孔施工要点。钻机的回转中心需精确对准护筒中心，其偏差应控制在不大于 20 mm 的范围内。启动泥浆泵，使泥浆循环 2～3 min，以建立稳定的泥浆循环系统。随后启动钻机，缓慢将钻头下放至孔底，并在护筒刃脚处采用低挡慢速钻进。钻至刃脚下 1 m 后，根据土质情况调整至正常钻进速度。

关于钻进速度，需根据土质情况、孔径大小及钻孔深度综合确定：① 在淤泥质土中，最大钻进速度应控制在不大于 1 m/min；② 在其他土层中，钻进速度以钻机不超负荷为准；③ 在风化岩或其他硬土层中，钻进速度应以钻机不产生跳动为控制标准。

(6) 泥浆护壁与排渣。泥浆的稠度需根据地层情况适当控制，并应定期测定泥浆的比重、黏度及含砂率等关键技术指标。在造孔过程中，泥浆的比重应严格控制在 1.23～1.35 g/cm³ 的范围内。排出泥浆的比重则根 据地层条件而定，具体可参照表 2.8 中的数据。

表 2.8　泥浆技术指标

地质条件	比重/(g/cm³)	黏度 S	含砂率/(%)	胶体率/(%)	pH 值
粉土、粉质黏土	1.10～1.25	16～20	≤8	≥95	7～9
一般黏土	1.10～1.30	18～22	≤8	≥95	7～9
沙砾(卵)石基岩	1.25～1.35	20～22	≤8	≥95	7～9

(7) 废浆处理。在本工程中，安排 6 辆汽车从现场拉运废浆，并按照环保条例要求，将废浆运送至指定地点进行排放，同时确保已办理所有相关手续。

(8) 第一次清孔是桩基施工中的关键环节，其质量直接影响后续施工的顺利进行和桩基的最终质量。

(9) 钢筋笼制作与安放。

(10) 下放导管，并进行第二次清孔，以确保孔内无残留物，为灌注混凝土提供良好条件。

(11) 灌注桩身混凝土。灌注桩身混凝土时，需严格按照施工规范进行操作，确保混凝土的灌注质量。

本 章 小 结

本章内容包括地基处理及加固、桩基工程施工以及桩承台筏式基础施工。在地基处理及加固中，常用的人工地基处理方法有换填法、强夯施工、压实地基法、挤密桩法、深层搅拌法等。在桩基工程施工时，宜采用"重锤低击"的方法，即桩锤的重量大而落距小，这样，桩锤不易产生回跳，不会损坏桩头，桩也容易打入土中；反之，若采用"轻锤高击"的方法，则桩锤很容易产生回跳，极易损坏桩头，桩也很难打入土中，从而影响工期和质量。在桩承台筏式基础施工中，基础施工必须在无水的情况下进行。若地下水位较高，则应提前将地下水位降低至基坑底面以下 500 mm。筏体结构的施工方案应根据筏体的具体结构特点和施工条件进行确定；混凝土浇筑时一般不留施工缝，若必须留设，则应按施工缝的要求进行处理，同时应采取止水技术措施；基础浇筑完毕后，表面应覆盖并进行洒水养护。

复习思考题

1. 地基处理方法一般有哪几种？各自具有什么特点？
2. 在地基施工中，遇到古墓、古井、坑穴、暗塘等应如何处理？
3. 换填法所使用的材料要求及施工要点包括哪些？
4. 简述灰土地基的适用情况与施工要点。
5. 简述砂和砂石地基的适用情况与施工要点。
6. 简述强夯地基的加固机理。
7. 挤密桩的构造要求及施工要点有哪些？
8. 确定预制桩吊点位置的原则是什么？
9. 应用最广泛的桩锤类型是什么？选择打桩桩锤的条件有哪些？
10. 打桩的顺序是什么？确定打桩顺序的依据是什么？
11. 简述灌注桩的施工方法。
12. 试述正循环和反循环钻孔灌注桩的应用条件。
13. 沉管灌注桩的成孔方法有哪些？
14. 打桩对周围环境可能产生哪些影响？如何采取措施进行防止？
15. 预制桩和灌注桩各具有哪些优点和缺点？
16. 泥浆在施工中起什么作用？
17. 人工挖孔桩有什么特点？在施工过程中应注意哪些问题？
18. 在灌注桩施工中，护筒的作用是什么？埋设护筒时有哪些要求？
19. 常见的灌注桩质量问题有哪些？如何采取措施进行防止？

第 3 章　砌筑工程施工

📖 学习要求

1. 了解砌筑工程的概念，熟悉常用的砌筑材料。
2. 掌握脚手架及垂直运输设施的构造和作业条件。
3. 掌握砌筑工程的工艺流程和施工要点。
4. 掌握砌筑工程专业质量验收规范主控项目、一般项目与质量控制资料的基本内容。
5. 熟悉砌筑工程冬期施工的基本要点。
6. 熟悉砌筑工程中的安全防护措施。

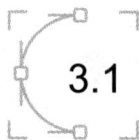

3.1　概　　述

砖石砌筑的建筑在我国有着悠久的历史。这种结构具有就地取材、不需要大型施工机械、以手工砌筑为主等优点，但施工劳动强度大、生产效率低，且烧制黏土砖需大量占用可耕土地。因此，开发应用新型墙体材料、改善砌体施工工艺是砌筑工程改革的重点。

砌筑工程一般是指使用砌筑砂浆与各种砌块进行组砌，形成构筑物的过程，即采用一定的工艺方法，将普通黏土砖、硅酸盐类砖、石块等砌块砌筑成各种砌体。砌筑工程是一个综合的施工过程，包括材料的运输、砂浆的拌制、脚手架的搭设以及砖、石砌块的砌筑等工序。

3.1.1　常见的砌筑工程术语

(1) 混水墙。混水墙是指墙体砌成之后，墙面需要进行装饰处理才能满足使用要求的墙体。

(2) 清水墙。清水墙是指在砖墙外墙面砌成后不抹灰、不贴面，只需勾缝即为成品，能展现出砌体本身质感的墙体。

(3) 包心砌法。先砌四周外围砖，后砌中间填心砖，外围砖与填心砖之间不搭接，形成周圈通缝的组砌方法称为包心砌法。

(4) 通缝。上下皮砖的搭砌长度小于 25 mm 的部位称为通缝。

(5) 假缝。为掩盖砌体竖向灰缝内在的质量缺陷，砌筑时仅在靠近砌体表面处抹有砂浆而内部无砂浆的竖向灰缝被称为假缝。

(6) 螺丝墙。组砌层数不一致的墙俗称为螺丝墙，也叫作"打楔子"。螺丝墙的问题特别反映在内外墙交接处，处理不当将造成大量返工。造成螺丝墙的原因是升线时左右两侧不一致或标高测定出现错误。预防螺丝墙的方法是认真做好抄平弹线工作，立皮数杆挂线砌筑，升线时左右两侧相互确认并统一层数。

(7) 百格网。百格网是用于检查块材底面砂浆的黏结痕迹面积(即水平灰缝饱满度)的工具。

3.1.2　砌筑工程材料要求

砌筑工程所用的材料应有产品的合格证书、产品性能检测报告。块材、水泥、钢筋、外加剂等应有材料主要性能的进场复验报告。严禁使用国家明令淘汰的材料。

(1) 在砌筑工程中，只有使用合格的材料才可能砌筑出符合质量要求的工程。原材料的产品合格证书和产品性能检测报告是工程质量评定中保证质量的重要资料之一。

(2) 对砌体质量有显著影响的块材、水泥、钢筋、外加剂等主要材料应进行性能的复试，合格后方可使用。当使用蒸压加气混凝土砌块或轻骨料混凝土小型空心砌块砌筑时，其产品龄期应超过 28 天，且墙底部应砌烧结普通砖、多孔砖、普通混凝土小型空心砌块或现浇混凝土坎台等，墙体底部的高度不宜小于 200 mm。

(3) 空心砖、蒸压加气混凝土砌块、轻骨料混凝土小型空心砌块等在运输、装卸过程中，严禁抛掷和倾倒。进场后应按品种、规格分别堆放整齐，堆置高度不宜超过 2m。蒸压加气混凝土砌块应防止雨淋。

(4) 填充墙砌体砌筑前，块材应提前 2 天浇水湿润。使用蒸压加气混凝土砌块砌筑时，应向砌筑面适量浇水。

3.2　脚手架及垂直运输设施

脚手架是砌筑过程中用于堆放材料和供工人进行操作的临时设施。按其搭设位置，脚手架分为外脚手架和里脚手架两大类；按其所用材料，脚手架分为木脚手架、竹脚手架和金属脚手架；按其结构形式，脚手架分为多立杆式脚手架、碗扣式脚手架、门型脚手架、方塔式脚手架、附着式升降脚手架、吊脚手架和悬挑脚手架等。

脚手架的基本要求包括：宽度应满足工人操作、材料堆放及运输的需求，结构简单，坚固稳定，装拆方便，并能多次周转使用。

3.2.1　脚手架

1. 外脚手架

外脚手架是指搭设在外墙外面的脚手架，其主要结构形式包括扣件式钢管脚手架、碗扣式脚手架、门型脚手架、方塔式脚手架、附着式升降脚手架、吊脚手架和悬挑脚手架等。以下将重点介绍扣件式钢管脚手架、门型脚手架、吊脚手架和悬挑脚手架。

1) 扣件式钢管脚手架

(1) 扣件式钢管脚手架的构造。

扣件式钢管脚手架主要由钢管和扣件组成。钢管杆件包括立杆、大横杆、小横杆、斜杆和底座等。扣件式钢管脚手架的基本形式有双排式和单排式两种，其构造如图 3.1 所示。

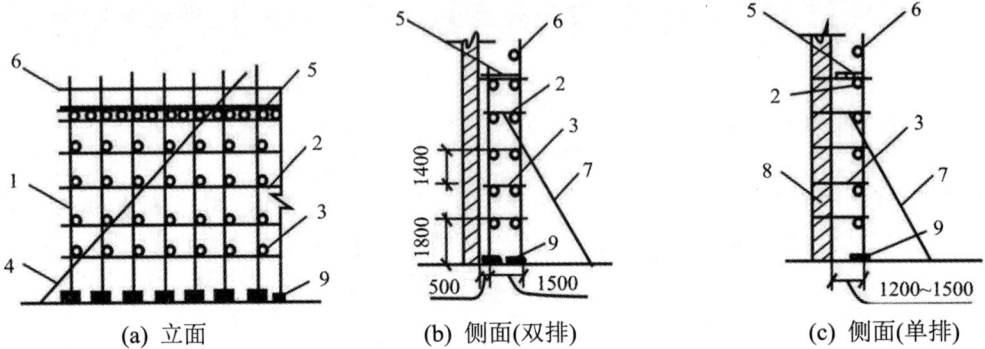

|(a) 立面|(b) 侧面(双排)|(c) 侧面(单排)|

1—立杆；2—大横杆；3—小横杆；4—斜杆；5—脚手板；6—栏杆；7—抛杆；8—墙体；9—底座。

图 3.1　扣件式钢管脚手架的构造

扣件用于钢管之间的连接，其基本形式有：对接扣件(如图 3.2(a)所示)，用于两根钢管的对接连接；旋转扣件(如图 3.2(b)所示)，用于两根钢管呈任意角度交叉的连接；直角扣件(如图 3.2(c)所示)，用于两根钢管呈垂直交叉的连接。

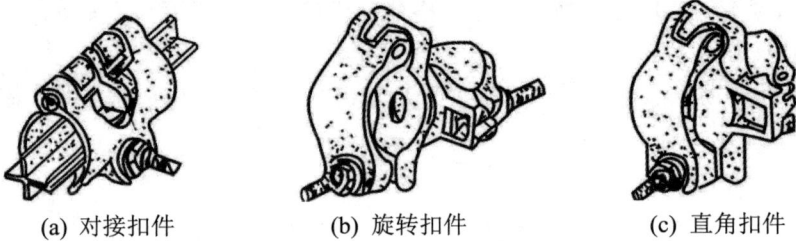

|(a) 对接扣件|(b) 旋转扣件|(c) 直角扣件|

图 3.2　扣件的基本形式

扣件式钢管脚手架的构造要求如下。

① 立杆间距：大横杆步距和小横杆间距可按表 3.1 选用。最下一层步距可放大到 1.8 m，以便于底层施工人员的通行和材料的运输。

② 剪刀撑：应设置在脚手架两端的双跨内以及中间每隔 30m 净距的双跨内，且仅在架子外侧与地面呈 45°布置。

③ 连墙杆：每 3 步 5 跨设置一根，其主要作用是防止架子外倾，同时增加立杆的纵向刚度。连墙杆的做法如图 3.3 所示。

表 3.1　扣件式钢管脚手架的构造尺寸和施工要求

用途	构造形式	里立杆离墙面的距离/m	立杆间距/m		操作层小横杆间距/ m	大横杆步距/m	小横杆挑向墙面的悬臂/m
			横向	纵向			
砌筑	单排	0.5	1.2～1.5	2	0.67	1.2～1.4	0.45
	双排		1.5	2	1	1.2～1.4	
装饰	单排	0.5	1.2～1.5	2.2	1.1	1.6～1.8	0.45
	双排		1.5	2.2	1.1	1.6～1.8	

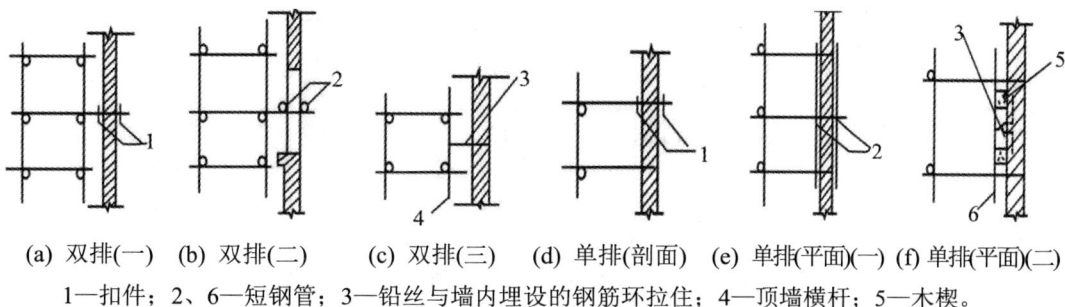

(a) 双排(一)　(b) 双排(二)　(c) 双排(三)　(d) 单排(剖面)　(e) 单排(平面)(一)　(f) 单排(平面)(二)

1—扣件；2、6—短钢管；3—铅丝与墙内埋设的钢筋环拉住；4—顶墙横杆；5—木楔。

图 3.3　连墙杆的做法

(2) 扣件式钢管脚手架的搭设和拆除。

扣件式钢管脚手架搭设范围内的地基需夯实并找平，同时要做好排水处理。立杆底座下应垫以木板或垫块。在杆件搭设过程中，要确保立杆垂直。竖立第一节立杆时，每 6 跨应暂时设置一根抛撑(该抛撑应垂直于大横杆，一端支承在地面上)，直至固定件架设好后方可根据实际情况拆除。搭设剪刀撑时，应将一根斜杆扣在小横杆的伸出部分。同时，随着墙体的砌筑，要及时设置连墙杆与墙锚拉，并确保扣件拧紧。

脚手架的拆除应按由上而下的顺序逐层进行，严禁上下同时作业。严禁在拆除整层或数层固定件后再拆脚手架。在拆除过程中，严禁抛扔材料，卸下的材料应集中放置。同时，严禁行人进入施工现场。拆除过程应统一指挥，上下呼应，以确保安全。

2) 门型脚手架

门型脚手架又称为多功能门型脚手架，是目前国际上应用最广泛的脚手架之一。

(1) 门型脚手架的构造及主要部件。

门型脚手架的基本单元由门架、剪刀撑和水平梁架(或脚手板)等构成，如图 3.4 所示。将这些基本单元连接起来即可组成整片脚手架，如图 3.5 所示。门型脚手架的主要部件如图 3.6 所示。门型脚手架主要部件之间的连接形式包括制动片式(制动片式挂件如图 3.7(a)所示)和偏重片式(偏重片式锚扣如图 3.7(b)所示)。

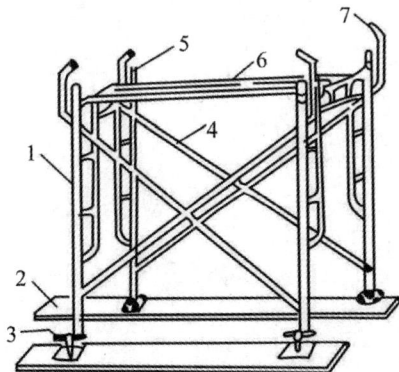

1—门架；2—平板；3—螺旋基脚；4—剪刀撑；5—连接棒；
6—水平梁架(或脚手板)；7—锁臂。

图 3.4　门型脚手架的基本单元

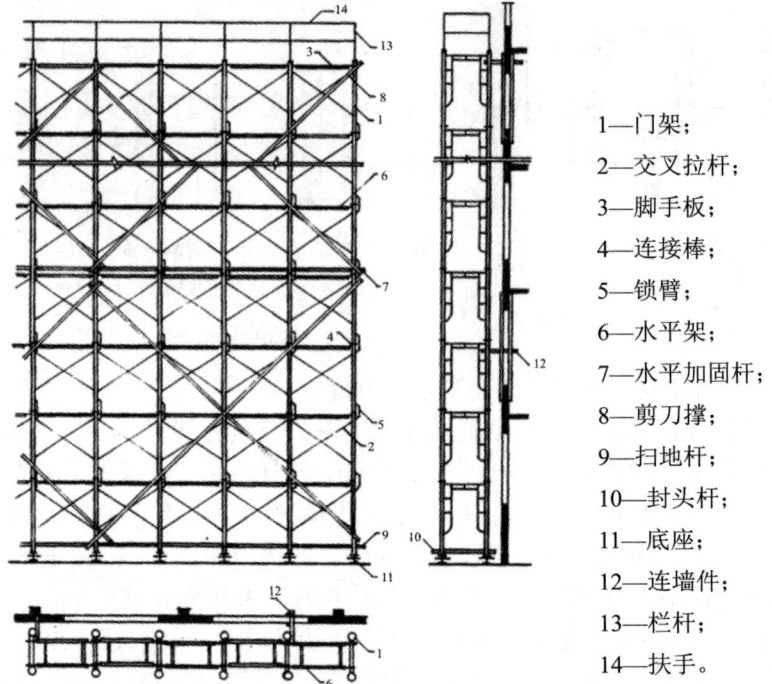

1—门架；
2—交叉拉杆；
3—脚手板；
4—连接棒；
5—锁臂；
6—水平架；
7—水平加固杆；
8—剪刀撑；
9—扫地杆；
10—封头杆；
11—底座；
12—连墙件；
13—栏杆；
14—扶手。

图 3.5　整片门型脚手架

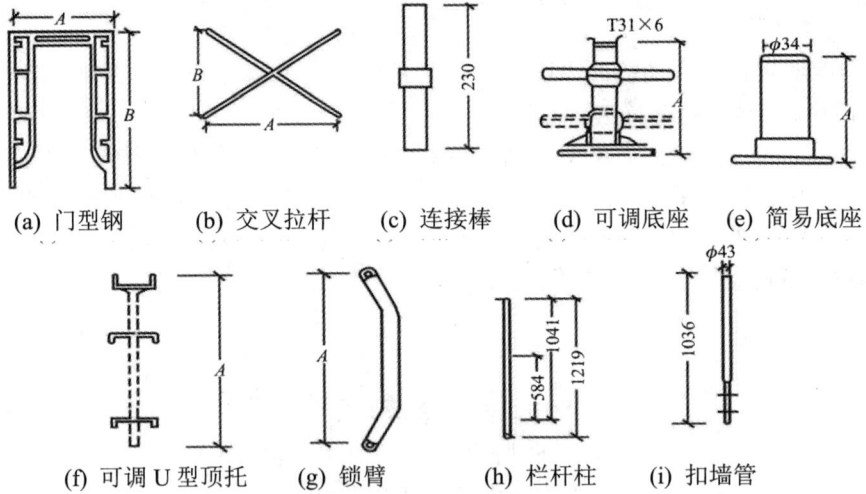

(a) 门型钢　　(b) 交叉拉杆　　(c) 连接棒　　(d) 可调底座　　(e) 简易底座

(f) 可调 U 型顶托　　(g) 锁臂　　(h) 栏杆柱　　(i) 扣墙管

图 3.6　门型脚手架的主要部件

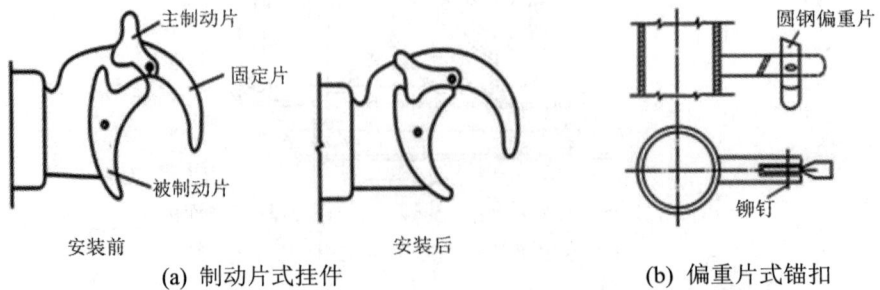

主制动片
固定片
被制动片
安装前
安装后
(a) 制动片式挂件

圆钢偏重片
铆钉
(b) 偏重片式锚扣

图 3.7　门型脚手架主要部件之间的连接形式

(2) 门型脚手架的搭设。

门型脚手架的一般搭设顺序是：技术交底→铺放垫木(板)→拉线、放底座线→自一端起立门架并随即安装剪刀撑→安装水平梁架(或脚手板)→安装梯子→安装通常的纵向水平杆(需要时)→安装连墙杆→照上述步骤，逐层向上安装→安装加强整体刚度的长剪刀撑→安装顶部栏杆。

搭设门型脚手架时，基底必须先进行平整夯实。外墙脚手架必须通过扣墙管与墙体拉结，同时要用扣件将钢管和处于相交方向的门架连接起来，具体如图 3.8 所示。整片脚手架必须适量放置水平加固杆(也称为纵向水平杆)，前三层要每层都设置，三层以上则每隔三层设一道。为防止不均匀沉降，整体加固的做法如图 3.9 所示。在架子外侧面应设置长剪刀撑。脚手架必须采用连墙件与建筑物进行可靠连接，连墙件的设置除应满足《建筑施工扣件式钢管脚手架安全技术规范》(JGJ 130—2011)的要求外，还应满足表 3.2 的要求。对于高层脚手架，应增加连墙点的布设密度。拆除脚手架时，应自上而下进行，部件的拆除顺序与安装顺序相反。

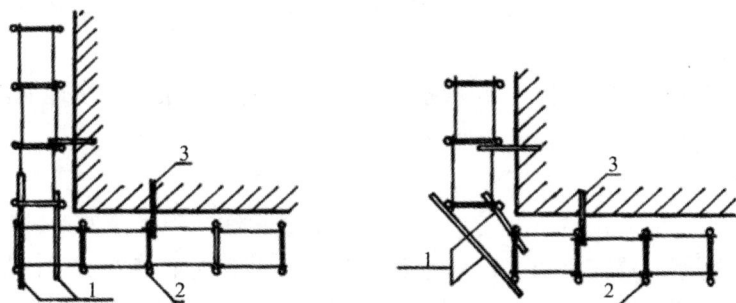

1—连接钢管；2—门架；3—连墙件。

图 3.8　转角处脚手架连接

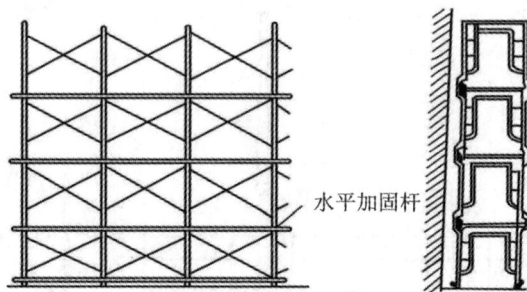

图 3.9　防止不均匀沉降的整体加固做法

表 3.2　连墙件间距

脚手架搭设高度/m	基本风压 ω_0 / (kN/m²)	连墙件的间距/m	
		竖向	水平向
≤45	≤0.55	≤6.0	≤8.0
	>0.55	≤4.0	≤6.0
>45	—		

(3) 门型脚手架的拆除。

拆除脚手架前，应清除脚手架上的所有材料、工具和杂物。拆除脚手架时，应设置警戒区和警戒标志，并由专职人员负责警戒。脚手架的拆除应在统一指挥下进行，遵循后装先拆、先装后拆的顺序，并满足以下安全作业要求：

① 脚手架的拆除应从一端走向另一端，自上而下逐层进行。

② 同一层的构配件和加固件应按先上后下、先外后里的顺序进行拆除，最后拆除连墙件。

③ 在拆除过程中，脚手架的自由悬臂高度不得超过两步。当必须超过两步时，应加设临时拉结。

④ 连墙杆、通长水平杆和剪刀撑等必须在脚手架拆卸到相关的门架时方可拆除。

⑤ 工人必须站在临时设置的脚手板上进行拆卸作业，并按规定使用安全防护用品。

⑥ 在拆除过程中，严禁使用榔头等硬物击打、撬挖。拆下的连接棒应放入袋内，锁臂应先传递至地面并放室内堆存。

⑦ 拆卸连接部件时，应先将锁座上的锁板与卡钩上的锁片旋转至开启位置，然后开始拆除，不得硬拉，严禁敲击。

⑧ 拆下的门架、钢管与配件，应成捆用机械吊运或由井架传送至地面，防止碰撞，严禁抛掷。

3) 吊脚手架

吊脚手架是利用吊索悬吊吊架或吊篮进行砌筑或装饰工程操作的一种脚手架，其悬吊方法是在主体结构上设置支承点。吊脚手架的主要组成部分包括吊架(含操作台和吊篮)、支承设施(如悬臂横杆)、吊索(含吊架绳和吊环等)和升降装置等。吊脚手架的具体构造如图3.10所示。

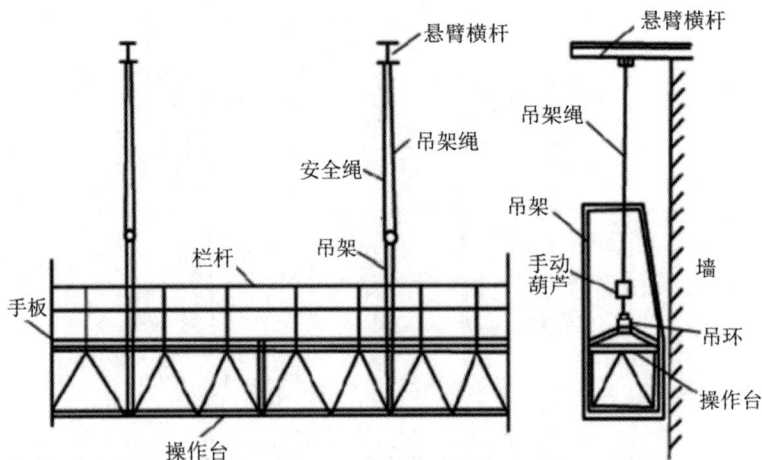

图3.10　吊脚手架的构造

4) 悬挑脚手架

悬挑脚手架简称为挑架，是将外脚手架分段搭设在建筑物外边缘时向外伸出的悬挑支承结构，其构造如图3.11所示。悬挑支承结构有两种主要形式：一种是用型钢焊接制作的三角桁架下撑式结构，另一种是用钢丝绳斜拉住水平型钢挑梁的斜拉式结构。在悬挑结构上搭设的双排脚手架与落地式脚手架相似，适用于高层建筑的施工。

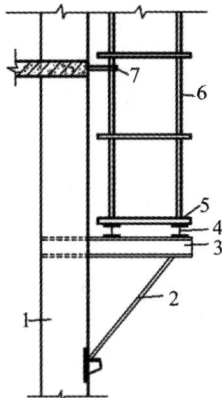

1—墙；2—支撑；3—挑梁；4—横梁；5—槽钢；6—脚手架；7—附墙连接。

图 3.11　悬挑脚手架的构造

2. 里脚手架

里脚手架常用于楼层上的砌砖、内粉刷等工程施工，其常用的结构形式包括角钢折叠式(如图 3.12(a)所示)、支柱式(如图 3.12(b)所示)和马凳式(如图 3.12(c)所示)。由于在使用过程中需要不断转移施工地点，装拆较为频繁，因此要求里脚手架具有轻便灵活和装拆方便的特点。

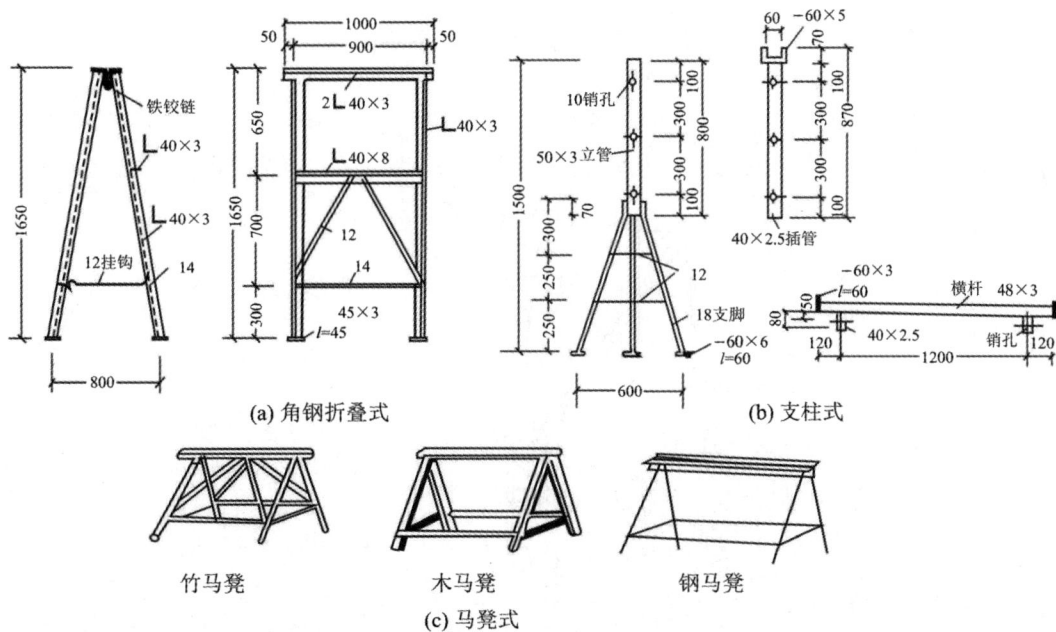

(a) 角钢折叠式

(b) 支柱式

竹马凳　　　木马凳　　　钢马凳

(c) 马凳式

图 3.12　里脚手架

3. 脚手架的安全防护措施

在建筑施工过程中，脚手架工程基本上贯穿整个施工过程。由于脚手架的架体形式日益多样化，同时也存在着许多风险因素，因此在脚手架的设计、架设、使用和拆卸等各个环节中，均需十分重视安全防护问题。使用脚手架时，应注意以下几点：

(1) 为了确保脚手架施工的安全，脚手架应具备足够的强度、刚度和稳定性。

(2) 使用脚手架时，必须沿外墙设置安全网，以防止材料下落伤人或高空操作人员坠落。安全网应随楼层施工进度逐步上升。对于高层建筑，除这一道逐步上升的安全网外，还应在下面每隔 3～4 层的部位再设置一道安全网。在施工过程中，要经常对安全网进行检查和维修，确保每块支好的安全网能承受不小于 1.6 kN 的冲击荷载。

(3) 钢脚手架不得搭设在距离 35 kV 以上高压线路 4.5 m 以内的区域，也不得搭设在距离 1～10 kV 高压线路 3 m 以内的区域。在架设和使用钢脚手架期间，要严防与带电体接触。当钢脚手架需要穿过或靠近 380 V 以内的电力线路，且距离在 2 m 以内时，应断电或拆除电源。若不能拆除电源，则应采取可靠的绝缘措施。

(4) 搭设在旷野、山坡上的钢脚手架，如果处于雷击区域或雷雨季节，则应设置避雷装置。

3.2.2　垂直运输设施

垂直运输设施是指在建筑施工中用于垂直输送材料和供施工人员上下使用的机械设备和设施。在砌筑施工过程中，各种材料(如砖、砂浆)、工具(如脚手架、脚手板)以及各层楼板的安装，都需要大量的垂直运输，这都需要依赖垂直运输设施来完成。目前，砌筑工程中常用的垂直运输设施包括塔式起重机、井字架、龙门架、独杆提升机和建筑施工电梯等。接下来，我们将对井字架、龙门架、塔式起重机和建筑施工电梯进行介绍。

1. 井字架

在垂直运输过程中，井字架的特点是稳定性好、运输量大、可以搭设到较大的高度，是施工中最常用、最简便的垂直运输设施。

除使用型钢或钢管加工的定型井字架外，还有使用脚手架材料搭设而成的井字架。井字架多为单孔形式，但也可以组装成两孔或多孔的形式。图 3.13 是用角钢制作的井字架构造图。

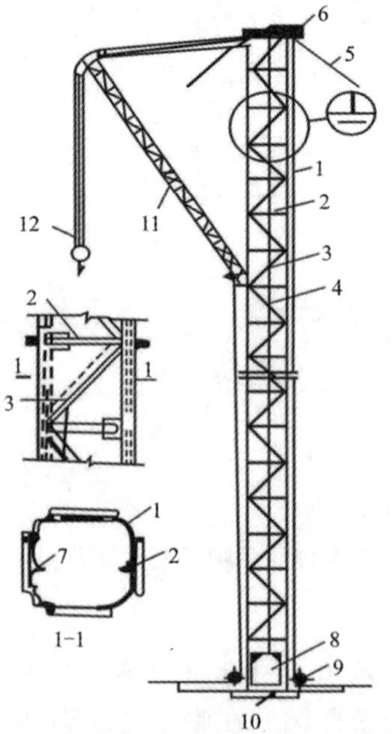

1—立柱；2—平撑；
3—斜撑；4—钢丝绳；
5—缆风绳；6—天轮；
7—导轨；8—吊盘；
9—地轮；10—垫木；
11—摇臂拔杆；12—滑轮组。

图 3.13　用角钢制作的井字架构造图

2. 龙门架

龙门架是由立杆、导轨、缆风绳、天轮、吊盘、停车安全装置、地轮等部件组成的升降设备支架(如图 3.14 所示)，常用于龙门吊等场景。龙门架的立柱由若干个格构柱用螺栓拼装而成，而格构柱则由角钢及钢管焊接而成，或者直接采用厚壁钢管构成。

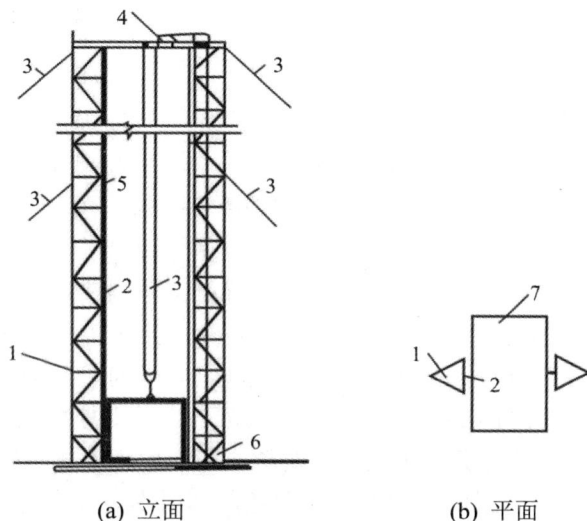

(a) 立面　　　　　　　　(b) 平面

1—立杆；2—导轨；3—缆风绳；4—天轮；5—吊盘及停车安全装置；6—地轮；7—吊盘。

图 3.14　龙门架

3. 塔式起重机

塔式起重机简称为塔机，亦称为塔吊，是一种动臂装在高耸塔身上部的旋转起重机，其作业空间大，主要用于房屋建筑施工中物料的垂直和水平输送及建筑构件的安装。塔式起重机由金属结构、工作机构和电气系统三部分组成。金属结构包括塔身、动臂和底座等。工作机构由起升机构、变幅机构、回转机构和行走机构四部分组成。电气系统包括电动机、控制器、配电柜、连接线路、信号及照明装置等。为了确保安全，塔式起重机应配备完善的安全装置，包括起重量、幅度、高度和载荷力矩等限制装置以及行程限位开关、塔顶信号灯、测风仪、防风夹轨器、爬梯护身圈、走道护栏等。同时，司机室应舒适、操作方便、视野良好，并配备完善的通信设备。

按工作方式的不同，塔式起重机可分为固定式、行走式和自升式(内爬式)三种，如图 3.15 所示。按起重能力的不同，塔式起重机可分为三类：轻型塔式起重机，起重量为 0.5～3.0 t，一般用于六层以下的民用建筑施工；中型塔式起重机，起重量为 3～15 t，适用于一般工业建筑与民用建筑施工；重型塔式起重机，起重量为 20～40 t，主要用于重工业厂房的施工和高炉等设备的吊装。

由于塔式起重机具备提升、回转和水平运输等功能，且生产效率高，在吊运长、大、重的物料时具有明显优势，因此在条件允许的情况下宜优先采用。

塔式起重机的布置应确保其起重高度与起重量满足工程需求，同时起重臂的工作范围应尽可能覆盖整个建筑区域。主材料的堆放、搅拌站的出料口等均应尽可能布置在起重机的工作半径之内，以确保材料运输的顺利进行。

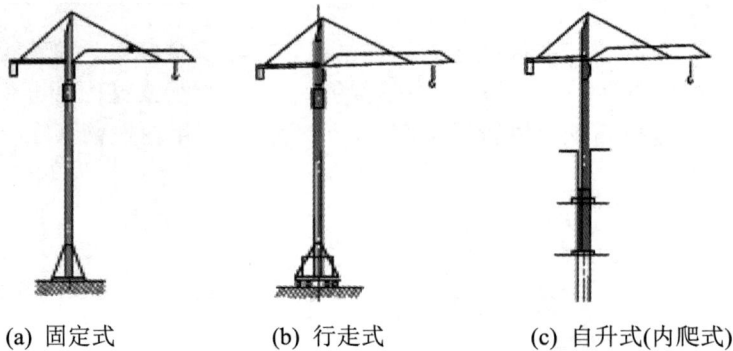

(a) 固定式　　　　　(b) 行走式　　　　　(c) 自升式(内爬式)

图 3.15　各种类型的塔式起重机

4. 建筑施工电梯

目前，建筑工地大量使用的人货两用施工升降机又称为建筑施工电梯，通常与塔吊配合使用。建筑施工电梯的吊箱(笼)安装在塔架的外侧，并配备了高性能的限速装置，具有安全可靠、能自升接高等特点。作为货梯，建筑施工电梯的载重量可达 10 t，同时也可容纳 12～15 人。按控制方式的不同，建筑施工电梯可分为手动控制式和自动控制式；按驱动方式的不同，建筑施工电梯可分为齿轮齿条驱动式和绳轮驱动式两种。

齿轮齿条驱动式建筑施工电梯的工作原理是，利用安装在吊箱(笼)上的齿轮与安装在塔架立杆上的齿条相咬合，当电动机通过变速机构带动时，齿轮驱动吊箱(笼)沿塔架升降。根据吊箱(笼)数量的不同，齿轮齿条驱动式建筑施工电梯可分为单吊箱式和双吊箱式。无配重双吊箱式电梯如图 3.16 所示。

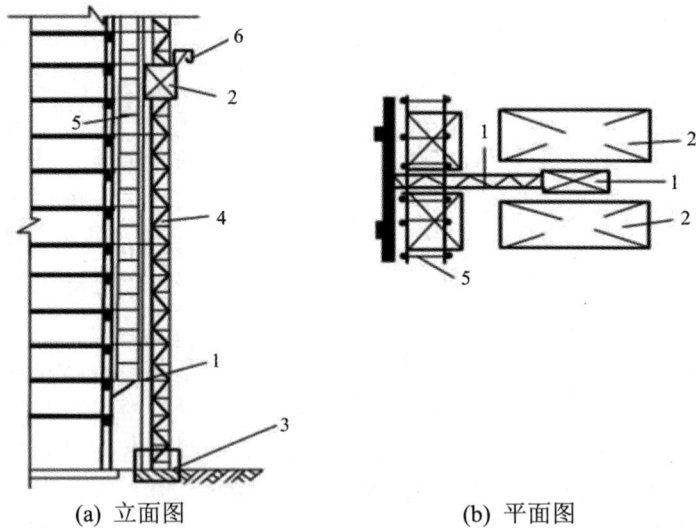

(a) 立面图　　　　　　　　(b) 平面图

1—附着装置；2—吊箱；3—缓冲机构；4—塔架；5—脚手架；6—小吊杆。

图 3.16　无配重双吊箱式电梯

随着主体结构的施工，建筑施工电梯的高度可达 100～150 m 或更高，特别适用于建造 25 层及以上的高层建筑。绳轮驱动式建筑施工电梯利用卷扬机、滑轮组，通过钢丝绳悬吊吊箱进行升降。该电梯为单吊箱电梯，具有安全可靠、构造简单、结构轻巧、造价低等特点，特别适用于建造 20 层以下的建筑。

3.3　砌 筑 材 料

3.3.1　砖

砌体工程中常用的砖包括普通黏土砖、煤渣砖、烧结多孔砖、烧结空心砖和蒸压灰砂空心砖。每种砖到达现场后，需按以下数量作为一验收批进行抽检：烧结砖 15 万块、多孔砖 5 万块、灰砂砖及粉煤灰砖 10 万块。每一验收批的抽检数量为 1 组。检验方法包括检查砖的质量和砂浆试块的试验报告。

(1) 普通黏土砖。普通黏土砖的常见尺寸为 240 mm × 115mm × 53 mm。根据抗压强度的不同，普通黏土砖可分为 MU30、MU25、MU20、MU15、MU10 五个等级。

(2) 煤渣砖。煤渣砖的尺寸为 240 mm × 115 mm × 53 mm。根据抗压强度的不同，煤渣砖可分为 MU20、MU10、MU7.5 三个等级。

(3) 烧结多孔砖。烧结多孔砖的外形为矩形体，其尺寸(长度 × 宽度 × 高度)有 290 mm × 240 mm(190 mm) × 180 mm 和 175 mm × 140 mm(115 mm) × 90 mm，如图 3.17 所示。根据抗压强度的不同，烧结多孔砖可分为 MU30、MU25、MU20、MU15、MU10 五个等级。

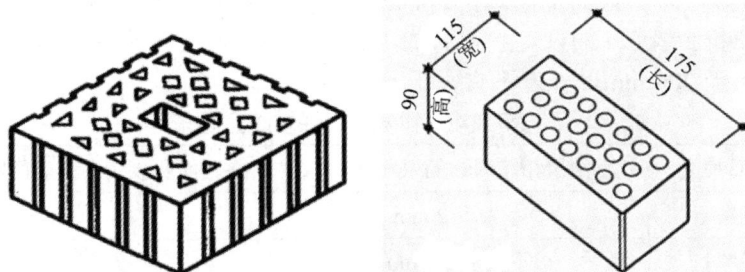

图 3.17　烧结多孔砖

(4) 烧结空心砖。烧结空心砖的外形为矩形体，在与砂浆的接合面上设有深度大于 1 mm 的凹线槽，以增加结合力，如图 3.18 所示，图中 l 为长度，b 为宽度，h 为高度。烧结空心砖的尺寸(长度× 宽度× 高度)有 290 mm × 190 mm(140 mm) × 90 mm 和 240 mm × 180 mm (175 mm) × 115 mm 两种。根据密度的不同，烧结空心砖分为 800、900、1100 三个级别。

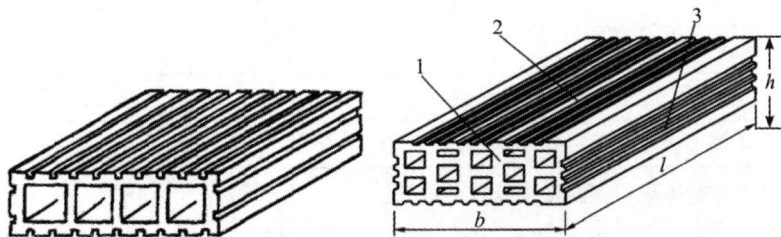

1—顶面；2—大面；3—条面。

图 3.18　烧结空心砖

(5) 蒸压灰砂空心砖。蒸压灰砂空心砖是以石灰、砂为主要原料，经坯料制备、压制成型、蒸压养护等工序制成的孔洞率大于 15%的空心砖。蒸压灰砂空心砖的规格及公称尺寸如表 3.3 所示。根据抗压强度的不同,蒸压灰砂空心砖分为 MU25、MU20、MU15、MU10、MU7.5 五个等级。

表 3.3　蒸压灰砂空心砖的规格及公称尺寸

规格代号	公称尺寸/mm		
	长度	宽度	高度
NF	240	115	53
1.5NF	240	115	90
2NF	240	115	115
3NF	240	115	175

3.3.2　石

石砌体所用的石材应质地坚实,无风化剥落和裂纹。对于用于清水墙、柱表面的石材,还要求色泽均匀。砌筑用石主要分为毛石和料石两类。

(1) 毛石。毛石分为乱毛石和平毛石。乱毛石是指形状不规则的石块,平毛石是指形状虽不规则,但有两个平面大致平行的石块。毛石应呈块状,其中部厚度不宜小于 150 mm。

(2) 料石。料石按其加工面的平整程度分为细料石、粗料石和毛料石三种。料石各面的加工要求应符合表 3.4 的规定。料石加工的允许偏差应符合表 3.5 的规定。料石的宽度、厚度均不宜小于 200 mm,长度不宜大于厚度的 4 倍。

表 3.4　料石各面的加工要求

料石种类	外露面及相接周边的表面凹入深度	叠砌面和接砌面的表面凹入深度
细料石	不大于 2 mm	不大于 10 mm
粗料石	不大于 20 mm	不大于 20 mm
毛料石	稍加修整	不大于 25 mm

注:相接周边的表面是指叠砌面、接砌面与外露面相接处 20～30 mm 范围内的部分

表 3.5　料石加工的允许偏差表

料石种类	加工允许偏差/mm	
	宽度、厚度	长度
细料石	±3	±5
粗料石	±5	±7
毛料石	±10	±15

注:如设计有特殊要求,应按设计要求进行加工。

毛石砌体常用于清水墙、柱的表面,所选石材应色泽均匀。砌筑前,石材表面的泥垢、水锈等杂质应清除干净,以利于砂浆和块石的黏结。

石材的强度等级有 MU100、MU80、MU60、MU50、MU40、MU30、MU20、MU15 和 MU10。

3.3.3　砌块

砌块一般是以混凝土或工业废料为原料制成的实心或空心的块材。它具有自重轻、机械化和工业化程度高、施工速度快、生产工艺和施工方法简单，且能大量利用工业废料等优点。因此，用砌块代替普通黏土砖是墙体改革的重要途径。

砌块按形状可分为实心砌块和空心砌块两种；按制作原料，可分为粉煤灰砌块、加气混凝土砌块、混凝土砌块、硅酸盐砌块、石膏砌块等。高度为 115～380 mm 的砌块称为小型砌块，高度为 380～980 mm 的砌块称为中型砌块，高度大于 980 mm 的砌块称为大型砌块。下面将介绍普通混凝土小型空心砌块、轻骨料混凝土小型空心砌块和粉煤灰砌块。

(1) 普通混凝土小型空心砌块。普通混凝土小型空心砌块是由水泥、砂、碎石或卵石、水等材料预制成的，其主规格尺寸为 390 mm × 190 mm × 190 mm (如图 3.19 所示)。普通混凝土小型空心砌块由两个方形孔，最小外壁厚应不小于 30 mm，最小肋厚应不小于 25 mm，空心率应不小于 25%。根据抗压强度的不同，普通混凝土小型空心砌块可分为 MU3.5、MU5、MU7.5、MU10、MU15、MU20 六个等级。

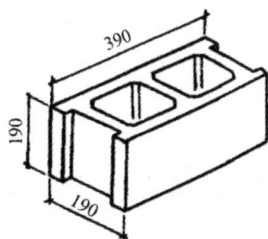

图 3.19　普通混凝土小型空心砌块

(2) 轻骨料混凝土小型空心砌块。轻骨料混凝土小型空心砌块是由水泥、轻骨料、砂、水等材料预制成的。轻骨料混凝土小型空心砌块的主规格尺寸为 390 mm × 190 mm × 190 mm。

轻骨料混凝土小型空心砌块按其孔的排数可分为单排孔、双排孔、三排孔和四排孔四类，按其密度可分为 500、600、700、800、900、1000、1200、1400 八个密度等级，按其抗压强度可分为 MU2.5、MU3.5、MU5、MU7.5、MU10、MU15 六个强度等级。

(3) 粉煤灰砌块。粉煤灰砌块是以粉煤灰、石灰、石膏和轻集料为原料，加水搅拌、振动成型、蒸汽养护而成的密实砌块。粉煤灰砌块的主规格尺寸为 880 mm × 380 mm × 240 mm 和 880 mm × 430 mm × 240 mm，如图 3.20 所示。砌块端面应加灌浆槽，坐浆面宜设抗剪槽。粉煤灰砌块按其立方体试件的抗压强度可分为 MU10 和 MU3 两个强度等

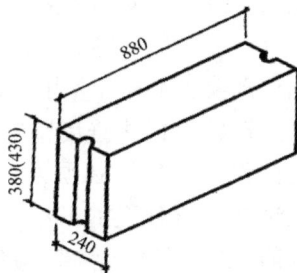

图 3.20　粉煤灰砌块

级，按其尺寸允许偏差、外观质量和干缩性能可分为一等品和合格品。

3.3.4　砂浆

砂浆在砌体内的主要作用是填充砖之间的空隙，并将其黏结成一个整体，使上层砖的荷载能够均匀地传递到下层。砂浆可以分为水泥砂浆、石灰砂浆、混合砂浆以及其他加入了各种外加剂的砂浆。砂浆的强度等级是根据边长为 70.7 mm 的立方体试块，在标准养护条件下，使用标准试验方法测得的 28 天龄期的抗压强度值来确定的，具体分为 M15、M10、

M7.5、M5、M2.5 五个等级。

水泥在进场使用前，应分批对其强度和安定性进行复验。检验批应以同一生产厂家、同一编号的水泥为一批。如果在使用过程中对水泥的质量产生怀疑，或者水泥出厂时间已超过三个月(对于快硬硅酸盐水泥，超过一个月)，则应重新进行试验，并根据试验结果来决定是否使用。不同品种的水泥不得混合使用。

砂浆用砂不得含有有害杂物，其含泥量应满足以下要求：对于水泥砂浆和强度等级不小于 M5 的水泥混合砂浆，含泥量不应超过 5%；对于强度等级小于 M5 的水泥混合砂浆，含泥量不应超过 10%。对于人工砂、山砂及特细砂，应通过试配来验证其是否满足砌筑砂浆的技术条件要求。

在配制水泥石灰砂浆时，不得使用脱水硬化的石灰膏。消石灰粉也不得直接用于砌筑砂浆中。对于拌制砂浆所用的水，其水质应符合国家现行标准《混凝土用水标准》(JGJ 63—2006)的规定。砌筑砂浆的配合比应通过试配来确定。当砌筑砂浆的组成材料发生变更时，其配合比应重新确定。如果在施工中采用水泥砂浆代替水泥混合砂浆，那么也应重新确定砂浆的强度等级。在砂浆中掺入有机塑化剂、早强剂、缓凝剂、防冻剂等外加剂时，应经过检验和试配，确保其符合要求后方可使用。在砂浆中掺入有机塑化剂时，还应提供砌体强度的型式检验报告。

现场拌制砂浆时，各组分材料应采用重量计量。砌筑砂浆应采用机械搅拌，自投料完算起，搅拌时间应符合下列规定：对于水泥砂浆和水泥混合砂浆，搅拌时间不得少于 2 min；对于水泥粉煤灰砂浆和掺入外加剂的砂浆，搅拌时间不得少于 3 min；对于掺入有机塑化剂的砂浆，搅拌时间应为 3~5 min。

砂浆应随拌随用。水泥砂浆和水泥混合砂浆应分别在拌成后的 3 h 和 4 h 内使用完毕；当施工期间最高气温超过 30℃时，应分别在拌成后的 2 h 和 3 h 内使用完毕。对于掺入缓凝剂的砂浆，其使用时间可根据具体情况适当延长。在砂浆的使用时限内，若砂浆的和易性变差，则可以在灰盆内适当掺水拌和以恢复其和易性后再使用。但超过使用时限的砂浆，不允许直接加水拌和使用，以保证砌筑质量。

砌筑砂浆试块强度验收时，其强度合格标准必须符合以下规定：同一验收批砂浆试块抗压强度平均值必须大于或等于设计强度等级所对应的立方体抗压强度；同一验收批砂浆试块抗压强度的最小一组平均值必须大于或等于设计强度等级所对应的立方体抗压强度的 0.75。对于砌筑砂浆的验收批，同一类型、强度等级的砂浆试块应不少于 3 组。当同一验收批只有一组试块时，该组试块抗压强度的平均值必须大于或等于设计强度等级所对应的立方体抗压强度。砂浆强度应以标准养护、龄期为 28 d 的试块抗压试验结果为准。

采用在砂浆搅拌机出料口随机取样制作砂浆试块的方法检验砂浆(注意，同盘砂浆应只制作一组试块)，并最后检查试块强度试验报告单。砂浆抽检数量为：每一检验批且不超过 250 m³ 砌体的各种类型及强度等级的砌筑砂浆，每台搅拌机应至少抽检一次。

当施工中或验收时出现下列情况，可采用现场检验方法对砂浆和砌体强度进行原位检测或取样检测，并判定其强度：砂浆试块缺乏代表性或试块数量不足，对砂浆试块的试验结果有怀疑或有争议，砂浆试块的试验结果不能满足设计要求。

对于不同品种的砂浆，其使用上有一定的要求。基础及特殊部位的砌体主要用水泥砂浆砌筑，而基础以上部位的砌体则主要用混合砂浆砌筑。

3.4　砌筑工程施工方法与工艺

砌体是由块材(如砖、石、砌块)和砂浆砌筑而成的整体。在砌筑施工前，必须按照施工组织设计的要求，确定垂直和水平运输机械、砂浆搅拌机械进场，并完成其安装和调试等工作；同时，要确定各种材料的堆放场地，并准备好脚手架、砌筑工具(如皮数杆、托线板)等。原材料的质量和砌筑的质量是影响砌体质量的主要因素，因此，砌筑工程施工必须遵守施工及验收规范的相关规定。

3.4.1　砖砌体砌筑

1. 砖砌体的砌筑形式

砖砌体的砌筑要求包括：上下错缝，内外搭接，以保证砌体的整体性；同时，组砌要有规律，尽量减少砍砖，以提高砌筑效率并节约材料。砖墙根据其厚度的不同，可采用全顺(120 mm)、两平一侧(180 mm 或 300 mm)、全丁、一顺一丁、梅花丁、三顺一丁等砌筑形式，如图 3.21 所示。

(a) 全顺　(b) 两平一侧　(c) 全丁　(d) 一顺一丁　(e) 梅花丁　(f) 三顺一丁

图 3.21　砖墙的砌筑形式

(1) 全顺：各皮砖均顺砌，上下皮垂直灰缝相互错开半砖长(120 mm)，适合砌半砖厚(115 mm)墙。

(2) 两平一侧：两皮顺(或丁)砖与一皮侧砖相间，上下皮垂直灰缝相互错开 1/4 砖长(60 mm)以上，适合砌 3/4 砖厚(180 mm 或 300 mm)墙。

(3) 全丁：各皮砖均采用丁砌，上下皮垂直灰缝相互错开 1/4 砖长(60 mm)，适合砌一砖厚(240 mm)墙。

(4) 一顺一丁：一皮顺砖与一皮丁砖相互交替砌成，上下皮垂直灰缝相互错开 1/4 砖长(60 mm)。砌体中无任何通缝，且丁砖数量较多，能增强横向拉结力。采用这种组砌方式时，砌筑效率高，墙面整体性好，墙面容易控制平直，多用于一砖厚墙体的砌筑。但当砖的规格参差不齐时，砖的竖缝就难以整齐。

(5) 梅花丁：同皮中顺砖与丁砖相间，丁砖的上下均为顺砖，并位于顺砖中间，上下皮垂直灰缝相互错开 1/4 砖长(60 mm)，适合砌一砖厚墙。

(6) 三顺一丁：三皮顺砖与一皮丁砖相间，顺砖与顺砖上下皮垂直灰缝相互错开 1/2 砖长(120 mm)；顺砖与丁砖上下皮垂直灰缝相互错开 1/4 砖长(60 mm)，适合砌一砖及一砖以上厚墙。一砖厚承重墙的每层墙的最上一皮砖、砖墙的阶台水平面上及挑出层，应采用整砖丁砌；砖墙的转角处、交接处，根据错缝需要应加砌配砖。

为了使砖墙的转角处各皮间竖缝相互错开，必须在外角处砌 3/4 砖(俗称七分头砖)。当采用一顺一丁组砌方式时，七分头的顺面方向依次砌顺砖，丁面方向依次砌丁砖。图 3.22 所示为一砖厚墙一顺一丁转角处的分皮砌法，配砖为 3/4 砖，位于墙外角。图 3.23 所示为一砖厚墙一顺一丁交接处的分皮砌法，配砖同样为 3/4 砖，位于墙交接处外面，且仅在丁砌层设置。

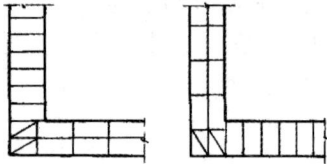

图 3.22　一砖厚墙一顺一丁转角处的分皮砌法图　　　图 3.23　一砖厚墙一顺一丁交接处的分皮砌法图

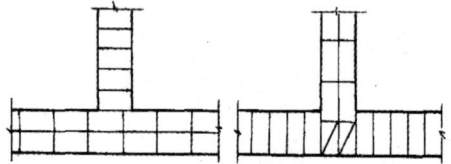

砖墙的丁字接头处应分皮相互砌通，内角相交处的竖缝应错开 1/4 砖长，并在横墙端头处加砌七分头砖。砖墙的十字接头处同样应分皮相互砌通，交角处的竖缝也应错开 1/4 砖长。

2. 砖砌体的施工工艺、技术要求和质量要求

1) 砖砌体的施工工艺

砖砌体的施工过程包括抄平放线、摆砖、立皮数杆、盘角挂线、砌筑、勾缝清理等工序。

(1) 抄平放线。砌筑前，在基础防潮层或楼面上先用水泥砂浆找平，然后以龙门板上的定位钉为基准弹出墙身的轴线、边线，并定出门窗洞口的位置。

(2) 摆砖。摆砖是指在放线的基面上按选定的组砌方式用砖试摆。一般在房屋外纵墙方向摆顺砖，在山墙方向摆丁砖，摆砖由一个大角摆到另一个大角，砖与砖之间留 10 mm 的灰隙。摆砖的目的是校对所放出的墨线，确保在门窗洞口、附墙垛等处符合砖的模数。当偏差较小时，可调整砖间竖缝，使砖和灰缝的排列整齐、均匀，以尽可能减少砍砖，提高砌砖效率。摆砖结束后，用砂浆把干摆的砖砌好，砌筑时注意其平面位置不得移动。摆砖在清水墙砌筑中尤为重要。

(3) 立皮数杆。皮数杆是指在其上划有每皮砖和砖缝厚度，以及门窗洞口、过梁、梁底、预埋件等标高位置的一种木制标杆。它是砌筑时控制砌体竖向尺寸的标志，同时还可以保证砌体的垂直度。皮数杆一般立于房屋的四大角、内外墙交接处、楼梯间以及洞口多的地方，大约每隔 10～15 m 立一根。

(4) 盘角挂线。砌筑时，应根据皮数杆先在墙角砌 4～5 皮砖，这称为盘角。然后根据皮数杆和已砌的墙角挂准线，作为砌筑中间墙体的依据。每砌一皮或两皮砖，准线向上移动一次，以保证墙面平整。对于一砖厚的墙，单面挂线，外墙挂外边，内墙挂任一边；一砖半及以上厚的墙要双面挂线。

(5) 砌筑。砌砖时，应确保砖缝的灰浆饱满，同时还应提高施工效率。目前常用的砌筑方法主要有铺灰挤砌法和"三一砌砖法"。

铺灰挤砌法是先在砌体的上表面铺一层适当厚度的灰浆，然后拿砖向后持平，连续向砖缝挤去，将一部分砂浆挤入竖向灰缝，水平灰缝靠手的揉压达到需要的厚度，并满足上齐线下齐边、横平竖直的要求。这种砌筑方法的优点是效率较高，灰缝容易饱满，能保证砌筑质量。当采用铺灰挤砌法砌筑时，铺浆长度不得超过 750 mm。若施工期间气温超过 30℃，则铺浆长度不得超过 500 mm。

"三一砌砖法"是先将灰抛在砌砖位置上，随即将砖挤揉，即"一铲灰、一块砖、一挤揉"，并随手将挤出的砂浆刮去。该砌筑方法的特点是上灰后立即挤砌，灰浆不易失水，且灰缝容易饱满、黏结力好，墙面整洁，易于保证质量。竖缝可采用挤浆或加浆的方法，使其砂浆饱满。砌筑实心墙时宜选用"三一砌砖法"。

(6) 勾缝清理。勾缝具有保护墙面并增加墙面美观的作用，是砌清水墙的最后一道工序。勾缝的方法有两种：墙较薄时，可用砌筑砂浆随砌随勾缝，这称为原浆勾缝；墙较厚时，待墙体砌筑完毕后，用 1∶1 的砂浆勾缝，这称为加浆勾缝。勾缝形式有平缝、斜缝、凹缝等。勾缝完毕后，应清扫墙面。

2) 砖砌体砌筑的技术要求

(1) 楼层轴线的引测。为了保证各层墙身轴线的重合和施工方便，在弹墙身线时，应根据龙门板上标注的轴线位置将轴线引测到房屋的外墙基上。二层以上各层墙的轴线，可用经纬仪或垂球引测到楼层上。轴线的引测是放线的关键，必须按图纸要求的尺寸用钢皮尺进行校核。然后按楼层墙身中心线弹出各墙边线，划出门窗洞口位置。

(2) 各层标高的控制。墙体标高可通过在室内弹出水平线进行控制。当底层墙体砌到一定高度(约 500 mm)后，在各层的里墙角，用水准仪根据龙门板上标注的 ±0.000 标高，引出统一标高的测量点(一般比室内地坪高 200～500 mm)。然后在相邻两墙角的控制点间弹出水平线，作为过梁、圈梁和楼板标高的控制线。根据此控制线到该层墙顶的高度，计算出砖的皮数，并在皮数杆上划出每皮砖和砖缝的厚度，作为砌砖时的依据。此外，在建筑物外墙上也需引测 ±0.000 标高，并画上标志。当第二层墙体砌到一定高度后，从底层用钢尺往上量出第二层标高的控制点，并用水准仪以已引上的第一个控制点为准，定出各墙面水平线，用以控制第二层楼板标高。特别是门窗洞口的标高及洞口大小，在控制窗台线时，应考虑到窗外流水坡面的关系。因此，在安装门窗前，门窗供应商应在现场校核预留洞口的尺寸，确定合理的加工尺寸，以使窗框安装与装饰抹灰相互协调。

3) 砖砌体砌筑的质量要求

砖砌体是由砖块和砂浆通过各种形式的组合搭砌而成的整体，因此，砌体质量的好坏主要取决于组成砌体的原材料质量和砌筑方法。在砌筑时，应掌握正确的操作方法，确保做到横平竖直、砂浆饱满、错缝搭接、接槎可靠，以保证墙体有足够的强度与稳定性。

(1) 横平竖直。砌体的灰缝应做到横平竖直，厚薄均匀。水平灰缝的厚度宜为 10 mm，不应小于 8 mm，也不应大于 12 mm，否则在垂直荷载作用下，上下两层砖之间将产生剪力，导致砂浆与砌块分离，从而引起砌体的破坏。砌体必须满足垂直度要求，否则在垂直荷载作用下将产生附加弯矩，降低砌体的承载力。可采用尺量 10 皮砖砌体高度进行折算来检查，对于每步脚手架施工的砌体，每 20 m 应抽查 1 处。

砌体的竖向灰缝应垂直对齐，若对不齐而错位(称为游丁走缝)，将影响墙体的外观质量。要做到横平竖直，首先应将基础找平，砌筑时严格按皮数杆拉线，确保每皮砖砌平。同时，应经常用 2 m 长的托线板检查墙体的垂直度，发现问题应及时纠正。

(2) 砂浆饱满。水平灰缝应砂浆饱满，厚薄均匀，保证砖块均匀受力和使块体紧密结合。若水平灰缝太厚，则在受力时，砌体的压缩变形增大，还可能使砌体产生滑移，这对墙体结构很不利；若水平灰缝过薄，则不能保证砂浆的饱满度，削弱墙体的黏结力，影响整体性。砂浆的饱满程度用砂浆饱满度表示，用百格网检查掀起的砖底面与砂浆的黏结痕迹面积。每处检测 3 块砖的黏结痕迹面积(格数)并除以 100，取其平均值来测定砌体水平灰缝的砂浆饱满度，抽检数量是每检验批抽查不应少于 5 处。要求水平灰缝的砂浆饱满度达到 80%以上。同样亦应控制的竖向灰缝的厚度以保证黏结，不得出现透明缝、瞎缝和假缝，以避免透风漏雨，影响保温性能。

(3) 错缝搭接。砖块的排列应遵循内外搭接、上下错缝的原则，以保证墙体的整体性和传力效果。砖块的错缝搭接长度不应小于 1/4 砖长，以避免出现垂直通缝。砖柱不得采用包心砌法，以确保砌筑质量。

对于 240 mm 厚的承重墙，每层墙的最上一皮砖、砖砌体的阶台水平面上及挑出层，应使用整砖丁砌，砌筑高度宜超过 1.2 m。采用观察方法进行检查，外墙每 20 m 抽查一处，每处检查长度为 3～5 m，且总抽查处数不应少于 3 处；内墙则按有代表性的自然间进行抽查，抽查比例不低于 10%，且抽查的自然间数不应少于 3 间。此外，清水墙、窗间墙应无通缝；混水墙中，长度大于或等于 300 mm 的通缝每间不应超过 3 处，且这些通缝不得位于同一面墙体上。

(4) 接槎可靠。砖砌体的转角处和交接处应同时砌筑，严禁无可靠措施的内外墙分开砌筑施工，以确保整个房屋的纵横墙相互连接牢固，提高房屋的强度和稳定性。对于不能同时砌筑而又必须留置的临时间断处，应砌成斜槎，斜槎水平投影长度不应小于高度的 2/3。烧结普通砖砌体斜槎(俗称踏步槎)如图 3.24 所示。采用观察法检查，每检验批抽检 20%的接槎，且抽检处数不应少于 5 处。对于非抗震设防及抗震设防烈度为 6 度、7 度地区的砌筑临时间断处，当不能留斜槎时，除转角处外，可留成直槎，但直槎必须做成阳槎。在留直槎处应加设拉结钢筋，拉结钢筋的数量为每 120 mm 墙厚放置 $1\phi 6$ 拉结钢筋(但 120 mm 与 240 mm 厚的墙均需放置 $2\phi 6$ 拉结钢筋)，其间距沿墙高不应超过 500 mm；拉结钢筋的埋入长度从留槎处算起每边均不应小于 500 mm。对于抗震设防烈度为 6 度、7 度地区的砖混结构砌体，拉结钢筋的埋入长度从留槎处算起每边均不应小于 1000 mm。拉结钢筋的末端应有 90°弯钩，建议弯钩长度为 60 mm。烧结普通砖砌体直槎如图 3.25 所示。

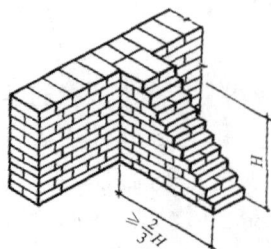

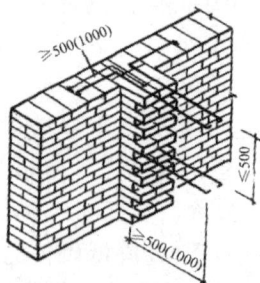

图 3.24　烧结普通砖砌体斜槎(俗称踏步槎)　　图 3.25　烧结普通砖砌体直槎

接槎是指先砌砌体与后砌砌体之间的结合。接槎方式的合理与否，对砌体的质量和建筑物的整体性影响极大。由于留槎处的灰浆不易饱满，因此应尽量减少留槎。接槎的方式主要有两种，即斜槎和直槎。砖砌体接槎时，必须将接槎处的表面清理干净，浇水润湿，填实砂浆，保持灰缝平直，以确保接槎处的前后砌体黏结牢固。检查接槎时，采用观察和尺量检查的方法，每检验批抽检 20%的接槎，且抽检处数不应少于 5 处。接槎合格的标准为：留槎正确，拉结钢筋的设置数量、直径正确，竖向间距偏差不超过 100 mm，留置长度基本符合规定。

(5) 减少不均匀沉降。沉降不均匀将导致墙体开裂，对结构造成很大危害，因此在砌筑施工中要严加注意。砖砌体相邻施工段的高差不得超过一个楼层的高度，同时也不宜大于 4 m。临时间断处的高度差不得超过一步脚手架的高度。为了减少灰缝变形导致的砌体沉降，一般每日砌筑高度不宜超过 1.8 m，雨天施工时每日砌筑高度则不宜超过 1.2 m。砖砌体的位置及垂直度允许偏差应符合表 3.6 的规定，而砖砌体的一般尺寸允许偏差则应符合表 3.7 的规定。

表 3.6　砖砌体的位置及垂直度允许偏差

项次	项　目			允许偏差/mm	检 验 方 法
1	轴线位置偏移			10	用经纬仪和尺检查，或用其他测量仪器检查
2	垂直度	每层		5	用 2 m 托线板检查
		全高	≤10 m	10	用经纬仪、吊线和尺检查，或用其他测量仪器检查
			>10 m	20	

表 3.7　砖砌体的一般尺寸允许偏差

项次	项　目		允许偏差/mm	检验方法	抽 检 数 量
1	基础顶面和楼面标高		±15	用水平仪和尺检查	不应少于 5 处
2	表面平整度	清水墙、柱	5	用靠尺和楔形塞尺检查	有代表性自然间的 10%，但不应少于 3 间，每间不应少于 2 处
		混水墙、柱	8		
3	门窗洞口高、宽（后塞口）		±5	用尺检查	检验批洞口的 10%，且不应少于 5 处
4	外墙上下窗口偏移		20	以底层窗口为准，用经纬仪或吊线检查	检验批的 10%，且不应少于 5 处
5	水平灰缝平直度	清水墙	7	用拉线和尺检查	有代表性自然间 10%，但不应少于 3 间，每间不应少于 2 处
		混水墙	10		
6	清水墙游丁走缝		20	用吊线和尺检查，以每层第一皮砖为准	有代表性自然间 10%，但不应少于 3 间，每间不应少于 2 处

抽检数量：轴线检查应涵盖全部承重墙柱；外墙垂直度全高检查应包括阳角，且不应少于 4 处，每层每 20 m 应抽查一处；内墙则按有代表性的自然间抽查 10%，但抽查的自然间数不应少于 3 间，每间抽查不应少于 2 处，同时，柱的抽查数量不应少于 5 根。

3. 钢筋砖过梁砌筑

钢筋砖过梁的底面为砂浆层,该砂浆层的厚度不宜小于 30 mm。砂浆层中应配置钢筋,钢筋的直径不应小于 5 mm,其间距不宜大于 120 mm。钢筋两端伸入墙体内的长度不宜小于 240 mm,并且钢筋两端应制作成向上的 90°弯钩。

钢筋砖过梁砌筑前,应先支设模板,模板中央应略有起拱。砌筑时,宜先铺设 15 mm 厚的砂浆层,然后将钢筋放置在砂浆层上,确保钢筋的弯钩向上。之后,再铺设 15 mm 厚的砂浆层,使钢筋位于 30 mm 厚的砂浆层中间。最后,与周边墙体同时砌砖。钢筋砖过梁截面计算高度内(相当于 7 皮砖的高度)的砂浆强度不宜低于 M5,且其跨度不应超过 1.5 m。当砂浆强度达到设计强度的 50%时,方可拆除钢筋砖过梁底部的模板。

4. 烧结多孔砖砌筑

砌筑清水墙、柱的多孔砖应边角整齐,色泽均匀。在运输和装卸过程中,多孔砖严禁倾倒和抛掷。经过验收的砖应分类堆放整齐,堆置高度不宜超过 2 m。在常温状态下,多孔砖应提前 1～2 天浇水湿润。砌筑时,砖的含水率宜控制在 10%～15%。

对于抗震设防地区的多孔砖墙,应采用"三一砌砖法"进行砌筑;对于非抗震设防地区的多孔砖墙,可采用铺灰挤砌法进行砌筑,铺浆长度不得超过 750 mm。若施工期间最高气温高于 30℃,则铺浆长度不得超过 500 mm。

方形多孔砖一般采用全顺的砌筑形式,多孔砖中的手抓孔应平行于墙面,上下皮垂直灰缝应相互错开半砖长。矩形多孔砖宜采用一顺一丁或梅花丁的砌筑形式,上下皮垂直灰缝应相互错开 1/4 砖长。多孔砖墙的砌筑形式如图 3.26 所示。

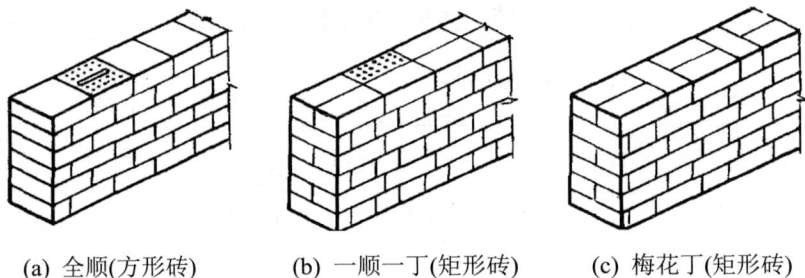

(a) 全顺(方形砖)　　　(b) 一顺一丁(矩形砖)　　　(c) 梅花丁(矩形砖)

图 3.26　多孔砖墙的砌筑形式

矩形多孔砖墙转角处和交接处的砌法与烧结普通砖墙转角处和交接处的砌法相同。方形多孔砖墙的转角处应加砌配砖(半砖),配砖位于砖墙外角,如图 3.27 所示;方形多孔砖墙的交接处应隔皮加砌配砖(半砖),配砖位于砖墙交接处外侧,如图 3.28 所示。

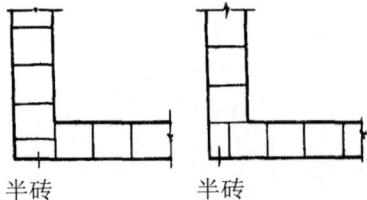

半砖　　　　半砖　　　　　　　　　半砖

图 3.27　方形多孔砖墙的转角处砌法　　　图 3.28　方形多孔砖墙的交接处砌法

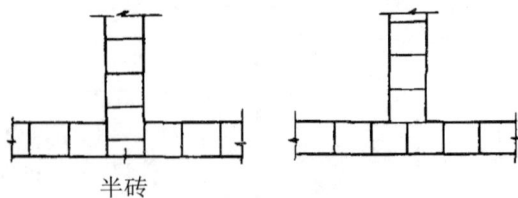

多孔砖墙的灰缝应横平竖直。水平灰缝的厚度和垂直灰缝的宽度宜为 10 mm,但不应小于 8 mm,也不应大于 12 mm。立缝应用砂浆填实,确保多孔砖墙的灰缝砂浆饱满。水平

灰缝的砂浆饱满度不得低于 80%，垂直灰缝宜采用加浆填灌的方法，以确保其砂浆饱满。

除设置构造柱的部位外，多孔砖墙的转角处和交接处应同时砌筑。对于不能同时砌筑且必须留置的临时间断处，应砌成斜槎，如图 3.29 所示。

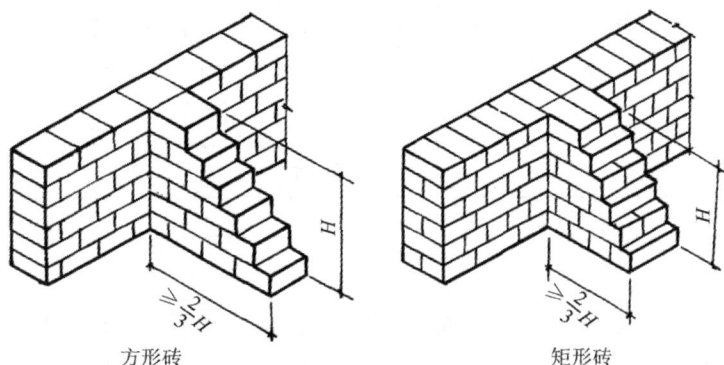

图 3.29　多孔砖墙留置斜槎

施工中需在多孔砖墙中留设临时洞口时，其侧边离交接处的墙面不应小于 0.5m；洞口顶部宜设置钢筋砖过梁或钢筋混凝土过梁。

多孔砖墙中留设脚手眼及每日砌筑高度的规定，与烧结普通砖中留设脚手眼及每日砌筑高度的规定相同。

5. 烧结空心砖砌筑

空心砖砌筑工艺流程为：施工准备→拌制砂浆→排砖摆底→砌空心砖墙→验评。

根据设计图纸各部位尺寸进行排砖摆底，确保组砌方法合理且便于操作。空心砖墙应侧砌，其孔洞呈水平方向，上下皮垂直灰缝相互错开 1/2 砖长。空心砖墙底部宜砌 3 皮烧结普通砖，如图 3.30 所示。

在空心砖墙与普通砖墙交接处，应以普通砖墙引出不小于 240 mm 的长度与空心砖墙相接。同时，每隔 2 皮空心砖的高度，在交接处的水平灰缝中设置 2ϕ6 钢筋作为拉结钢筋。拉结钢筋在空心砖墙中的长度应不小于空心砖长加 240 mm，如图 3.31 所示。

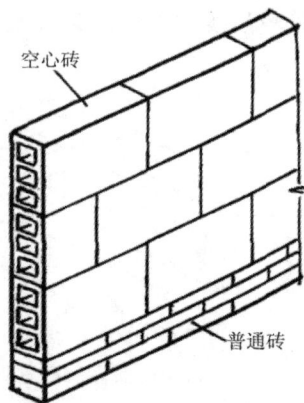

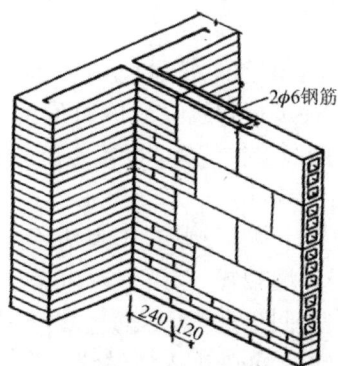

图 3.30　空心砖墙　　　　图 3.31　空心砖墙与普通砖墙交接

在空心砖墙的转角处，应使用烧结普通砖进行砌筑，且砌筑长度在角边应不小于 240 mm。空心砖墙在砌筑过程中不得留置斜槎或直槎。中途停歇时，应将墙顶砌平。在转角处和交接处，空心砖与普通砖应同时砌起。

空心砖墙中不得留置脚手眼，也不得对空心砖进行砍凿。空心砖砌体的砂浆饱满度及检验方法应符合表 3.8 的规定。抽检数量为：每步架子不少于 3 处，且每处不应少于 3 块。

表 3.8　空心砖砌体的砂浆饱满度及检验方法

灰缝	饱满度及要求	检验方法
水平灰缝	≥80%	用百格网检查砖底面砂浆的黏结痕迹面积
垂直灰缝	填满砂浆，不得有透明缝、瞎缝、假缝	

3.4.2　基础砌筑

砖基础由地基、大放脚和基础墙构成。基础墙是墙身向地下的延伸部分。大放脚用于增大基础的承压面积，因此通常砌成台阶形状。大放脚主要分为等高式和间隔式两种，如图 3.32 所示。等高式大放脚的砌法是每两层砖(两皮)一收，每次每边各收进 1/4 砖长。间隔式大放脚则是两层砖一收与一层砖一收相交替，同样每次每边各收进 1/4 砖长。这种间隔式的砌法在保证基础刚性角的同时，能有效减少用砖量。

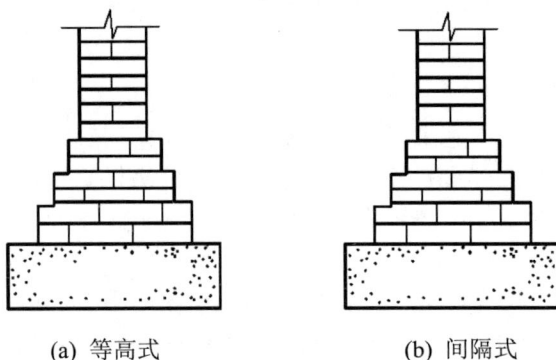

(a) 等高式　　　　　　(b) 间隔式

图 3.32　大放脚的形式

基础地基施工完毕并经验收合格后，即可进行弹墙基线的工作。弹线工作应遵循以下顺序：

(1) 在基槽的四角，分别对应龙门板的轴线标钉位置拉上麻线，并进行弹线，具体如图 3.33 所示。

(2) 沿着麻线悬挂线锤，以确定麻线在地基上的投影点位置。

(3) 使用墨汁弹出这些投影点所连成的线，这条线即代表墙基的外墙轴线。

(4) 根据基础图纸上所示的尺寸，使用钢尺量出各内墙的轴线位置，并弹出内墙轴线。

(5) 利用钢尺量出各墙基大放脚的外边沿线，然后弹出墙基的边线。

(6) 在砌筑基础之前，应对放线尺寸进行校核，确保其允许偏差符合相关规定。

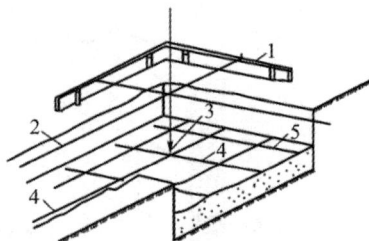

1—龙门板；2—麻线；3—线锤；
4—轴线；5—基础边线。
图 3.33　基础弹线

　　砖基础的砌筑高度是通过基础皮数杆来控制的。首先，根据施工图的标高，在基础皮数杆上标出每皮砖及灰缝的尺寸。然后，将基础皮数杆固定好，即可按照标定的尺寸逐皮砌筑大放脚。

　　当发现地基表面的水平标高存在较大差异时，应先用细石混凝土或砂浆进行找平，之后再开始砌筑。在砌筑大放脚时，需先砌好转角端头，然后以这两端为标准，拉好准线，并依据此准线进行砌筑。

　　大放脚的擗底尺寸及收退方法必须严格遵循设计图纸的规定。若大放脚采用一层一退的收退方法，则墙体内外均应砌丁砖；若采用二层一退的收退方法，则第一层砌条砖，第二层砌丁砖。在大放脚的转角处，应按规定放置七分头砖，其数量为：一砖半厚墙放三块，二砖厚墙放四块，以此类推。

　　大放脚一般采用一顺一丁的砌筑形式，竖缝应至少错开 1/4 砖长。在十字及丁字接头处，要隔皮砌通。大放脚的最下一皮及每个台阶的上面一皮，应以丁砌为主。当基底标高不同时，应从低处开始砌筑，并应由高处向低处搭砌。当设计无具体要求时，搭接长度不应小于基础扩大部分的高度。

　　在基础中，对于洞口、管道等，应在砌筑时正确留出或预埋。通过基础的管道上部，应预留沉降缝隙。砌完基础墙后，应在两侧同时填土，并应分层进行夯实。当基础两侧填土的高度不等，或仅能在基础的一侧填土时，填土的时间、施工方法和施工顺序应确保砌体不会被破坏或变形。

3.4.3　砌块砌筑

　　用砌块代替普通黏土砖作为墙体材料是墙体改革的一个重要途径。在运输和堆放砌块的过程中，应轻吊轻放，严禁抛掷和倾倒。中型砌块施工主要利用吊装机械及夹具将砌块准确地安装在设计指定的位置。在这一过程中，通常需根据建筑物的平面尺寸和预先设计的砌块排列图，逐块、按顺序进行吊装、就位与固定。小型砌块施工与传统砖砌体的砌筑方式相似，同样采用手工砌筑，但在形状和构造上存在一定的差异。

1. 砌块砌筑前的准备工作及施工工艺

1) 砌块砌筑前的准备工作

　　(1) 绘制砌块排列图。在砌块砌筑之前，应依据施工图纸的平面及立面尺寸，同时考虑砌块的规格，先行绘制砌块排列图。绘制砌块排列图时，需在立面图上按比例绘制出纵横墙，并标出楼板、大梁、过梁、楼梯及孔洞等的位置。随后，在纵横墙上绘出水平灰缝线，以主规格砌块为主、以其他型号砌块为辅，按照墙体错缝搭砌的原则及竖缝的大小进行排列。在墙体中大量使用的主要规格砌块称为主规格砌块，与其搭配使用的砌块则称为副规格砌块。对于小型砌块的施工，虽然可以不绘制砌块排列图，但必须根据砌块的尺寸及灰缝的厚度来计算皮数和排数，以确保砌体尺寸满足设计要求。

　　若设计无具体规定，则砌块应按下列原则排列：

　　① 尽量多使用主规格砌块或整块砌块，以减少副规格砌块的种类与数量。

　　② 砌筑时应遵循错缝搭接的原则，搭接长度不得小于砌块高度的 1/3，且不应小于 150 mm。当搭接长度不足时，应在水平灰缝内设置 $2\phi4$ 的钢筋网片进行加强，网片两端距

离该垂直缝的距离不得小于 300 mm。

③ 外墙转角处及纵横墙交接处应使用砌块相互搭接。若无法实现相互搭接，则每两皮砌块应设置一道拉结钢筋网片。

④ 水平灰缝宽度一般为 10～20 mm，配有钢筋的水平灰缝宽度为 20～25 mm，竖缝宽度为 15～20 mm。当竖缝宽度超过 40 mm 时，应使用与砌块同强度的细石混凝土填实；当竖缝宽度超过 100 mm 时，应使用黏土砖进行镶砌。

⑤ 当楼层高度不是砌块(包括水平灰缝)高度的整数倍时，应使用黏土砖进行镶砌。

⑥ 对于空心砌块，上下皮砌块的壁、肋、孔应垂直对齐，以提高砌体的承载能力。

(2) 确定砌块的堆放位置。砌块的堆放位置需在施工总平面图上进行周密规划，旨在尽量减少二次搬运，确保场内运输路线最短，从而便于砌筑时的起吊作业。堆放场地应经过平整夯实处理，确保砌块堆放平稳，并应做好排水措施。为避免砌块底面受到污染，不宜直接将其堆放在地面上，而应堆放在草袋、煤渣地基或其他合适的地基上。砌块进场后，应按照品种、规格分别堆放整齐，且堆置高度不宜超过 2 m。对于加气混凝土砌块，应采取措施防止其受到雨淋。

(3) 制订砌块的吊装方案。砌块墙的施工特点在于砌块数量众多，因此吊次也相应较多，但单个砌块的重量并不大。砌块的安装方案与所选用的机械设备密切相关。通常，采用的吊装方案有两种：一是利用塔式起重机进行砌块、砂浆的运输以及楼板等构件的吊装，同时由台灵架负责砌块的吊装。此方案适用于工程量大或两栋房屋对翻流水等施工情况；二是采用井架进行材料的垂直运输，利用杠杆车进行楼板吊装，而所有预制构件及材料的水平运输则依靠砌块车和劳动车完成，台灵架同样负责砌块的吊装。除准备好砌块垂直、水平运输和吊装的机械设备外，还需准备安装砌块的专用夹具及相关工具。

2) 砌块的施工工艺

砌块施工时，需先墙身弹线和立皮数杆，然后按事先划分的施工段和绘制的砌块排列图逐皮安装。安装时应遵循"先外后内、先远后近、先下后上"的原则。在砌筑砌块时，应从转角处或定位砌块处开始，并校正其垂直度，确保内外墙能够同时砌筑且实现错缝搭砌。

每个楼层砌筑完成后，应复核标高。若发现偏差，则应及时进行找平校正。铺灰和灌浆完成后，吊装上一皮砌块时，必须确保不碰撞或撬动已经安装好的砌块。当相邻的砌体无法同时砌筑时，应留设阶梯形斜槎，严禁留设直槎。

砌块施工的主要工序包括铺灰、砌块安装就位、校正、灌缝和镶砖。

(1) 铺灰。铺灰是指使用稠度良好(50～70 mm)的水泥砂浆，铺设 3～5 m 长的水平缝。在夏季及寒冷季节，应适当缩短铺灰时间，并确保铺灰均匀平整。

(2) 砌块安装就位。使用摩擦式夹具，按照砌块排列图将所需砌块吊装到位。砌块就位时，应对准位置徐徐下落，确保夹具中心尽可能与墙中心线在同一垂直面上，砌块光面保持在同一侧，垂直落于砂浆层上。待砌块安放稳妥后，方可松开夹具。

(3) 校正。校正是指使用线锤和托线板检查垂直度，采用拉准线的方法检查水平度，并使用撬棍、楔块调整偏差。

(4) 灌缝。灌缝是指使用砂浆灌注竖缝，两侧用夹板夹住砌块。对于超过 30 mm 宽的竖缝，应采用不低于 C20 的细石混凝土进行灌缝，收水后进行嵌缝，即原浆勾缝。此后，一般不应再撬动砌块，以防止破坏砂浆的黏结力。

(5) 镶砖。当砌块间出现较大竖缝或过梁需要找平时，应进行镶砖。镶砖应使用 MU10 级以上的红砖，最后一皮采用丁砖镶砌。镶砖工作必须在砌块校正后立即进行，并注意使砖的竖缝灌注密实。

2. 普通混凝土小型空心砌块砌筑

普通混凝土小型空心砌块砌筑的施工程序是：找平→放线→立皮数杆→排列砌块→拉线→砌筑→勾缝。

普通混凝土小型空心砌块不宜浇水。若天气干燥炎热，则可在砌块上稍微喷水润湿。轻集料混凝土小型空心砌块在施工前可洒水，但不宜过量。龄期不足 28 d 或潮湿的小型空心砌块不得用于砌筑。应优先采用主规格小型空心砌块，其强度等级应符合设计要求，并应清除砌块表面的污物及芯柱用小型空心砌块孔洞底部的毛边。

在房屋四角或楼梯间转角处应设立皮数杆，且皮数杆间距不得超过 15 m。皮数杆上应标出各皮小型空心砌块的高度及灰缝厚度。依据皮数杆上相对小型空心砌块上边线之间拉设的准线，进行小型空心砌块的砌筑。

小型空心砌块的砌筑应从转角或定位处开始，内外墙应同时砌筑，且纵横墙应交错搭接。外墙转角处应使小型空心砌块隔皮露出端面；T 字交接处应使横墙的小型空心砌块隔皮露出端面，纵墙在交接处则改用两块辅助规格的小型空心砌块(尺寸为 290 mm × 190 mm × 190 mm，一头开口)，所有露出的端面均应用水泥砂浆抹平。小型空心砌块墙转角处及 T 字交接处的砌法如图 3.34 所示。

小型空心砌块应实现对孔、错缝搭砌。上下皮小型空心砌块的竖向灰缝应相互错开 190 mm。当无法实现对孔砌筑时，普通混凝土小型空心砌块的错缝长度不应小于 90 mm，轻骨料混凝土小型空心砌块的错缝长度不应小于 120 mm。若无法满足上述规定，则应在水平灰缝中设置 2ϕ4 的钢筋网片，钢筋网片每端均应超出垂直灰缝，且其长度不得小于 300 mm。水平灰缝中设置钢筋网片的方式如图 3.35 所示。

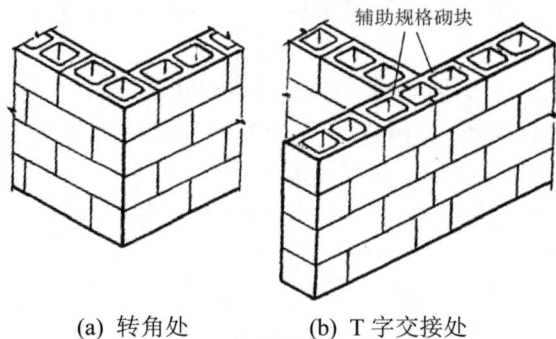

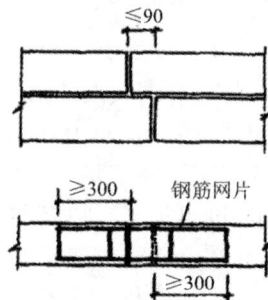

图3.34　小型空心砌块墙转角处及 T 字交接处的砌法　　图3.35　水平灰缝中设置钢筋网片的方式

小型空心砌块砌体的灰缝应横平竖直，且全部灰缝均需铺填砂浆。水平灰缝的砂浆饱满度不得低于 90%，竖向灰缝的砂浆饱满度不得低于 80%。在砌筑过程中，不得出现瞎缝或透明缝。水平灰缝的厚度和竖向灰缝的宽度应控制在 8～12 mm 范围内。当缺少辅助规格的小型空心砌块时，砌体中的通缝不应超过两皮砌块。

对于小型空心砌块砌体的临时间断处，应砌成斜槎，且斜槎的长度不应小于斜槎高度的 2/3(一般按一步脚手架的高度进行控制)。当留设斜槎存在困难时，除外墙转角处、抗震设防地区以及砌体临时间断处不得留设直槎外，可以从砌体面伸出 200 mm 砌成阴阳槎，并沿着砌体高度每三皮小型空心砌块(即 600 mm)设置拉结钢筋或钢筋网片。接槎部位宜延伸至门窗洞口处。小型空心砌块砌体的斜槎和阴阳槎如图 3.36 所示。

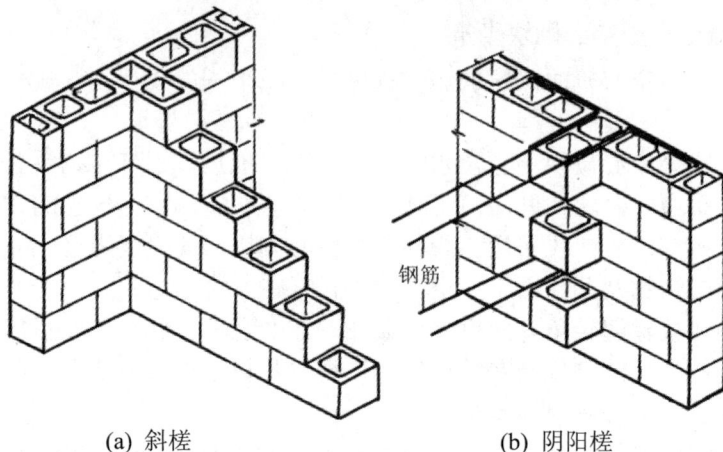

(a) 斜槎   (b) 阴阳槎

图 3.36   小型空心砌块砌体的斜槎和阴阳槎

承重砌体严禁使用断裂的小型空心砌块或壁肋中存在竖向凹形裂缝的小型空心砌块进行砌筑，同时也不得将小型空心砌块与烧结普通砖等其他块体材料混合使用进行砌筑。

混凝土小型空心砌块砌体所用的材料，除需满足强度计算要求外，还应符合以下要求：室内地面以下的砌体应采用普通混凝土小型空心砌块，并配合使用强度等级不低于 M5 的水泥砂浆；对于五层及五层以上的民用建筑，其底层墙体应采用强度等级不低于 MU5 的混凝土小型空心砌块，并使用 M5 砌筑砂浆。

在墙体的以下特定部位，应使用 C20 混凝土灌实砌块的孔洞：底层室内地面以下或防潮层以下的砌体；无圈梁楼板支承面下的一层砌块；未设置混凝土垫块的屋架、梁等构件支承面下，高度和长度均不小于 600 mm 的砌体；挑梁支承面下，距墙中心线每边不小于 300 mm 且高度不小于 600 mm 的砌体。

小型空心砌块砌体内不宜设置脚手眼。若确需设置，则可采用辅助规格的小型空心砌块(尺寸为 190 mm × 190 mm × 190 mm)进行侧砌，利用其孔洞作为脚手眼，待砌体完工后，用 C15 混凝土将其填实。然而，在砌体的以下部位，不得设置脚手眼：

(1) 过梁上部，以及与过梁成 60° 角的三角形区域和过梁跨度 1/2 的范围内；

(2) 宽度小于或等于 800 mm 的窗间墙；

(3) 梁和梁垫下方及其左右各 500 mm 的范围内；

(4) 门窗洞口两侧 200 mm 以内和砌体交接处 400 mm 的范围内；

(5) 结构设计规定不允许设置脚手眼的部位。

小型空心砌块砌体相邻工作段的高度差不得超过一个楼层高度或 4 m。在常温条件下，普通混凝土小型空心砌块的日砌筑高度应控制在 1.8 m 以内；轻骨料混凝土小型空心砌块的日砌筑高度则应控制在 2.4 m 以内。

对于砌体表面的平整度和垂直度以及灰缝的厚度和砂浆的饱满度，应随时进行检查，并及时校正偏差。在砌完每一楼层后，应校核砌体的轴线尺寸和标高，对于在允许范围内的轴线及标高偏差，可在楼板面上进行校正。

3. 加气混凝土砌块砌筑

加气混凝土砌块是以水泥、矿渣、砂、石灰等为主要原料,通过加入发气剂,经过搅拌成型和蒸压养护工艺制成的多孔砌块。加气混凝土砌块根据其抗压强度分为七个等级:A1.0、A2.0、A2.5、A3.5、A5.0、A7.5、A10.0,根据其密度划分为六个级别:B03、B04、B05、B06、B07、B08。

1) 加气混凝土砌块砌体的构造

加气混凝土砌块可砌成单层砌块墙或双层砌块墙。单层砌块墙是将加气混凝土砌块立砌而成,墙厚等于砌块的宽度。双层砌块墙则是将加气混凝土砌块立砌两层,中间设置空气层,两层砌块间每隔 500 mm 墙高在水平灰缝中嵌入 $\phi 4 \sim \phi 6$ 的钢筋扒钉,扒钉的间距为 600 mm,空气层厚度约为 70 ~ 80 mm。加气混凝土砌块墙的构造如图 3.37 所示。

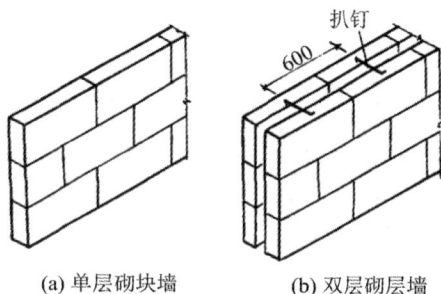

(a) 单层砌块墙　　　(b) 双层砌层墙

图 3.37　加气混凝土砌块墙的构造

在承重加气混凝土砌块墙的外墙转角处和墙体交接处,应沿墙高约 1 m 的位置,在水平灰缝中设置拉结钢筋。拉结钢筋采用 3 根 $\phi 6$ 钢筋,每根钢筋伸入墙内不少于 1000 mm,如图 3.38 所示。

在非承重加气混凝土砌块墙的转角处和与承重墙交接处,同样应沿墙高约 1 m 的位置,在水平灰缝中设置拉结钢筋。拉结钢筋采用 2 根 $\phi 6$ 钢筋,每根钢筋伸入墙内不少于 700 mm,如图 3.39 所示。

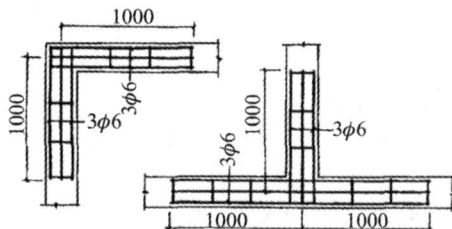

图 3.38　承重加气混凝土砌块墙的拉结钢筋

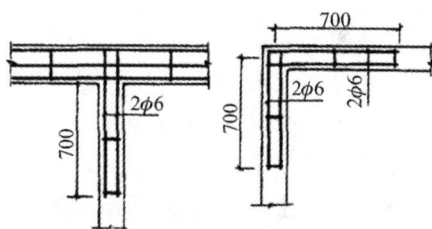

图 3.39　非承重加气混凝土砌块墙的拉结钢筋

在加气混凝土砌块外墙的窗口下,第一皮砌块内的水平灰缝中应放置拉结钢筋。拉结钢筋采用 3 根 $\phi 6$ 钢筋,且钢筋应伸过窗口侧边不小于 500 mm,如图 3.40 所示。

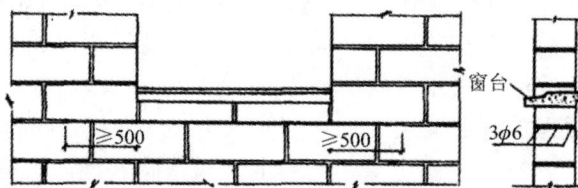

图 3.40　加气混凝土砌块外墙窗口下的拉结钢筋

2) 加气混凝土砌块砌筑

承重加气混凝土砌块砌体所用砌块的强度等级应不低于 A7.5,砂浆的强度等级应不低于 M5。在砌筑加气混凝土砌块前,需根据建筑物的平面图、立面图来绘制砌块排列图。在墙体转角处应设置皮数杆，皮数杆上需标出砌块皮数及高度，并在相对应的砌块上边线之间拉准线，依据准线进行砌筑。砌筑前，加气混凝土砌块的砌筑面应适量洒水。砌筑过程中，建议使用专用工具，如铺灰铲、锯、钻、镂、平直架等。

加气混凝土砌块墙的上下皮砌块的竖向灰缝应相互错开，错开长度宜保持在 300 mm，且不得小于 150 mm。若无法满足此要求，则需在水平灰缝中设置 2 根 $\phi6$ 拉结钢筋或 $\phi4$ 钢筋网片，且拉结钢筋或钢筋网片的长度应不小于 700 mm，具体构造如图 3.41 所示。

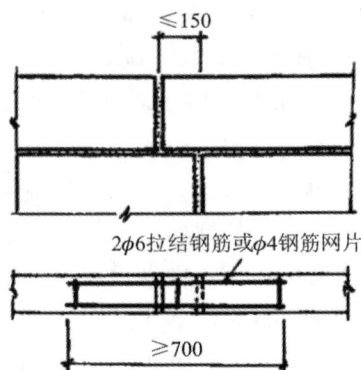

图 3.41　加气混凝土砌块墙中的拉结钢筋或钢筋网片

加气混凝土砌块墙的灰缝应做到横平竖直，砂浆需饱满。水平灰缝的砂浆饱满度不应小于 90%，竖向灰缝的砂浆饱满度不应小于 80%。水平灰缝的厚度宜为 15 mm，竖向灰缝的宽度宜为 20 mm。垂直缝宜采用内外临时夹板进行灌缝，砌筑完成后，应立即使用原砂浆对内外灰缝进行勾缝，以确保砂浆的饱满度。

在加气混凝土砌块墙的转角处，应确保纵横墙的砌块能够相互搭砌，且隔皮砌块应露出端面。对于加气混凝土砌块墙的 T 字交接处，应使横墙的砌块隔皮露出端面，并确保其位于纵墙砌块的中心位置，如图 3.42 所示。

若无切实有效的措施，加气混凝土砌块墙不得用于以下部位：

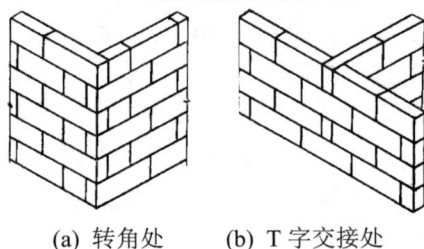

(a) 转角处　　(b) T 字交接处

图 3.42　加气混凝土砌块墙转角处、T 字交接处的砌法

(1) 建筑物室内地面标高以下的部位；
(2) 长期浸水或经常受到干湿交替影响的部位；
(3) 遭受化学环境(例如强酸、强碱)或高浓度二氧化碳等侵蚀的部位；
(4) 经常处于 80℃ 及以上高温环境中的砌体表面。

此外，加气混凝土砌块墙上不得留设脚手眼。在每一楼层内，砌块墙体应连续砌筑完毕，避免留下接槎。若确实需要留槎，则应留成斜槎，或者在门窗洞口的侧边进行间断处理。

4. 粉煤灰砌块砌筑

粉煤灰砌块适用于砌筑粉煤灰砌块墙，墙厚设定为 240 mm，且所用砌筑砂浆的强度等级应不低于 M2.5。在砌筑粉煤灰砌块墙之前，需根据设计图绘制砌块排列图，并在墙体转角处设置皮数杆。砌筑前，应在粉煤灰砌块的砌筑面上适量洒水。

粉煤灰砌块的砌筑方法可采用"铺灰灌浆法"。具体步骤为：先在墙顶上摊铺砂浆，随后将砌块按照砌筑位置摆放到砂浆层上，并与前一块砌块靠拢，同时留出不大于 20 mm 的空隙。完成一皮砌块的砌筑后，在空隙两侧装上夹板或塞入泡沫塑料条，然后在砌块的灌浆槽内灌入砂浆，直至灌满。待砂浆开始硬化且不再流淌时，即可卸掉夹板或取出泡沫塑料条。粉煤灰砌块砌筑如图 3.43 所示。

在砌筑过程中，粉煤灰砌块上下皮的垂直灰缝应相互错开，且错开长度应不小于砌块长度的 1/3。对于需要切割的砌块，应使用手提式机具或相应的机械设备进行切割。

粉煤灰砌块墙的灰缝应做到横平竖直，砂浆需饱满。水平灰缝的砂浆饱满度不应小于 90%，竖向灰缝的砂浆饱满度不应小于 80%。同时，水平灰缝的厚度不得大于 15 mm，竖向灰缝的宽度不得大于 20 mm。

在粉煤灰砌块墙的转角处，应确保纵横墙的砌块能够相互搭砌，且隔皮砌块应露出端面，露出的端面应锯平灌浆槽。对于粉煤灰砌块墙的 T 字交接处，应使横墙的砌块隔皮露出端面，并确保其位于纵墙砌块的中心位置，同时露出的端面也应锯平灌浆槽，具体构造如图 3.44 所示。

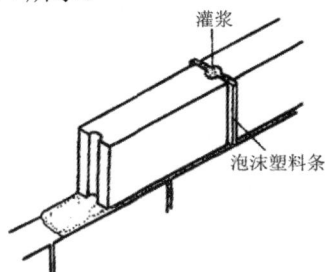

图 3.43　粉煤灰砌块砌筑

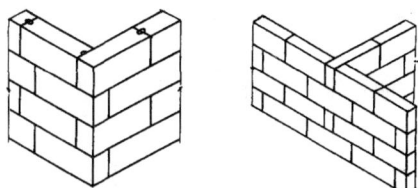

(a) 转角处　　(b) T 字交接处

图 3.44　粉煤灰砌块墙转角处、T 字交接处的砌法

当粉煤灰砌块墙砌至接近上层楼板底部时，由于最上一皮无法进行灌浆，因此可以改用烧结普通砖或煤渣砖进行斜砌并挤紧。

在砌筑粉煤灰砌块外墙的过程中，不得留置脚手眼。对于每一楼层内的砌块墙，应连续砌筑至完毕，并尽量避免留接槎。若确实需要留槎，则应留成斜槎，或者在门窗洞口的侧边进行间断处理。

5. 混凝土砌块夹心墙砌筑

混凝土砌块夹心墙由内叶墙、外叶墙及其间拉结件组成，如图 3.45 所示。内、外叶墙间设有保温层。内叶墙采用主规格混凝土小型空心砌块，外叶墙则采用辅助规格混凝土小型空心砌块(尺寸为 390 mm × 90 mm × 190 mm)。拉结件可选用环形拉结件、Z 形拉结件或钢筋网片。砌块的强度等级不应低于 MU10。

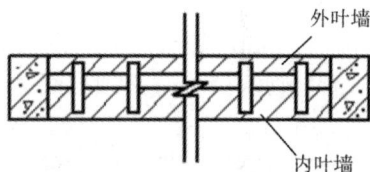

图 3.45　混凝土砌块夹心墙

夹心墙的砌筑应从转角定位开始。当采用板类保温材料时，施工顺序为：先砌内叶墙至 400 mm(或 600 mm)高，然后粘贴保温板(留空气层)，接着砌外叶墙至与内叶墙平齐，最后放置拉结钢筋网片或拉结件。若采用环形拉结件，则钢筋直径不应小于 4 mm；若采用 Z 形拉结件，则钢筋直径不应小于 6 mm。拉结件应沿竖向按梅花形布置，其水平和竖向最大间距分别不宜大于 800 mm 和 600 mm。对于振动或抗震设防有要求的场合，拉结件的水平和竖向最大间距应分别控制在 800 mm 和 400 mm 以内。当选择钢筋网片作为拉结件时，网片横向钢筋的直径不应小于 4 mm，且其间距不应大于 400 mm；网片竖向钢筋的间距不宜大于 600 mm，但在振动或抗震设防有要求的情况下，其间距不宜大于 400 mm。

内、外叶墙片之间的水平缝和竖缝应随砌随刮平勾缝，以防砂浆、杂物落入两片墙的夹缝中。保温材料之间必须紧密衔接。

在正常施工条件下，夹心墙每日的砌筑高度不宜超过 1.4 m 或一步脚手架的高度，并且不得在墙中留下脚手架孔。

夹心墙的灰缝应做到横平竖直,砂浆应饱满、密实。水平灰缝和竖向灰缝的砂浆饱满度不应低于 90%。灰缝的厚度应控制在 10 mm ± 2 mm。在砌筑或调位时,砂浆应保持塑性状态以确保良好的黏结,严禁用水冲灌缝。

6. 填充墙砌筑

1) 施工前的准备

(1) 在结构墙、柱上弹好 +500 mm 标高水平线,以及填充墙立边线、墙体位置线、皮数杆及灰缝线、拉结钢筋位置线、门窗口位置线。

(2) 施工前,应使用钢尺校核房屋的放线尺寸,并根据砌体尺寸和灰缝厚度进行排砖设计。

(3) 砌筑前,应确保墙基层验收合格,砌筑填充墙部位的楼地面、灰渣杂物及凸出部分应清除干净。

(4) 砂浆的配合比已由试验室根据实际材料确定。

2) 工艺流程

填充墙砌筑的工艺流程为:找平层施工→底部砌筑→墙体砌筑→配筋带、过梁浇筑→墙体顶部斜砖砌筑→门、窗框、构造柱浇筑,具体施工工艺要求如下:

(1) 使用轻骨料混凝土小型空心砌块或蒸压加气混凝土砌块砌筑墙体时,应在基层上先用砂浆找平,若找平层厚度超过 20 mm,则采用细石混凝土。墙底部应砌筑烧结普通砖、多孔砖、普通混凝土小型空心砌块或现浇混凝土坎台等,高度不宜小于 200 mm。

(2) 砌筑前,根据墙体的实际尺寸和砌块的规格尺寸进行排列。若砌块不足整块,则可用锯加工至所需尺寸,但加工后的砌块长度不得小于原砌块长度的 1/3。

(3) 灰缝应横平竖直,砂浆饱满。空心砖、轻骨料混凝土小型空心砌块的灰缝宽度应为 8～12 mm,加气混凝土砌块的水平灰缝和竖向灰缝宽度则宜分别为 15 mm 和 20 mm。

(4) 砌筑砖墙时必须挂线。若长墙由多人共同使用一根通线,则应在中间设置若干支线点,小线需拉紧。每层砖都应穿线检查平整度,以确保水平缝均匀一致,平直通顺。

(5) 填充墙与框架结构的连接构造、配筋带的设置与构造、门窗框的固定方法、过梁做法以及附墙固定件的做法均应符合设计要求。

(6) 砌筑填充墙体时,必须把预埋于结构中的拉结钢筋或网片砌入墙体内。拉结钢筋或网片的位置应与砌块皮数相符,其规格、数量、间距和长度均应符合设计要求。当设计无具体要求时,应沿墙体每隔 500 mm 埋设 2 根直径ϕ6 拉结钢筋。钢筋伸入墙体内的长度不得小于 500 mm;当有抗震要求时,该长度不得小于 1000 mm。填充墙与框架柱之间的缝隙应使用砂浆填满。

(7) 当填充墙砌至接近梁底、板底时,应留有一定空隙。待填充墙砌筑完毕并至少间隔 7 天后,用非黏土砖斜砌并挤紧,斜砌角度宜控制在 60° 左右,并确保砌筑砂浆密实。

(8) 砌体每天的砌筑高度不宜超过 1.8 m。在冬季施工期间,若砌体采用氯盐砂浆进行施工,则每日砌筑高度不宜超过 1.2 m。同时,墙体留置的洞口距离交接墙处不应小于 50 cm。

3) 质量标准

填充墙砌体的一般允许偏差和检验方法应符合表 3.9 的规定。填充墙砌体砂浆的饱满度和检验方法应符合表 3.10 的规定。

表 3.9 填充墙砌体的一般允许偏差和检验方法

项次	项 目		允许偏差/mm	检验方法
1	轴线位移		10	用钢尺检查
	垂直度	小于或等于 3 m	5	用 2 m 托线板或吊线、钢尺检查
		大于 3 m	10	
2	表面平整度		8	用 2 m 靠尺和楔形塞尺检查
3	门窗洞口高、宽(后塞口)		±5	用钢尺检查
4	外墙上、下窗口偏移		20	用经纬仪或吊线检查

表 3.10 填充墙砌体砂浆的饱满度和检验方法

砌体分类	灰缝	饱满度及要求	检验方法
空心砖砌体	水平灰缝	≥80%	采用百格网检查块材底面砂浆的黏结痕迹面积
	垂直灰缝	填满砂浆,不得有透明缝、瞎缝、假缝	
加气混凝土砌块和轻骨料混凝土小型砌体	水平灰缝	≥80%	
	垂直灰缝	≥80%	

7. 构造柱和砖组合砌体砌筑

1) 构造柱和砖组合砌体的构造

构造柱和砖组合墙由钢筋混凝土构造柱、烧结普通砖墙以及拉结钢筋等组成。砖组合墙与构造柱的连接处应砌成马牙槎,每个马牙槎的高度不宜超过 300 mm,并应沿墙高每隔 500 mm 设置 2φ6 拉结钢筋。每根拉结钢筋伸入墙内的长度不宜小于 600 mm。构造柱示意图如图 3.46 所示。

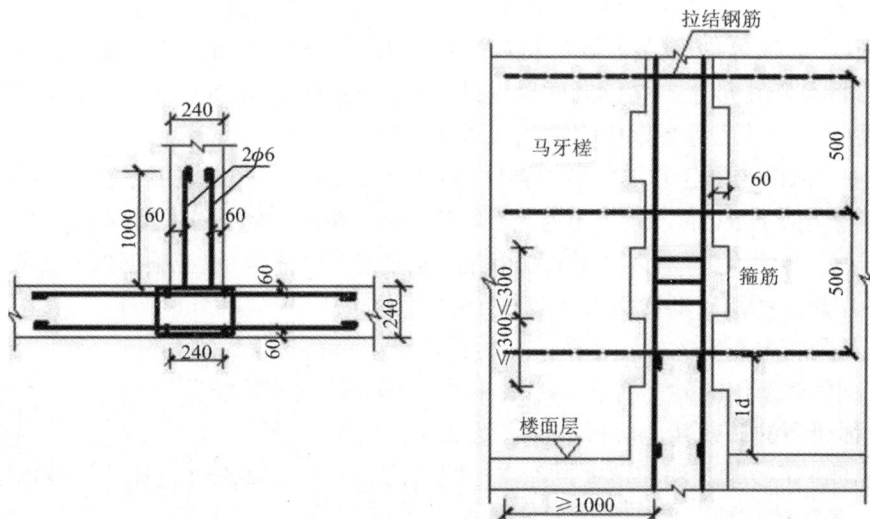

图 3.46 构造柱示意图

构造柱和砖组合墙的施工程序应为先砌墙,后浇筑混凝土构造柱。构造柱的施工程序具体为:绑扎钢筋、砌砖墙、支设模板、浇筑混凝土、拆模。

在墙体施工过程中，需根据马牙槎的尺寸要求，从每层的柱脚开始砌筑马牙槎，采用先退后进的方式，以确保柱脚具有较大的混凝土截面。在构造柱的底部(即圈梁面上)，应预留出 2 皮砖高度的孔洞，以便于清除模板内的杂物；清除完毕后，应及时封闭孔洞。每当一层砖墙及其马牙槎砌筑完成后，应立即支设模板。模板必须与所在墙的两侧紧密贴合，且支撑牢固，以防止模板缝隙漏浆。在构造柱浇灌混凝土之前，必须将马牙槎部位和模板浇水湿润，同时彻底清理模板内的落地灰、砖渣等杂物。最后，在结合面处注入适量与构造柱混凝土相同配比的去石水泥砂浆。

构造柱的混凝土坍落度宜控制在 50～70 mm，石子粒径不宜大于 20 mm。构造柱的混凝土浇灌可以分段进行，每段高度不宜超过 2.0 m。在施工条件良好且能确保混凝土浇灌密实的情况下，也可以每层一次浇灌。捣实构造柱混凝土时，宜使用插入式混凝土振动器，并应分层振捣。振动棒应随振随拔，每次振捣层的厚度不应超过振动棒长度的 1.25 倍。振捣过程中，振动棒应避免直接碰触砖墙，严禁通过砖墙传递振动。钢筋的混凝土保护层厚度宜为 20～30 mm。在构造柱与砖墙连接的马牙槎内，混凝土必须密实饱满。

在砌完一层墙后，浇筑该层构造柱混凝土前，应及时对砌好的独立墙片加设临时稳定支撑。必须在该层构造柱混凝土初凝后，方可进行上一层的施工。

构造柱从基础到顶层必须保持垂直，并对准轴线。在逐层安装模板前，必须根据构造柱轴线随时校正竖向钢筋的位置和垂直度。

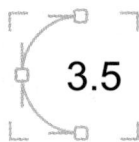

3.5 砌筑工程冬期施工

1. 砌筑工程冬期施工的一般要求

在冬期砌筑时，为了保证墙体的质量，必须采取有效措施，防止雨、雪、霜对墙体材料(如砖、砂、石灰等)的侵袭。各种材料应集中堆放，并采取相应的保温措施。冬期砌筑时，主要目标是防止砂浆冻结，同时确保砂浆在低温下强度能够正常增长，以满足冬期砌筑的施工要求。砌筑工程冬期施工的一般要求如下。

(1) 根据《砌体结构工程施工质量验收规范》(GB 50203—2011)的规定：当室外日平均气温连续 5 d 稳定低于 5℃时，砌体工程应采取冬期施工措施。此外，在冬期施工期限以外，如果当日最低气温低于 0℃，那么也应采取相应的冬期施工措施。气温应根据当地气象资料确定。

(2) 冬期施工所用材料应符合下列规定：

① 石灰膏、电石膏等应防止受冻，若已冻结，则需融化后使用；

② 拌制砂浆所用的砂不得含有冰块和大于 10 mm 的冻结块；

③ 砌体所用的砖或其他块材不得遭受水浸和受冻。

(3) 冬期施工砂浆试块的留置，除需按照常温下的规定要求外，还应至少增留 1 组与砌体同条件养护的试块，用于测试并检验 28 d 的强度。

(4) 当基土无冻胀性时，基础可在冻结的地基上砌筑；当基土有冻胀性时，基础应在未冻结的地基上砌筑。在施工期间和回填土前，均应防止地基遭受冻结。

(5) 冬期施工时，砖在砌筑前应清除其表面的污物、冰雪等杂质。普通砖、多孔砖和空心砖在气温高于 0℃ 的条件下砌筑时，应先浇水湿润；在气温不高于 0℃ 的条件下砌筑时，可以不浇水，但必须增加砂浆的稠度。对于抗震设防烈度为 9 度的建筑物，如果普通砖、多孔砖和空心砖无法浇水湿润，且没有采取特殊措施，则不得进行砌筑。砌筑过程中，禁止使用无水泥配制的砂浆，所使用的水泥宜为普通硅酸盐水泥；石灰膏、黏土膏等材料不应受冻；砂中不得含有大于 1 cm 的冻结块。为防止砂浆受冻，在拌和之前，水和砂可以预先进行加热，但水温不得超过 80℃，砂的温度不得超过 40℃。每天砌筑完成后，应在砌体表面覆盖保温材料。砂浆的使用温度应符合以下规定：采用掺外加剂法时，温度不应低于 +5℃；采用氯盐砂浆法时，温度不应低于 +5℃；采用暖棚法时，温度不应低于 +5℃；采用冻结法时，当室外空气温度分别为 0～-10℃、-11℃～-25℃、-25℃ 以下时，砂浆使用的最低温度应分别为 10℃、15℃、20℃。

2. 砌筑工程冬期施工常用方法

砌筑工程冬期施工常用方法有掺盐砂浆法、冻结法和暖棚法施工。

1) 掺盐砂浆法

掺盐砂浆法是通过在砂浆中掺入一定数量的氯化钠(单盐)或氯化钠加氯化钙(双盐)来降低冰点，使得砂浆中的水分在低于 0℃ 的温度下不会冻结。这种方法施工简便、经济且可靠，是砌筑工程冬期施工中广泛采用的方法。掺盐砂浆的掺盐量应符合相关规定。当设计无具体要求，且最低气温不超过 -15℃ 时，砌筑承重砌体的砂浆强度等级应比常温施工时提高 1 级。需要注意的是，配筋砌体不得采用掺盐砂浆法进行施工。

2) 冻结法

冻结法是采用不掺外加剂的水泥砂浆或水泥混合砂浆来砌筑砌体，允许砂浆在施工过程中遭受冻结。当气温回升至 0℃ 以上时，砂浆会解冻并继续硬化。但需要注意的是，砂浆经过冻结、融化、再硬化后，其强度以及与砖石的黏结力都会有一定程度的降低，同时砌体在解冻时可能会产生较大的变形。因此，空斗墙、毛石墙、承受侧压力的砌体、在解冻期间可能受到振动或动力荷载的砌体以及在解冻期间不允许发生沉降的砌体(如筒拱支座)等，都不得采用冻结法施工。

当采用冻结法施工时，如果设计没有具体要求，且日最低气温高于 -25℃，那么砌筑承重砌体的砂浆强度等级应比常温施工时提高 1 级；如果日最低气温不高于 -25℃，则应提高 2 级。同时，砂浆的强度等级不得小于 M2.5；对于重要结构，砂浆的强度等级不得小于 M5。

为了确保砌体在解冻时能够正常沉降，还需要遵守以下规定：每日的砌筑高度以及临时间断处的高度差都不应大于 1.2 m；门窗框的上部应留出不小于 5 mm 的缝隙；砌体的水平灰缝厚度不宜大于 10 mm；留置在砌体中的洞口和沟槽等应在解冻前填砌完毕，解冻前还应清除结构上的临时荷载。

在采用冻结法施工的解冻期间，应定期对砌体进行观测和检查。如果发现裂缝、不均匀下沉等情况，则应立即采取相应的加固措施。

3) 暖棚法

暖棚法是利用简易结构和廉价的保温材料，将需要砌筑的砌体和工作面进行临时封闭，然后在棚内进行加热，以确保在正温条件下进行砌筑和养护。然而，暖棚法存在费用较高、热效率较低以及劳动效率不高等问题，因此应尽量少用。通常，在地下工程、基础工程以及工程量小但又急需使用的砌体中，可以考虑采用暖棚法进行施工。

当采用暖棚法施工时，块材在砌筑时的温度以及距离所砌结构底面 0.5 m 处的暖棚内温度，均不应低于 +5℃。

暖棚内砌体的养护时间应根据暖棚内的温度按照表 3.11 确定。

表 3.11 暖棚内砌体的养护时间

暖棚的温度/(℃)	5	10	15	20
养护时间/d	≥6	≥5	≥4	≥3

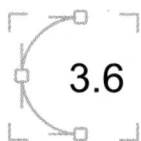

3.6 砌筑工程安全技术

1. 砌筑工程的质量保证

砌体的质量主要取决于砌块、砂浆以及砌筑的质量。在采用合理的砌体材料的基础上，关键在于确保良好的砌筑质量，从而使砌体具备良好的整体性、稳定性和受力性能。因此，在砌体施工过程中，必须精心组织，并严格遵循相应的施工操作规程及验收规范的各项规定，以确保施工质量。砌筑质量的基本要求包括横平竖直、砂浆饱满且厚薄均匀、上下错缝、内外搭砌、接槎牢固。为了保证砌体的质量，在砌筑过程中应对砌体的各项指标进行严格检查，确保砌体的尺寸和位置的允许偏差控制在规范要求的范围内。

2. 砌筑工程的安全与防护措施

为了避免事故的发生，实现文明施工，在砌筑过程中必须采取适当的安全措施。在砌筑操作前，必须检查操作环境是否符合安全要求，包括脚手架是否牢固稳定，道路是否通畅，机具是否完好，以及安全设施和防护用品是否齐全。只有经检查确认符合要求后，方可进行施工。在砌筑过程中，应注意以下要点：

(1) 砌基础时，应检查和注意基坑(槽)土质的变化情况，堆放砖、石料应离坑(槽)边 1 m以上。

(2) 严禁站在墙顶上做划线、刮缝、清扫墙面或检查大角等工作，同时不准使用不稳固的工具或物体在脚手板上垫高操作。

(3) 砍砖时应面向内打，以防碎砖跳出伤人。

(4) 当墙身砌筑高度超过 1.2 m 时，应搭设脚手架。脚手架上的堆料不得超过规定荷载，堆砖高度不得超过三皮侧砖，且同一块脚手板上的操作人员不得超过两人。

(5) 夏季应采取防雨措施，严防雨水冲走砂浆，导致砌体倒塌。

(6) 对于尚未施工楼板或屋面的墙或柱，当可能遇到大风时，其允许自由高度不得超过表 3.12 的规定。若墙和柱的允许自由高度超过表 3.12 中的限值，则必须采取临时支撑等有效措施。

表 3.12　墙和柱的允许自由高度　　　　　　　　单位：m

墙和柱厚/mm	砌体密度＞1600 kg/m³			砌体密度为 1300～1600 kg/m³		
	风载/(kN/m²)			风载/(kN/m²)		
	0.3(约 7 级风)	0.4(约 8 级风)	0.5(约 9 级风)	0.3(约 7 级风)	0.4(约 8 级风)	0.5(约 9 级风)
190	—	—	—	1.4	1.1	0.7
240	2.8	2.1	1.4	2.2	1.7	1.1
370	5.2	3.9	2.6	4.2	3.2	2.1
490	8.6	6.5	4.3	7.0	5.2	3.5
620	14.0	10.5	7.0	11.4	8.6	5.7

注：① 本表适用于施工处相对标高(H)在 10 m 及以下的情况。当 10 m＜H≤15 m 时，表中的允许自由高度应乘以系数 0.9；当 15 m＜H≤20 m 时，表中的允许自由高度应乘以系数 0.8；当 H＞20 m 时，需通过抗倾覆验算来确定其允许自由高度。② 当所砌筑的墙有横墙或其他结构与其相连，且间距小于表列限值的 2 倍时，砌筑高度可不受本表限制。

(7) 钢管脚手架杆件的连接必须使用合格的扣件，不得采用铅丝或其他材料进行绑扎。

(8) 严禁在刚砌好的墙上行走或向下抛掷物品。

(9) 脚手架必须按楼层与结构拉结牢固，拉结点的垂直距离不得超过 4 m，水平距离不得超过 6m。拉结材料必须具备可靠的强度。

(10) 脚手架的搭设应符合规范要求，每天上班前都应检查其牢固稳定性。脚手架的操作面上必须满铺脚手板，且离墙面的距离不得大于 200 mm，不得存在空隙、探头板和飞跳板。同时，应设置护身栏杆和挡脚板，防护高度为 1 m。

(11) 在同一垂直面内进行上下交叉作业时，必须设置安全隔板，下方操作人员必须佩戴安全帽，并确保脚手架整体结构不变形。

(12) 马道和脚手板应采取防滑措施。

(13) 高耸的脚手架必须采取防雷措施。

(14) 在砌体施工时，楼面和屋面的堆载不得超过楼板的允许荷载值。施工层进料口楼板下方，宜采取临时加固支撑措施。

(15) 垂直运输机具(如吊笼、钢丝绳等)必须满足负荷要求，吊运时不得超载，并应定期进行检查，发现问题应及时修理。

3.7　工程实践案例

【案例 3.1】

1. 工程概况

某学校有 3 幢学生宿舍楼，建筑平面呈横向一字排列，采用混合结构，建筑面积为 17 084.08 m²，层数为 6 层，基础为条形基础。在标高(±0.000)以下，使用烧结普通砖；在标高(±0.000)以上，则采用 MU10 多孔黏土砖。楼板采用现浇钢筋混凝土，厚度为 120 mm。内墙面做法为：先抹 15 mm 厚的 1：6 混合砂浆打底，再刷涂料；卫生间采用瓷砖贴面装饰。外墙面做法为：先抹 20 mm 厚的 1：3 水泥砂浆打底，再抹 1：2 水泥砂浆罩面，最后刷涂料。屋面采用高聚物改性沥青卷材进行防水处理。

2. 主体结构施工方案

1) 垂直运输设施的布置

在砌筑工程中，需要将砖、砂浆、钢筋、模板以及脚手架搭设材料等运送至各楼层的施工点，垂直运输量相当大。因此，合理选择垂直运输设施是砌筑工程中首要解决的问题之一。根据本工程的特点，我们决定采用两台附着式塔式起重机和三台龙门架。两台塔式起重机将分别被安置在两幢宿舍楼之间，而龙门架将被放置在各幢宿舍楼外纵墙的中部位置。

为提高起重机的工作效率，我们将采取以下措施：各种材料需有序堆放，以减少工序间的交叉干扰；施工平面布置应合理且紧凑，以缩短起重机每次吊运所需的时间；应充分利用起重机的起重能力，从而减少吊运次数；避免进行二次搬运，以进一步减少总的吊运次数；应合理安排施工顺序，确保起重机能够连续、均衡地工作。此外，利用龙门架运输一些零星的材料和设备，以减轻起重机的负担。

2) 施工前的准备工作

(1) 组织砌筑材料和机械进场。

在基础施工接近尾声时，根据施工平面图的要求及施工顺序，组织砌筑主体结构所需的各种材料及机械陆续进场，并确保这些材料被堆放在起重机的工作半径范围内。

(2) 放线与抄平。

为了保证房屋平面尺寸及各层标高的准确性，在结构施工前，应认真细致地做好墙、柱、楼板、门窗等轴线、标高的放线与抄平工作。要确保在施工到达相应部位时，测量标志齐全且准确，以便对施工过程进行有效控制。具体操作步骤如下：

① 底层轴线放线。根据标志桩(板)上的轴线位置，在已完成的基础顶面上弹出墙身中线和边线。核对墙身轴线无误后，需将轴线引测至外墙的外墙面上，并标记上特定的符号。以此符号为基准，使用经纬仪或吊锤向上引测，以确定各楼层的轴线位置。

② 抄平工作。利用水准仪，以标志板顶的标高(±0.000)为基准，将基础墙顶面全部抄平。并以此为标准，在墙角处的基础墙上设立一层墙身的皮数杆，皮数杆的间距不超过 20 m。在底层房屋内四角的基础上测出 -0.10 的标高，作为控制门窗高度和室内地面标高的标准。同时，必须在建筑物四角的墙面上做好标高标志，并以此为基准，使用钢尺引测出各楼层的标高。

③ 标门框及窗框线。根据已弹好的轴线和设计图纸上门框的位置尺寸，弹出门框并标记上符号。当墙体砌筑高度接近窗台底部时，按照窗洞口尺寸在墙面上画出窗框的位置。门、窗洞口的标高已标注在皮数杆上，可利用皮数杆来控制其高度和位置。

④ 排砖撂底。在基础墙上(或窗台面上)，根据墙身长度和组砌方式，由有经验的工人进行砖块试摆。通过试摆，使墙体每一皮砖块的排列和灰缝宽度均匀，并尽量减少砍砖，以达到节省材料、提高效率、保证质量和美观墙身的目的。

3) 施工步骤

墙体砌筑是一个综合性的施工过程，需由泥瓦工、钢筋工、混凝土工、架子工和普工等共同协作完成，其特点是操作人员多、专业分工明确。为了充分发挥操作人员的工作效率，避免出现窝工或工作面闲置的现象，必须从空间和时间上对他们进行合理的安排，确保施工有组织、有秩序地进行。因此，在组织施工时，可以将每个楼层划分为两个施工层和两个施工段。施工层的划分是基于建筑物的层高和脚手架的每步架高(扣件式钢管脚手架的架高宜为 1.2～1.4 m)来确定的，旨在提高砌砖工作效率和保证砌筑质量。

本工程主体结构标准层的砌筑施工顺序安排如下：放线→砌第一施工层墙→搭设脚手架(里脚手架)→砌第二施工层墙→构造柱钢筋绑扎→支设构造柱模板→构造柱混凝土浇筑→支设楼板与圈梁的模板→楼板与圈梁钢筋绑扎→楼板与圈梁混凝土浇筑。

墙体的砌筑应确保横平竖直、砂浆饱满且厚薄均匀、上下错缝、内外搭砌，接槎部分需牢固。砌砖工作应从墙角开始，因为墙角的砌筑质量对整个房屋的砌筑质量有着重要影响。在砖墙砌筑过程中，为保证结构的整体性，最好内外墙能同时砌筑。然而，在实际施工中，由于施工条件的限制，内外墙往往不能同时砌筑，这时就需要留槎。若留直槎，则应沿墙高每 500 mm 设置 2 根 ϕ6 拉结钢筋，钢筋伸入墙内不少于 500 mm，并且端部应设有 90°的弯钩。在砌体施工中，为方便装修阶段的材料运输和人员通行，应在各单元的横隔墙上留设施工洞口。洞口的高度为 1.5 m、宽度为 1.2 m。同时，在洞顶应设置钢筋混凝土过梁，并在洞口两侧沿高每 500 mm 预设 2 根 ϕ6 拉结钢筋，钢筋伸入墙内不少于 500 mm，且端部应设有 90°的弯钩。

外脚手架采用扣件式钢管双排脚手架，并在已夯实的地面上现浇 100 mm 厚的 C20 混凝土。脚手架从地面向上搭设，随着墙体的不断砌高而逐步搭高。在砌筑施工过程中，脚手架既作为砌筑墙体的辅助作业平台，又起到安全防护作用，并且在后期还用于室外装饰施工。里脚手架则采用折叠式里脚手架，搭设在楼面上，用于砌筑墙体。当一个楼层的砖墙砌完后，里脚手架将被搬到上一个楼层。

在整个施工过程中，应注意适时地穿插进行水、电、暖等安装工程的施工。当需要在墙中预埋单根 PVC 管(直径不大于 20 mm)时，宜将其埋设在墙厚的 1/2 处。

本 章 小 结

本章主要包括脚手架及垂直运输设施、砌筑材料、砌筑工程施工和砌筑工程冬期施工四部分内容。在砌筑过程中，由于人员高度的限制，一个楼层的墙体需要根据人的可砌高度被划分为若干个施工层，并且在平面上要划分施工段，以确保砌筑工程的连续进行。因此，需要搭设适应施工需求的各种脚手架。脚手架必须满足使用要求，同时要安全可靠、构造简单且装拆方便。脚手架是保障砌体施工安全操作的重要设施，在脚手架的管理和使用过程中，必须严格按照规定执行，并特别注意脚手架与建筑物之间的连接。坑边和架上的堆料要遵守安全规定，严禁站在墙顶上作业。在砌筑方面，关键是要确保墙体横平竖直，灰缝饱满，错缝搭接，并且组砌得当。

复习思考题

1. 脚手架的作用、要求、类型分别是什么？
2. 常用的脚手架有哪几种形式？它们应满足哪些要求？
3. 简述扣件式钢管脚手架的搭设要点。
4. 单排式和双排式扣件式钢管脚手架在构造上有什么区别？
5. 砌筑工程中常用的垂直运输设施有哪几种？它们各自的特点是什么？
6. 砌体结构常用的材料有哪些规格与指标？砌筑砂浆有哪些种类？
7. 各种砌体结构的施工工艺流程与砌筑要点分别是什么？
8. 砖砌体质量应满足哪些要求？如何进行检查与验收？
9. 皮数杆的作用是什么？应如何布置？
10. 什么是"三一砌筑法"？其优点是什么？
11. 砖墙砌筑时为什么要挂线？挂线的方法是什么？
12. 砌筑时为什么要确保"横平竖直、灰浆饱满"？
13. 砌筑过程中如何控制砌体的位置与标高？
14. 中小型砌块在砌筑前为什么要编制砌块排列图？
15. 试述中小型砌块的施工工艺和质量要求。
16. 框架填充墙砌筑时需要注意哪些事项？
17. 砌筑工程中的安全防护措施有哪些？

第 4 章　混凝土结构工程施工

学习要求

1. 了解模板的分类、构造和模板工程的质量要求，掌握模板设计、安装、拆除的要求及模板荷载和计算规定。

2. 了解钢筋的种类、性能、加工工艺和连接方式，掌握钢筋下料长度和代换的计算方法。

3. 了解混凝土工程原材料、施工设备和机具的性能，掌握混凝土施工工艺的原理、施工配料方法。

4. 掌握预应力混凝土工程的施工工艺。

5. 掌握混凝土工程的质量检验和评定方法。

混凝土是由水泥、粗骨料、细骨料、水、外加剂等按一定比例混合，经搅拌、捣实成型、养护硬化后所形成的一种人造石材。混凝土结构是指以混凝土为主要材料制成的结构，包括素混凝土结构、钢筋混凝土结构和预应力混凝土结构等。其中，钢筋混凝土结构是指按设计要求将钢筋和混凝土两种材料复合，利用模板浇筑而成的建筑结构。

混凝土结构工程在现代建筑工程的施工中占有重要的地位。本章主要介绍钢筋混凝土结构工程和预应力混凝土结构工程的施工。钢筋混凝土结构工程由模板工程、钢筋工程和混凝土工程三部分组成。钢筋混凝土结构的施工主要有整体现浇和预制装配两大类方法，得到的结构分别称为整体现浇式混凝土结构和预制装配式混凝土结构。在两者之间，还存在现浇与装配相结合的施工方法，其得到的结构称为装配整体式混凝土结构。

整体现浇式混凝土结构是在施工现场，在结构和构件的设计位置支设模板、绑扎钢筋、浇灌混凝土、振捣成型，待养护至混凝土达到拆模强度时拆除模板，最终制成结构构件。整体现浇式混凝土结构的整体性和抗震性能好，施工时不需要大型起重机械，但模板消耗量大，劳动强度高，且施工中受气候条件影响较大。

预制装配式混凝土结构是预先在预制构件厂(场)生产制作结构和构件，然后运至施工现场进行安装；或者在施工现场就地制作结构和构件后进行安装。一般大型构件在施工现场生产制作，以避免运输的困难。中小型构件均可在预制构件厂(场)生产制作。在预制构件厂(场)生产可以形成十分完善的工艺流程，有利于控制构件的质量和实现构件的标准化、定型化，从而进行批量生产、形成规模并服务于业内市场。与整体现浇式混凝土结构相比，预制装配式混凝土结构耗钢量较大，施工时对起重设备要求高、依赖性强，但其整体性和抗震性则不如前者的。

装配整体式混凝土结构是以预制构件为主要构成部分，通过装配与现浇连接技术相结合而形成的新型混凝土结构。它实现了全预制或部分预制建筑构件与装配、现浇技术的有效融合，推动了建筑工业化生产方式的发展。由于能够采用后张法等技术手段对混凝土预制构件进行整体拼装、对梁板构件进行叠合浇筑、对节点区域进行整体浇筑，从而显著增强了结构的整体性。因此，装配整体式混凝土结构同时具备了预制装配式混凝土结构和整体现浇式混凝土结构的优点，具有广阔的发展前景。

4.1 模板工程施工

现浇混凝土结构施工用的模板是使混凝土结构和构件按设计的几何尺寸浇筑成型的模型板，是混凝土结构和构件成型过程中不可或缺的重要组成部分。模板系统包括模板和支架两部分。模板的选材和构造的合理性以及模板制作和安装的质量，都直接影响混凝土结构和构件的质量、成本和施工进度。

4.1.1 模板的基本要求和分类

1. 模板的基本要求

现浇混凝土结构施工用的模板要承受混凝土结构施工过程中的水平荷载(即混凝土的侧压力)和竖向荷载(包括模板自重、结构材料的重量和施工荷载等)。为了保证钢筋混凝土结构施工的质量，对模板及其支架有如下要求：

(1) 保证工程结构和构件各部分形状、尺寸和相互位置的正确性。

(2) 具有足够的强度、刚度和稳定性，能可靠地承受新浇混凝土的重量、侧压力和施工过程中所产生的荷载。

(3) 构造简单，装拆方便，并便于钢筋的绑扎与安装，符合混凝土浇筑及养护等工艺要求。

(4) 模板接缝应严密，不得漏浆。

2. 模板的分类

在现浇混凝土结构的施工中，模板工程的造价通常约占钢筋混凝土工程总造价的 30%，且约占工程总用工量的 50%。因此，采用先进的模板技术，对于提高工程质量、加快施工速度、提高劳动生产率、降低工程成本和实现文明施工具有十分重要的意义。混凝土新工艺的出现大都伴随着模板的革新。随着建筑行业的飞速发展，现浇混凝土结构所用模板技术正迅速向工具化、定型化、多样化、体系化方向发展。除木模板外，已发展出组合式、工具式、永久式三大系列工业化模板体系。

按所用材料的不同，模板可分为木模板、钢模板和其他材料模板(如胶合板模板、塑料模板、玻璃钢模板、压型钢模板、钢木(竹)组合模板、装饰混凝土模板、预应力混凝土薄板等多样化材料制成的模板)。

按施工方法的不同，模板可分为拆移式模板和活动式模板。拆移式模板由预制配件组成，现场组装，拆模后稍加清理和修理可再次周转使用，常用的木模板、组合钢模板和大型的工具式定型模板(如大模板、台模、隧道模等)皆属拆移式模板。活动式模板是指按结构的形状制作成的工具式模板，组装后可随工程的进展进行垂直或水平移动，直至工程结束才拆除。例如，滑升模板、提升模板、移动式模板等都是活动式模板。

　　在现浇混凝土结构中采用高强、耐用、定型化、工具化的新型模板，有利于多次周转使用，安拆方便，是提高工程质量、降低成本、加快施工速度、取得较好经济效益的重要施工措施。

4.1.2　模板的构造

1. 组合式模板

　　组合式模板是指适用性和通用性较强的模板，用它进行混凝土结构成型，既可按照设计要求事先进行预拼装，实现整体安装和整体拆除，也可采取散支散拆的方法，工艺灵活简便。

　　常用的组合式模板有木模板、组合钢模板、钢框木(竹)胶合板模板和无框模板。

　　1) 木模板

　　木模板通常事先在工厂或木工棚加工成拼板或定型板形式的基本构件，再把它们进行拼装形成所需要的模板系统。拼板一般用宽度小于 200 mm 的木板和尺寸为 25 mm × 35 mm 的拼条钉成。由于使用位置不同，荷载差异较大，拼板的厚度也不一致。作梁侧模使用时，荷载较小，拼板一般采用 25 mm 厚的木板制作；作承受较大荷载的梁底模使用时，拼板厚度增大到 40～50 mm。拼板的尺寸应与混凝土构件的尺寸相适应，同时考虑拼接时相互搭接的情况，部分拼板可能需要增加长度或宽度。对于木模板，设法增加其周转次数是十分重要的。

　　2) 组合钢模板

　　组合钢模板组装灵活，加工精度高，接缝严密，尺寸准确，表面平整，强度和刚度优良，不易变形，使用寿命长。若保养得当，则组合钢模板的周转次数可达 100 次以上。组合钢模板能拼出各种形状和尺寸，以满足多种类型建筑物中柱、梁、板、墙、基础及设备基础等模板的需求。此外，组合钢模板还可拼装成大型工具式模板，如大模板、台模等。然而，组合钢模板也存在一些不足：初期投资较大，通常需要周转使用 50 次以上才能收回成本。

　　钢模板有通用模板和专用模板两类。通用模板包括平面模板、阴角模板、阳角模板和连接角模板，如图 4.1 所示，其规格见表 4.1。专用模板包括倒棱模板、梁腋模板、柔性模板、搭接模板、可调模板及嵌补模板。我们主要介绍常用的平面模板。平面模板(见图 4.1(a))由面板、边框、纵横肋构成。边框与面板常用 2.5～3.0 mm 厚钢板冷轧冲压整体成型，纵横肋用 3 mm 厚扁钢与面板及边框焊成。为便于连接，边框上有连接孔，边框的长向及短向孔距均一致，以便横竖都能拼接。平面模板的长度有 1800 mm、1500 mm、1200 mm、900 mm、

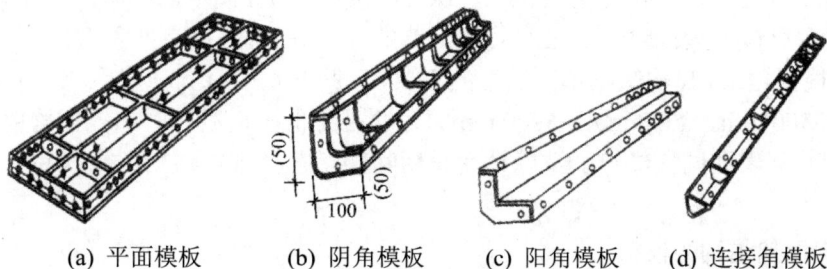

(a) 平面模板　　　(b) 阴角模板　　　(c) 阳角模板　　　(d) 连接角模板

图 4.1　通用模板

750 mm、600 mm、450 mm 七种规格,宽度在 100～600 mm 之间(以 50 mm 为进级),共有十一种规格,因而可组成不同尺寸的模板。在构件接头处(如柱与梁接头)及一些特殊部位,可使用专用模板进行嵌补。对于模数不足的部分,也可用少量木模板进行补缺,用钉子或螺栓将木模板与平面模板边框的孔洞连接。阴角模板和阳角模板分别用于成型混凝土结构的阴角和阳角,连接角模板用作两块平面模板拼成 90°角的连接件。

表 4.1   通用钢模板的规格 单位:mm

规　　格	平面模板	阴角模板	阳角模板	连接角模板
宽　　度	600、550、500、450、400、350、300、250、200、150、100	150 × 150、50 × 50	150 × 150、50 × 50	50 × 50
长　　度	1800、1500、1200、900、750、600、450			
肋　　高	55			

3) 钢框木(竹)胶合板模板

钢框木(竹)胶合板模板是以热轧异型钢为钢框架,以木、竹胶合板等作为面板组合成的一种组合式模板。制作时,面板表面应做一定的防水处理,模板面板与边框的连接构造有明框型和暗框型两种。明框型的框边与面板平齐,暗框型的边框位于面板之下。

钢框木(竹)胶合板模板最长为 2400 mm,最宽为 1200 mm。与组合钢模板相比,钢框木(竹)胶合板模板具有以下特点:自重轻(比组合钢模板约轻 1/3);用钢量少(比组合钢模板约少 1/2);单块模板面积大(比相同重量的单块组合钢模板可增大 40%),故拼装工作量小,可以减少模板的拼缝,有利于提高混凝土结构浇筑后的表面质量;周转率高,板面为双面覆膜,可以两面使用,使周转次数可达 50 次以上;保温性能好,故有利于冬期施工;模板维修方便,面板损伤后可用修补剂修补;施工效果好,模板刚度大,表面平整光滑,附着力小,支拆方便。

4) 无框模板

无框模板主要由三个主要构件组成,即面板、纵肋、边肋。这三个构件均为定型构件,可以灵活组合,适用于各种不同平面和高度的建筑物、构筑物的模板工程,具有广泛的通用性。在施工过程中,如遇无框模板损坏,可及时在现场进行更换。

面板有覆膜胶合板、覆膜高强竹胶合板和覆膜复合板三种类型。基本面板的尺寸共有四种规格:1200 mm × 2400 mm、900 mm × 2400 mm、600 mm × 2400 mm、150 mm × 2400 mm。基本面板是无框模板的主要受力构件,其根据受力性能设有固定拉杆孔位置,并镶嵌有强力 PVC 塑胶加强套。纵肋在专用设备上一次压制成型。为提高纵肋的耐用性能和便于清理,其表面经过耐腐蚀的酸洗除锈后采用喷塑工艺处理。纵肋的高度有两种规格,分别为 45 mm 和 70 mm。根据建筑物、构筑物不同层高的需要,纵肋的长度有五种规格,分别为 2700 mm、3000 mm、3300 mm、3600 mm、3900 mm。边肋是无框模板组合时的连接构件,由热轧钢板折弯成型,其表面同样经过酸洗除锈后采用喷塑工艺处理。边肋的高度和长度与纵肋的相同。

2. 现浇框架结构的模板

现浇框架结构的模板一般包括基础模板、柱模板、梁模板、现浇楼板模板等。

1) 基础模板

基础的特点是高度较小而体积较大。在安装基础模板前，应核对地基垫层的标高及基础中心线，并弹出基础边线。若基础是独立柱基，则将模板中心线对准基础中心线；若基础是带形基础，则将模板对准基础边线。然后校正模板上口的标高，使之符合设计要求。经检查无误后将模板钉(卡、栓)牢并撑稳。在安装柱基础模板时，应与钢筋工配合进行。

图 4.2 所示为常用的基础模板。如果地质良好、地下水位较低，则可取消阶梯形基础模板的最下一阶而进行原槽浇筑。基础模板的安装应牢固可靠，以确保混凝土浇筑后模板不变形、不发生位移。

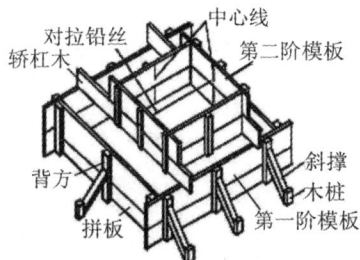

图 4.2　基础模板

2) 柱模板

柱子的特点是断面尺寸不大而高度较大。因此，柱模板的设计主要需解决垂直度控制、施工时的侧向稳定性及抵抗混凝土侧压力等问题，同时也应兼顾方便浇筑混凝土、垃圾清理及钢筋绑扎等施工需求。柱模板底部应预留清理孔，以便于在安装过程中清理掉落的木屑等垃圾，待垃圾清理干净且准备浇筑混凝土前再将清理孔钉牢封闭。当柱身较高时，为便于混凝土的浇筑与振捣，确保混凝土质量，应沿柱高每隔约 2 m 设置一个浇筑孔，浇筑孔的制作方式与底部清理孔的制作方式相同。待混凝土浇至浇筑孔位置时，再钉牢盖板继续浇筑。图 4.3 所示为矩形柱模板。

在安装柱模板之前，应首先完成钢筋的绑扎工作，随后在基础面或楼面上弹出纵横轴线及四周边线，并固定好小方盘。接着，竖起模板，并使用临时斜撑进行初步固定。之后，从模板顶部利用垂球进行垂直度校正，确认其标高与位置均无误后，使用斜撑将模板牢固卡紧。对于高度大于或等于 4 m

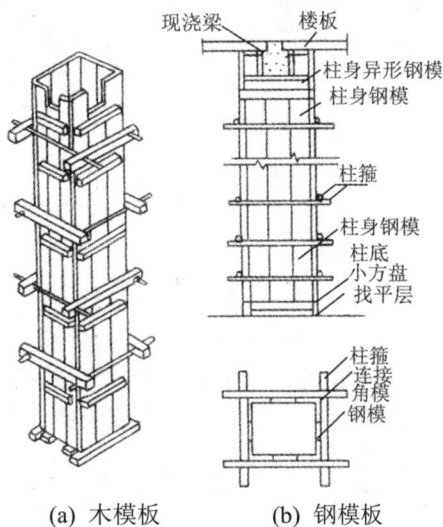

(a) 木模板　　(b) 钢模板

图 4.3　矩形柱模板

的柱子，通常需要进行四面支撑以增强稳定性；而当柱高超过 6 m 时，则应避免单独支撑单根柱子，应几根柱子同时支撑并连成整体构架以提高稳定性。对于通排柱模板，应先安装并校正固定两端的柱模板，随后在柱模上口拉通长线，以此为依据校正并固定中间各柱模板。

3) 梁模板

梁的特点是其跨度较大，而宽度相对较小，梁的高度可达到约 1 m。梁在承受荷载时，其下部既受到横向侧压力，又受到垂直压力。这要求梁模板及其支撑系统具有良好的稳定性和足够的强度、刚度，以确保其变形量不超过规范所允许的范围。图 4.4 所示为梁模板。

对于圈梁，由于其断面较小但长度较长，通常除窗洞口及其他特定位置采用架空处理外，其余部分均搁置在墙体上。因此，圈梁模板主要由侧模板以及用于固定侧模板的卡具组成。底模仅在需要架空的部分使用，若架空跨度较大，则应采用支柱(如琵琶撑)来支撑底模。图 4.5 所示为圈梁模板。

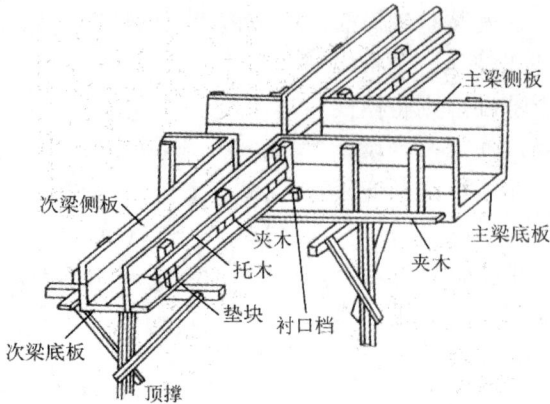

图 4.4 梁模板

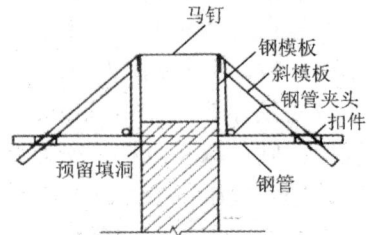

图 4.5 圈梁模板

梁模板应在复核底标高、校正轴线位置无误后进行安装。当梁的跨度≥4 m 时，梁底模板中部应略起拱，以防止灌筑混凝土后跨中梁底下垂。若设计无具体规定，则梁底模板的起拱高度一般可取全跨长度的 1/1000～3/1000。在安装支柱时，需先将其下方地面平整夯实，并放置好垫板(以确保底部有足够的支撑面积)和楔子(用于校正高度)。支柱的间距应遵循设计要求，若设计无明确要求，则一般不宜超过 2 m。支柱之间应设置水平拉杆和剪刀撑，以增强整体稳定性，通常在地面上方 50 cm 处设置第一道，之后每隔 2 m 设置一道。当梁底距地面的高度超过 6 m 时，应采用排架支模或满堂脚手架式支撑系统。对于上下层模板的支柱，应尽可能安装在同一条竖向中心线上，或采取有效措施确保上层支柱的荷载能安全传递至下层支撑结构，避免压裂下层构件。在梁的高度或跨度较大时，可预留一面侧模板，待钢筋绑扎完成后再进行安装。

4) 现浇楼板模板

楼板的特点是面积大、厚度薄，因此其对模板产生的侧压力相对较小，底模板所承受的荷载也不大。楼板模板及支撑系统的主要作用是承受混凝土的垂直荷载以及其他施工荷载，确保楼板在浇筑过程中不发生变形或下垂。为了提高安装效率，现浇楼板模板常采用定型模板，并在尺寸不足处使用零星木材进行补充。图 4.6 展示了现浇楼板模板的示意图。

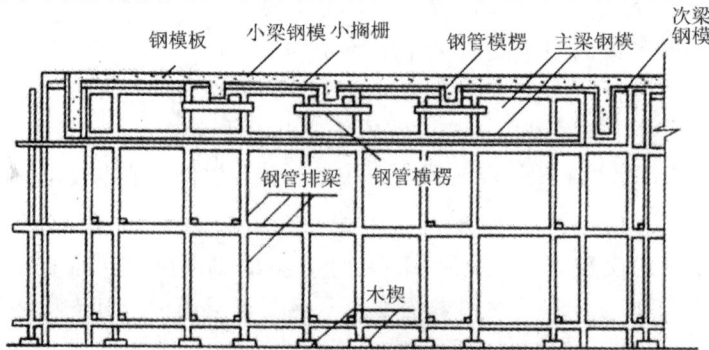

图 4.6 现浇楼板模板

现浇楼板模板安装时，首先复核板底标高，搭设模板支架，随后使用阴角模板从四周与墙、梁模板紧密连接，并向中央逐步铺设。为便于拆模，木模板在两端及接头处应牢固钉紧，而中间区域则尽量减少钉子的使用或不钉；钢模板的拼缝处应使用适量的 U 形卡进行固定，确保稳固即可；支柱底部应设置长垫板，并使用木楔进行找平处理。对于挑檐模板，必须确保撑牢拉紧，以防止其向外倾覆，从而保证施工安全。

3. 工具式模板

工具式模板是针对现浇混凝土结构的具体构件(如墙体、柱、楼板等)尺寸，加工制成的定型化模板，能够实现整支整拆，多次周转使用，从而推动工业化施工。工具式模板包括大模板、滑升模板和台模。

1) 大模板

大模板是一种大尺寸的工具式模板，主要用于剪力墙或框架-剪力墙结构中剪力墙的施工，同时也可用于筒体结构中竖向结构的构建。每块大模板通常对应一块墙面，配合专门的起重吊装机械使用。通过合理的施工组织设计，可以工业化生产方式在施工现场浇筑钢筋混凝土墙体。由于大模板的重量较大，其安装与拆卸均需借助起重机械进行，但这一特点也促进了施工机械化程度的提高，有效减少了人工投入并缩短了工期。目前，大模板在我国高层建筑的剪力墙和筒体体系施工中应用最为广泛。

大模板工程施工的特点是以建筑物的开间、进深、层高为标准化基础，以大模板为主要施工工具，以现浇混凝土墙体施工为主导工序，组织实现有节奏的均衡施工。采用大模板施工方法，不仅施工工艺相对简单，能加快工程进度，降低劳动强度，减少装修湿作业量，还能显著提升结构的整体性和抗震性能。同时，高度的工业化、机械化施工程度也带来了良好的技术经济效果。因此，这种施工方法要求建筑和结构设计达到标准化，以便模板能够周转通用，提高施工效率。

目前，我国采用大模板施工的结构体系主要有以下几种：内外墙均使用大模板现场浇筑，而楼板、隔墙、楼梯等则采用预制吊装；横墙和内纵墙使用大模板现场浇筑，外墙板、隔墙板及楼板则采用预制吊装；横墙和内纵墙使用大模板现场浇筑，外墙和隔墙则采用砖砌筑，楼板采用预制吊装。

一块大模板主要由面板、加劲肋、竖楞、支撑桁架、稳定机构及附件组成，如图 4.7 所示。面板要具有良好的平整度和刚度，材料可选用钢板或胶合板。面板的平整度需根据后续的抹灰质量要求来确定。钢面板的厚度因加劲肋布置而异，通常为 3～5 mm。钢面板可重复使用 200 次以上。胶合板面板则常用七层或九层胶合板制成，板面经树脂处理，能重复使用 50 次以上。胶合板面板易于加工出线条或凹凸浮雕图案，为墙面增添装饰效果。

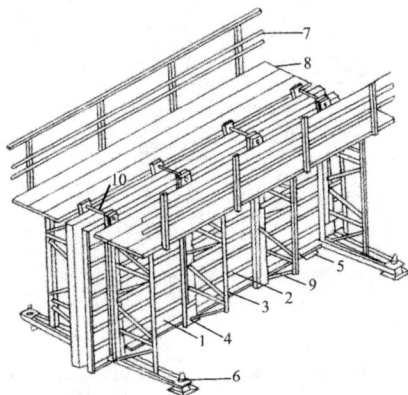

1—面板；2—水平加劲肋；

3—支撑桁架；4—竖楞；

5—调整水平度用的螺旋千斤顶；

6—调整垂直度用的螺旋千斤顶；

7—栏杆；8—脚手板；

9—穿墙螺栓；10—卡具。

图 4.7　大模板构造示意图

面板设计主要受刚度控制。当加劲肋间距 l 与面板厚度 t 之比 $l/t \leqslant 100$ 时，面板应按小挠度连续板计算；反之，则按大挠度板计算。小挠度连续板根据加劲肋布置方式的不同，又可分为单向板和双向板。单向板面板加工简便，但刚度较小，耗钢量较大；而双向板面板刚度大，结构合理，但加工过程较为复杂，焊缝多，需注意防止变形。在计算单向板面板的大模板时，通常取 1 m 宽的板条作为计算单元，将加劲肋视为支承，按连续梁进行强度和挠度验算。对于双向板面板的大模板，计算时取一个区格为计算单元，其四边支承情况需根据混凝土浇筑情况确定。在满载条件下，常取一边固定、一边简支的不利情况进行计算。

加劲肋的主要作用是固定面板，并将混凝土产生的侧压力有效地传递给竖楞。若面板按单向板设计，则主要配置水平(或垂直，具体方向根据设计确定)加劲肋；若面板按双向板设计，则同时配置水平加劲肋和垂直加劲肋。加劲肋通常采用角钢或槽钢制成，其间距一般控制在 300～500 mm 之间。在设计加劲肋时，为了降低耗钢量，应充分考虑其与面板的共同工作效应，按组合截面原理计算截面抵抗矩，并严格验算其强度和挠度是否满足设计要求。

竖楞作为穿墙螺栓的固定支点，需承受由此传来的水平力和垂直力。竖楞一般采用背靠背的两个 65 角钢或 80 槽钢制成，其间距约为 1～1.2 m。在进行竖楞设计时，需考虑其与面板、竖向加劲肋的共同工作效应，按组合截面进行验算。

定型组合钢模板可以通过灵活的拼装方式形成大模板，使用后拆卸并妥善保存，可重复用于其他构件的施工。尽管这种组合方式可能增加模板的整体重量，但其机动灵活性及可重复使用性仍具有一定优势。

大模板的组合方案需根据具体的结构体系来确定。对于外墙为预制墙板或砌筑的情况，多采用平模方案，即一面墙使用一块平模。而对于内、外墙皆需现浇，或内纵墙与横墙需同时浇筑的情况，则可采用小角模方案(如图 4.8 所示)，即以平模为主，转角处辅以∟100×10 的小角模。此外，对于内、外墙皆现浇的结构体系，除小角模方案外，还可考虑大角模方案(如图 4.9 所示)，即一个房间四面墙的内模板由四个大角模组合而成，形成一个封闭体系。大角模具有较高的稳定性，但需注意相交处的组装平整度，以避免在墙壁中部出现凹凸线条。在某些工程中，还采用筒子模进行施工，即将四面墙板模板连成整体，形成筒子模，以提高施工效率和模板的整体稳定性。

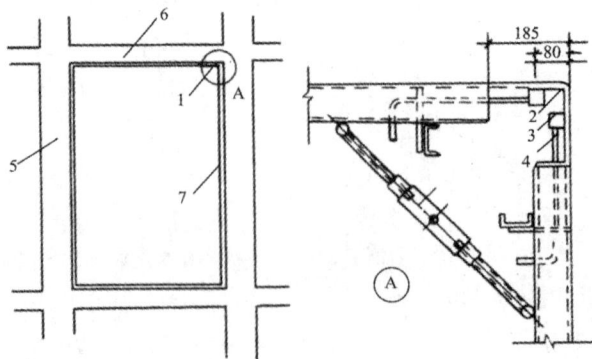

1—小角模；2—偏心压杆；3—合页；4—钩头螺栓；5—横墙；6—纵墙；7—平模。

图 4.8 小角模方案

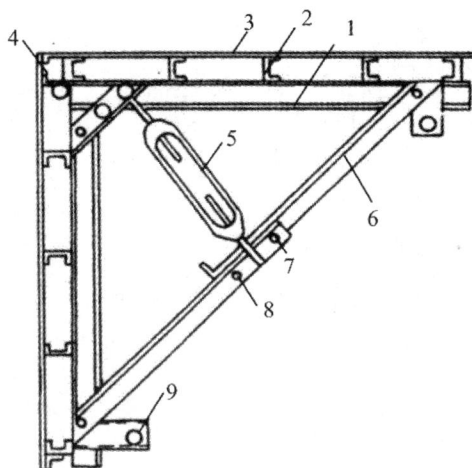

1—横肋；2—竖肋；3—面板；4—合页；5—花篮螺栓；6—支撑杆；7—固定销；
8—活动销；9—地脚螺栓。

图 4.9　大角模方案

大模板之间的连接方式是：内墙相对的两块平模通过穿墙螺栓拉紧，顶部的螺栓在特定情况下亦可用卡具代替。外墙内外模板的连接方式通常是在外模板的竖楞上焊接槽钢横梁，利用此横梁作为支撑，将外模板稳固地悬挂在内模板上。有时为了施工便利，亦可将外模板支承在附墙式外脚手架上。在堆放大模板时，需特别注意防止其倾倒造成人员伤害，通常会将板面后倾一定角度以增强其稳定性。大模板板面需喷涂脱模剂以便于脱模，常用的脱模剂有海藻酸钠脱模剂、油类脱模剂、甲基硅树脂脱模剂和石蜡乳液脱模剂等。向大模板内浇筑混凝土时应分层进行，在门窗口两侧应确保对称均匀下料和捣实，以防止固定在模板上的门窗框发生移位。待浇灌的混凝土强度达到 1.0 MPa 后方可拆除大模板。拆模后需喷水以养护混凝土。待混凝土的强度达到或超过 4.0 MPa 时，才能在其上吊装楼板。

2) 滑升模板

滑升模板(简称为滑模)是一种工具式模板，特别适用于现场浇筑高耸的构筑物和高层建筑物等，如烟囱、筒仓、电视塔、竖井、沉井、冷却塔以及采用剪力墙体系和筒体体系的高层建筑等。在我国，有相当数量的高层建筑采用了滑升模板进行施工。

滑升模板施工的特点在于，在构筑物或建筑物的底部，沿着其墙、柱、梁等构件的周边组装高度约为 1.2 m 的滑升模板。随着向模板内不断地分层浇筑混凝土，利用液压提升设备使模板逐步向上滑升，直至达到所需的浇筑高度。采用滑升模板施工，可以节约模板和支撑材料，提升施工速度，并保证结构的整体性。然而，这种方法也存在模板一次性投资较大、耗钢量大等缺点，同时，它对建筑的立面造型和构件断面变化有一定的限制。

滑升模板主要由模板系统、操作平台系统、液压系统以及施工精度控制系统等部分组成，如图 4.10 所示。

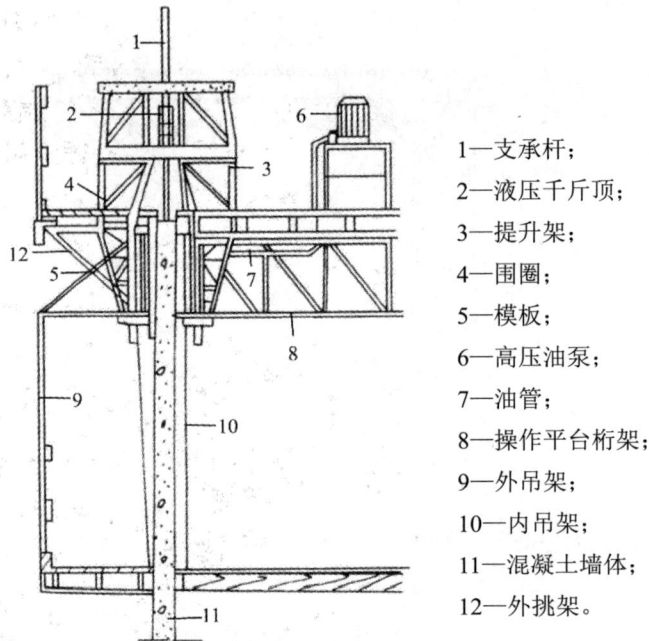

1—支承杆；

2—液压千斤顶；

3—提升架；

4—围圈；

5—模板；

6—高压油泵；

7—油管；

8—操作平台桁架；

9—外吊架；

10—内吊架；

11—混凝土墙体；

12—外挑架。

图 4.10　滑升模板

(1) 模板系统。模板系统由模板、围圈(围檩)和提升架等部分组成。模板用于成型混凝土，并承受新浇混凝土的侧压力，常用材料为钢模或钢木混合模板。模板的高度设计需考虑滑升速度以及混凝土达到出模强度(通常范围为 0.2～0.4 MPa)所需的时间，一般高度在 1.0～1.2 m 之间。围圈(围檩)用于支承和固定模板，通常情况下，在模板的上下各布置一道围圈。它主要承受模板传来的水平侧压力(包括混凝土的侧压力和浇筑混凝土时的水平冲击力)以及由摩阻力、模板与围圈自重(若操作平台支承在围圈上，则还需考虑平台自重和施工荷载)等产生的竖向力。围圈的作用类似于以提升架为支承的双向弯曲的多跨连续梁，材料多为角钢或槽钢，其截面尺寸需根据受力最不利情况通过计算确定。提升架又称为千斤顶架，其作用是固定围圈，将模板系统和操作平台系统连接成一个整体，承受整个模板系统和操作平台系统的全部荷载，并将其传递给液压千斤顶。提升架分为单横梁式与双横梁式两种，多由钢材制作，其截面尺寸按框架结构进行计算确定。

(2) 操作平台系统。操作平台系统由操作平台、内外吊架和外挑架组成，是施工操作的主要场所，其承重构件(如平台桁架、钢梁、铺板、吊杆等)需根据其受力情况按照钢结构或钢木混合结构的标准进行计算和设计。在采用"滑一浇一"施工工艺时，平台的中间部分应设计为活动式，以便于在模板滑升后移除该部分以进行混凝土的浇筑。

(3) 液压系统。液压系统包括支承杆(也称为爬杆)、液压千斤顶和操纵装置等，是驱动滑升模板向上滑升的动力系统。支承杆不仅作为液压千斤顶向上爬升的轨道，还承担着滑升模板的承重任务。因此，支承杆的规格必须与所选用的千斤顶相匹配。对于使用钢珠作为卡头的千斤顶，支承杆需选用 HPB300 圆钢筋；而对于使用楔块作为卡头的千斤顶，支承杆可选用 HPB300、HRB335、HRB400 或 RRB400 等级的钢筋。

目前，滑升模板所用的液压千斤顶有以钢珠作为卡头的 GYD-35 型和以楔块作为卡头的 QYD-35 型等，它们都是起重力为 3.5 t 的小型液压千斤顶。GYD-35 型液压千斤顶(如

图 4.11 所示)目前仍应用较多，其工作原理如图 4.12 所示。

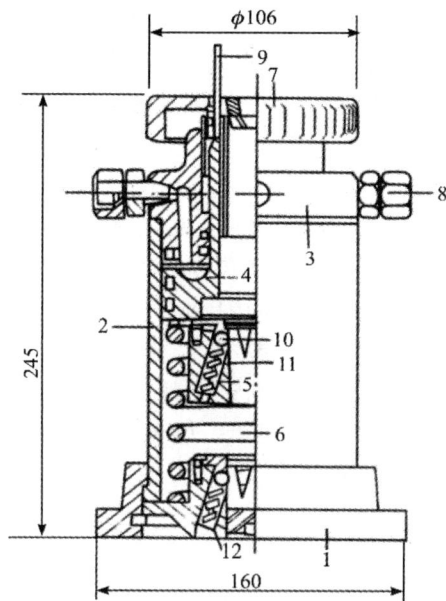

1—底座；2—缸体；3—缸盖；4—活塞；5—上卡头；
6—排油弹簧；7—行程调整；8—油嘴；9—行程指示杆；
10—钢珠；11—卡头小弹簧；12—下卡头。

图 4.11　GYD-35 型液压千斤顶

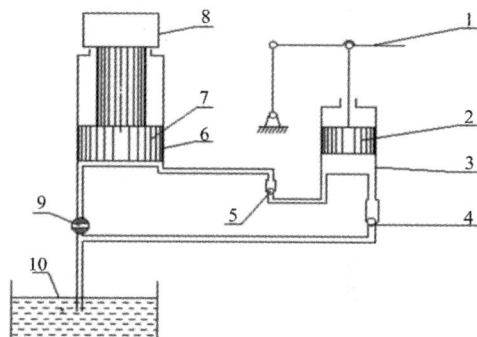

1—杠杆；2—小活塞；3、6—液压缸；
4、5—钢球；7—大活塞；
8—重物；9—放油阀；10—油箱。

图 4.12　GYD-35 型液压千斤顶工作原理示意图

　　施工时，将液压千斤顶安装在提升架横梁上并与之牢固连接，支承杆穿入千斤顶的中心孔内。当高压油液压入时，在油压作用下，上卡头与支承杆紧密锁合。由于上卡头与活塞固定连接，活塞因此被固定不能下行。随后，油压推动缸体及与之相连的底座和下卡头一同向上升起，从而带动提升架及整个滑升模板上升。当上升到下卡头与上卡头紧密接触时，即完成一个工作行程。此时，排油弹簧处于压缩状态，上卡头承受滑升模板的全部荷载。当进行排油操作时，上卡头解锁，下卡头则与支承杆紧密锁合。随着油压的释放，排油弹簧的弹力推动活塞和上卡头向上移动，此时，下卡头承受原本由上卡头承受的荷载。这一过程循环往复，使得千斤顶沿着支承杆持续上升，从而带动模板不断向上滑升。

　　采用钢珠式上、下卡头的优点是体积小、结构紧凑且动作灵活，但缺点是钢珠对支承杆的压痕较深，这不仅增加了支承杆拔出并重复使用的难度，还可能导致千斤顶在上升后出现"回缩"现象。此外，钢珠有可能被杂质堵塞在斜孔内，造成卡头失效。因此，部分液压千斤顶已改用楔块式卡头，这种卡头通过四瓣块的锁定机制来固定支承杆，具有加工简便、起重量大、卡头下滑量小、锁紧能力强且对支承杆的压痕小等优点。它不仅适用于圆钢筋支承杆，也适用于螺纹钢筋支承杆。

　　(4) 施工精度控制系统。施工精度控制系统主要由提升设备内置的限位调平装置，以及用于精确观测和调整滑升模板在施工过程中水平度和垂直度的控制设施组成。在模板滑升过程中，确保整个模板系统能够平稳、水平地上升，是保障滑模施工质量的关键环节，同时也是影响建筑物垂直度的重要因素。

　　影响平台水平度与建筑物垂直度的因素有：操作平台荷载分布不均，导致支承杆受力不均；模板变形或模板锥度不对称；操作平台结构刚度不足；模板间摩阻力分布不均；存在水平外力作用；千斤顶工作不同步等。千斤顶工作不同步的原因通常包括部分千斤顶(特别是远离控制台的千斤顶)进油、回油不畅，油路布置不合理或密封性能不佳，以及千斤顶的加工精度存在差异等。因此，在滑升过程中如何有效防止平台倾斜以及在倾斜发生后如何迅速且准确地进行纠偏，是滑模施工中亟待解决的问题。

当滑升过程中发生倾斜时，纠偏的主要方法是调整平台的高差，即利用千斤顶将操作平台调整至一个与建筑物倾斜方向相反的倾斜度，且该倾斜度应控制在不超过模板自身倾斜度的范围内。随后继续进行滑升作业并浇灌混凝土，直至建筑物的垂直度恢复正常，再将操作平台调整回水平状态。此外，还可以通过在与倾斜方向相反的一侧平台上堆放重物、调整混凝土浇筑的方向和顺序、在千斤顶下方增设斜垫块，或利用卷扬机对平台施加水平外力等方式进行纠偏。在纠正建筑物的垂直偏差时，应循序渐进，避免建筑物产生急剧弯曲。同时，在调整操作平台时，需特别注意防止模板形成倒锥度，以免对混凝土造成拉裂。

对于扭转纠偏，通常可以采取沿平台扭转相反的方向浇筑混凝土的方法，或者在平台上施加一个与扭转方向相反的环向力来进行调整。

3) 台模

台模(又称为桌模、飞模)是一种由平台板、梁、支架、支撑系统、调节支腿及配件组成的工具式模板，特别适用于大柱网、大空间的现浇钢筋混凝土楼盖施工，尤其是无梁楼盖结构(即大柱网板柱结构)的施工。台模的规格尺寸主要取决于建筑结构的开间(柱网)和进深尺寸，以及起重机的吊装能力。通常，需根据开间(柱网)和进深尺寸来确定是设置一个台模还是多个台模。现浇混凝土板柱结构标准层的楼层采用台模施工，具有以下特点：一次组装、整支整拆、重复使用，既节约了支拆用工，又加快了施工速度；台模能借助起重机从已浇筑完成的楼盖下方迅速移出，并立即转移到上一层或同一楼层的另一施工段进行施工，模板无须落地，有效减少了临时堆放模板的场地需求，尤其适合在用地紧张的闹市区施工。

台模按其支承方式可分为有腿式和无腿式两大类。有腿式台模进一步细分为立柱式和桁架式，而无腿式台模则包括悬架式和双肢柱管架式。

为了便于台模的脱模和在楼层间的运转，通常需要额外配备一套便捷高效的辅助机具，这些辅助机需具备升降、行走、吊运等多种功能。

在设计台模时，需综合考虑两个关键因素：一是施工项目的规模大小，若相似建筑物数量大，则宜选择较为定型的台模，以增加模板的周转使用次数，从而实现更好的经济效益；二是要充分考虑现有的资源条件，因地制宜，如充分利用已有的门式架或钢管脚手架等构成台模，以实现资源的最大化利用，减少投资，降低施工成本。

4) 隧道模板

隧道模板是由若干个半隧道模板根据建筑结构的开间、进深尺寸组拼而成的，特别适用于在施工现场同时浇筑剪力墙结构的墙体和楼板混凝土。半隧道模板的采用有效克服了整体式全隧道模板自重大、对起重设备要求高、使用灵活性不足等缺点。

半隧道模板主要由单元角形模板和辅助设施组成。单元角形模板作为半隧道模板的核心构件，由横墙模板、楼板模板、纵墙模板，以及配套的螺旋千斤顶、滚轮、楼板模板斜支撑、垂直支撑、穿墙螺栓、定位块等组成。这些组件共同协作，确保模板的稳定性和施工精度。辅助设施包括支卸平台(该平台在半隧道模板脱模后，作为塔吊吊具连续作业的过渡平台，同时兼作水平通道并支撑悬挑模板)、外山墙工作平台(该平台不仅支撑外山墙模板，还作为施工通道使用)等。

4.1.3　模板安装及拆除要求

1. 模板安装质量要求

模板及其支承结构的材料、质量应符合规范规定及设计要求。模板安装时，为了便于模板的周转和拆卸，梁的侧模板应安装在底模板的外侧，次梁模板不应伸入主梁模板的开口内部，同样地，梁模板也不应伸入柱模板的开口内部。模板安装完成后，应确保卡紧撑牢，各种连接件、支撑件、加固配件必须安装牢固，无松动现象；模板拼缝应严密，不得出现不允许的下沉与变形。现浇结构模板安装的允许偏差应符合表 4.2 的要求。固定在模板上的预埋件和预留孔洞均不得遗漏，且安装必须牢固、位置准确，其允许偏差应符合表 4.3 的要求。

表 4.2　现浇结构模板安装的允许偏差

项　目		允许偏差/mm	检　查　方　法
轴线位置		5	用钢尺检查
底模板上表面标高		±5	用水准仪或拉线、钢尺检查
截面内部尺寸	基础	±10	用钢尺检查
	柱、墙、梁	+4，−5	用钢尺检查
层高垂直度	全高≤5 m	6	用经纬仪或吊线、钢尺检查
	全高>5 m	8	用经纬仪或吊线、钢尺检查
相邻两板面高低差		2	用钢尺检查
表面平整(2 m 长度上)		5	用 2 m 靠尺和塞尺检查

表 4.3　预埋件和预留孔洞的允许偏差

项　目		允许偏差/mm
预埋件钢板中心线位置		3
预埋管、预留孔中心线位置		3
预埋螺栓	中心线位置	2
	外露长度	+10，0
预留洞	中心线位置	10
	截面尺寸	+10，0

2. 模板的拆除

在进行模板的施工设计时，应考虑模板的拆除顺序和拆除时间，以便更多的模板能够参与周转，从而减少模板用量，降低工程成本。模板的拆除时间与构件混凝土的强度以及模板所处的位置密切相关。

侧模板的拆除应在确保混凝土表面及棱角不受损坏的前提下进行，通常要求混凝土强度大于 1.2 N/mm²时方可拆除。而底模板的拆除则需严格按照《混凝土结构工程施工质量验收规范》(GB 50204—2015)中的有关规定执行，具体可参见表 4.4。

表 4.4   现浇结构拆模时混凝土强度要求

结构类型	结构跨度/m	按设计的混凝土强度标准值的百分率计/%	结构类型	结构跨度/m	按设计的混凝土强度标准值的百分率计/%
板	≤2	50	梁、拱、	≤8	75
	>2且≤8	75		>8	100
	>8	100	悬臂构件	≤2	75
				>2	100

模板拆除的顺序和方法应严格按照配板设计的规定执行，遵循"先支后拆、先非承重部位后承重部位以及自上而下"的原则。在拆模过程中，严禁使用大锤和撬棍进行硬砸硬撬，以免损坏模板和混凝土结构。

拆模时，操作人员应始终站在安全区域外，确保个人安全，防止安全事故的发生。待该片模板及其支撑系统全部安全拆除后，方可组织人员将模板、配件、支架等有序运出并堆放整齐。模板运至指定堆放场地后，应排放有序，并指派专人负责清理、维修工作，以延长模板使用寿命，提高经济效益。

拆下的模板、配件等严禁随意抛扔，应安排专人接应传递，并按指定地点堆放整齐。同时，要做到及时清理、维修，并涂刷好隔离剂，以备后续使用。

对于已拆除模板及其支架的结构，应在混凝土强度达到设计要求的强度等级后，方可承受全部使用荷载。若施工期间所承受的施工荷载效应大于正常使用的荷载效应，则必须进行相应的核算，并视情况加设临时支撑，以确保结构安全。

4.1.4　模板荷载及计算规定

模板及其支架应根据工程结构形式、荷载大小、地基类别、施工设备和材料供应等条件进行设计。模板及其支架应具备足够的承载能力、刚度和稳定性，以确保能够安全地承受浇筑混凝土的重量、侧压力以及施工过程中产生的各种荷载。对于重要结构的模板、特殊形式的模板、超出常规适用范围的一般模板，必须进行专门的设计或验算，以确保施工质量和安全，同时避免不必要的浪费。以下仅就模板设计荷载和计算规定进行简要介绍。

1. 荷载

在计算模板及其支架时，可采用下列荷载数值。

(1) 对于模板及其支架自重，可根据模板设计图纸确定。对于肋形楼板及无梁楼板模板自重，可参考下列数据。

① 平板的模板及小楞：定型组合钢模板为 0.5 kN/m²，木模板为 0.3 kN/m²。

② 楼板模板(包括梁模板)：定型组合钢模板为 0.75 kN/m²，木模板为 0.5 kN/m²。

③ 楼板模板及支架(楼层高≤4 m)：定型组合钢模为 1.1 kN/m²，木模板为 0.75 kN/m²。

(2) 新浇筑混凝土自重：普通混凝土为 25 kN/m²，其他混凝土根据实际重量确定。

(3) 钢筋自重：根据工程图纸确定。一般梁板结构每立方米钢筋混凝土的钢筋自重参考值如下：楼板为 1.1 kN；梁为 1.5 kN。

(4) 施工人员及施工设备产生的荷载。

① 当计算模板及直接支承小楞结构构件时，均布活荷载为 2.5 kN/m²，同时需以集中荷载 2.5 kN 进行验算，并取两者中产生的较大弯矩值作为设计依据。

② 当计算直接支承小楞结构构件时，均布活荷载为 1.5 kN/m²。

③ 当计算支架支柱及其他支承结构构件时，均布活荷载为 1.5 kN/m²。对于大型浇筑设备(如上料平台、混凝土输送泵等)，应根据实际情况进行荷载计算。混凝土堆集高度超过 100 mm 时，应按实际高度计算荷载。当模板单块宽度小于 150 mm 时，集中荷载应合理分布在相邻两块模板上。

(5) 振捣混凝土时产生的荷载(该荷载作用在有效压头高度范围内)：水平面模板为 2.0 kN/m²，垂直面模板为 4.0 kN/m²。

(6) 新浇筑混凝土对模板的侧压力。当采用内部振捣器时，新浇筑的混凝土对模板产生的最大侧压力可按下列两个公式进行计算，并应取两者中的较小值作为设计依据：

$$F = 0.22 r_c t_0 \beta_1 \beta_2 V^{1/2} \tag{4.1}$$

$$F = r_c H \tag{4.2}$$

式中：F——新浇筑混凝土对模板产生的最大侧压力(kN/m²)。

r_c——混凝土的重力密度(kN/m³)。

t_0——新浇混凝土的初凝时间(h)，可按实测确定；当缺乏试验资料时，可采用 $t_0 = 200/(T+15)$ 计算，其中 T 为混凝土的温度(℃)。

V——混凝土浇筑速度(m/h)。

H——混凝土侧压力计算位置至新浇筑混凝土顶面的总高度(m)。

β_1——外加剂影响修正系数，不掺外剂时取 1.0，掺具有缓凝作用的外加剂时取 1.2。

β_2——混凝土坍落度影响修正系数，当坍落度小于 30 mm 时，取 0.85；当坍落度为 50～90 mm 时，取 1.0；当坍落度为 110～150 mm 时，取 1.15。

(7) 倾倒混凝土时对垂直面模板产生的水平荷载：使用溜槽、串筒或导管向模板内灌注混凝土时，产生的水平荷载为 2 kN/m²；使用容量≤0.2 m³ 的运输器具向模板内倾倒混凝土时，产生的水平荷载为 2 kN/m²；使用容量大于 0.2 且小于 0.8 m³ 的运输器具向模板内倾倒混凝土时，产生的水平荷载为 4 kN/m²；使用容量为 0.8 m³ 的运输器具向模板内倾倒混凝土时，产生的水平荷载为 6 kN/m²。

(8) 风荷载：应按照现行《建筑结构荷载规范》(GB 50009—2012)中的有关规定进行计算。

2. 计算模板及其支架时的荷载分项系数

计算模板及其支架的荷载设计值时，应采用荷载标准值乘以相应的荷载分项系数求得。

(1) 当荷载类别为模板及其支架自重、新浇筑混凝土自重或钢筋自重时，荷载分项系数为 1.35。

(2) 当荷载类别为施工人员及施工设备产生的荷载或振捣混凝土时产生的荷载时，荷载分项系数为 1.4。

(3) 当荷载类别为新浇筑混凝土对模板侧板的侧压力时，荷载分项系数为 1.35。

(4) 当荷载类别为倾倒混凝土时对垂直面模板产生的水平荷载时，荷载分项系数为 1.4。

3. 计算规定

(1) 计算模板及其支架时，应根据表 4.5 中的规定进行荷载组合。

(2) 验算模板及其支架的刚度时，允许的变形值应满足以下要求：对于结构表面外露的模板，其最大变形值不应超过模板构件跨度的 1/400；对于结构表面隐蔽的模板，其最大变形值不应超过模板构件跨度的 1/250；对于支架的压缩变形值或弹性挠度，其最大允许变形值应为相应结构计算跨度的 1/1000。

表 4.5　计算模板及其支架的荷载组合

项次	模板构件名称	荷载类别	
		计算强度用	验算刚度用
1	梁、板和拱的底模及支承板、拱架、支架等	(1) + (2) + (3) + (4)	(1) + (2) + (7) + (8)
2	缘石、人行道、栏杆、柱、梁板、拱等的侧模板	(4)+(5)	(5)
3	基础、墩台等厚大结构物的侧模板	(5)+(6)	(5)

注：(1)为模板、拱架和支架自重；(2)为新浇筑混凝土、钢筋混凝土或砌体的自重力；(3)为施工人员及施工材料机具等行走运输或堆放的荷载；(4)为振捣混凝时的荷载；(5)为新浇筑混凝土对侧面模板的压力；(6)为倾倒混凝时产生的水平向冲击荷载；(7)为设于水中的支架所受的水流压力、波浪力、流冰压力、船只及其他漂浮物的撞击力；(8)为其他可能产生的荷载，如风雪荷载、冬期施工保温设施荷载等。

【例 4.1】　已知某框架结构现浇钢筋混凝土楼板，其厚度为 100 mm，其支模尺寸为 3.3 m × 4.95 m，楼层高度为 4.5 m，采用组合钢模及钢管支架支模，要求做配板设计及模板结构布置与验算。

解　(1) 配板方案。

若模板以其长边沿 4.95 m 方向排列，则可列出以下三种方案：

方案(1)：33 块 P3015 + 11 块 P3004，共两种规格，总计 44 块；

方案(2)：34 块 P3015 + 2 块 P3009 + 1 块 P1515 + 2 块 P1509，共四种规格，总计 39 块；

方案(3)：35 块 P3015 + 1 块 P3004 + 2 块 P1515，共三种规格，总计 38 块。

若模板以其长边沿 3.3 m 方向排列，则可列出以下三种方案：

方案(4)：16 块 P3015 + 32 块 P3009 + 1 块 P1515 + 2 块 P1509，共四种规格，总计 51 块；

方案(5)：35 块 P3015 + 1 块 P3009 + 2 块 P1515，共三种规格，总计 38 块；

方案(6)：34 块 P3015 + 1 块 P1515+ 2 块 P1509 + 2 块 P3009，共四种规格，总计 39 块。

方案(3)及方案(5)中模板规格种类及总块数相对较少，比较合宜。方案(1)(如图 4.13 所示)中模板错缝排列，刚性好，宜用于预拼吊装的情况。现取方案(3)作为模板结构布置及验算的依据。

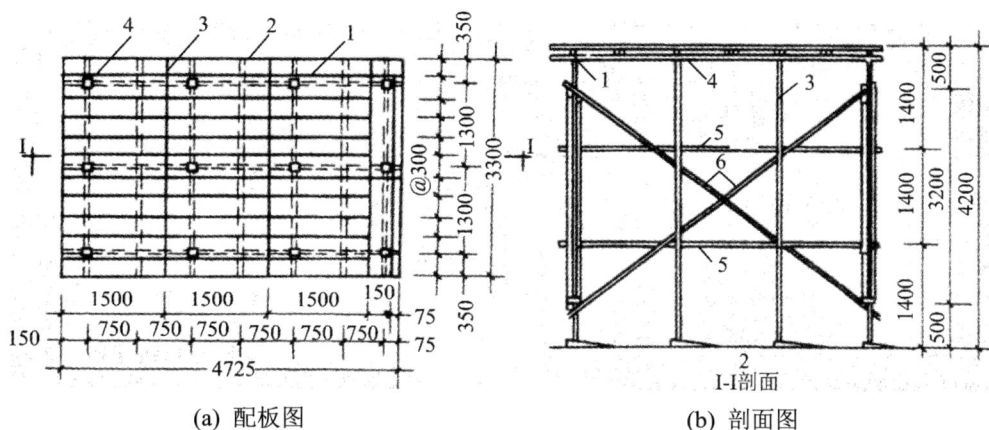

(a) 配板图　　　　　　　(b) 剖面图

1—$\phi48 \times 3.5$ 钢管支柱；2—钢模板；3—内钢楞；4—外钢楞 $2 \times 60 \times 40 \times 2.5$；

5—水平撑 $\phi48 \times 3.5$；6—剪刀撑 $\phi48 \times 3.5$。

图 4.13　楼板模板的配板及支撑

(2) 模板结构布置。

模板结构布置如图 4.14 所示，其内外钢楞采用矩形钢管 $2 \times 60 \times 40 \times 2.5$，钢楞截面抵抗矩 $W = 14.58\ \text{cm}^3$，惯性矩 $I = 43.78\ \text{cm}^4$，弹性模量 $E = 2 \times 10^5\ \text{N/mm}^2$，强度设计值 $f = 210\ \text{N/mm}^2$。内钢楞间距为 0.75 m，外钢楞间距为 1.3 m。内外钢楞交点处用 $\phi48 \times 3.5$ 钢管做支架，采用搭接接长方式。各支柱间布置双向水平上下两道拉杆，并适当布置剪刀撑。

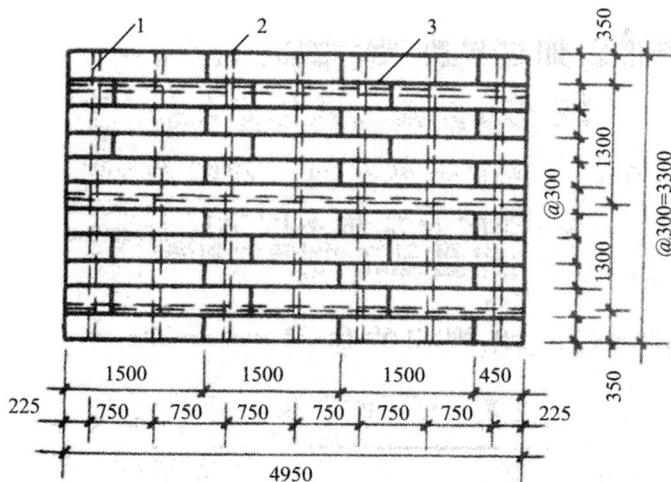

1—钢模板；2—内钢楞 $2 \times 60 \times 40 \times 2.5$；3—外钢楞 $2 \times 60 \times 40 \times 2.5$。

图 4.14　模板结构布置图

(3) 模板结构验算。

① 每平方米支承面模板荷载。

模板及配件自重(G_1)：500 N/m²；新浇筑混凝土自重(G_2)：2500 N/m²；钢筋自重(G_3)：110 N/m²；施工人员及施工设备荷载(Q_1)：2500 N/m²，合计：5610 N/m²。

② 内钢楞验算。

内钢楞计算简图如图 4.15 所示，悬臂 $a = 0.35$ m，内跨长 $l = 1.3$ m，荷载 $q = 5610 \times 0.75 \approx$ 4210 N/m。

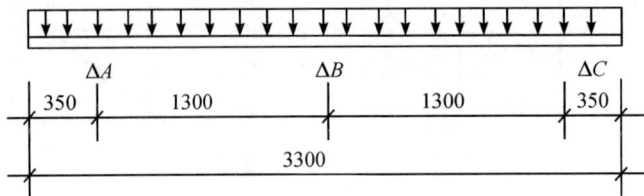

图 4.15   内钢楞计算简图

支点 A 弯矩为

$$M_A = \frac{1}{2} \times 4210 \times 0.35^2 = 258 \text{ N} \cdot \text{m}$$

支点 B 弯矩为

$$M_B = \frac{1}{8} q l^2 \left[1 - 2\left(\frac{a}{l}\right)^2 \right] = \frac{1}{8} \times 4210 \times 1.3^2 \left[1 - 2\left(\frac{0.35}{1.3}\right)^2 \right] = 760 \text{ N} \cdot \text{m}$$

③ 最大抗弯强度验算

$$Q = \frac{M_B}{W} = \frac{760 \times 10^2}{14.58 \times 10^2} = 52.1 \text{ N/mm}^2 < f = 210 \text{ N/mm}^2$$

悬臂端挠度为

$$f = \frac{q'al^3}{48EI} \left[-1 + 6 \times \left(\frac{a}{l}\right)^2 + 6 \times \left(\frac{a}{l}\right)^3 \right]$$

$$q' = (5610 - 2500) \times 0.75 = 2333 \text{ N/m}$$

故挠度为

$$f = \frac{2332 \times 0.35 \times 1.3 \times 10^9}{48 \times 2 \times 10^5 \times 43.76 \times 10^4} \left[-1 + 6 \times \left(\frac{0.35}{1.3}\right)^2 + 6 \times \left(\frac{0.35}{1.3}\right)^3 \right] = 0.19 \text{ mm}$$

跨内最大挠度为

$$f = \frac{0.1q'al^4}{48EI} = \frac{0.1 \times 2332 \times 1.3^4 \times 109}{24 \times 2 \times 10^5 \times 43.76 \times 10^4} = 0.317 \text{ mm}$$

$$\frac{f'}{l} = \frac{0.317}{1300} = \frac{1}{4100}$$

所以满足要求。

④ 支柱验算。

验算支柱时，模板及其支架自重取 1100 N/m²，故水平投影面上每平方米的荷载为

$$1100 + 2500 + 110 + 2500 = 6210 \text{ N/m}^2$$

每一中间支柱所受荷载为

$$1.3 \times 1.5 \times 6210 = 12\ 100\text{N} = 12.1\ \text{kN}$$

当采用 $\phi 48 \times 3.5$ 钢管，用扣件搭接接长，横杆步距为 1.5 m 时，每根钢管的容许荷载为 13.3 kN，大于支架支柱所受的荷载 12.1 kN，故模板及其支架是安全的。

注：有关扣件式钢管脚手架与模板支架的详细计算在本章工程实践案例中介绍。

4.1.5　模板工程的施工质量检查与验收方法

模板安装的质量必须符合《混凝土结构工程施工质量验收规范》(GB 50204—2015)及相关规范要求，即模板及其支架应具有足够的承载能力、刚度和稳定性，以可靠地承受浇筑混凝土的重量、侧压力及施工期间产生的各种荷载。

1. 主控项目的质量要求

(1) 安装现浇结构的上层模板及其支架时，下层楼板应具有承受上层荷载的承载能力，或加设支架；上、下层支架的立柱应对准，并铺设垫板。

检查数量：全数检查。

检验方法：对照模板设计文件和施工技术方案观察。

(2) 在涂刷模板隔离剂时，不得沾污钢筋和混凝土接槎处。

检查数量：全数检查。

检验方法：观察。

(3) 底模及其支架拆除时的混凝土强度应符合规范要求。

检查数量：全数检查。

检验方法：检查同条件养护试件强度试验报告。

(4) 后浇带模板的拆除和支顶应按施工技术方案执行。

检查数量：全数检查。

检验方法：观察。

2. 一般项目的质量要求

(1) 模板安装应满足下列要求：

① 模板的接缝不应漏浆；在浇筑混凝土前，应对木模板进行浇水湿润处理，并确保模板内无积水。

② 模板与混凝土的接触面应清理干净并涂刷隔离剂，但不得采用影响结构性能或妨碍装饰工程施工的隔离剂。

③ 浇筑混凝土前，模板内的杂物应清理干净。

④对清水混凝土土工程及装饰混凝土工程，应使用能达到设计效果的模板。

检查数量：全数检查。

检验方法：观察。

(2) 对于跨度不小于 4 m 的现浇钢筋混凝土梁、板，其模板应按设计要求设置起拱；当设计无具体要求时，起拱高度宜为跨度的 1/1000～3/1000。

检查数量：按规范要求的检验批(在同一检验批内，对于梁，应抽查构件数量的 10%，且不应小于 3 件；对于板，应按有代表性的自然间抽查 10%，且不得小于 3 间)。

检验方法：用水准仪或拉线、钢尺检查。

(3) 固定在模板上的预埋件、预留孔洞均不得遗漏，且应安装牢固。

检查数量：按规范要求的检验批(对于梁，应抽查构件数量的 10%，且不应小于 3 件；对于板，应按有代表性的自然间抽查 10%，且不得小于 3 间)。

检验方法：用钢尺检查。

3. 现浇结构模板安装的偏差

检查数量：按规范要求的检验批(对于梁，应抽查构件数量的 10%，且不应小于 3 件；对于板，应按有代表性的自然间抽查 10%，且不得小于 3 间)。

现浇结构模板安装的允许偏差和检验方法见表 4.6。

表 4.6　现浇结构模板安装的允许偏差和检验方法

项次	项　目		允许偏差/mm		检验方法
			国家规范标准	结构长城杯标准	
1	轴线位移	柱、墙、梁			
2	底模上表面标高		5	3	尺量
3	截面模内尺寸	基础	±5	±3	水准仪或拉线、尺量
		梁、墙、信	±10	±5	
4	层高垂直度	层高不大于 5 m	6	8	尺量
		层高大于 5 m	3	5	
5	相邻两板表面高低差		2	2	经纬仪或拉线、尺量
6	表面平整度		5	2	尺量
7	阴阳角	方正	—	2	靠尺、塞尺
		垂直	—	2	方尺、塞尺
8	预埋铁中心线位移		—	2	线尺
9	预埋管、螺栓	中心线位移	3	2	拉线、尺量
		螺栓外露长度	+10, 0	+5, 0	
10	预留孔洞	中心线位移	+10	5	拉线、尺量
		尺寸	+10, 0	+5, 0	
11	门窗洞口	中心线位移	—	3	拉线、尺量
		宽、高	—	±5	
		对角线	—	6	
12	插筋	中心线位移	5	5	尺量
		外露长度	+10, 0	+5, 0	

4. 模板垂直度的质量要求

对模板垂直度需严格控制，模板安装前，需对每一块模板的垂直度进行复测，确认无误后方可进行安装。

(2) 模板拼装应紧密配合，工长及质检员需逐一检查模板的垂直度和平整度，确保垂直度不超过 3 mm，平整度同样不超过 2 mm。

(3) 模板就位前，应检查顶模棍的位置、间距是否满足设计要求及施工规范。

5. 顶板模板标高的质量要求

每层顶板应抄测标高控制点，准确测量并标记出混凝土墙上的 500 线。根据层高 2800 mm 及板厚，沿墙周边清晰弹出顶板模板的底标高线，确保施工准确性。

6. 模板变形的质量要求

(1) 墙模支设前，应在竖向梯子筋上准确焊接顶模棍(墙厚每边减少 1 mm，以调整模板尺寸)。

(2) 浇筑混凝土时，应设置分层尺竿，并配备充足照明，实行分层浇筑，每层高度控制在 500 mm 以内，以防止振捣不实或过振导致模板变形。

(3) 门窗洞口处应确保混凝土对称浇筑，以维持模板的受力平衡。

(4) 模板支立后，应拉设水平、竖向通线，以便在混凝土浇筑过程中能随时观察模板是否有变形、跑位现象。

(5) 浇筑前应认真检查螺栓、顶撑及斜撑的紧固情况，确保无松动。

(6) 模板支立完毕后，应禁止将模板与脚手架进行非必要的拉结，以防模板受力不均导致变形。

7. 模板的拼缝、接头的质量要求

(1) 模板拼缝、接头应严密，如有不密实现象，应及时使用塑料密封条进行堵塞。

(2) 钢模板发生变形时，应及时进行修整，确保其满足施工要求。

8. 窗洞口模板的质量要求

在窗台模板下口中间应预留 2 个排气孔，以防止混凝土浇筑时产生窝气现象，从而导致混凝土浇筑不密实。

9. 清扫口留置的质量要求

楼梯模板的清扫口应预留在平台梁下口，清扫口的尺寸应为 50 mm × 100 mm，以便使用空压机清扫模板内的杂物。清扫干净后，应使用木胶合板背订木方进行固定。

10. 跨度要求

对于跨度小于 4 m 的板，通常不考虑设置起拱；跨度为 4~6 m 的板，应设置 10 mm 的起拱；跨度大于 6 m 的板，应设置 15 mm 的起拱。

11. 与安装配合的质量要求

在合模前，应与钢筋、水、电安装等工种进行充分的协调配合，确保无误后发放合模通知书，方可进行合模作业。

12. 混凝土浇筑的质量要求

在混凝土浇筑过程中，应对所有墙板全长、全高拉设通线，边浇筑边校正墙板的垂直度。每次浇筑时，应安排专人负责检查模板，一旦发现问题，应及时进行处理。

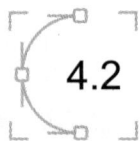

4.2　钢筋工程施工

4.2.1　钢筋的分类、性能和验收

1. 钢筋的分类

按生产工艺的不同,钢筋可分为热轧钢筋、冷轧带肋钢筋、冷轧扭钢筋、钢绞线、消除应力钢丝、热处理钢筋等。建筑工程中常用的钢筋按轧制外形可分为光面钢筋和变形钢筋(包括螺纹、人字纹及月牙纹等)。

按化学成分的不同,钢筋可分为碳素钢钢筋和普通低合金钢钢筋。碳素钢钢筋按含碳量多少又可分为低碳钢钢筋(含碳量小于 0.25%)、中碳钢钢筋(含碳量为 0.25%～0.60%)和高碳钢钢筋(含碳量大于 0.60%)。含碳量直接影响钢筋的强度和受力变形性能。随着含碳量的增加,钢筋的强度和硬度增大,但塑性和韧性降低,脆性增大,可焊性变差。普通低合金钢钢筋是在低碳钢钢筋或中碳钢钢筋的基础上,加入总量不超过 3%的某些合金元素(如钛、钒、锰等)冶炼而成的。由于加入了适量合金元素,因此普通低合金钢钢筋的强度得到提高,机械性能也得到改善。

按结构构件类型的不同,钢筋分为普通钢筋(主要包括热轧钢筋)和预应力筋。普通钢筋是指钢筋混凝土结构中的钢筋和预应力混凝土结构中的非预应力筋。普通钢筋按强度分为HPB235、HRB335、HRB400 及 RRB400 等四种等级,级别越高,其强度和硬度越高,塑性则逐级降低。预应力筋宜采用预应力钢绞线、预应力钢丝,也可采用热处理钢筋。强度和伸长率符合要求的冷加工钢筋或其他类型的钢筋也可用作预应力筋,但必须符合专门标准的规定。

按直径大小的不同,钢筋可分为钢丝(直径为 3～5 mm)、细钢筋(直径为 6～10 mm)、中粗钢筋(直径为 12～20 mm)和粗钢筋(直径大于 20 mm)。为便于运输和储存,通常将直径为 6～10 mm 的钢筋制成盘圆形状;将直径大于 12 mm 的钢筋截成 6～12 m 长的直条。此外,按钢筋在结构中所起作用的不同,钢筋还可分为受力钢筋、架立钢筋和分布钢筋等。

2. 钢筋的性能与验收

钢筋的性能包括钢筋的化学成分及力学性能(如屈服强度、抗拉强度、伸长率及冷弯性能)。

钢筋进场时应具备出厂质量证明书或试验报告单,并按照品种、批号及直径进行分批验收。每批热轧钢筋的重量不应超过 60 t,钢绞线不超过 200 t。验收内容包括检查钢筋的标牌、外观,并按照相关规定取样进行机械性能试验。

外观检查要求热轧钢筋平直、无损伤,表面不得有裂纹、油渍、颗粒状或片状老锈。表面凸块不得超过横肋的最大高度,外形尺寸应符合标准规定;钢绞线表面不得有折断、横裂和相互交叉的钢丝,无润滑剂、油渍和锈斑。

对钢筋进行力学性能试验时,应从每批外观尺寸检查合格的钢筋中随机抽取两根,每根取两个试件分别进行拉伸试验(包括测定屈服强度、抗拉强度和伸长率)和冷弯试验。若其中一项试验结果不符合规定,则需从同一批中另取双倍数量的试件重做各项试验。若仍有试件不合格,则该批钢筋应判定为不合格品,不予验收或视情况降级使用。

当发现钢筋存在脆断、焊接性能不良或力学性能明显异常等现象时，应对该批钢筋进行化学成分检验或其他专项检验，以确认有害成分(如硫(S)、磷(P)、砷(As)等)的含量是否超过规定范围。

常用钢筋的力学性能见表 4.7、表 4.8、表 4.9 和表 4.10。

表 4.7　普通钢筋强度标准值

牌号	符号	公称直径 d/mm	屈服强度标准值 f_{yk}/(N/mm²)	极限强度标准值 f_{stk}/N/(mm²)
HPB300	φ	6～22	300	420
HRB335 HRBF335	φ φ^F	6～50	335	455
HRB400 HRBF400 RRB400	⌀ ⌀^F ⌀^R	6～50	400	540
HRB500 HRBF500	⌀ ⌀^F	6～50	500	630

注：当采用直径大于 40 mm 的钢筋时，施工人员应具备相应的工程经验和技能，以确保施工质量和安全。

表 4.8　预应力钢筋强度标准值　　　单位：N/mm²

种类		符号	d/mm	屈服强度标准值 f_{pyk}	极限强度标准值 f_{ptk}
中强度预应力钢丝	光面	φ^PM	5、7、9	620	800
				780	970
	螺旋肋	φ^HM		980	1270
预应力螺纹钢筋	螺纹	φ^T	18、25、32、40、50	785	980
				930	1080
				1080	1230
消除应力钢丝	光面	φ^P	5	1380	1570
				1640	1860
	螺旋肋	φ^H	7	1380	1570
			9	1290	1470
				1380	1570
钢绞线	1×3 (三股)	φ^S	8.6、10.8、12.9	1410	1570
				1670	1860
				1760	1960
	1×7 (七股)		9.5、12.7、15.2、17.8	1540	1720
				1670	1860
				1760	1960
			21.6	1590	1770
				1670	1860

表 4.9　普通钢筋强度设计值　　　　　　　　　单位：N/mm²

牌号	抗拉强度设计值 f_y	抗压强度设计值 f'_y
HPB300	270	270
HRB335、HRBF335	300	300
HRB400、HRBF400、RRB400	360	360
HRB500、HRBF500	435	435

注：在钢筋混凝土结构中，当轴心受拉构件或小偏心受拉构件中的钢筋抗拉强度设计值超过 300 N/mm² 时，其设计值仍应按 300 N/mm² 取用。

表 4.10　预应力钢筋强度设计值　　　　　　　　　单位：N/mm²

种　类	极限强度标准值 f_{ptk}	抗拉强度设计值 f_{py}	抗压强度设计值 f'_{py}
中强度预应力钢丝	800	510	410
	970	650	
	1270	810	
消除应力钢丝	1470	1040	410
	1570	1110	
	1860	1320	
钢绞线	1570	1110	390
	1720	1220	
	1860	1320	
	1960	1390	
预应力螺纹钢筋	980	650	435
	1080	770	
	1230	900	

钢筋在运输和储存过程中，必须保留标牌，并按批分别堆放整齐，以防止锈蚀和污染。

4.2.2　钢筋的配料与钢筋代换

1. 钢筋配料

钢筋配料是钢筋工程施工中的关键环节，应由具备良好识图能力且熟悉钢筋加工工艺的专业人员进行。在钢筋加工前，需依据设计图纸和会审记录，针对不同构件编制配料单，随后进行备料与加工。

1) 钢筋长度

结构施工图中所标注的钢筋长度，通常指的是钢筋外边缘至外边缘之间的直线距离，即外包尺寸。外包尺寸是施工中量度钢筋长度的基本依据。

2) 混凝土保护层厚度

混凝土保护层厚度是指受力钢筋外边缘至混凝土构件表面之间的最小垂直距离。混凝土保护层的主要功能是保护混凝土结构中的钢筋免受大气、水分及其他有害物质的侵蚀，从而防止钢筋锈蚀。若设计文件未对混凝土保护层厚度作出具体要求，则应遵循表 4.11 中的相关规定。

表 4.11　混凝土保护层的最小厚度　　　　单位：mm

环境类别		板、墙	梁、柱
一		15	20
二	a	20	25
	b	25	35
三	a	30	40
	b	40	50

注：(1) 表中混凝土保护层厚度指的是最外层钢筋外边缘至混凝土表面的距离，此标准适用于设计工作年限为 50 年的混凝土结构。(2) 构件中的受力钢筋的保护层厚度不应小于钢筋的公称直径。(3) 在一类环境中，对于设计工作年限为 100 年的结构，最外层钢筋的保护层厚度不应小于表中数值的 1.4 倍；在二、三类环境中，对于设计工作年限为 100 年的结构，应采取专门的有效措施。对于四类和五类环境类别中的混凝土结构，其耐久性要求应符合国家现行有关标准的规定。(4) 当混凝土强度等级为 C25 时，表中的保护层厚度数值应增加 5 mm。(5) 对于基础底面的钢筋保护层厚度，在有混凝土垫层的情况下，应从垫层顶面算起，且该厚度不应小于 40 mm。

3) 钢筋的弯弧内直径

《混凝土结构工程施工质量验收规范》(GB 50204—2015)对钢筋的弯钩和弯折所应采用的弯弧内直径(即弯心直径)都作出了明确的规定，钢筋弯钩增加长度和弯折量度差值可根据这些规定计算出来。

4) 钢筋的量度差值

钢筋在弯曲时，其外边缘伸长而内边缘缩短，钢筋的中轴线长度在弯曲前后保持不变。但钢筋长度的度量采用的是其外包尺寸，因此，对于弯曲后的钢筋，其外包尺寸与轴线尺寸之间存在一个差值，这个差值称为量度差值。

5) 钢筋下料长度

在计算钢筋下料长度时，必须从外包尺寸中扣除量度差值，以确保按钢筋的轴线实际长度准确下料。

直钢筋下料长度 = 构件长度 - 保护层厚度 + 弯钩增加长度

弯起钢筋下料长度 = 直段长度 + 斜段长度 - 弯折量度差值 + 弯钩增加长度

箍筋下料长度 = 直段长度 + 弯钩增加长度 - 弯折量度差值

或

箍筋下料长度 = 箍筋周长 + 箍筋调整值

上述钢筋在采用绑扎接头进行搭接时，还应增加钢筋的搭接长度。受拉钢筋和受压钢筋的绑扎接头的搭接长度应符合《混凝土结构设计规范》(GB 50010—2010)中的规定。钢筋的锚固长度也应符合设计要求和《混凝土结构设计规范》(GB 50010—2010)中的规定。

(1) 弯钩增加长度。

根据《混凝土结构工程施工质量验收规范》(GB 50204—2015)中的规定，HPB300 级钢筋末端应做 180° 弯钩，其弯弧内直径不应小于钢筋直径的 2.5 倍，弯钩的弯后平直部分长度不应小于钢筋直径的 3 倍。

因为钢筋长度的度量依据是其外包尺寸，所以 180° 弯钩(如图 4.16(a)所示)增加长度际上是指钢筋在形成弯钩后，在外包尺寸基础上所增加的轴线上的长度。据此，通过简单的几何分析和计算，可得每个弯钩的增加长度计算公式为

180° 弯钩增加长度 = 半圆周长(取钢筋轴线上的弯弧直径) + 平直段长度 −
弯钩的弯弧外半径

代入数据可得

$$\left(\frac{3.5d\pi}{2}+3d\right)-2.25d=8.5d-2.25d=6.25d$$

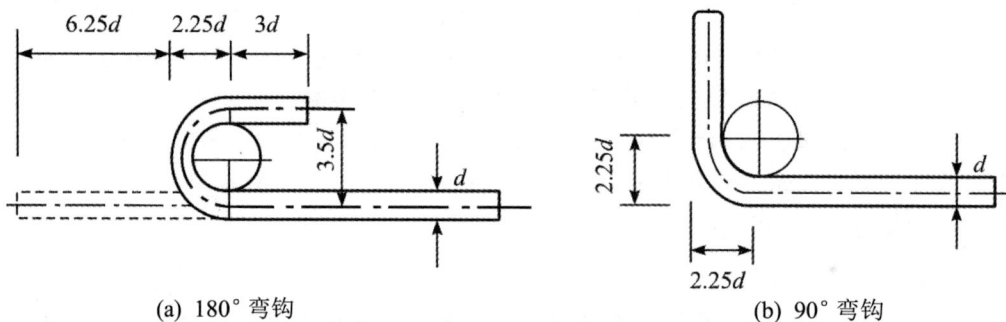

(a) 180° 弯钩   (b) 90° 弯钩

图 4.16　钢筋弯钩增加长度计算简图

当设计要求钢筋末端需做 135° 弯钩时，HRB335 级、HRB400 级钢筋的弯弧内直径不应小于钢筋直径的 4 倍，弯钩的弯后平直部分长度应符合设计要求。

(2) 弯折量度差值。

当钢筋做成 90° 的弯折(如图 4.16(b)所示)时，弯折处的弯弧内直径不应小于钢筋直径的 5 倍。钢筋中部弯折的量度差值与钢筋的弯心直径和弯折角度有关。

如图 4.17 所示，通过几何分析和计算，弯折量度差值 = 外包尺寸 − 轴线尺寸，即

$$(A'B'+B'C')-ABC=2A'B'-ABC=2\left(\frac{D}{2}+d\right)\tan\frac{\alpha}{2}-\pi(D+d)\frac{\alpha}{360} \tag{4.3}$$

式中：α——钢筋中部的弯折角度(按度数计)；

d_0——钢筋的直径(mm)。

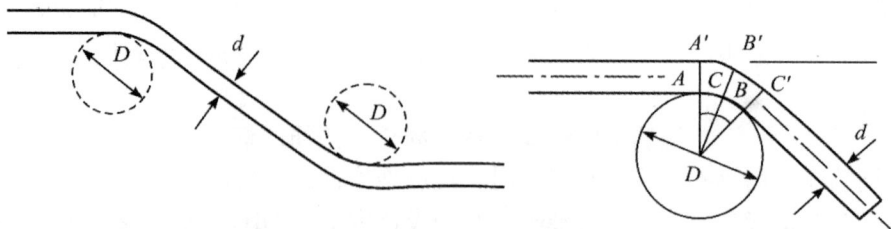

图 4.17　钢筋弯折量度差值计算简图

按《国家建筑标准设计图集》的规定，取 $D = 5d_0$ 代入式(4.3)，可求出各弯折角度对应的量度差值。钢筋弯折量度差值可按表 4.12 取值。

表 4.12 钢筋弯折量度差值

钢筋弯折角度	30°	45°	60°	90°	135°
量度差值	$0.3d_0$	$0.5d_0$	$1.0d_0$	$2.0d_0$	$3.0d_0$

(3) 箍筋下料长度。

除焊接封闭环式箍筋外，箍筋的末端应做弯钩，弯钩形式应符合设计要求；当设计无具体要求时，应符合下列规定。

① 箍筋弯钩的弯弧内直径，除应满足与受力钢筋相同的弯钩和弯折规定外，尚应不小于受力钢筋的直径；

② 箍筋弯钩的弯折角度：对于一般结构，不应小于 90°；对于有抗震要求的结构，应为 135°；

③ 箍筋弯后平直部分的长度：对于一般结构，不宜小于箍筋直径的 5 倍；对于有抗震要求的结构，不应小于箍筋直径的 10 倍。

箍筋弯钩的形式，若设计无要求，则可按图 4.18(b)、(c)加工；对于有抗震要求的结构，应按图 4.18(a)加工。为了计算方便，一般将箍筋弯钩增加长度和弯折量度差值合并成一项，即箍筋调整值，具体数值见表 4.13。计算时，将箍筋的外包尺寸或内包尺寸加上相应的箍筋调整值即得箍筋下料长度。

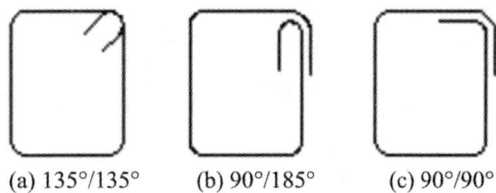

(a) 135°/135°　(b) 90°/185°　(c) 90°/90°

图 4.18 箍筋示意图

表 4.13 箍筋调整值　　　　单位/mm

箍筋度量方法	箍筋直径不同时的箍筋调整值			
	4～5	6	8	10～12
量外包尺寸	40	50	60	70
量内包尺寸	80	100	120	150～170

【例 4.2】 某预制钢筋混凝土梁 L1，断面 $b \times h = 200 \times 500$，钢筋简图见表 4.14。试计算梁 L1 中钢筋的下料长度。

解 下料长度可按下列式子计算：

①号钢筋($\phi 25$)：$(6690 + 150 \times 2) + 2 \times 6.25 \times 25 - 2 \times 2 \times 25 = 7203$ mm。

②号钢筋($\phi 22$)：$(175 + 265 + 4810 + 1740 + 2 \times 635) + 2 \times 6.25 \times 22 - 4 \times 0.5 \times 22 - 2 \times 22 = 8447$ mm。

③号钢筋($\phi 12$)：$(5675 + 150) + 2 \times 6.25 \times 12 - 2 \times 12 = 5951$ mm。

④号钢筋($\phi 20$)：$3155 + 2 \times 6.25 \times 20 = 3405$ mm。

⑤号钢筋($\phi 12$)：$1960 + 2 \times 6.25 \times 12 = 2110$ mm。

⑥号钢筋($\phi 20$)：$(400 + 573 + 340 + 316 + 200) + 2 \times 6.25 \times 20 - 4 \times 0.5 \times 20 = 2039$ mm。

⑦号钢筋($\phi 6$)：$[(500 - 2 \times 25 + 12) + (200 - 2 \times 25 + 12)] \times 2 + 50 = 1298$ mm。

表 4.14　钢　筋　简　图

构件名称	钢筋编号	简　图	钢号	直径/mm	下料长度/mm	数量/根
某教学楼 L2 梁(共 6 根)	①	6690　150	φ	25	7203	2
	②	175　265　635　4810　635　1740	φ	22	8447	1
	③	150　5675	φ	12	5951	2
	④	3155	φ	20	3405	2
	⑤	1960	φ	12	2110	2
	⑥	573　340　316　400　200	φ	20	2039	1
	⑦	462　162	φ	6	1298	32

2. 钢筋代换

钢筋的级别、钢号和直径应按设计要求采用，若施工中缺乏设计图中所要求的钢筋，则在征得设计单位的同意并办理设计变更文件后，可按下述原则进行代换。

(1) 当构件按强度控制时，可按强度相等的原则代换，称为"等强度代换"，即代换前后钢筋的"钢筋抗力"不小于施工图纸上原设计配筋的钢筋抗力，用公式表示为

$$A_{s2} \cdot f_{y2} \geq A_{s1} \cdot f_{y1} \tag{4.4}$$

式中：f_{y1}、f_{y2}——分别为原设计钢筋和拟代换钢筋的抗拉强度设计值(N/mm^2)；

A_{s1}、A_{s2}——分别为原设计钢筋和拟代换钢筋的计算截面面积(mm^2)；

$A_{s1} \cdot f_{y1}$、$A_{s2} \cdot f_{y2}$——分别为原设计钢筋和拟代换钢筋的钢筋抗力(N)。

将圆面积公式 $A_s = \dfrac{\pi d^2}{4}$ 代入式(4.4)的，得

$$n_2 d_2^2 f_{y2} \geq n_1 d_1^2 f_{y1} \tag{4.5}$$

式中：d_1、d_2——分别为原设计钢筋和拟代换钢筋的直径(mm)；

n_1、n_2——分别为原设计钢筋和拟代换钢筋的根数(根)。

当原设计钢筋与拟代换钢筋的直径相同(即 $d_1 = d_2$)时，

$$n_2 f_{y2} \geq n_1 f_{y1}$$

当原设计钢筋与拟代换钢筋的级别相同(即 $f_{y2} = f_{y1}$)时，

$$n_2 d_2^2 \geqslant n_1 d_1^2$$

(2) 当构件按最小配筋率配筋时，可按钢筋面积相等的原则进行代换，称为"等面积代换"，即 $A_{s2} \geqslant A_{s1}$。

【例 4.3】　某墙体设计配筋为 $\phi 14@200$，施工现场无此钢筋，拟用 $\phi 12$ 钢筋代换，试计算代换后每米几根。

解　因为钢筋的级别相同，所以可按"面积相等"的原则进行代换。代换前墙体每米设计配筋的根数为

$$n_1 = \frac{1000}{200} = 5 \text{ 根}$$

则由式(4.5)可得

$$n_2 \geqslant \frac{n_1 d_1^2 f_{y1}}{d_2^2 f_{y2}} = \frac{5 \times 142}{122} = 6.8$$

故取 $n_2 = 7$，即代换后每米 7 根 $\phi 12$ 钢筋。

【例 4.4】　某构件原设计用 7 根 $\phi 10$ 钢筋，现拟用 $\phi 12$ 钢筋代换，试计算代换后的钢筋根数。

解　因为钢筋的强度和直径均不相同，所以由式(4.5)可得

$$n_2 \geqslant \frac{n_1 d_1^2 f_{y1}}{d_2^2 f_{y2}} = \frac{7 \times 12 \times 335}{1.22 \times 235} = 6.93$$

故 $n_2 = 7$，即用 7 根 $\phi 12$ 的钢筋代换。

钢筋代换应注意以下事项：

(1) 梁的纵向受力钢筋与弯曲钢筋应分别进行代换，以保证正截面与斜截面的强度。

(2) 当构件受裂缝宽度或抗裂性要求控制时，代换后应进行裂缝或抗裂性验算。

(3) 钢筋代换后，应满足构造方面的要求(如钢筋间距、最小直径、最少根数、锚固长度、对称性等)及设计中提出的其他要求。

(4) 当钢筋的品种、级别或规格需做变更时，应办理设计变更文件，并征得设计单位的同意。

4.2.3　钢筋的连接

1. 钢筋焊接

采用焊接代替绑扎，可改善结构的受力性能，提高工作效率，节约钢材，降低成本。在结构的有些部位，如轴心受拉和小偏心受拉构件中的钢筋接头，应采用焊接。普通混凝土中直径大于 22 m 的钢筋以及轻骨料混凝土中直径大于 20 mm 的 HPB335 级钢筋和直径大于 25 mm 的 HPB335、HPB400 级钢筋，均宜采用焊接接头。钢筋的焊接质量与钢材的可焊性、焊接工艺有关。在相同的焊接工艺条件下，若钢筋能获得良好的焊接质量，则称

其在这种条件下的可焊性好,反之则称其在这种条件下的可焊性差。钢筋的可焊性与其含碳量及合金元素的含量有关。若碳、锰的含量增加,则钢筋的可焊性变差。加入适量的钛,可改善钢筋的焊接性能。此外,焊接参数的选择和操作水平的高低也会直接影响焊接质量。即使对于可焊性较差的钢筋,只要焊接工艺得当,也能获得良好的焊接质量。

钢筋焊接的接头形式、焊接工艺和质量验收标准应符合《钢筋焊接及验收规程》(JGJ 18—2012)中的相关规定。钢筋焊接方法有闪光对焊、电弧焊、电阻点焊、电渣压力焊和气压焊。

1) 闪光对焊

闪光对焊广泛应用于钢筋接长及预应力筋与螺丝端杆的焊接中。对于热轧钢筋的焊接,应优先采用闪光对焊,仅在条件不允许时才考虑使用电弧焊。连续闪光对焊所适用的钢筋上限直径可参照表 4.15。

表 4.15 连续闪光对焊所适用的钢筋上限直径

焊机容量/kVA	钢筋级别	钢筋直径/mm
150	HPB235 级	25
	HPB335 级	22
	HPB400 级	20
100	HPB235 级	20
	HPB335 级	18
	HPB400 级	16
75	HPB235 级	16
	HPB335 级	14
	HPB400 级	12

在选择钢筋闪光对焊焊接工艺时,需根据具体情况进行:当钢筋的直径较小时,采用连续闪光焊;当钢筋的直径较大且端面较为平整时,采用闪光-预热-闪光焊;当钢筋的直径大于 25 mm 时,通常使用预热闪光焊或闪光-预热-闪光焊。闪光-预热-闪光焊是指在预热闪光焊之前增加一次闪光过程,旨在使不平整的钢筋端面烧化平整,确保预热均匀,随后再按照预热闪光焊的标准操作进行。

对于 HPB400 级钢筋中可焊性较差的高强钢筋,应采用强电流进行焊接,并在焊接后进行通电热处理。通电热处理的目的是对焊接接头进行退火或高温回火处理,以消除热影响区可能产生的脆性组织,从而提高接头的塑性。实施通电热处理时,需待接头冷却至 300℃(呈现暗黑色)以下,随后将电极钳口调至最大间距,确保接头居中并重新夹紧。在采用较低变压器级数进行脉冲式通电加热时,频率应控制在 0.5~1 秒/次。热处理温度需通过试验确定,一般选择在 750℃~850℃(钢筋呈现橘红色)的范围内,之后钢筋将在空气中自然冷却。

采用连续闪光焊时,应合理选择调伸长度、烧化留量、顶锻留量以及变压器级数等参数;在采用闪光-预热-闪光焊时,除上述参数外,还需考虑一次烧化留量、二次烧化留量、预热留量和预热时间等参数。当焊接不同直径的钢筋时,其截面面积比不宜超过 1.5,焊接参数应按较大直径钢筋的要求来选择。在负温下进行焊接时,由于冷却速度快,易产生冷脆现象,且内应力增大,因此应采取措施减小温度梯度和冷却速度,以保证焊接质量。

　　钢筋闪光对焊后，除对接头进行外观检查(确保无裂纹、烧伤，接头弯折不大于 4°，接头轴线偏移不大于钢筋直径的 1/10 且不超过 2 mm)外，还应严格按照《钢筋焊接及验收规程》(JGJ 18—2012)中的规定进行抗拉强度和冷弯试验，以确保焊接接头的力学性能符合要求。

　　2) 电弧焊

　　电弧焊是利用弧焊机在焊条与焊件之间产生高温电弧，使焊条和电弧燃烧范围内的焊件熔化，待其凝固后，便形成焊缝或接头。钢筋电弧焊主要包括帮条焊、搭接焊、坡口焊和熔槽帮条焊四种形式。接下来，将详细介绍帮条焊、搭接焊和坡口焊，至于熔槽帮条焊及其他电弧焊接方法，请参见《钢筋焊接及验收规程》(JGJ 18—2012)。

　　(1) 帮条焊。此方法适用于直径为 10～40 mm 的各级热轧钢筋的焊接，宜采用双面焊接头，如图 4.19(a)上图所示。若条件不允许进行双面焊，则也可选择单面焊，焊接接头如图 4.19(a)下图所示。帮条最好使用与主筋相同级别和直径的钢筋制作，其长度可参考表 4.16。如果帮条的级别与主筋的相同，那么其直径可以比主筋的直径小一个规格。而当帮条的直径与主筋的直径相同时，其级别可以低于主筋一个级别。

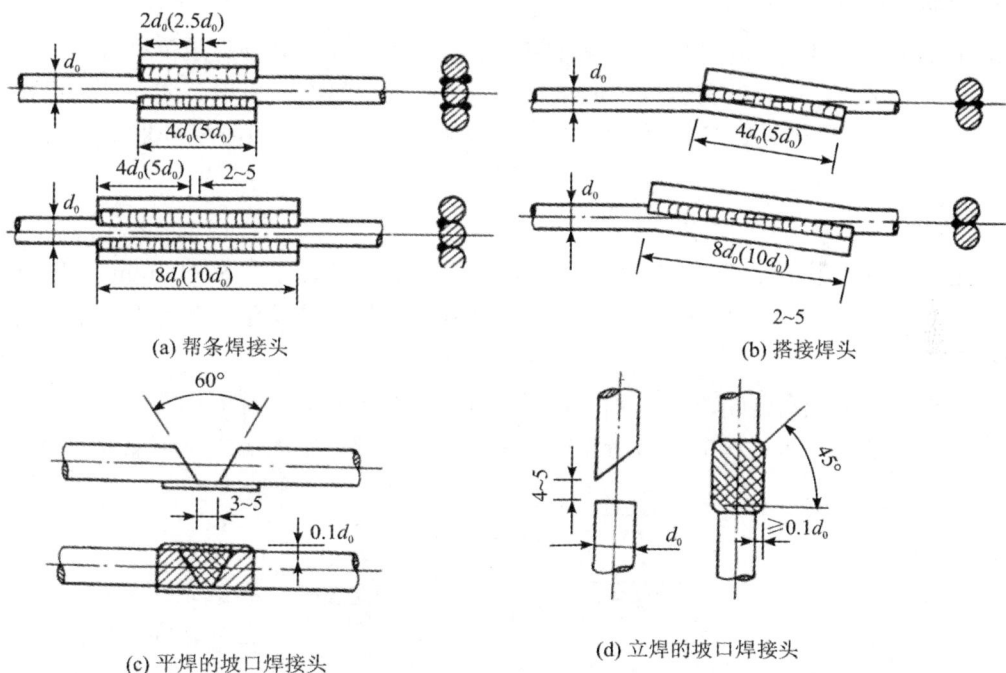

(a) 帮条焊接头　　　　　　　　　　(b) 搭接焊头

(c) 平焊的坡口焊接头　　　　　　　(d) 立焊的坡口焊接头

图 4.19　钢筋电弧焊的接头形式

　　(2) 搭接焊。此方法仅适用于直径为 10～40 mm 的 HPB235 和 HRB335 级钢筋的焊接。在进行焊接时，推荐采用双面焊，其焊接接头如图 4.19(b)上图所示。若无法进行双面焊，则也可以选择单面焊，焊接接头如图 4.19(b)下图所示。搭接的长度应与表 4.16 中列出的帮条长度相一致。

　　钢筋帮条接头或搭接接头的焊缝厚度 h 应不小于钢筋直径的 3/10，焊缝宽度 b 不小于钢筋直径的 7/10。焊缝的尺寸可参考图 4.20。

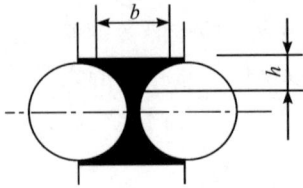

图 4.20　焊接尺寸示意图

表 4.16　钢筋帮条长度

项次	钢筋级别	焊缝形式	帮条长度
1	HPB235 级	单面焊	>8d
		双面焊	>4d
2	HRB335 级	单面焊	>10d
		双面焊	>5d

注：表中 d 为主筋直径(mm)。

(3) 坡口焊。坡口焊分为平焊和立焊两种方式。与前两种焊接方式相比，坡口焊能更节省钢材，特别适用于在现场焊接装配整体式构件中直径为 18～40 mm 的各级热轧钢筋。在钢筋坡口平焊时，V 形坡口的角度设置为 60°，其焊接接头如图 4.19(c)所示；而在坡口立焊时，坡口角度应为 45°，焊接接头如图 4.19(d)所示。钢垫板的长度控制在 40～60 mm 范围内。进行平焊时，钢垫板的宽度需为钢筋直径增加 10 mm；在立焊时，钢垫板的宽度则与钢筋直径相等。关于钢筋根部的间隙，平焊时应保持在 4～6 mm，立焊时则为 3～5 mm，但不论哪种焊接方式，最大间隙都不应超过 10 mm。焊接时所用的电流大小应根据钢筋和焊条的直径来合理选定。

对于帮条焊、搭接焊和坡口焊的焊接接头，我们不仅要对其外观质量进行检查，还需抽样进行拉力试验，以验证其强度。如果我们对焊接的质量存在疑虑，或在实际操作中发现了异常情况，那么还应采用非破损检测方式(例如 X 射线、γ 射线或超声波探伤等)进行进一步的检验。

3) 电阻点焊

电阻点焊主要用于焊接钢筋网片、钢筋骨架等，适用于直径为 6～14 mm 的 HPB235、HRB335 级钢筋以及直径为 3～5 mm 的冷拔低碳钢丝。这种方法生产效率高，节约材料，因此得到了广泛应用。

电阻点焊的工作原理如图 4.21 所示。具体而言，是将已经除锈的钢筋交叉点置于点焊机的两个电极之间，通过通电使钢筋发热至特定温度，随后施加压力使焊点处的金属熔化

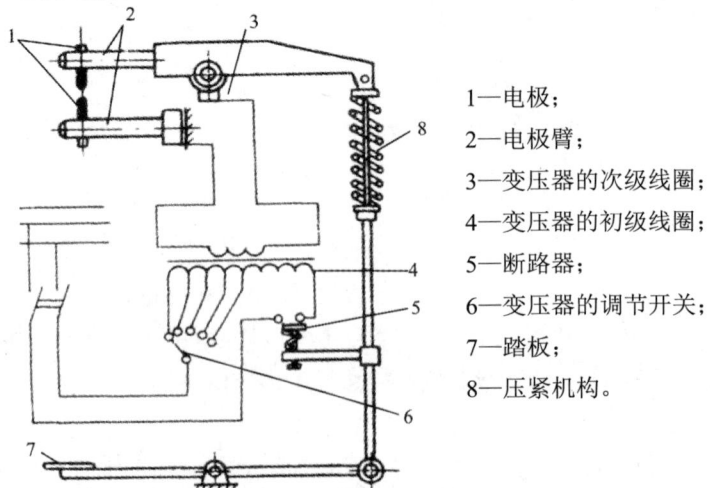

1—电极；

2—电极臂；

3—变压器的次级线圈；

4—变压器的初级线圈；

5—断路器；

6—变压器的调节开关；

7—踏板；

8—压紧机构。

图 4.21　电阻点焊的工作原理

并融合。常用的点焊机包括单点点焊机、多点点焊机以及悬挂式点焊机。在施工现场,还可采用手提式点焊机。电阻点焊的主要工艺参数包括电流强度、通电时间和电极压力。通常,推荐使用大电流强度与短通电时间的参数组合,而电极压力的选择则需根据钢筋的级别和直径来确定。

电阻点焊的焊点应进行外观检查和强度试验,热轧钢筋的焊点应进行抗剪试验。对于经过冷处理的钢筋,除进行抗剪试验外,还必须进行抗拉试验。

4) 电渣压力焊

在现浇钢筋混凝土框架结构中,竖向钢筋的连接推荐采用自动或手工电渣压力焊接。电渣压力焊适用于直径为 14～40 mm 的 HPB235、HRB335 级钢筋。与电弧焊相比,电渣压力焊的工效更高、能节约钢材、降低成本,因此在高层建筑施工中得到了广泛应用。

电渣压力焊设备主要包括电源、控制箱、焊接夹具以及焊剂盒。对于自动电渣压力焊设备,还额外包含控制系统和操作箱。焊接夹具(构造示意图如图 4.22 所示)需具备一定刚度,要求结构坚固、使用灵巧,且上下钳口应同心。上下钢筋的轴线应尽可能一致,其最大偏移量不得超过 0.1d(d 为钢筋直径),同时也不得超过 2 mm。

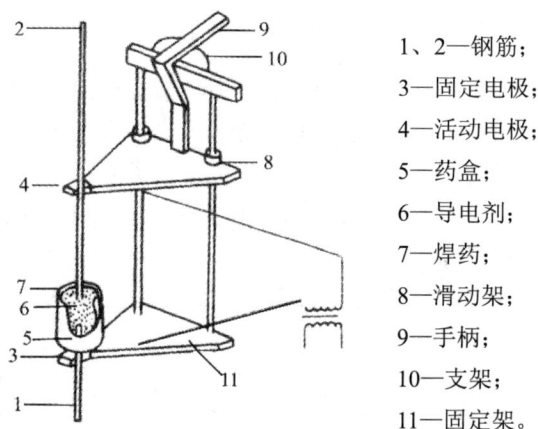

1、2—钢筋;
3—固定电极;
4—活动电极;
5—药盒;
6—导电剂;
7—焊药;
8—滑动架;
9—手柄;
10—支架;
11—固定架。

图 4.22　焊接夹具构造示意图

在焊接过程中,首先需清除钢筋端部 120 mm 范围内的铁锈,然后将夹具牢固地夹在下部钢筋上,并将上部钢筋扶直后牢固地夹在活动电极中。在上下钢筋间放置一小块导电剂(或钢丝小球),随后安装药盒并装满焊药。接通电路后,使用手柄引发电弧(引弧)。接着,稳定电弧一段时间以形成渣池并熔化钢筋(稳弧)。随着钢筋的熔化,用手柄缓缓下送上部钢筋。稳弧时间的长短取决于电流、电压和钢筋直径。例如,当电流为 850 A、工作电压约为 40 V 时,对于 $\phi30$ 和 $\phi32$ 的钢筋,稳弧时间大约为 50 s。达到规定的稳弧时间后,在断电的同时使用手柄进行加压顶锻(顶锻),以排除夹渣和气泡,从而形成接头。待冷却一段时间后,拆除药盒、回收焊药、拆除夹具并清除焊渣。引弧、稳弧和顶锻三个过程应连续进行。电渣压力焊的参数包括焊接电流、渣池电压和焊接通电时间,这些参数都应根据钢筋直径来选择。

电渣压力焊的接头应按照规范规定的方法进行外观质量检查和拉力试验。钢筋电渣压力焊接头需逐个进行外观检查,检查结果需满足以下要求:接头焊包应均匀,突出部分至少应高出钢筋表面 4 mm，且不得出现裂纹和明显的烧伤缺陷；接头处钢筋轴线的偏移量不得超过钢筋直径的 0.1，且最大不得超过 2 mm；接头弯折角度不得超过 4°。任何不符合外观要求的钢筋接头，都应切除并重新焊接。

在进行拉力试验时，对于现浇混凝土结构，应将每一楼层中的 300 个同级别钢筋接头视为一批。如果接头数量不足 300 个，那么也应视为一批。从中切取三个接头作为试件进行静力拉伸试验，其抗拉强度的实测值均不得低于该级别钢筋的抗拉强度标准值。若有一个试件的抗拉强度低于规定值，则需加倍取样。若仍有试件不符合要求，则判定该批焊接接头为不合格。

在钢筋电渣压力焊的焊接过程中，一旦发现裂纹、未熔合、烧伤等焊接缺陷，应立即查找原因并采取措施进行及时处理。

5) 气压焊

气压焊接钢筋是利用乙炔-氧混合气体燃烧产生的高温火焰，对已经施加初始压力的两根钢筋端面接合处进行加热，使钢筋端部发生塑性变形，并促进钢筋端面的金属原子相互扩散。当钢筋被加热到1250℃～1350℃(这个温度相当于钢材熔点的 0.80～0.90，此时钢筋加热部位会呈现橘黄色并伴有白亮闪光)时，进行加压顶锻，使钢筋内的原子再结晶，从而实现焊接。

钢筋气压焊接属于热压焊的一种。在焊接加热过程中，由于加热温度控制在钢材熔点的 0.8～0.9，且加热时间较短，因此钢筋的热输入量相对较少，钢材并未进入深化液态，从而避免了钢筋材质的劣化。此外，气压焊设备轻巧、灵活、高效，不仅节省电能，而且焊接成本低，能够进行全方位(竖向、水平和斜向)的焊接操作。目前，这种技术已经在我国得到了广泛的推广和应用。

气压焊接设备(如图 4.23 所示)主要由加热系统和加压系统两大部分组成。

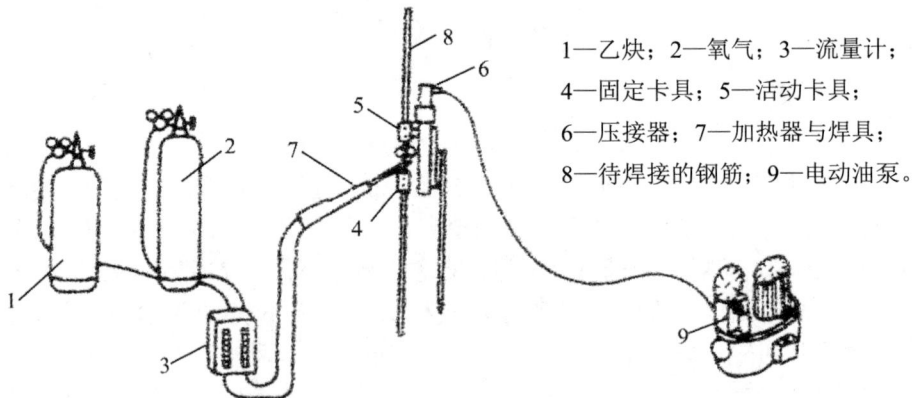

1—乙炔；2—氧气；3—流量计；
4—固定卡具；5—活动卡具；
6—压接器；7—加热器与焊具；
8—待焊接的钢筋；9—电动油泵。

图 4.23   气压焊接设备示意图

加热系统中的加热能源是氧气和乙炔。系统中的流量计用于控制氧气和乙炔的输入量，，以满足不同直径钢筋焊接所需的流量。加热器则负责将氧气和乙炔混合后，通过喷火嘴喷出火焰来加热钢筋。在这个过程中，要求火焰能够均匀加热钢筋，确保足够的温度和功率，并且保证安全可靠。

在加压系统中，电动油泵(也有手动油泵可选)作为压力源，确保加压顶锻过程中的压力平稳。压接器是气压焊的核心设备之一，它必须能够精确、便捷地将两根钢筋固定在同一轴线上，并将油泵产生的压力均匀传递给钢筋，以完成焊接任务。由于施工时压接器需要频繁装拆，因此要求其重量轻、结构简洁且装拆便利。

进行气压焊接的钢筋应使用砂轮切割机进行断料，避免使用钢筋切断机，以确保端面与钢筋轴线严格垂直。焊接前，必须对钢筋端面进行打磨，彻底清除氧化层和污物，直至露出金属光泽。随后，应立即喷涂一层薄薄的焊接活化剂，以防止端面再次氧化。

钢筋加热器可适当扩大钢筋的加热范围，以促进钢筋端面金属原子的相互渗透，便于后续的加压顶锻操作。加压顶锻时，应施加约 34～40 MPa 的压应力，使焊接部位发生塑性变形。对于直径小于 22 mm 的钢筋，可以通过一次顶锻成型；而对于大直径钢筋，则可能需要进行二次顶锻。气压焊接头必须按照规定的方法检查外观质量，并进行拉力试验以确保其性能。

2. 钢筋机械连接

钢筋机械连接常用钢筋挤压连接和钢筋螺纹套管连接两种形式，这些方式是近年来大直径钢筋现场连接的主要方式。

1) 钢筋挤压连接

钢筋挤压连接又称为钢筋套筒冷压连接，其操作过程将待连接的变形钢筋插入特制的钢套筒内，随后利用液压驱动的挤压机进行径向或轴向的挤压，使钢套筒发生塑性变形，从而牢固地咬合变形钢筋，实现连接。钢筋径向挤压连接的原理图可参考图 4.24。这种方法适用于竖向、横向以及其他方向的较大直径变形钢筋的连接。与焊接方法相比，它具备节省电能、不受钢筋可焊性限制、不受气候条件影响、不需要明火、施工简便以及接头可靠性高等诸多优点。

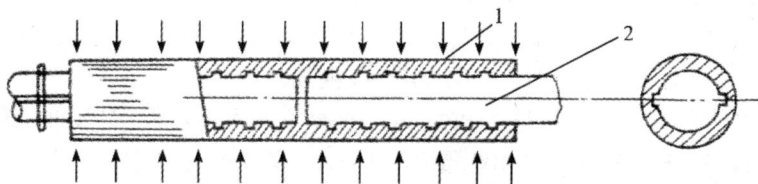

1—钢套筒；2—待连接钢筋。

图 4.24　钢筋径向挤压连接原理图

钢筋挤压连接的工艺参数主要是压接顺序、压接力和压接道数。压接顺序是从中间向两端压接。压接力要能保证钢套筒与钢筋紧密咬合，压接力和压接道数取决于钢筋直径、钢套筒型号和挤压机型号。

2) 钢筋螺纹套管连接

钢筋螺纹套管连接分为两种类型：锥套管螺纹连接和直套管螺纹连接。用于此类连接的钢套管内壁，通过专用机床加工出螺纹。同时，钢筋的对接端头也在套丝机上加工出与套管相匹配的螺纹。如图 4.25 所示，在进行连接时，首先要检查螺纹是否无油污和损伤，然后用手将钢筋旋入套管中，随后使用扭矩扳手将其紧固至规定的扭矩值，从而完成连接。钢筋螺纹套管连接具有施工速度快、质量稳定、对中性好等优点，并且其施工不受气候条件的影响。

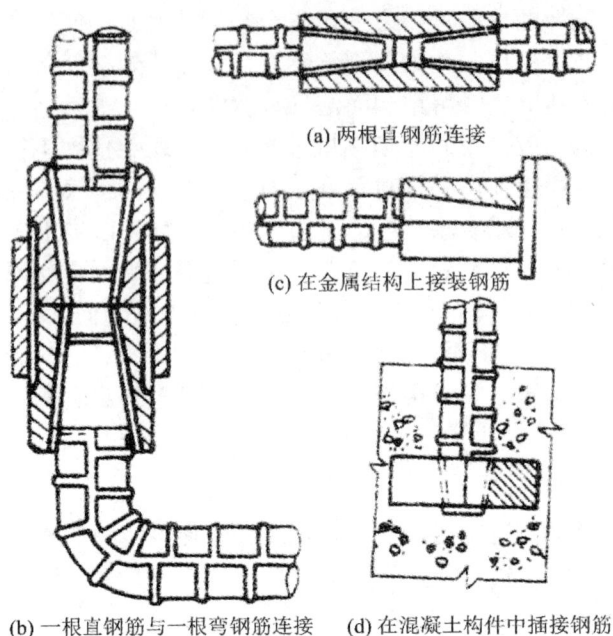

(a) 两根直钢筋连接

(c) 在金属结构上接装钢筋

(b) 一根直钢筋与一根弯钢筋连接　　(d) 在混凝土构件中插接钢筋

图 4.25　钢筋螺纹套管连接示意图

4.2.4　钢筋的加工

钢筋的加工流程包括调直、除锈、切断、接长以及弯曲等多个环节。

1. 钢筋调直

钢筋调直通常推荐使用机械方法,同时冷拉工艺也可用于调直。如果冷拉的主要目的是调直而非增强钢筋的强度,那么在调直过程中应控制冷拉率:对于 HPB235 级钢筋,冷拉率不应超过 4%;对于 HRB335 和 HRB400 级钢筋,冷拉率不应超过 1%。当使用的钢筋没有弯钩或弯折的要求时,可以适当放宽调直的冷拉率限制,但 HPB235 级钢筋的冷拉率仍不得超过 6%,HRB335 和 HRB400 级钢筋的冷拉率不得超过 2%。对于不允许采用冷拉钢筋的结构,钢筋调直的冷拉率必须严格控制在 1% 以下。此外,除冷拉调直外,粗钢筋还可以通过锤直和扳直等方法进行调直。对于直径为 4~14 mm 的钢筋,推荐使用调直机进行调直操作。经过调直处理后的钢筋应保持平直状态,不得出现局部弯曲或曲折。

2. 钢筋除锈

为确保钢筋与混凝土之间的握裹力,钢筋在使用前必须清除其表面的油渍、漆污和铁锈。钢筋的除锈通常可通过以下三种方法完成:一是在钢筋冷拉或调直过程中进行除锈,这种方法对大量钢筋除锈较为经济高效;二是利用电动除锈机除锈,这种方法适用于钢筋的局部除锈,操作便捷;三是采用手工除锈(如使用钢丝刷、沙盘)、喷沙或酸洗除锈等方法。若在除锈过程中发现钢筋严重锈蚀并已损伤钢筋截面,或在除锈后钢筋表面出现严重麻坑、斑点伤及钢筋截面时,应降级使用或予以剔除。

3. 钢筋切断

钢筋的切断可以使用钢筋切断机或手动切断器。手动切断器一般适用于切断直径小于

12 mm 的钢筋。钢筋切断机分为电动和液压两种类型，能够切断直径为 40 mm 的钢筋。对于直径大于 40 mm 的钢筋，则常采用氧乙炔焰、电弧切割或锯断的方式。钢筋应按照下料长度进行切断，且下料长度应力求精确，允许偏差为±10 mm。

4. 钢筋弯曲

钢筋下料完成后，需根据弯曲设备的特点、钢筋直径及弯曲角度进行画线，以确保钢筋能够弯曲成设计所要求的尺寸。当需要弯曲的钢筋两边对称时，画线工作应从钢筋中线开始向两边进行。对于形状较为复杂的钢筋，可先制作实样，再依据实样进行弯曲。钢筋的弯曲通常使用弯曲机来完成。弯曲机可适用于直径为 6～40 mm 的钢筋，而直径小于 25 mm 的钢筋也可采用扳手进行弯曲。

加工钢筋的允许偏差应满足以下要求：受力钢筋顺长度方向全长的净尺寸偏差不应超过±10 mm，弯起筋的弯折位置偏差不应超过±20 mm，箍筋内净尺寸偏差不应超过 5 mm。

4.2.5　钢筋的绑扎与安装

钢筋加工完成后，下一步是进行绑扎与安装。在进行这些操作之前，施工人员应先详细了解施工图纸，仔细核对钢筋配料单和钢筋加工牌，研究与相关工种的协作方式，并确定合适的施工方法。

在接长钢筋、构建钢筋骨架或钢筋网时，应优先考虑使用焊接或机械连接方式。然而，在某些情况下，如电焊机功率不足或钢筋骨架过大、过重导致运输和安装困难时，可以采用绑扎的方法作为替代。

钢筋的绑扎通常使用 20～22 号铁丝(也称为火烧丝)或镀锌铁丝。需要特别注意的是，22 号铁丝仅适用于绑扎直径小于 12 mm 的钢筋。

钢筋的绑扎流程是：画线→摆筋→穿箍→绑扎→安装垫块。在画线时，应特别注意间距和数量的准确性，并明确标出需要加密的箍筋位置。在摆放钢筋时，对于板类结构，通常先排列主筋，然后排列负筋；而对于梁类结构，则一般先排列纵向钢筋。在排放过程中，应确保符合规范要求，特别是对于有焊接接头和绑扎接头的钢筋。对于变截面的箍筋，应提前将箍筋的排列顺序规划清晰，然后再进行纵向钢筋的安装。

(1) 钢筋绑扎应遵循以下规定：

① 钢筋的交点必须用铁丝牢固绑扎。

② 对于板和墙的钢筋网，除外围两行钢筋的相交点需要全部绑扎牢固外，中间区域的相交点可以间隔交错绑扎，但必须确保受力钢筋不会发生位移。对于双向受力的钢筋网片，所有相交点都必须绑扎牢固。

③ 除非设计有特殊要求，梁和柱的箍筋应与受力钢筋垂直设置。箍筋弯钩的叠合处应沿受力钢筋的方向错开配置。在梁的情况下，箍筋弯钩应在梁面左右各错开 50%；在柱的情况下，箍筋弯钩应在柱四角相互错开。

④ 当柱中的竖向钢筋进行搭接时，角部钢筋的弯钩应与模板形成 45° 角(对于多边形柱，弯钩应指向模板内角的平分线；对于圆形柱，弯钩应与柱模板的切线垂直)。中间钢筋的弯钩应与模板成 90° 角。当使用插入式振捣器浇筑小截面柱时，弯钩与模板之间的角度不得小于 15°。

⑤ 在板、次梁与主梁交叉的地方，板的钢筋应位于最上层，次梁的钢筋位于中间，而主梁的钢筋则位于最下层。如果存在圈梁或垫梁，则主梁的钢筋应位于最上层。

(2) 钢筋的搭接长度及绑扎点位置需遵循以下规定：

① 钢筋搭接长度的末端与钢筋弯曲处的距离不得小于钢筋直径的 10 倍，同时钢筋搭接部位应避免位于构件的最大弯矩处。

② 在受拉区域内，HPB235 级钢筋的绑扎接头末端需制作弯钩，而 HRB335、HRB400 钢筋则不需要制作弯钩。

③ 对于直径小于或等于 12 mm 的受压 HPB235 级钢筋末端，以及轴心受压构件中任意直径的受力钢筋末端，可以不做弯钩，但其搭接长度应不少于钢筋直径的 35 倍。

④ 钢筋搭接处必须在中心和两端使用铁丝牢固绑扎。

⑤ 绑扎接头的搭接长度需满足《混凝土结构工程施工质量验收规范》(GB 50204—2015) 的相关规定。

关于钢筋保护层，其厚度应根据设计或规范要求准确确定。在工地上，通常使用预制的水泥垫块置于钢筋与模板之间，以控制保护层的厚度。这些垫块应按梅花形布置，且相互间距不应超过 1m。对于上下双层钢筋之间的尺寸，可以通过绑扎短钢筋或设置撑脚来进行控制。

4.2.6 钢筋工程的施工质量检查与验收方法

钢筋工程属于隐蔽工程，在浇筑混凝土前，应对钢筋及预埋件进行隐蔽工程验收，并按规定做好隐蔽工程记录，以便后续检查。验收时，应检查纵向受力钢筋的品种、规格、数量、位置等是否正确，特别注意检查负筋的位置；同时，还需检查钢筋的连接方式、接头位置、接头数量、接头面积百分率是否符合相关规定。此外，还需确认箍筋、横向钢筋的品种、规格、数量、间距等是否满足规定要求，以及预埋件的规格、数量、位置等是否符合设计规定。另外，还要检查钢筋的绑扎是否牢固，是否存在变形、松脱或开焊的情况。

钢筋工程的施工质量检验需遵循主控项目和一般项目的规定检验方法进行。检验批的合格质量应满足以下条件：主控项目的质量必须经抽样检验合格；一般项目的质量同样需要经抽样检验合格；当采用计数方式进行检验时，除非有特殊要求，一般项目的合格点率应至少达到 80%，且不得存在严重缺陷。同时，整个施工过程应具备详尽的操作依据和完整的质量验收记录。

1. 主控项目

(1) 进场的钢筋应按规定抽取试件做力学性能检验，其质量必须符合相关标准的规定。

检查数量：按进场的批次和产品的抽样检验方案确定。

检查方法：检查产品合格证、出厂检验报告和进场复检报告。

(2) 对于有抗震设防要求的框架结构，其纵向受力钢筋的强度应满足设计要求；当设计无具体要求时，对于一、二级抗震等级，检验所得的强度实测值应符合下列规定：钢筋的抗拉强度实测值与屈服强度实测值的比值不应小于 1.25，钢筋的屈服强度实测值与强度标准值的比值不应大于 1.3。

检查数量：按进场的批次和产品的抽样检验方案确定。

检查方法：检查进场复验报告。

(3) 受力钢筋的弯钩与弯折应符合下列规定：HPB300 级钢筋末端应做 180° 弯钩，其弯弧内直径不应小于钢筋直径的 2.5 倍，弯钩的平直部分长度不应小于钢筋直径的 3 倍；当设计要求钢筋末端做 135° 弯钩时，HRB335 级、HRB400 级钢筋的弯弧内直径不应小于钢筋直径的 4 倍，弯钩的平直部分长度应符合设计要求。当钢筋做不大于 90° 的弯折时，弯折处的弯弧内直径不应小于钢筋直径的 5 倍。

除焊接封闭环式箍筋外，箍筋的末端应做弯钩。弯钩形式应符合设计要求，当设计无具体要求时，应符合下列规定：箍筋弯钩的弯弧内直径除应满足本条前述的规定外，尚应不小于受力钢筋的直径。箍筋弯钩的弯折角度应符合下列规定：对于一般结构，不应小于 90°；对于有抗震等要求的结构，应为 135°。箍筋弯后平直部分的长度应符合下列规定：对于一般结构，不宜小于箍筋直径的 5 倍；对于有抗震等要求的结构，不应小于箍筋直径的 10 倍。

检查数量：每工作班同一类型钢筋、同一加工设备抽查不应少于 3 件。

检验方法：用钢尺检查。

(4) 纵向受力钢筋的连接方式应符合设计要求。

检查数量：全数检查。

检查方法：观察。

(5) 钢筋机械连接接头、焊接接头应按国家现行标准的规定抽取试件做力学性能检验，其质量应符合有关规范的规定。

检查数量：按有关规范确定。

检查方法：检查产品合格证、接头力学性能试验报告。

(6) 钢筋安装时，受力钢筋的品种、级别、规格和数量必须符合设计要求。

检查数量：全数检查。

检查方法：观察，用钢尺检查。

2. 一般项目

(1) 钢筋应平直、无损伤，表面不得有裂纹、油污、颗粒状或片状老锈。

检查数量：进场时和使用前全数检查。

检查方法：观察。

(2) 钢筋调直宜采用机械方法，当采用冷拉方法调直钢筋时，钢筋的冷拉率应符合规范的要求。

检查数量：每工作班同一类型钢筋、同一加工设备抽查不应少于 3 件。

检查方法：观察，用钢尺检查。

(3) 钢筋加工的形状、尺寸应符合设计要求，其偏差应符合表 4.17 所示的规定。

检查数量：每工作班同一类型钢筋、同一加工设备抽查不应少于 3 件。

检查方法：用钢尺检查。

表 4.17　钢筋加工的允许偏差

项　　目	允许偏差/mm
受力钢筋顺长度方向全长的净尺寸	±10
弯起钢筋的弯折位置	±20
箍筋内净尺寸	±50

(4) 钢筋的接头应设置在受力较小处，同一纵向受力钢筋不宜设置两个或两个以上接头。接头末端至钢筋弯起点的距离不应小于钢筋直径的 10 倍。

检查数量：全数检查。

检查方法：观察，用钢尺检查。

(5) 施工现场应按国家标准《钢筋机械连接通用技术规程》(JGJ 107—2016)、《钢筋焊接及验收规范》(JGJ 18—2012)的规定对钢筋机械连接接头、焊接接头的外观进行检查，其质量应符合有关规范的规定。

检查数量：全数检查。

检查方法：观察。

(6) 当受力钢筋采用机械连接接头或焊接接头时，设置在同一构件内的接头应相互错开。纵向受力钢筋机械连接接头及焊接接头连接区段的长度为 $35d$(d 为纵向受力钢筋的较大直径)，且不应小于 500 mm。凡接头中点位于该连接区段长度内的接头均属于同一连接区段。在同一连接区段内，纵向受力钢筋的接头面积百分率应符合设计要求；当设计无具体要求时，在受拉区不宜大于 50%。接头不宜设置在有抗震设防要求的框架梁端、柱端的箍筋加密区；当无法避开时，对于等强度高质量机械连接接头，接头面积百分率不应大于 50%。在直接承受动力荷载的结构构件中，不宜采用焊接接头；当采用机械连接接头时，接头面积百分率不应大于 50%。

同一构件中相邻纵向受力钢筋的绑扎搭接接头应相互错开。绑扎搭接接头中钢筋的横向净距不应小于钢筋直径，且不应小于 25 mm。钢筋绑扎搭接接头连接区段的长度为 $1.3l$(l 为搭接长度)。凡搭接接头中点位于该连接区段长度内的搭接接头均属于同一连接区段。在同一连接区段内，纵向钢筋搭接接头面积百分率应符合设计要求。当设计无具体要求时，对于梁、板、墙类构件，不宜大于 25%；对于柱类构件，不宜大于 50%。当工程中确有必要增大接头面积百分率时，对于梁类构件，不应大于 50%；对于其他构件，可根据实际情况放宽限制。

(7) 在梁、柱类构件的纵向受力钢筋搭接长度范围内，应按设计要求配置箍筋。当设计无具体要求时，箍筋直径不应小于搭接钢筋较大直径的 0.25 倍；受拉搭接区段的箍筋间距不应大于搭接钢筋较小直径的 5 倍，且不应大于 100 mm；受压搭接区段的箍筋间距不应大于搭接钢筋较小直径的 10 倍，且不应大于 200 mm；当柱中纵向受力钢筋直径大于 25 mm 时，应在搭接接头两个端面外 100 mm 范围内各设置两个箍筋，其间距宜为 50 mm。

检查数量：在同一检验批内，对于梁、柱和独立基础，应抽查构件数量的 10%，且不少于 3 件；对于墙和板，应按有代表性的自然间抽查 10%，且不少于 3 间；对于大空间结构，墙可按相邻轴线间高度约 5m 划分检查面，板可按纵横轴线划分检查面，抽查比例为 10%，且各类检查面均不少于 3 面。

检查方法：观察和尺量检查。

(8) 钢筋安装位置的偏差应符合表 4.18 的规定。

检查数量：在同一检验批内，对于梁、柱和独立基础，应抽查构件数量的 10%，且不少于 3 件；对于墙和板，应按有代表性的自然间抽查 10%，且不少于 3 间；对于大空间结构，墙可按相邻轴线间高度 5 m 左右划分检查面，板可按纵横轴线划分检查面，抽查 10%，且均不少于 3 面。

检查方法：详见表 4.18。

表 4.18　钢筋安装位置的允许偏差和检验方法

项　目		允许偏差/mm	检验方法
绑扎钢筋网	长、宽	±10	尺量
	网眼尺寸	±20	尺量连续三档，最大偏差值
绑扎钢筋骨架	长	±10	尺量
	宽、高	±5	尺量
纵向受力钢筋	锚固长度	−20	尺量两端、中间各一点，最大偏差值
	间距	±10	
	排距	±5	
纵向受力钢筋、箍筋的混凝土保护层厚度	基础	±10	尺量
	梁柱	±5	尺量
	墙、板、壳	±3	尺量
绑扎钢筋、横向钢筋间距		±20	尺量连续三档，最大偏差值
钢筋弯起点位置		20	尺量
预埋件	中心线位置	5	尺量
	水平高差	+3,0	尺量

注：(1) 检查中心线位置时，应沿纵、横两个方向测量，并取其中的较大值。(2) 表中梁、板类构件上部纵向受力钢筋保护层厚度的合格点率应达到 90% 及以上，且不得超过表中尺寸偏差允许值的 1.5 倍。

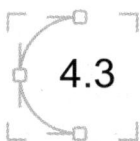

4.3　混凝土工程施工

混凝土施工应确保结构具有设计的外形和尺寸，同时保证施工后的混凝土达到设计要求的强度等级，具备良好的整体性，并满足设计和施工中的特殊要求。混凝土工程包括混凝土的制备、运输、浇筑与捣实、养护与拆模等多个施工环节。这些环节既相互关联又彼此影响。在混凝土施工过程中，我们除需按照相关规定严格控制混凝土原材料的质量外，还需注意任一施工环节的处理，因为不当的处理方式都会对混凝土工程的最终质量产生影响。因此，如何在施工过程中控制每一个施工环节，是混凝土工程领域需要研究的课题。

4.3.1　混凝土的制备

制备混凝土时，应选用符合质量标准的原材料，并严格按照规定的配合比进行配料。混合料需充分拌和以确保均匀性，从而保证混凝土达到结构设计规定的强度等级。同时，制备过程应满足设计的特殊要求(例如抗冻、抗渗等性能)，确保混凝土的和易性，并遵循节约水泥、降低劳动强度等原则。

1. 混凝土的施工配料

1) 混凝土的配制强度

混凝土的配制强度应按下式计算：

$$f_{cu,o} \geqslant f_{cu,k} + 1.645\sigma \tag{4.6}$$

式中：$f_{cu,o}$——混凝土的配制强度(MPa)；

　　　$f_{cu,k}$——混凝土立方体抗压强度标准值(MPa)；

　　　σ——混凝土强度标准差(MPa)。

混凝土强度标准差宜根据同类混凝土统计资料按下式计算确定：

$$\sigma = \sqrt{\frac{\sum\limits_{i=1}^{n} f_{cu,i}^2 - n f_{cu}^2}{n-1}} \tag{4.7}$$

式中：$f_{cu,i}$——统计周期内同一品种混凝土第 i 组试件的强度值(MPa)；

　　　f_{cu}——统计周期内同一品种混凝土 n 组试件的强度平均值(MPa)；

　　　n——统计周期内同一品种混凝土试件的总组数，$n \geqslant 30$。

当混凝土强度等级为 C20 和 C25 级，其强度标准差计算值小于 2.5 MPa 时，计算配制强度用的标准差应不小于 2.5 MPa；当混凝土强度等级等于或大于 C30 级，其强度标准差计算值小于 3.0 MPa 时，计算配制强度用的标准差应不小于 3.0 MPa。

对于预拌混凝土厂和预制混凝土构件厂，其统计周期可取为一个月；对于现场拌制混凝土的施工单位，其统计周期可根据实际情况确定，但不宜超过三个月。

当施工单位无近期混凝土强度统计资料时，σ 值可根据混凝土设计强度等级进行取值：当混凝土设计强度等级 $\leqslant$ C20 时，σ 取 4 MPa；当混凝土设计强度等级在 C25～C40 之间时，σ 取 5 MPa；当混凝土设计强度等级 $\geqslant$ C45 时，σ 取 6 MPa。

2) 混凝土的施工配合比及施工配料

混凝土的配合比是在实验室中根据混凝土的配制强度，经过试配和调整而确定的，这种配合比被称为实验室配合比。在实验室配合比中，所使用的砂、石都是不含水分的。然而，在施工现场，砂、石通常会含有一定的水分，且其含水率会随着气温等条件的变化而波动。为了确保混凝土的质量，在施工过程中，需要根据砂、石的实际含水率对原始的实验室配合比进行调整。经过现场砂、石含水率调整后的配合比被称为施工配合比。

设实验室配合比为水泥：砂：石 $= 1 : x : y$，水灰比为 W/C。若现场砂、石的含水率分别为 W_x、W_y，则施工配合比为水泥：砂：石 $= 1 : x(1 + W_x) : y(1 + W_y)$。注意，此时的水灰比 W/C 不变，但在计算加水量时，应扣除砂、石中所含的水分。

施工配料是指确定每一次搅拌所需的各种原材料的量。这个量是根据施工配合比和搅拌机的出料容量来计算的。

【例 4.5】 某混凝土实验室配合比为 1：2.25：4.45，水灰比 $W/C = 0.6$，每立方米混凝土水泥用量 $m_c = 290$ kg，现场测得砂、石的含水率分别为 3%、1%，求施工配合比及每立方米混凝土各种材料用量。

解 根据实验室配合比和施工现场材料含水率计算施工配合比，得

$$1 : x(1 + W_x) : y(1 + W_y) = 1 : 2.25(1 + 0.03) : 4.45(1 + 0.01) \approx 1 : 2.32 : 4.49$$

水泥用量 $m_c = 290$ kg，按施工配合比计算每立方米混凝土各种材料用量，得：

砂用量为

$$m_s = 290 \times 2.32 = 672.8 \text{ kg}$$

石用量为

$$m_g = 290 \times 4.49 = 1302.1 \text{ kg}$$

水用量为

$$m_w = 290 \times 0.6 - 2.25 \times 290 \times 0.03 - 4.45 \times 290 \times 0.01 = 141.52 \text{ kg}$$

2. 混凝土搅拌机和搅拌制度

1) 搅拌机的选择

混凝土搅拌是将各种组成材料混合并搅拌成质地均匀、颜色一致且具备特定流动性的混凝土拌和物的过程。如果混凝土搅拌不均匀，那么将无法获得密实的混凝土，从而影响混凝土的质量。因此，搅拌在混凝土施工工艺中占据重要地位。鉴于人工搅拌混凝土质量参差不齐，水泥消耗量大，且劳动强度较高，所以仅在工程量较小时采用。在大多数情况下，我们通常选择机械搅拌方式。

混凝土搅拌机根据其搅拌原理，可分为自落式和强制式两类(见图 4.26)。

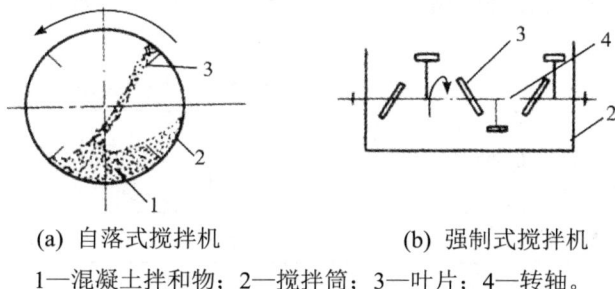

(a) 自落式搅拌机　　　　　　　(b) 强制式搅拌机

1—混凝土拌和物；2—搅拌筒；3—叶片；4—转轴。

图 4.26　混凝土搅拌机工作原理图

自落式搅拌机的搅拌筒内壁焊有弧形叶片。当搅拌筒绕水平轴旋转时，这些叶片会不断将物料提升到一定高度，然后物料会利用重力自由落下。由于各物料颗粒下落的时间、速度、落点和滚动距离不同，物料颗粒得以充分混合。自落式搅拌机特别适合搅拌塑性混凝土和低流动性混凝土。锥形反转出料搅拌机是自落式搅拌机中的一种，其主叶片和副叶片分别与拌筒轴线成 45° 和 40° 的夹角，因此在搅拌时，叶片能使物料产生轴向窜动，搅拌运动较为强烈。这种搅拌机正转进行搅拌，反转进行出料，虽然功率消耗较大，但其构造简单、重量轻、搅拌效率高、出料干净且维修保养方便。

在我国，混凝土搅拌机的标定规格是以其出料容量(m³)乘以 1000 来确定的。目前市场上现行的混凝土搅拌机系列包括 50、150、250、350、500、750、1000、1500 和 3000。在选择搅拌机时，应根据工程量的大小和混凝土的坍落度来确定，既要满足技术要求，也要考虑经济效果和能源节约。

2) 搅拌制度的确定

为了获得质量优良的混凝土拌和物，除正确选择搅拌机外，还必须正确确定搅拌制度，即投料顺序、搅拌时间和进料容量等。

(1) 投料顺序。投料顺序应从提高搅拌质量，减少叶片、衬板的磨损，减少拌和物与搅拌筒的黏结，减少水泥飞扬，改善工作条件等方面综合考虑确定，常用方法有一次投料法和二次投料法。

① 一次投料法：即在上料斗中先装石子，再加水泥和砂，然后一次投入搅拌机。在鼓筒内先加水或在料斗提升进料的同时加水。这种上料顺序使水泥夹在石子和砂中间，上料时不致飞扬，又不致黏住斗底，且水泥和砂先进入搅拌筒形成水泥砂浆，可缩短包裹石子的时间。

② 二次投料法：又分为预拌水泥砂浆法和预拌水泥净浆法。预拌水泥砂浆法是先将水泥、砂和水加入搅拌筒内进行充分搅拌，成为均匀的水泥砂浆后，再投入石子搅拌成均匀的混凝土。而预拌水泥净浆法则是先将水泥和水充分搅拌成均匀的水泥净浆后，再加入砂和石子搅拌成混凝土。实践证明，与一次投料法相比，利用二次投料法搅拌的混凝土强度可提高约 15%，在强度相同的情况下，可节约水泥约为 15%～20%。

(2) 搅拌时间。搅拌时间是影响混凝土质量及搅拌机生产率的重要因素之一。搅拌时间过短会导致拌和不均匀，进而降低混凝土的强度及和易性；而搅拌时间过长，则不仅会影响搅拌机的生产率，还可能使混凝土的和易性降低或产生分层离析现象。搅拌时间的长短与搅拌机的类型、鼓筒尺寸、骨料的种类和粒径，以及混凝土的坍落度等因素密切相关。混凝土搅拌的最短时间(即从全部材料装入搅拌筒中开始到卸料为止)可参考表4.19 来确定。

表 4.19   混凝土搅拌的最短时间   单位：/s

混凝土坍落度/mm	搅拌机机型	搅拌机出料容量/L		
		<250	250～500	>500
≤30	自落式	90	120	150
	强制式	60	90	120
>30	自落式	90	90	120
	强制式	60	60	90

注：当混凝土中掺有外加剂时，应适当延长搅拌时间。

(3) 进料容量。进料容量也被称为干料容量，指的是搅拌前各材料的体积总和。进料容量 V_j 与搅拌机搅拌筒的几何容量 V_g 之间存在一定的比例关系，通常这个比例 V_j/V_g 在 0.22 到 0.4 之间，对于鼓筒式搅拌机，可以选择较小的比值。如果进料容量超出规定容量的 10% 以上，则会导致材料在搅拌筒内没有足够的空间进行充分混合，从而影响混凝土拌和物的均匀性；相反，如果装料过少，则无法充分利用搅拌机的效率。进料容量可以根据搅拌机的出料容量和混凝土的施工配合比来计算。

在使用搅拌机时，必须注意安全。只有在鼓筒正常转动后，才可以开始装料。搅拌机运转时，严禁将头、手或工具伸入筒内。如果因故障(如停电)导致停机，那么应立即采取措施将筒内的混凝土取出，以防混凝土凝结。搅拌工作完成后，应立刻清洗鼓筒内外。如果叶片的磨损面积达到或超过 10%，则应及时按原样进行修补或更换。

3. 混凝土搅拌站

混凝土拌和物在搅拌站进行集中拌制，可以实现自动上料、自动称量、自动出料以及集中操作控制。这种机械化和自动化的生产方式大大提高了生产效率，降低了劳动强度，同时也提升了混凝土的质量，从而取得了较好的技术经济效果。在施工现场，可以根据工程规模、现场条件以及机具设备情况，因地制宜地选择合适的搅拌方式，例如采用移动式混凝土搅拌站等。

为了适应我国基本建设事业的飞速发展，一些大城市已经开始建立混凝土集中搅拌站。这些搅拌站通常具有较高的机械化和自动化水平，能够使用自卸汽车直接供应搅拌好的混凝土，进而直接进行浇筑入模。这种"商品混凝土"的生产方式在改进混凝土供应、提高混凝土质量以及节约水泥和骨料等方面具有诸多优势。

4.3.2　混凝土的运输

对混凝土拌和物运输的要求是：

(1) 在运输过程中，应保持混凝土的均匀性，避免产生分层离析现象，混凝土运至浇筑地点时应符合浇筑时所规定的坍落度(见表 4.20)。

(2) 混凝土应以最少的中转次数和最短的时间从搅拌地点运至浇筑地点，保证混凝土从搅拌机卸出后到浇筑完毕的延续时间不超过表 4.21 的规定。

(3) 运输工作应保证混凝土的浇筑工作连续进行。

(4) 运送混凝土的容器应严密，其内壁应平整光洁、不吸水、不漏浆，黏附的混凝土残渣应经常清除，并应防止暴晒、雨淋和冻结。

表 4.20　混凝土浇筑时的坍落度

项次	结 构 种 类	坍落度/mm
1	基础或地面等地基、无配筋的厚大结构(挡土墙、基础或厚大的块体等)或配筋稀疏的结构	10～30
2	板、梁和大型及中型截面的柱子等	30～50
3	配筋密列的结构(薄壁、斗仓、筒仓、细柱等)	50～70
4	配筋特密的结构	70～90

注：(1) 本表指采用机械振捣的混凝土的坍落度，采用人工捣实时可适当增大。(2) 需要配制大坍落度混凝土时，应掺用外加剂。(3) 曲面或斜面结构的混凝土的坍落度值应根据实际需要另行选定。(4) 轻骨料混凝土的坍落度宜比表中数值减少 10～20 mm。(5) 自密实混凝土的坍落度另行规定。

表 4.21　混凝土从搅拌机中卸出后到浇筑完毕的延续时间/h

混凝土强度等级	气温/℃	
	不高于 25	高于 25
C30 及 C30 以下	2	1.5
C30 以上	1.5	1

注：(1) 当掺用外加剂或采用快硬水泥拌制混凝土时，相关参数应按试验确定。(2) 轻骨料混凝土的运输和浇筑延续时间应相应缩短。

混凝土运输工作主要分为地面运输、垂直运输和楼面运输三种情况。

(1) 地面运输。当运输距离较远时，可采用自卸汽车或混凝土搅拌运输车；在工地内部进行短距离运输时，常使用载重为 1t 的小型机动翻斗车，近距离也可采用双轮手推车。

(2) 垂直运输。目前，混凝土的垂直运输通常使用塔式起重机、井架或混凝土泵。塔式起重机的优势在于能够满足地面、垂直和楼面运输需求。混凝土可由地面水平运输工具或直接从搅拌机卸入吊斗，然后由塔吊运送至浇筑部位进行浇筑。除了塔式起重机，井架也常被用于垂直运输，具体流程为：在地面，用双轮手推车将混凝土运至井架的升降平台，随后井架将双轮手推车提升至相应楼层，最后由工人沿楼面铺设的跳板将手推车推至浇筑地点。此外，井架还可同时运输其他材料，设备利用率较高。由于在混凝土浇筑过程中，楼面已经安装模板和绑好钢筋，因此需要铺设跳板以方便手推车的通行。

(3) 楼面运输。楼面混凝土的运输主要依赖双轮手推车，小型机动翻斗车也是一个可行的选择。若使用混凝土泵，则通常会配备布料机进行布料。混凝土泵是一种高效的混凝土运输和浇筑工具，它通过泵产生动力，沿着管道输送混凝土，能够一次性连续完成混凝土的水平和垂直运输。若混凝土泵配备布料杆，则可直接进行混凝土的浇筑作业。

4.3.3　混凝土的浇筑与捣实

混凝土浇筑时要确保混凝土的均匀性和密实性，同时保证结构的整体性、尺寸精确以及钢筋、预埋件的位置准确无误。拆模后，混凝土表面应平整、光洁。在浇筑前，务必检查模板、支架、钢筋及预埋件的位置是否正确，并进行验收。由于混凝土工程具有隐蔽性，对于混凝土量大、重要或关键部位的浇筑工程，以及其他施工过程中的重大问题，施工团队应随时做好详细的施工记录。

1. 浇筑要求

为确保混凝土工程的质量，混凝土浇筑工作必须满足下列要求。

(1) 防止离析。浇筑混凝土时，当混凝土拌和物由料斗、漏斗、混凝土输送管或运输车内卸出时，若其自由倾落高度过大，则粗骨料在重力作用下会克服黏着力而加速下落，其速度会快于砂浆的速度，可能导致混凝土离析。为避免此情况，混凝土自高处自由倾落的高度不应超过 2 m，在竖向结构中，该高度不宜超过 3 m。若超过这些限制，则应使用串筒、斜槽、溜管等辅助设备进行下料。

(2) 应采取分层灌注与分层捣实的方法，并确保在前层混凝土凝结之前完成次层混凝土的浇筑，从而保障混凝土的密实性和整体性。分层的厚度需确保混凝土能被充分捣固密实。若使用插入式振动器，则分层厚度应为振动棒长的 1.25 倍；若采用表面振动器，则分层厚度宜为 200 mm；若采用人工捣固的方式，则分层厚度通常在 250～150 mm 之间，具体取决于钢筋的疏密程度。

(3) 正确留置施工缝。由于混凝土结构大多要求整体浇筑，如果因技术或组织原因导致混凝土不能连续浇筑，并且停顿时间可能超出混凝土的初凝时间，那么应预先在适当位置留置施工缝。这些施工缝的位置应选在结构剪力较小的区域，并便于施工。例如，柱子的施工缝应留在基础的顶面、梁或吊车梁牛腿的下方、吊车梁的上方或无梁楼盖柱帽的下方，如图 4.27 所示。对于与板连成一体的大截面梁，其施工缝应设在板底面以下 20～30 mm 的位置。若板下有梁托，则施工缝应留置在梁托下方。单向板的施工缝可设置在平行于板短边的任意位置。对于有主次梁的楼盖，应沿次梁方向进行浇筑，施工缝则应留在次梁跨度的中间 1/3 范围内，如图 4.28 所示。墙上的施工缝可设在门洞口过梁跨中的 1/3 范围内或纵横墙的交接处。对于双向受力的楼板、大体积混凝土结构、拱、薄壳、多层框架等复杂结构，施工缝的设置应按设计要求进行。

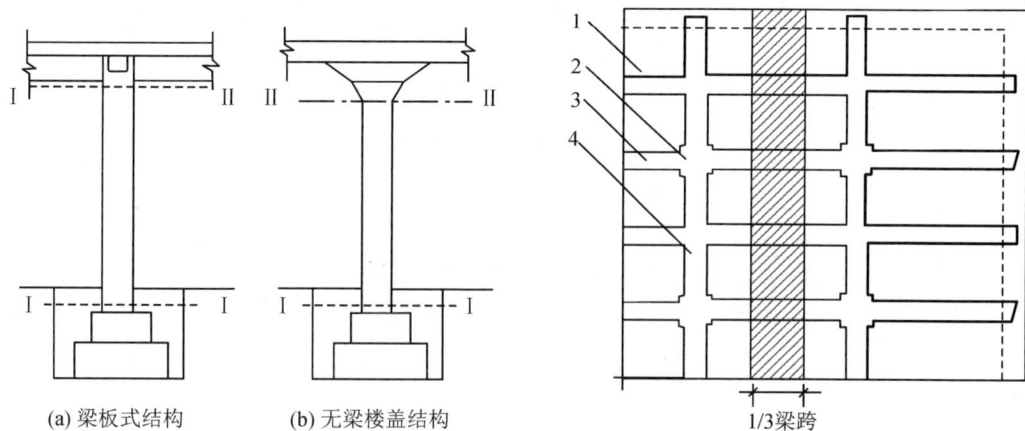

(a) 梁板式结构	(b) 无梁楼盖结构

（Ⅰ-Ⅰ、Ⅱ-Ⅱ为施工缝的位置）

图 4.27　柱子的施工缝位置

1—楼板；2—柱；3—次梁；4—主梁。

图 4.28　有主次梁楼盖的施工缝位置

在施工缝处继续浇筑混凝土前，应先清除水泥浮浆和松动的石子，并用水彻底冲洗干净。只有当已浇筑的混凝土强度达到或超过 1.2 MPa 时，才可进行后续的浇筑工作。在浇筑前，应在结合面先铺抹一层水泥浆或与将要浇筑的混凝土砂浆成分相同的砂浆。在重新浇筑混凝土时，应特别注意施工缝位置，要仔细捣实以确保新旧混凝土能够牢固结合。

2. 浇筑方法

1) 多层钢筋混凝土框架结构的浇筑

浇筑多层钢筋混凝土框架结构时，首先要合理划分施工层和施工段。施工层通常根据结构层进行划分，而每个施工层内施工段的划分则需综合考虑工序数量、技术要求以及结构特点等因素。应确保当木工完成第一施工层的模板安装，并准备转移至第二施工层的第一施工段时，该施工段浇筑的混凝土强度已达到允许工人在其上进行操作的强度(1.2 MPa)。

在混凝土浇筑前，必须做好充分的准备工作，这包括检查和清理模板、钢筋和预埋管线，进行隐蔽工程的验收，搭设和检查浇筑用脚手架、走道并进行安全性检查，根据试验室提供的混凝土配合比通知单准备和检查材料，以及准备好施工用具等。

浇筑柱子时，同一施工段内的每排柱子应由外向内对称地依次进行浇筑，避免由一端向另一端推进，以防因柱子模板湿胀造成的受推倾斜和误差积累。对于截面尺寸在 400 mm × 400 mm 以内或有交叉箍筋的柱子，应在柱子模板侧面开孔，使用斜溜槽分段浇筑，每段高度不超过 2 m。对于截面尺寸超过 400 mm × 400 mm 且无交叉箍筋的柱子，如果柱高不超过 4.0 m，则可以从柱顶进行浇筑；若使用轻骨料混凝土从柱顶浇筑，则柱高不得超过 3.5 m。柱子浇筑开始时，底部应先浇筑一层厚度为 50～100 mm 且与所浇筑混凝土成分相同的水泥砂浆。浇筑完成后，如果柱顶处有较大厚度的砂浆层，则应进行相应处理。柱子浇筑后，应间隔 1～1.5 h，待所浇筑的混凝土拌和物初步沉实后，再进行上方梁板结构的浇筑。

梁和板通常应同时浇筑，沿次梁方向从一端开始逐步推进。只有当梁高大于 1 m 时，才允许将梁单独浇筑，此时的施工缝应留在楼板板面下 20～30 mm 处。在浇筑过程中，需特别注意梁底和梁侧面的振捣工作，确保振动器不直接接触钢筋和预埋件。楼板混凝土的虚铺厚度应略大于板厚，使用表面振动器或内部振动器进行振实，并用铁插尺检查混凝土厚度。振捣完成后，使用长木抹子进行抹平。

为确保捣实质量，混凝土应分层进行浇筑，具体的分层厚度可参考表 4.22。

表 4.22　混凝土浇筑层的厚度

项次	捣实混凝土的方法		浇筑层厚度/mm
1	插入式振动		振动器作用部分长度的 1.25 倍
2	表面振动		200
3	人工捣实	(1) 在基础或无筋混凝土和配筋稀疏的结构中；	250
		(2) 在梁、墙、板、柱结构中；	200
		(3) 在配筋密集的结构中	150
4	轻骨料混凝土	插入式振动和表面振动(振动时需加荷)	300
			200

浇筑叠合式受弯构件时，应按设计要求确定是否设置支撑，且叠合面应根据设计要求预留凹凸差(当无要求时，凹凸差为 6 mm)，以形成延期粗糙面。

2) 大体积混凝土结构的浇筑

大体积混凝土结构在工业建筑中多用于设备基础、高层建筑基础等，而在高层建筑中则多用于厚大的桩基承台或基础底板等。由于大体积混凝结构的整体性要求较高，往往不允许留设施工缝，因此需一次连续浇筑完毕。

(1) 浇筑方案。为保证结构的整体性，混凝土应连续浇筑，并确保每一处混凝土在初凝前均能被后续浇筑的混凝土覆盖并捣实，形成整体。根据结构特点的不同，大体积混凝土结构的浇筑方案可分为全面分层、分段分层、斜面分层等(如图 4.29 所示)。

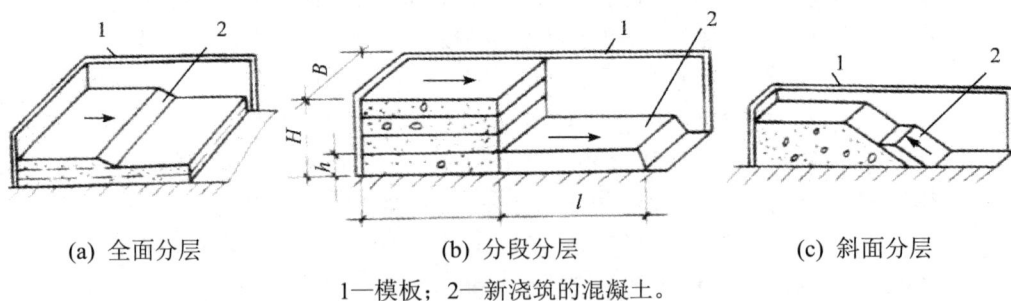

(a) 全面分层　　　(b) 分段分层　　　(c) 斜面分层

1—模板；2—新浇筑的混凝土。

图 4.29　大体积混凝土浇筑方案图

① 全面分层。当结构平面面积不大时，可将整个结构分为若干层进行浇筑，即第一层全部浇筑完毕后，再浇筑第二层，如此逐层连续浇筑，直到结束。为保证结构的整体性，要求次层混凝土在前层混凝土初凝前浇筑完毕。若结构平面面积为 $A(\text{m}^2)$，浇筑分层厚为 $h(\text{m})$，每小时浇筑量为 $Q(\text{m}^3/\text{小时})$，混凝土从开始浇筑至初凝的延续时间为 $T(\text{h})$(一般等于混凝土初凝时间减去运输时间)，为保证结构的整体性，则这些参数应满足：

$$Ah \leqslant QT$$

故

$$A \leqslant \frac{QT}{h} \tag{4.8}$$

即采用全面分层时，结构平面面积应满足式(4.8)的条件。

② 分段分层。当结构平面面积较大时，全面分层浇筑方案不再适用，此时可采用分段分层浇筑方案。即将结构分为若干段，每段又分为若干层，先浇筑第一段的各层，然后浇筑第二段的各层，如此逐层连续浇筑，直至浇筑完成。为保证结构的整体性，要求下一段的混凝土应在前一段混凝土初凝之前浇筑，并与之捣实成整体。若结构的厚度为 H(m)，宽度为 b(m)，分段长度为 l(m)，为保证结构的整体性，则这些参数应满足：

$$l \leqslant \frac{QT}{b(H-b)} \tag{4.9}$$

③ 斜面分层。当结构的长度超过其厚度的 3 倍时，可采用斜面分层浇筑方案。在此方案中，振捣工作应从浇筑层的斜面下端开始，逐渐上移，且振动器应与斜面垂直。

(2) 早期温度裂缝的预防。由于钢筋混凝土结构体积大，水泥水化热易在内部聚集且不易散发，导致内部温度显著升高，而外表散热较快，从而形成较大的内外温差。这种温差导致内部产生压应力，外表产生拉应力。若内外温差过大，则混凝土表面将产生裂缝。当混凝土内部逐渐散热冷却并产生收缩时，由于受到基底或已硬化混凝土的约束，混凝土不能自由收缩，从而产生拉应力。温差越大，约束程度越高，结构长度越大，则拉应力越大。当拉应力超过混凝土的抗拉强度时，即会产生裂缝(称为温度裂缝)。这种裂缝从基底向上发展，甚至可能贯穿整个基础，其危害比表面裂缝更大。

要防止混凝土早期产生温度裂缝，就需要降低混凝土的温度应力，控制混凝土的内外温差，以防止表面开裂；同时，还需要控制混凝土冷却过程中的总温差和降温速度，以防止基底开裂。早期温度裂缝的预防方法主要包括：优先采用水化热低的水泥(如矿渣硅酸盐水泥)；减少水泥用量；掺入适量的粉煤灰或在浇筑时投入适量毛石；放慢浇筑速度和减少浇筑厚度；采用人工降温措施(拌制时，用低温水；养护时，用循环水冷却)；浇筑后应及时覆盖，以控制内外温差，减缓降温速度，尤其应注意寒潮的不利影响；必要时，在取得设计单位同意后，可采取分块浇筑的方式，块与块之间留 1 m 宽的后浇带，待各分块混凝土干缩后，再浇筑后浇带。分块长度可根据相关手册进行计算。当结构厚度在 1 m 以内时，分块长度一般为 20~30 m。

后浇带是在现浇混凝土结构施工过程中，为克服由于温度、收缩等因素可能产生的有害裂缝而设置的临时施工缝。该缝需根据设计要求保留一段时间后再浇筑混凝土，以将整个结构连成整体。后浇带的留置位置应按设计要求和施工技术方案确定。后浇带的设置距离应在有效降低温差和收缩应力的条件下，通过计算来确定。在正常的施工条件下，有关规范对后浇带设置距离的规定是：若混凝土置于室内或土中，则后浇带的设置距离为 30 m；若混凝土处于露天环境，则后浇带的设置距离为 20 m。后浇带的保留时间应根据设计来确定，若设计无具体要求，则一般应保留 28 d 以上。后浇带的宽度应考虑施工简便性，并避免应力集中，一般其宽度为 700~1000 mm。后浇带内的钢筋应完好保存。后浇带的构造如图 4.30 所示。

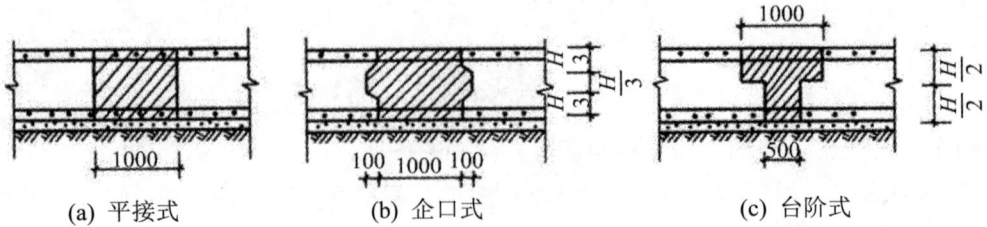

(a) 平接式   (b) 企口式   (c) 台阶式

图 4.30 后浇带构造图

后浇带混凝土浇筑应严格按照施工技术方案进行。在浇筑混凝土前，必须将整个混凝土表面按照施工缝的要求进行处理。填充后浇带混凝土可采用微膨胀或无收缩水泥，也可采用普通水泥加入相应的外加剂拌制。但浇筑混凝土的强度等级应比原结构混凝土的强度等级高一级，且需进行至少 15 d 的湿润养护。

(3)泌水处理。大体积混凝土结构的另一特点是上、下浇筑层施工间隔时间较长，导致各分层之间易产生泌水层。泌水层会导致混凝土强度降低、脱皮、起砂等不良后果。若采用自流方法或抽吸方法排除泌水，则可能会带走一部分水泥浆，进而影响混凝土的质量。泌水处理的主要措施包括在同一结构中使用两种不同坍落度的混凝土，或在混凝土拌和物中掺加减水剂。

3. 混凝土密实成型

混凝土浇入模板后，其状态较为疏松，内部含有孔洞与气泡，无法达到设计要求的密实度。而混凝土的密实度直接影响其强度、抗冻性、抗渗性以及耐久性。因此，混凝土入模后，还需经过密实成型的过程。目前，主要采用人工捣实或机械捣实的方法使混凝土密实成型。人工捣实是利用人力的冲击作用来使混凝土密实成型，这种方法通常只在缺乏机械、工程量不大或机械不便工作的部位采用。机械捣实的方法有多种，下面将主要介绍机械振实。

振动机械的振动一般是由电动机、内燃机或压缩空气马达带动偏心块转动而产生的简谐振动。产生振动的机械将振动能量传递给混凝土，使其受到强迫振动。在振动力的作用下，混凝土内部的黏着力和内摩擦力显著减小，骨料犹如悬浮在液体中，在其自重的作用下向新的位置沉落，紧密排列。同时，水泥砂浆均匀分布并填充空隙，气泡逸出，孔缝减小，游离水被挤压上升。这样，混凝土就填满了模板并形成密实体积。机械振实混凝土可以大大减轻工人的劳动强度，减少蜂窝麻面的发生，提高混凝土的强度和密实度，加快模板周转，并节约水泥 10%～15%。

振动机械可分为内部振动器、表面振动器、外部振动器和振动台，如图 4.31 所示。

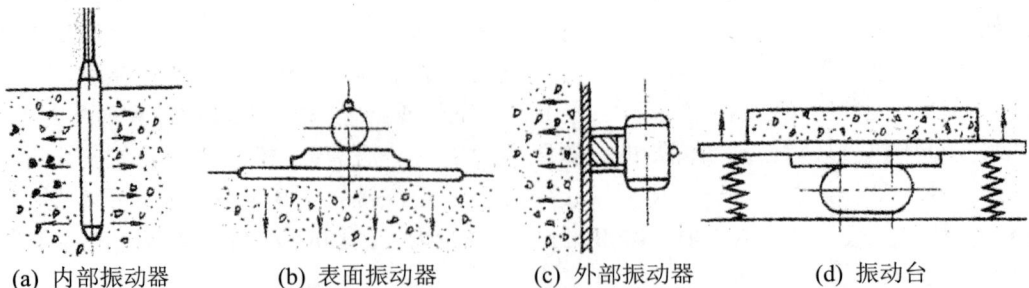

(a) 内部振动器   (b) 表面振动器   (c) 外部振动器   (d) 振动台

图 4.31 振动机械示意图

(1) 内部振动器。内部振动器又称为插入式振动器，是建筑工地应用最为广泛的一种振动器，主要用于振实梁、柱、墙、厚板和基础等结构，其工作部分是一个棒状空心圆柱体，内部装有偏心振子。在电动机的带动下，偏心振子高速转动，从而产生高频微幅的振动。根据振动棒激振原理的不同，内部振动器主要分为偏心轴式和行星滚锥式(简称为行星式)两种。这两种振动器的振动棒的激振原理如图 4.32 所示。偏心轴式内部振动器的振动频率为 5000～6000 次/min。而行星滚锥式内部振动器的振动频率为 12 000～15 000 次/min，它具有振捣效果好、构造简单、使用寿命长等优点，是目前常用的内部振动器之一。电动软轴行星滚锥式内部振动器的构造如图 4.33 所示。

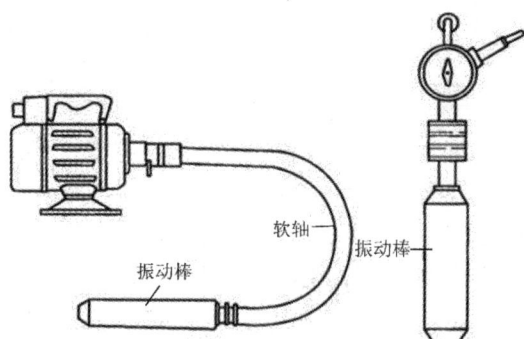

(a) 偏心轴式　　(b) 行星滚锥式

图 4.32　振动棒的激振原理图

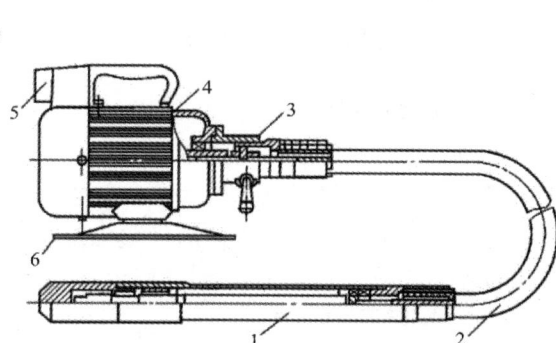

1—振动棒；2—软轴；3—防逆装置；
4—电动机；5—电器开关；6—支座。

图 4.33　电动软轴行星滚锥式内部振动器的构造

使用插入式振动器振动混凝土时，应垂直插入，并确保插入下层混凝土 50 mm，以促使上下层混凝土紧密结合成整体。每个振点的振捣延续时间应以混凝土捣实为准，即表面呈现浮浆且不再沉落。采用插入式振动器捣实普通混凝土时，移动间距不宜大于振动器作用半径的 1.5 倍；捣实轻骨料混凝土时，移动间距不宜大于作用半径。同时，振动器与模板的距离应不大于振动器作用半径的 1/2，并应尽量避免碰撞钢筋、模板、预埋件等。插点的分布方式有行列式和交错式两种，如图 4.34 所示。

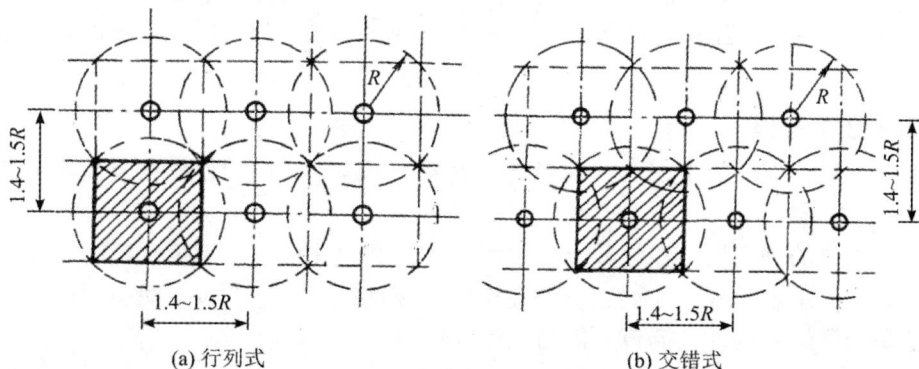

(a) 行列式　　(b) 交错式

图 4.34　插点的分布

(2) 表面振动器。表面振动器又称为平板振动器，它由电动机驱动，并装有左右两个偏心块，这些部件共同固定在一块平板上。表面振动器的振动作用可以直接传递到混凝土面层上，特别适用于捣实楼板、地面、板形构件和薄壳等薄壁结构。在无筋或单层钢筋结构中，每次振实的厚度应不大于 250 mm；在双层钢筋的结构中，每次振实的厚度应不大于 120 mm。表面振动器的移动间距应确保振动器的平板能够覆盖已振实部分的边缘，振实至该处的混凝土出浆为准。

(3) 外部振动器。外部振动器又称为附着式振动器，它利用偏心块旋转时所产生的振动力，通过模板传递给混凝土，使之振实。因此，模板应具有足够的刚度以承受这种振动。对于小截面直立结构，插入式振动器的振动棒难以插入时，可使用附着式振动器。附着式振动器的设置间距应通过试验确定，在一般情况下，可每隔 1～1.5 m 设置一个。

4.3.4　混凝土的养护与拆模

1. 混凝土的养护

混凝土浇筑捣实后，会逐渐凝固硬化，这个过程主要由水泥的水化作用来实现，而水化作用必须在适当的温度和湿度条件下才能完成。因此，为了保证混凝土有适宜的硬化条件，使其强度不断增长，必须对混凝土进行养护。混凝土的养护就是创造一个具有一定湿度和温度的环境，使混凝土凝结硬化，达到设计要求的强度。由此可见，养护对于保证混凝土的质量是至关重要的。

混凝土养护方法包括自然养护和人工养护。自然养护是指利用平均气温高于 5℃ 的自然条件，用保水材料或草帘等对混凝土加以覆盖后适当浇水，使混凝土在一定的时间内在湿润状态下硬化。当最高气温不高于 25℃ 时，混凝土浇筑完后应在 12 h 以内加以覆盖和浇水；当最高气温高于 25℃ 时，应在 6 h 以内开始养护。浇水养护时间的长短视水泥品种而定，硅酸盐水泥、普通硅酸盐水泥拌制的混凝土或有抗渗性要求的混凝土，养护时间不得少于 14 天。浇水次数应使混凝土保持足够的湿润状态。养护初期，水泥的水化反应较快，需水也较多，所以要特别注意浇筑后前几天的养护工作。此外，在气温高、湿度低时，也应增加洒水的次数。

混凝土必须养护至其强度达到 1.2 MPa 以后，方可在其上踩踏和安装模板及支架。人工养护就是用人工方法来控制混凝土的养护温度和湿度，以促进混凝土强度的增长，如蒸汽养护、热水养护、太阳能养护等。人工养护主要用来养护预制构件，而现浇构件大多采用自然养护。

2. 混凝土的拆模

模板的拆除日期取决于混凝土的强度、模板的用途、结构的性质以及混凝土硬化时的气温。

对于不承重的侧模板，在混凝土的强度能保证其表面棱角不因拆除模板而受损坏时，即可拆除。对于承重模板，如梁、板等底模板，应待混凝土达到规定的强度后方可拆除。不同类型和跨度的结构，其拆模所需的强度也不同。

已拆除承重模板的结构，应在混凝土达到规定的强度等级后，才允许承受全部设计荷载。拆模后，应由监理(建设)单位和施工单位共同对混凝土的外观质量和尺寸偏差进行检查，并做好记录。若发现缺陷，则应及时进行修补。对于面积小、数量不多的蜂窝或露石的混凝土，应先用钢丝刷或压力水洗刷基层，然后用 1∶2～1∶2.5 的水泥砂浆抹平；对于较大面积的蜂窝、露石、露筋，应先按其全部深度凿去薄弱的混凝土层，然后用钢丝刷或压力水冲刷，最后用比原混凝土强度等级高一个级别的细骨料混凝土填塞，并仔细捣实。对于影响结构性能的缺陷，应与设计单位共同研究处理。

4.3.5　混凝土工程的施工质量检查与验收规范

混凝土工程的施工质量检查应按主控项目、一般项目，并依据规定的检验方法进行检验。检验批的合格质量应符合下列规定：主控项目的质量经抽样检验应合格；一般项目的质量经抽样检验也应合格；当采用计数检验时，除有专门要求外，一般项目的合格点率应达到 80%及以上，且不得有严重缺陷；同时，应具有完整的施工操作依据和质量验收记录。

1. 主控项目

(1) 水泥进场时应对其品种、级别、包装或散装仓号、出厂日期等进行检查，并应对其强度、安定性及其他必要的性能指标进行复检，其质量必须符合现行国家标准的要求。当在使用中对水泥质量有怀疑或水泥出厂超过三个月(快硬硅酸盐水泥超过一个月)时，应进行复验，并按复验结果使用。钢筋混凝土结构、预应力混凝土结构中，严禁使用含氯化物的水泥。

检查数量：按同一生产厂家、同一等级、同一品种、同一批号且连续进场的水泥，袋装不超过 200 t 为一批，散装不超过 500 t 为一批，每批抽样不少于一次。

检验方法：检查产品合格证、出厂检验报告和进场复验报告。

(2) 混凝土中掺用的外加剂质量及应用技术应符合国家标准和有关环境保护的规定。预应力混凝土结构中，严禁使用含氯化物的外加剂。钢筋混凝土结构中，当使用含氯化物的外加剂时，混凝土中氯化物的总含量应符合现行国家标准的规定。

检查数量：按进场的批次和产品的抽样检验方案确定。

检验方法：检查产品合格证、出厂检验报告和进场复验报告。

(3) 混凝土强度等级、耐久性和工作性等应按《普通混凝土配合比设计规程》(JGJ 55—2011)的有关规定进行配合比设计。对有特殊要求的混凝土，其配合比设计尚应符合国家现行有关标准的专门规定。

检查方法：检查配合比设计资料。

(4) 结构混凝土的强度等必须符合设计要求。用于检查结构构件混凝土强度的试件，应在混凝土的浇筑地点随机抽取。取样与试件留置应符合下列规定：每拌制 100 盘且不超过 100 m³ 的同配合比混凝土，取样不得少于一次；每工作班拌制的同一配合比的混凝土不足 100 盘时，取样不得少于一次；当一次连续浇筑超过 1000 m³ 时，同一配合比的混凝土每 200 m³ 取样不得少于一次；每一楼层、同一配合比的混凝土，取样不得少于一次；每次取样应至少留置一组标准养护试件，同条件养护试件的留置组数应根据实际需要确定。

检验方法：检查施工记录及试件强度试验报告。

(5) 对有抗渗要求的混凝土结构，其混凝土试件应在浇筑地点随机取样。同一工程、同一配合比的混凝土，取样不得少于一次，留置组数可根据实际需要确定。

检验方法：检查试件抗渗试验报告。

(6) 混凝土原材料每盘称量的允许偏差应符合的规定：水泥、掺合料为 ±5%，粗骨料

为 ±3%，水、外加剂为 ±2%。

检查数量：每工作班抽查不应少于一次。当遇雨天或含水率有显著变化时，应增加含水率检测次数，并及时调整水和骨料的用量。

检验方法：复称。

(7) 混凝土运输、浇筑及间歇的全部时间不应超过混凝土的初凝时间。同一施工段的混凝土应连续浇筑，并应在底层混凝土初凝之前将上一层混凝土浇筑完毕。当底层混凝土初凝后浇筑上一层混凝土时，应按施工技术方案中对施工缝的要求进行处理。

检验数量：全数检查。

检验方法：观察，检查施工记录。

(8) 现浇结构的外观质量不应有严重缺陷。对已经出现的严重缺陷，应由施工单位提出技术处理方案，并经监理(建设)单位认可后进行处理。对于经处理的部位，应重新检查验收。

检验数量：全数检查。

检验方法：观察，检查施工记录。

(9) 现浇结构不应有影响结构性能和使用功能的尺寸偏差。对超过尺寸允许偏差且影响结构性能和安装、使用功能的部位，应由施工单位提出技术处理方案，并经监理(建设)单位认可后进行处理。对于经处理的部位，应重新检查验收。

检验数量：全数检查。

检验方法：量测，检查施工记录和技术处理方案。

2. 一般项目

(1) 混凝土中掺用的矿物掺合料、粗骨料、细骨料及拌制混凝土用水的质量应符合现行国家标准的规定。

检查数量：按进场的批次和产品的抽样检验方案确定。

检验方法：检查产品出厂合格证、进场复验报告(包括粗骨料、细骨料、拌制混凝土用水的水质试验报告)。

(2) 首次使用的混凝土配合比应进行开盘鉴定，其工作性能应满足设计配合比的要求。开始生产时，应至少留置一组标准养护试件，作为验证配合比的依据。

检查数量：检查开盘鉴定资料和试件强度试验报告。

(3) 混凝土拌制前，应测定砂、石的含水率，并根据测试结果调整材料用量，制订施工配合比。

检查数量：每工作班检查一次。

检验方法：检查含水率测试结果和施工配合比通知单。

(4) 施工缝和后浇带的位置应在混凝土浇筑前按设计要求和施工技术方案确定。施工缝的处理和后浇带混凝土的浇筑应按施工技术方案执行。

检验数量：全数检查。

检验方法：观察，检查施工记录。

(6) 现浇结构和混凝土设备基础拆模后的尺寸允许偏差和检验方法应符合表 4.23、表 4.24 的规定。

检查数量：按楼层、结构缝或施工段划分检验批。在同一检验批内，对于梁、柱和独立基础，应抽查构件数量的 10%，且不少于 3 件；对于墙和板，应按有代表性的自然间抽查 10%，且不少于 3 间；对于大空间结构，墙可按相邻轴线间高度 5 m 左右划分检查面，板可按纵、横轴线划分检查面，抽查 10%，且均不少于 3 面；对于电梯井和设备基础，应全数检查。

表 4.23　现浇结构的尺寸允许偏差和检验方法

项目			允许偏差/mm	检验方法
轴线位移	基础		15	尽量检查
	独立基础		10	
	柱、墙、梁		8	
	剪力墙		5	
标高	层高		±10	用水准仪或拉线、钢尺检查
	全高		±30	
截面尺寸			+8，−5	用钢尺检查
垂直度	层高	≤5 m	8	用经纬仪或吊线、钢尺检查
		>5 m	10	
	全高(H)		H/1000 且≤30	用经纬仪或吊线、钢尺检查
表面平整度			8	用 2 m 靠尺和塞尺检查
预埋设施中心线位置	预埋件		10	用钢尺检查
	预埋螺栓		5	
	预埋管		5	
预留洞中心线位置			15	用钢尺检查
电梯井	井筒长、宽对定位中心线		+25，0	用钢尺检查
	井筒全高(H)垂直度		H/1000 且≤30	用经纬仪、钢尺检查

注：检查轴线、中心线位置时，应沿纵、横两个方向分别量测，并取其中的较大值作为检查结果。

表 4.24　混凝土设备基础拆模后的尺寸允许偏差和检验方法

项目		允许偏差/mm	检验方法
坐标位置		20	用钢尺检查
不同平面的标高		0、−20	用水准仪或拉线、钢尺检查
平面外形尺寸		±20	用钢尺检查
凸台上平面外形尺寸		0、−20	
凹穴尺寸		+20、0	
平面水平度	每米	5	用水平尺、塞尺检查
	全长	10	用水准仪或拉线、钢尺检查
垂直度	每米	5	用经纬仪或吊线、钢尺检查
	全高	10	
预埋地脚螺栓	标高(顶高)	+20、0	用水准仪或拉线、钢尺检查
	中心距	±2	用钢尺检查

项　目		允许偏差/mm	检验方法
预埋地脚螺栓孔	中心线位置	10	用钢尺检查
	深度尺寸	±20、0	用钢尺检查
	孔垂直度	10	用吊线、钢尺检查
预埋活动地脚螺栓锚板	标高	+20	用水准仪或拉线、钢尺检查
	中心线位置	5	用钢尺检查
	带槽锚板平整度	5	用钢尺、塞尺检查
	带螺纹孔锚板平整度	2	

注：检查轴线、中心线位置时，应沿纵、横两个方向分别量测，并取其中的较大值作为检查结果。

4.3.6　混凝土质量缺陷的修整

当混凝土结构构件拆模后发现缺陷，应查清原因，并根据具体情况进行处理。对于严重影响结构性能的缺陷，要会同设计等有关部门共同研究处理方案。

1. 混凝土质量缺陷的分类和产生原因

混凝土质量缺陷可分为表面缺陷和内部缺陷两大类。

1) 表面缺陷

混凝土表面缺陷主要包括麻面、蜂窝、露筋、孔洞、裂缝等。

(1) 麻面：表现为结构构件表面上呈现无数的小凹点，但无钢筋暴露。产生麻面的原因包括模板湿润不够、拼缝不严密导致漏浆、振捣时间不足或漏振、气泡未排出以及混凝土过干等。

(2) 蜂窝：表现为结构构件中存在蜂窝形状的窟窿，骨料间有空隙。产生蜂窝的原因主要有混凝土配合不当导致离析、钢筋过密或石子粒径偏大卡在钢筋上产生间隙、搅拌不匀或浇筑方法不当、振捣不足或漏振以及模板拼缝不严导致严重漏浆等。

(3) 露筋：表现为钢筋暴露在混凝土外面。产生露筋的原因包括钢筋紧贴模板、混凝土保护层不够或浇筑时垫块移位等。有时也因保护层的混凝土振捣不密实或模板吸水过多导致掉角而露筋。

(4) 孔洞：表现为混凝土内部存在空隙，局部部位完全没有混凝土。产生孔洞的原因主要有混凝土浇筑方法不当、钢筋布置太密或一次下料过多导致下部无法振捣等。此外，混凝土受冻也可能产生孔洞。

(5) 裂缝：分为表面裂缝和深度裂缝，其中深度裂缝通常为结构裂缝，需要高度重视。产生裂缝的原因包括结构设计承载能力不够、施工荷载过重且过于集中、施工缝设置不当以及大面积混凝土施工时气温发生突变等。

2) 内部缺陷

混凝土内部缺陷主要包括混凝土强度不足和保护性能不良。混凝土强度不足产生的原因是多方面的，如配合比设计不当、水灰比控制不严、含砂率过高、搅拌不均匀、养护不及时等。保护性能不良产生的原因主要是混凝土保护层严重不足、钢筋外露发生锈蚀、铁锈膨胀引起混凝土开裂。另外，过量使用氯盐外掺剂会造成钢筋锈蚀，严重的甚至导致混凝土脱落而露筋。

2. 混凝土质量缺陷的修整方法

混凝土质量缺陷的修整方法有表面抹浆修补法、细石混凝土填补法和灌浆法。

(1) 表面抹浆修补法。对于数量不多的小蜂窝、麻面、露筋、露石等混凝土表面缺陷，可采用 1∶2～1∶2.5 的水泥砂浆抹面修整。抹浆前，需用钢丝刷或加压的水清洗并润湿，抹浆初凝后要加强养护。经检查确认对结构构件承载力无影响而又数量不多的细小裂缝，可将裂缝加以冲洗，用水泥浆抹补。当裂缝较大、较深时，应将裂缝附近的混凝土表面凿毛，或沿裂缝方向凿成深为 15～20 mm、宽为 100～200 mm 的 V 形凹槽，扫净并洒水湿润，先刷一层水泥浆，然后用 1∶2～1∶2.5 的水泥砂浆分 2～3 层涂抹，总厚度控制在 10～20 mm，并压实抹光。

(2) 细石混凝土填补法。当蜂窝比较严重或露筋较深时，应剔除有缺陷处不密实的混凝土和突出的骨料颗粒，用清水洗刷干净并充分湿润后，再用比设计混凝土强度等级高一级的细石混凝土填补并仔细捣实。对于孔洞事故的处理，可将孔洞周围疏松的混凝土和突出的石子剔掉，用清水刷洗干净并保持湿润 72 小时后，再用比设计混凝土强度等级高一级的细石混凝土填补并捣实。为减少新旧混凝土之间的孔隙，水灰比宜控制在 0.5 以内，并可掺入水泥用量万分之一的铝粉，分层捣实并加强养护。

(3) 灌浆法。对于影响结构承载力和防水、防渗性能的裂缝，应根据裂缝的宽度、结构性质和施工条件，采用砂浆输送泵灌浆的方法进行修补。对于宽度小于 0.5 mm 的裂缝，宜采用化学灌浆；对于宽度大于 0.5 mm 的裂缝，可采用水泥灌浆。常用的化学灌浆材料有环氧树脂浆液和甲凝等，防渗堵漏用的灌浆材料主要有聚氨酯和丙凝等。

对于混凝土质量有严重缺陷并影响结构承重的部位，一般采用结构补强方法进行处理，以确保工程的使用安全。

4.3.7　混凝土强度的评定方法

评定混凝土强度的试块必须按《混凝土强度检验评定标准》(GB/T 50107—2010)中的规定取样、制作、养护和试验，其强度必须符合下列规定。

当用统计方法评定混凝土强度时，其强度应同时满足下列两式：

$$m_{\text{fxu}} - \lambda_1 s_{\text{fcu}} \geqslant 0.9 f_{\text{cu, k}} \tag{4.10}$$

$$f_{\text{cu, min}} \geqslant \lambda_2 f_{\text{cu, k}} \tag{4.11}$$

当用非统计方法评定混凝土强度时，其强度应同时满足下列两式：

$$m_{\text{fxu}} \geqslant 1.15 f_{\text{cu, k}} \tag{4.12}$$

$$f_{\text{fcu, min}} \geqslant 0.95 f_{\text{cu, k}} \tag{4.13}$$

式中：m_{fxu}——同一验收批混凝土立方体抗压强度的平均值(N/mm²)；

　　s_{fcu}——同一验收批混凝土强度的标准差(N/mm²)，当 s_{fcu} 的计算值小于 $0.06 f_{\text{cu, k}}$ 时，取 $s_{\text{fcu}} = 0.06 f_{\text{cu, k}}$；

　　$f_{\text{cu, k}}$——设计的混凝土立方体抗压强度标准值(N/mm²)；

　　$f_{\text{fcu, min}}$——同一验收批混凝土立方体抗压强度的最小值(N/mm²)；

λ_1、λ_2——合格判定系数，按表 4.25 取用。

表 4.25   合格判定系数

合格判定系数	试 块 组 数		
	10~14	15~24	≥25
λ_1	1.70	1.65	1.60
λ_2	0.90	0.85	0.90

注：混凝土强度按单位工程中强度等级和龄期相同及生产工艺条件和配合比基本相同的混凝土为同一验收批评定。当单位工程中仅有一组试块时，其强度不应低于 $1.15f_{cu,k}$。

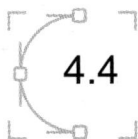

4.4   混凝土结构工程冬期施工

根据当地多年的气象资料，当室外日平均气温连续 5 天稳定低于 5℃时，混凝土结构工程应按照冬期施工的要求进行组织施工。在冬期施工中，由于气温较低，水泥的水化作用会减弱，新浇筑的混凝土强度增长会明显延缓。当温度降至 0℃以下时，水泥的水化作用基本停止，混凝土的强度增长也会停止。特别是当温度降至混凝土的冰点温度以下时，混凝土中的游离水会开始结冰，结冰后的水体积会膨胀约 9%，从而在混凝土内部产生冰胀应力，导致结构强度降低。受冻的混凝土在解冻后，其强度虽然能继续增长，但已经无法达到原设计的强度等级。试验证明，混凝土的早期冻害是由于其内部的水结冰所引起的。如果混凝土在浇筑后立即受冻，那么其抗压强度会损失约 50%，抗拉强度会损失约 40%。受冻前混凝土的养护时间越长，其达到的强度就越高，生成的水化物就越多，能结冰的游离水就越少，因此强度损失就越低。混凝土遭受冻结带来的危害与受冻的时间早晚、水灰比、水泥标号以及养护温度等因素有关。

冬期浇筑的混凝土在受冻以前必须达到的最低强度称为混凝土受冻临界强度。我国现行规范规定，在受冻前，混凝土受冻临界强度应达到以下要求：对于硅酸盐水泥或普通硅酸盐水泥配制的混凝土，其强度不得低于设计强度标准值的 30%；对于矿渣硅酸盐水泥配制的混凝土，其强度不得低于设计强度标准值的 40%；对于 C10 及以下的混凝土，其强度不得低于 5.0 N/mm²。对于掺有防冻剂的混凝土，当温度降低到防冻剂规定的温度以下时，混凝土的强度不得低于 3.5 N/mm²。

4.4.1   混凝土结构工程冬期施工的一般规定

一般情况下，混凝土冬期施工要求在正温下浇筑，并在正温下进行养护，以确保混凝土强度在冰冻前达到受冻临界强度。在冬期施工时，对原材料和施工过程均需要有必要的措施，以保证混凝土的施工质量。

1) 对材料的要求及加热

对材料的要求和加热的一般规定如下：

(1) 冬期施工中配制混凝土用的水泥应优先选用活性高、水化热大的硅酸盐水泥和普通硅酸盐水泥。水泥的强度等级不应低于 32.5R 级，最小水泥用量不宜少于 300 kg/m³，水灰比不应大于 0.6。使用矿渣硅酸盐水泥时，宜采用蒸汽养护。使用其他品种水泥时，应注意其中掺和材料对混凝土抗冻、抗渗等性能的影响。采用冷混凝土法施工时，宜优先选用含引气成分的外加剂，含气量宜控制在 2%～4%。掺用防冻剂的混凝土，严禁使用高铝水泥。

(2) 混凝土所用骨料必须清洁，不得含有冰雪等冻结物及易冻裂的矿物质。冬期骨料储备场地应选择地势较高且不积水的地方。

(3) 冬期施工时，对组成混凝土材料的加热应优先考虑加热水，因为水的热容量大，加热方便。但加热温度不得超过表 4.26 所规定的数值。当水、骨料达到规定温度仍不能满足热工计算要求时，可提高水温到 100℃，但水泥不得与 80℃以上的水直接接触。水的常用加热方法有三种：用锅烧水、用蒸汽加热水、用电极加热水。水泥不得直接加热，使用前宜运入暖棚中存放。

冬期施工拌制混凝土的砂、石温度要符合热工计算需要的温度。骨料加热的方法包括将骨料置于底下加温的铁板上面直接加热，或者通过蒸汽管、电热线加热等。但不得用火焰直接加热骨料，并应控制加热温度(见表 4.26)。加热的方法可因地制宜，但以蒸汽加热法为佳，其优点是加热温度均匀，热效率高，缺点是骨料中的含水量可能会增加。

表 4.26　拌和水及骨料的最高温度

项目	水泥品种及强度等级	拌和水的最高温度/(℃)	骨料的最高温度/(℃)
1	强度等级小于 42.5 级的普通硅酸盐水泥、矿渣硅酸盐水泥	80	60
2	强度等级等于或大于 42.5 级的普通硅酸盐水泥、硅酸盐水泥	60	40

(4) 钢筋冷拉可以在负温下进行，但冷拉温度不宜低于-20℃。当采用控制应力方法时，冷拉控制应力应较常温下提高 30 N/mm²；当采用冷拉率控制方法时，冷拉率应与常温时相同。钢筋的焊接最好在室内进行，若必须在室外焊接，则最低气温不应低于-20℃，且应采取防雪和防风措施。刚焊接的接头严禁立即接触冰雪，以防止造成冷脆现象。

(5) 冬期浇筑的混凝土宜使用无氯盐类防冻剂，对于抗冻性要求高的混凝土，宜使用引气剂或引气减水剂。

2) 混凝土的搅拌、运输和浇筑

(1) 混凝土的搅拌。混凝土不宜露天搅拌，应尽量搭设暖棚，优先选用大容量的搅拌机，以减少混凝土的热损失。混凝土搅拌时间应根据各种材料的温度情况，考虑相互间的热平衡过程，可通过试拌确定延长的时间，一般为常温搅拌时间的 1.25～1.5 倍。拌制混凝土的最短时间应按表 4.17 确定。搅拌混凝土时，骨料中不得带有冰、雪及冻团。

拌制掺用防冻剂的混凝土时，当防冻剂为粉剂时，可按要求掺量直接撒在水泥上面和水泥同时投入；当防冻剂为液体时，应先配制成规定浓度的溶液，然后再根据使用要求，用规定浓度的溶液再配制成施工溶液。各种溶液应分别置于有明显标志的容器内，不得混淆。每班使用的外加剂溶液应一次配成。配制与加入防冻剂时应设专人负责并做好记录，严格按剂量要求掺入。混凝土拌和物的出机温度不宜低于 10℃。

(2) 混凝土的运输。混凝土的运输过程是热损失的关键阶段，应采取必要的措施减少混凝土的热损失，同时应保证混凝土的和易性。常用的主要措施为：减少运输时间和距离，使用大容积的运输工具并采取必要的保温措施，以保证混凝土入模温度不低于5℃。

(3) 混凝土的浇筑。混凝土在浇筑前，应清除模板和钢筋上的冰雪和污垢，尽量加快混凝土的浇筑速度，防止热量散失过多。当采用加热养护时，混凝土养护前的温度不得低于2℃。

冬期不得在强冻胀性地基土上浇筑混凝土。当在弱冻胀性地基土上浇筑混凝土时，地基土应进行保温，以免遭冻。对于加热养护的现浇混凝土结构，混凝土的浇筑程序和施工缝的位置应能防止在加热养护时产生较大的温度应力。当分层浇筑厚度大的整体结构时，已浇筑层的混凝土在被上一层混凝土覆盖前，其温度不得低于按热工计算的温度，且不得低于2℃。

冬期施工时，混凝土振捣应使用机械振捣，振捣时间应比常温时的有所增加。

4.4.2　混凝土结构工程冬期施工的方法

混凝土冬期施工的方法主要包括蓄热法、综合蓄热法、蒸汽加热法、电热法、暖棚法和掺外加剂法等。无论采用哪种方法，都应确保混凝土在冻结前至少达到其临界强度。

1. 蓄热法

蓄热法是将混凝土的原材料(水、砂、石)预先加热，经过搅拌、运输、浇筑成型后的混凝土仍能保持一定的正温度。使用保温材料覆盖以保温，防止热量过快散失，充分利用水泥的水化热，使混凝土在正温条件下增长强度，直至其冷却到0℃以下时强度达到允许受冻的临界强度。常用的保温材料应选择传热系数小、价格低廉且易于获得的地方材料，如草帘、草袋、锯末、炉渣等。保温材料必须保持干燥，以免降低其保温性能。采用蓄热法施工时，应使用活性高、水化热大的普通硅酸盐水泥和硅酸盐水泥。

蓄热法养护适用于气温不太低的地区或是初冬和冬末季节。它具有施工工艺简单、节约设备、冬期施工费用低及适应性强等优点，是冬期施工中普遍采用的方法。但需要注意的是，蓄热法需要的养护期较长。当室外温度不低于−15℃时，对于地面以下工程或结构表面系数(即结构冷却的表面积与结构体积之比)不小于5的地上结构，以及冻结期不太长的地区，都可以优先考虑采用蓄热法施工。

混凝土拌和物的温度是由外界气温及入模温度所决定的。为达到所需的混凝土温度，需选择适当的材料加热温度。混凝土拌和物的温度可通过以下公式进行计算：

$$T_0 = [0.9(m_{ce}T_{ce} + m_{sa}T_{sa} + m_gT_g) + 4.2T_w(m_w - \omega_{sa}m_{sa} - \omega_gm_g) +$$
$$c_1(\omega_{sa}m_{sa}T_{sa} + \omega_gm_gT_g) - c_2(\omega_{sa}m_{sa} + \omega_gm_g)] \div [4.2m_w + 0.9(m_{ce} + m_{sa} + m_g)] \quad (4.14)$$

式中：T_0——混凝土拌和物的温度(℃)；

m_w、m_{ce}、m_{sa}、m_g——水、水泥、砂、石的用量(kg)；

T_w、T_{ce}、T_{sa}、T_g——水、水泥、砂、石的温度(℃)；

ω_{sa}、ω_g——砂、石的含水量(%)；

c_1、c_2——水的比热容(kJ/kg·K)及溶解热(kJ/kg)，当骨料温度大于0℃时，$c_1 = 4.2$，$c_2 = 0$；当骨料温度≤0℃时，$c_1 = 2.1$，$c_2 = 335$。

经式(4.14)计算出的混凝土拌和物的温度 T_0 是一个理想值。实际上，在搅拌并倾出过程中，会损失一部分热量。因此，混凝土拌和物的出机温度应为

$$T_1 = T_0 - 0.16(T_0 - T_i) \tag{4.15}$$

式中：T_1——混凝土拌和物的出机温度(℃)；

　　　T_i——搅拌机棚内温度(℃)。

混凝土拌和物经搅拌倾出后，还需经过一段运输距离才能入模成型。在运输过程中，仍然会有热量损失。混凝土拌和物经运输到浇筑成型时的温度可按下式计算：

$$T_2 = T_1 - (\alpha t_\tau + 0.032n)(T_1 - T_\alpha) \tag{4.16}$$

式中：T_2——混凝土拌和物经运输到浇筑成型时的温度(℃)；

　　　t_τ——混凝土拌和物自运输至浇筑成型完成的时间(h)；

　　　n——混凝土拌和物的运转次数；

　　　T_α——运输时的环境温度(℃)；

　　　α——温度损失系数(h^{-1})，其取值如下：

当使用混凝土搅拌运输车运输时，$\alpha = 0.25$；

当使用开敞大型自卸汽车运输时，$\alpha = 0.20$；

当使用开敞小型自卸汽车运输时，$\alpha = 0.30$；

当使用封闭式自卸汽车运输时，$\alpha = 0.10$；

当使用人力手推车运输时，$\alpha = 0.50$。

混凝土拌和物经运输至入模时，若考虑模板和钢筋的吸热影响，则混凝土成型完成时的温度计算式为

$$T_3 = \frac{C_c m_c T_2 + C_f m_f T_f + C_s m_s T_s}{C_c m_c + C_f m_f + C_s m_s} \tag{4.17}$$

式中：T_3——考虑模板和钢筋的吸热影响，混凝土成型完成时的温度(℃)；

　　　C_c、C_f、C_s——混凝土、模板材料、钢筋的比热容(kJ/kg·K)；

　　　m_c——每立方米混凝土拌和物的质量(kg)；

　　　m_f、m_s——与每立方米混凝土拌和物相接触的模板、钢筋的质量(kg)；

　　　T_f、T_s——模板、钢筋的温度(未预热者可采用当时的环境气温)(℃)。

运输中的温度损失与运输时间、运输工具的散热程度以及运转次数有关。为了尽量减少温度损失，应根据具体情况采取一些必要措施，如尽可能缩短运输距离、对运输机具采取保温措施、减少运转次数等。

由于蓄热法施工简单，冬期施工费用较低，且较易保证质量，因此国内外都把该方法作为冬期施工的基本方法。

2. 综合蓄热法

综合蓄热法是在蓄热法的基础上，通过在配制混凝土时使用快硬早强水泥或掺用早强外加剂，同时在养护混凝土时采用早期短时加热或加强围护保温的措施，如使用棚罩等，以延长正温养护期并加快混凝土强度的增长。

综合蓄热法可分为低蓄热养护和高蓄热养护两种方式。低蓄热养护主要以使用早强水泥或掺加低温早强剂、防冻剂为主，目的是使混凝土在缓慢冷却至冰点前达到允许受冻的

临界强度。当日平均气温不低于 −15℃，且表面系数在 6～12 之间，同时选用高效保温材料时，宜采用低蓄热养护。高蓄热养护除掺用外加剂外，还主要采用短时加热的方式，以确保混凝土在养护期内达到要求的受荷强度。当日平均气温低于 −15℃，且表面系数大于 13 时，宜采用短时加热的高蓄热养护，这种方法也常用于抢险工程。

采用综合蓄热法时，需要进行热工计算，并对原材料进行加热处理，以提高混凝土的入模温度(一般控制在 20℃左右)。同时，要慎重选择外加剂，并通过试验确定其合理的掺入量。此外，还应合理地选择干燥且高效的保温材料。

3. 蒸汽加热法

蒸汽加热法是利用蒸汽使混凝土保持一定的温度和湿度，以加速其硬化的方法。此法除预制厂常用的蒸汽养护窑外，在现浇结构中还有汽套法、毛管法和构件内部通汽法等多种方法。

(1) 汽套法：是在构件模板外再加一层密封的套板模，利用两层模板之间的空隙通入蒸汽进行加热养护。此法加热均匀，但设备复杂、费用较高，因此只适宜在特殊条件下用于养护梁、板等水平构件。

(2) 毛管法：是在模板内侧做成凹槽，凹槽上盖以铁皮，形成所谓的"毛细管模板"，然后在凹槽内通入蒸汽进行加热。毛管法用汽量少、加热均匀，特别适合于养护柱、墙等垂直结构。

(3) 构件内部通汽法：是在浇筑构件时预先留置孔道，然后将蒸汽送入孔道内对混凝土进行加热。等混凝土达到要求的强度后，随即用砂浆或细石混凝土灌入孔道内将其封闭。

采用蒸汽加热的混凝土宜选用矿渣水泥或火山灰水泥，严禁使用矾土水泥。普通水泥的加热温度不得超过 80℃，而矿渣水泥和火山灰水泥的加热温度可以提高到 85℃～95℃。同时，湿度必须保持在 90%～95% 的范围内。为了避免温差过大导致混凝土产生裂缝，应严格控制升温、降温速度：当表面系数大于等于 6 时，每小时升温不大于 15℃，降温不大于 10℃；当表面系数小于 6 时，每小时升温不大于 10℃，降温不大于 5℃。模板和保温层应在混凝土冷却到 5℃后方可拆除。当混凝土与外界温差大于 20℃时，拆模后应对混凝土表面采取保温措施，如临时覆盖等，使其缓慢冷却。未完全冷却的混凝土具有较高的脆性，不能承受冲击或动力荷载，以防止开裂。

4. 电热法

电热法是利用电流通过不良导体混凝土或电阻丝所发出的热量来养护混凝土的方法，其可分为电极法和电热器法两类。

(1) 电极法：是在新浇筑的混凝土中，每隔一定间距(200～400 mm)插入电极($\phi 6$～$\phi 12$ mm 的短钢筋)，接通电源，利用混凝土本身的电阻将电能转化为热能。采用电极法时，要防止电极与钢筋接触引起短路。对于较薄的构件，也可以将薄钢板固定在模板内侧作为电极使用。

(2) 电热器法：是利用电流通过电阻丝产生的热量进行加热养护的方法。根据需要，电热器可以制成板状，用以加热现浇楼板；也可以制成针状，用以加热装配整体式框架的接点。对于用大模板施工的现浇墙板，则可以使用电热模板(在大模板背面安装电阻丝形成热夹具层，其外用铁皮包裹矿渣棉进行密封)进行加热。

电热法应采用交流电(因为直流电会使混凝土内的水分分解)，工作电压为 50～110 V，以避免产生强烈的局部过热和混凝土脱水现象。只有在无筋或少筋结构中，才允许采用电压为 120～220 V 的电流进行加热。电热应在混凝土表面覆盖后进行。在电热过程中，需要注意观察混凝土外露表面的温度，当表面开始干燥时，应先断电，并浇洒温水湿润混凝土表面。电热养护混凝土的温度应符合表 4.27 的规定，当混凝土强度达到设计强度的 50%时，即可停止电热。

表 4.27　电热养护混凝土的温度　　　　单位：℃

水泥标号	结构表面系数		
	< 10	10～15	>15
325	70	50	45
425	40	40	35

采用电热法施工时，设备简单，施工方便有效，但耗电量大、费用高，因此应慎重选用，并注意施工安全。

5. 暖棚法

暖棚法是在混凝土浇筑地点，利用保温材料搭设暖棚，并在棚内采取采暖措施以提高棚内温度，从而使混凝土的养护环境类似常温环境。采用暖棚法进行养护时，棚内温度不得低于 5℃，并且应确保混凝土表面保持湿润。

6. 掺外加剂法

1) 早强外加剂法

早强外加剂法所用的外加剂应根据气温、对新拌混凝土及硬化混凝土的性能要求进行选择，主要包括高效减水剂、低引气型高效减水剂及缓凝高效减水剂，早强剂、早强减水剂，以及早强高效减水剂。

(1) 高效减水剂、低引气型高效减水剂及缓凝高效减水剂，例如 JM-Ⅰ型和萘系高效减水剂等，这些外加剂适用于养护温度在 0℃以上的混凝土施工。它们可以显著地改善混凝土的可泵性，减少用水量，提高混凝土的早期强度和后期强度，使得在较低标准的水泥下也能配制出较高强度的混凝土，并提高抗渗性、抗冻性等性能。

(2) 早强剂、早强减水剂，例如金星 3 型、某早强减水剂(其主要成分是木钙及硫酸钠)，以及 NC、金星 2 型等早强剂(其主要成分是糖钙及硫酸钠)，这些外加剂适用于日最低气温在-5℃以上的混凝土施工。

(3) 早强高效减水剂，例如 S 型、金星 4 型，它们的主要成分是高效减水剂及硫酸钠，适用于日最低气温为 -5℃的环境，在长江中下游等地区甚至适用于日最低气温为 -10℃的混凝土冬期施工。在 0℃左右的环境下，使用这些外加剂的混凝土，龄期为 5～7 d 的强度可以达到设计强度的 70%，并且后期强度、抗渗性、耐久性等性能也会显著提高，同时还可以提高混凝土的和易性。

2) 综合蓄热法

综合蓄热法常用的外加剂包括早强外加剂或防冻剂。早强外加剂主要有高效减水剂、早强剂、早强减水剂及早强高效减水剂。防冻剂则多是无氯盐类复合防冻剂。

3) 热养护早强外加剂法

混凝土早期在正温下水化硬化，因此热养护早强外加剂法所使用的外加剂与早强外加剂法所采用的外加剂相同，主要包括高效减水剂、早强剂、早强减水剂以及早强高效减水剂。然而，热养护早强外加剂法在实际应用中经常误用防冻剂。防冻剂的主要功能是降低水的冰点，使水泥能在负温下进行水化硬化。在正温下使用防冻剂并无实际意义，有时反而会导致混凝土的后期强度和耐久性下降。

4) 防冻剂法

防冻剂法应优先选用无氯盐类复合防冻剂，该防冻剂由高效减水剂组分、防冻组分、早期强度组分、引气组分等组成，具有掺量少、抗冻害功效高的特点，并能使混凝土后期性能稍有改善。这种多功能的高效防冻剂克服了普通防冻剂掺量高、导致混凝土后期强度和耐久性下降的弊端。

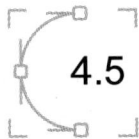

4.5 预应力混凝土工程施工

4.5.1 预应力混凝土的概念

预应力混凝土自 1928 年由法国弗莱西奈首先研究成功以后，在世界各国得到了广泛的推广应用，其推广数量和范围是衡量一个国家建筑技术水平的重要标志之一。

我国于 1950 年开始采用预应力混凝土结构，现在在数量以及结构类型方面均得到了迅速发展。预应力技术已经从开始的单个构件发展到预应力结构的新阶段，如无黏结预应力现浇平板结构、装配式整体预应力板柱结构、预应力薄板叠合板结构、大跨度部分预应力框架结构等。

普通钢筋混凝土构件的抗拉极限应变值只有 0.0001～0.000 15，即相当于每米只允许拉长 0.1～0.15 mm，超过此值，混凝土就会开裂。如果混凝土不开裂，那么构件内的受拉钢筋应力只能达到 20～30 N/mm²。因此，在普通混凝土构件中，采用高强度钢材来达到节约钢材的目的受到了一定的限制。采用预应力混凝土才是解决这一矛盾的有效方法。预应力混凝土结构(构件)在使用阶段产生的拉应力首先抵消预压应力，从而推迟了裂缝的出现和限制了裂缝的开展，提高了结构(构件)的抗裂度和刚度。

与普通混凝土相比，预应力混凝土除提高了构件的抗裂度和刚度外，还具有减轻自重、增加构件的耐久性、提高装配式结构的整体性、降低造价等优点。

预应力混凝土按施工方法的不同可分为先张法和后张法两大类；按钢筋张拉方式的不同，又可分为机械张拉法、电热张拉法与自应力张拉法等。

4.5.2 先张法

先张法是在浇筑混凝土之前，先张拉预应力筋，并将预应力筋临时固定在台座或钢模上。待混凝土达到一定强度(一般不低于混凝土设计强度标准值的 75%)，且混凝土与预应力筋之间具有一定的黏结力时，放松预应力筋。在预应力筋的反弹力作用下，使构件受拉区的混凝土承受预压应力。预应力筋的张拉力主要通过预应力筋与混凝土之间的黏结力传递给混凝土。图 4.35 为预应力混凝土构件先张法施工示意图。

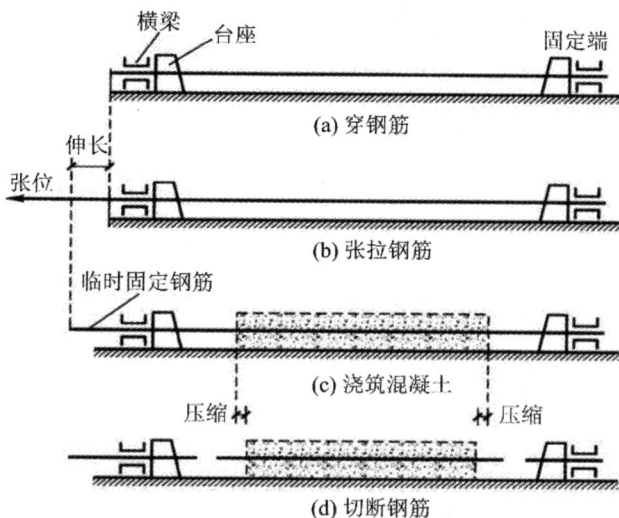

图 4.35　先张法工艺过程示意图

先张法生产可采用台座法和机组流水法。台座法是构件在台座上生产，即预应力筋的张拉、固定，混凝土的浇筑、养护和预应力筋的放松等所有工序均在台座上进行。机组流水法则是利用钢模板作为固定预应力筋的承力架，构件连同模板一起通过固定的机组，按照流水作业的方式完成每一个生产过程。先张法特别适用于生产定型的中小型构件，如空心板、屋面板、吊车梁、檩条等。在先张法施工中，常用的预应力筋主要有钢丝和钢筋两类。

1. 先张法施工设备

先张法施工所需要的主要设备包括台座、夹具和张力设备等。

1）台座

台座是先张法施工中用于张拉和临时固定预应力筋的支撑结构，它承受了预应力筋的全部张拉力，因此要求台座具有足够的强度、刚度和稳定性。台座按构造型式主要分为墩式台座和槽式台座。

(1) 墩式台座。墩式台座由承力台墩、台面和横梁组成，如图 4.36 所示。墩式台座一般用于生产以钢丝作为预应力筋的中小型构件，目前常用的是由现浇钢筋混凝土制成的、承力台墩与台面共同受力的台座。

台座的长度和宽度需根据场地大小、构件类型和产量来确定。一般长度宜为 100～150 m，宽度为 2～4 m，这样既可以充分利用钢丝长的特点，一次张拉可生产多根构件，又可以减少因钢丝滑动或台座横梁变形引起的预应力损失。

台座稍有变形、滑移或产生倾角均会引起较大的应力损失。因此，在设计台座时，应进行稳定性和强度的验算。稳定性验算包括台座的抗倾覆验算和抗滑移验算。墩式台座抗倾覆验算的简图如图 4.37 所示。

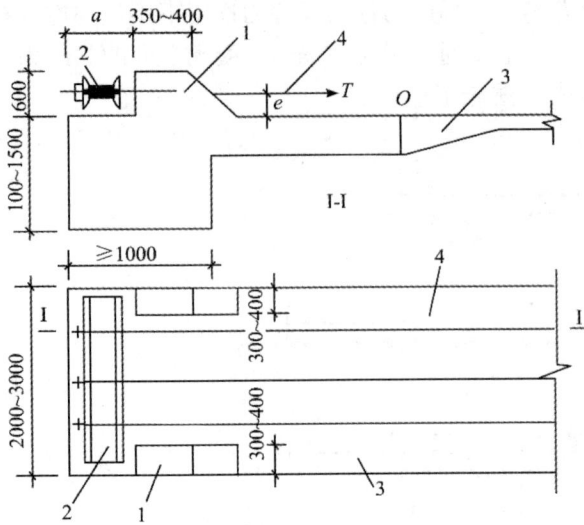

1—台墩；2—横梁；3—台面；4—预应力筋。

图 4.36　墩式台座

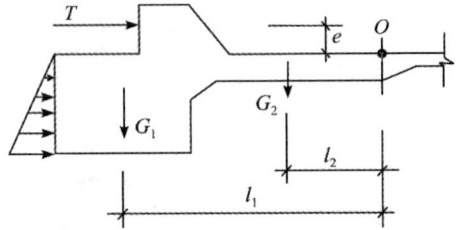

图 4.37　墩式台座抗倾覆验算简图

钢筋混凝土台墩绕台面上点 O 倾覆，由于其埋深较小，当气温变化或土质干缩时，土与台墩可能分离，导致土压力减小且不稳定。因此，在计算中忽略土压力对点 O 产生的平衡力矩。台座抗倾覆的验算可按下式进行：

$$K_1 = \frac{M'}{M} = \frac{G_1 L_1 + G_2 L_2}{Te} \geq 1.50 \qquad (4.18)$$

式中：K_1——台座的抗倾覆安全系数；

M'——抗倾覆力矩(kN·m)，若忽略土压力，则 $M' = G_1 L_1 + G_2 L_2$；

M——由张拉力产生的倾覆力矩(kN·m)；

T——预应力筋张拉力的合力(kN)；

e——张拉力合力 T 的作用点到倾覆点 O 的力臂(m)；

G_1——台墩的自重(kN)；

L_1——台墩重心至倾覆点 O 的力臂(m)；

G_2——台墩外伸台面局部加厚部分的自重(kN)；

L_2——台墩外伸台面局部加厚部分的重心至倾覆点 O 的力臂(m)。

台座的抗滑移验算可按下式进行：

$$K_2 = \frac{T_1}{T} \geq 1.3 \qquad (4.19)$$

式中：K_2——台面的抗滑移安全系数；

T_1——抗滑移的力(kN)，$T_1 = N + E_P + F$(N 为台面反力，E_P 为土压力 P 的合力，F 为摩阻力。

对于独立的台墩，其水平推力主要由台墩侧壁上的压力和底部的摩阻力等产生；对于与台面共同工作的台墩，其水平推力几乎全部传给台面，因此不存在滑移问题，可不进行抗滑移计算。但此时应验算台面的强度，以确保其能够承受传递来的水平推力。

进行台座强度验算时，支撑横梁的牛腿应按柱子牛腿的计算方法进行配筋设计；墩式台座与台面接触的外伸部分，应按偏心受压构件进行计算；台面则应按轴心受压杆件进行计算；横梁应按承受均布荷载的简支梁进行计算，其挠度不应大于 2 mm，并且不得产生翘曲现象。预应力筋的定位板必须安装准确，其挠度应控制在不大于 1 mm 的范围内。

台面一般是先夯铺一层碎石，然后浇筑一层 60～100 mm 厚的混凝土，其承载力按下式计算：

$$P = \frac{\psi A f_c}{\gamma_0 \gamma_Q K'} \tag{4.20}$$

式中：ψ——轴心受压纵向弯曲系数，此处取 $\psi = 1$；

$\quad\quad A$——台面截面面积；

$\quad\quad f_c$——混凝土轴心抗压强度设计值；

$\quad\quad \gamma_0$——构件重要性系数，按二级考虑，取 $\gamma_0 = 1.0$；

$\quad\quad \gamma_Q$——荷载分项系数，取 $\gamma_Q = 1.4$；

$\quad\quad K'$——考虑台面面积不均匀和其他影响因素的附加安全系数，取 $K' = 1.5$。

台面伸缩缝可根据当地温度和经验设置，一般约 10 m 设置一条。

(2) 槽式台座。槽式台座由端柱、传力柱、上横梁、下横梁及砖墙组成，如图 4.38 所示。端柱和传力柱是槽式台座的主要受力结构，通常采用钢筋混凝土结构。为了便于装拆和转移，端柱和传力柱常采用装配式结构。砖墙一般为一砖厚，主要起挡土作用，同时也可作为蒸汽养护的保温侧墙。槽式台座特别适用于张拉吨位较大的构件，如吊车梁、屋架、薄腹梁等。

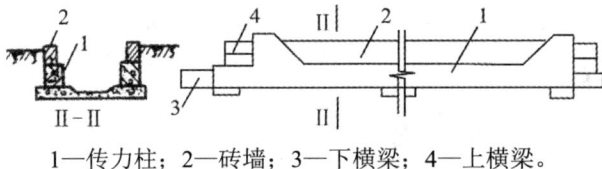

1—传力柱；2—砖墙；3—下横梁；4—上横梁。

图 4.38　槽式台座

2) 夹具

夹具是先张法施工中用于预应力筋张拉和临时固定的锚固装置，按其用途不同，可分为锚固夹具和张拉夹具。

(1) 夹具的要求。夹具的静载锚固性能应由预应力筋-夹具组装件静载锚固试验测定的夹具效率系数确定。夹具效率系数 η_s 按下式计算：

$$\eta_s = \frac{F_{spu}}{\eta_p F_{spu}^0} \tag{4.21}$$

式中：F_{spu}——预应力筋-夹具组装件的实测极限拉力(k/N)；

$\quad\quad F_{spu}^0$——预应力筋-夹具组装件中各根极限预应力钢材的极限拉力计算值之和(kN)；

$\quad\quad \eta_p$——预应力筋的效率系数，当预应力筋为消除应力钢丝、钢绞线或热处理钢筋时，η_p 取 0.97。

夹具的静载锚固性能应满足：$\eta_s \geq 0.95$。

夹具除满足上述要求外，尚应具有下列性能：

① 当预应力筋-夹具组装件达到实际极限拉力时，全部零件不应出现肉眼可见的裂缝和破坏；

② 有良好的自锚性能；

③ 有良好的松锚性能；

④ 能多次重复使用。

(2) 夹具的分类。夹具分为钢质锥形夹具、墩头夹具和张拉夹具。

① 钢质锥形夹具。钢质锥形夹具(如图 4.39 所示)主要用于锚固直径为 3～5 mm 的单根钢丝。

② 墩头夹具。墩头夹具(如图 4.40 所示)适用于预应力钢丝固定端的锚固。

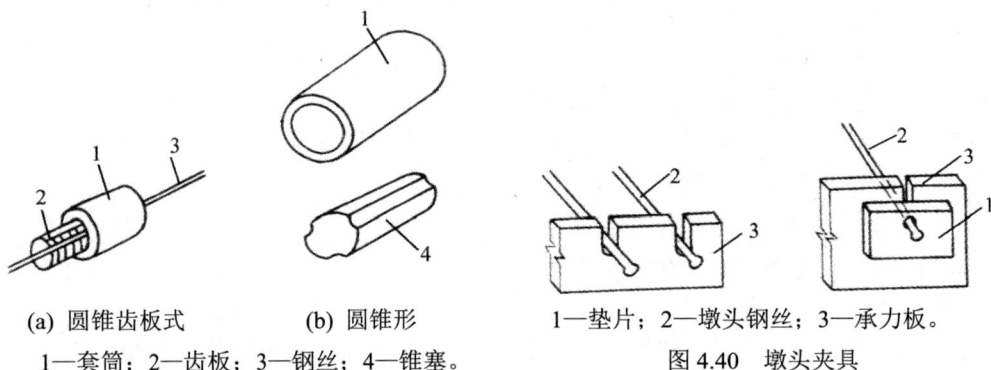

(a) 圆锥齿板式　　　(b) 圆锥形

1—套筒；2—齿板；3—钢丝；4—锥塞。

图 4.39　钢质锥形夹具图

1—垫片；2—墩头钢丝；3—承力板。

图 4.40　墩头夹具

③ 张拉夹具。张拉夹具(如图 4.41 所示)是将预应力筋与张拉机械连接起来进行预应力张拉的工具，常用的张拉夹具有月牙形夹具、偏心式夹具和楔形夹具等。

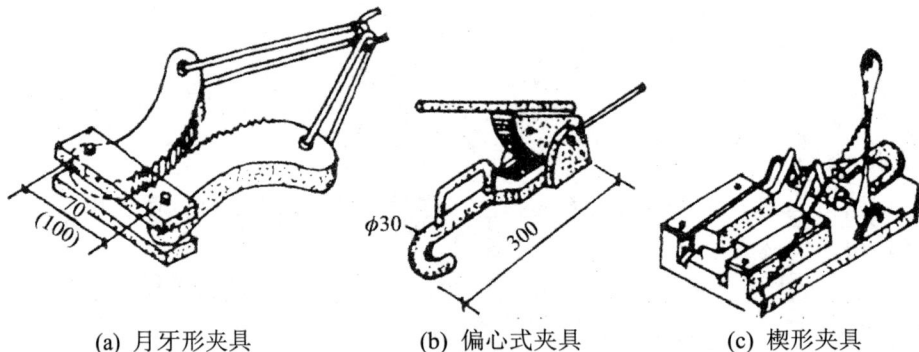

(a) 月牙形夹具　　　(b) 偏心式夹具　　　(c) 楔形夹具

图 4.41　张拉夹具

3) 张拉设备

张拉设备需工作可靠，能准确控制应力，并能以稳定的速度增加拉力。常用的张拉设备包括油压千斤顶、卷扬机、电动螺杆张拉机等。

(1) 油压千斤顶。油压千斤顶可用于张拉单根或多根成组的预应力筋。人们可以直接从油压表的读数获得张拉应力值。图 4.42 展示了 YC-20 型穿心式千斤顶的张拉过程。该油压千斤顶的最大张拉力为 200 kN，张拉行程为 200 mm，自重为 19 kg，特别适用于张拉直径为 12.20 mm 的单根预应力筋。当成组张拉时，由于拉力较大，通常选择使用油压千斤顶。油压千斤顶成组张拉的示意图如图 4.43 所示。

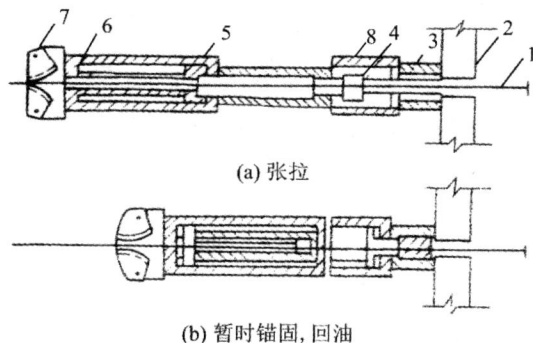

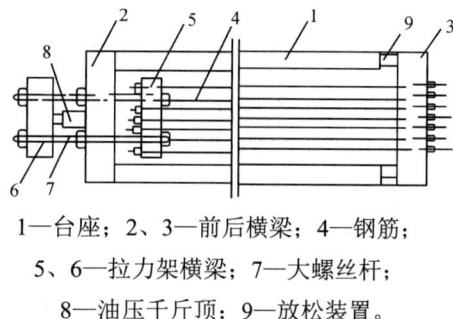

(a) 张拉

(b) 暂时锚固，回油

1—钢筋；2—台座；3—穿心式夹具；4—弹性顶压头；
5、6—油嘴；7—偏心式夹具；8—弹簧。

图 4.42　YC-20 型穿心式千斤顶张拉过程示意图

1—台座；2、3—前后横梁；4—钢筋；
5、6—拉力架横梁；7—大螺丝杆；
8—油压千斤顶；9—放松装置。

图 4.43　油压千斤顶成组张拉示意图

(2) 卷扬机。在长线台座上张拉钢筋时，由于千斤顶的行程无法满足要求，因此小直径预应力筋可以采用卷扬机进行张拉，同时利用杠杆或弹簧进行测力。当使用弹簧测力时，建议设置行程开关，以便在张拉到规定的应力时，卷扬机能够自行停机。用卷扬机张拉预应力筋的示意图如图 4.44 所示。

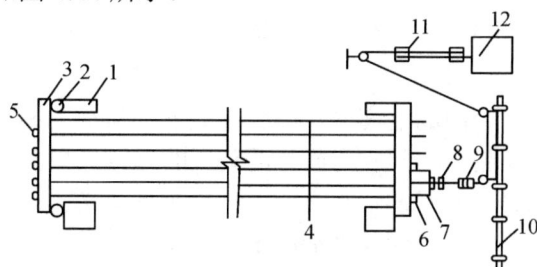

1—台座；2—放松装置；3—横梁；4—钢筋；5—镦头；6—垫块；
7—销片夹具；8—张拉夹具；9—弹簧测力计；10—固定梁；11—滑轮组；12—卷扬机。

图 4.44　用卷扬机张拉预应力筋示意图

(3) 电动螺杆张拉机。电动螺杆张拉机(如图 4.45 所示)由螺杆、电动机、齿轮减速箱、测力计、拉力架、承力架和张拉夹具等组成，其最大张拉力为 300～600 kN，张拉行程为 800 mm，自重为 400 kg，可张拉单根预应力钢丝或钢筋。张拉时，顶杆支于台座横梁上，

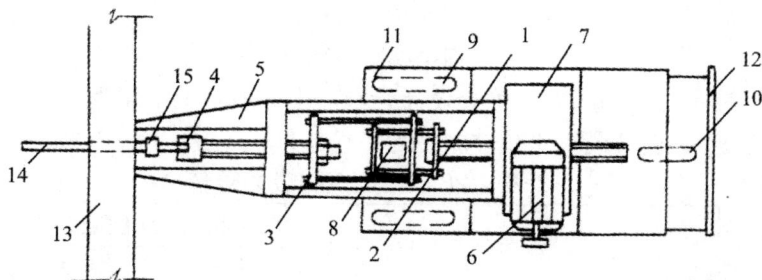

1—螺杆；2、3—拉力架；4—张拉夹具；5—顶杆；6—电动机；7—齿轮减速箱；
8—测力计；9、10—车轮；11—底盘；12—手把；13—横梁；14—钢筋；15—锚固夹具。

图 4.45　电动螺杆张拉机

用张拉夹具夹紧钢筋后开动电动机,由皮带、齿轮传动系统使螺杆做直线运动,从而张拉钢筋。这种张拉机的特点是运行稳定,螺杆有自锁性能,因此电动螺杆张拉机的恒载性能好,速度快,张拉行程大。

2. 先张法施工工艺

先张法施工工艺流程如图 4.46 所示。

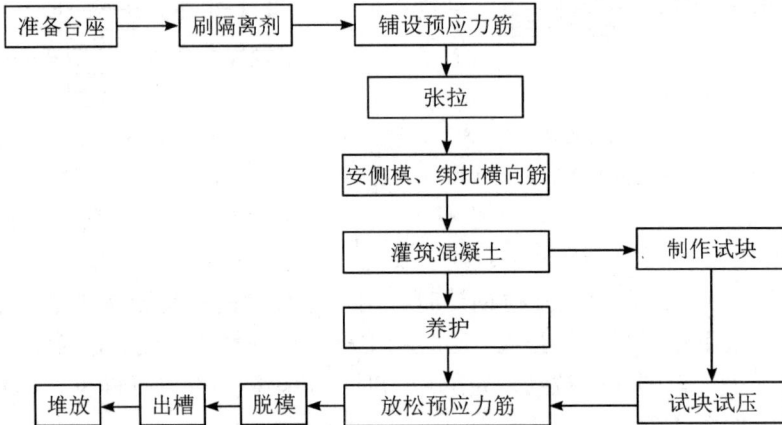

图 4.46 先张法施工工艺流程图

1) 预应力筋的铺设、张拉

铺设预应力筋前,应先做好台面的隔离层,即先涂刷非油质类的模板隔离剂。所选用的隔离剂不得污染预应力筋,以免影响预应力筋与混凝土的黏结效果。

碳素钢丝绳具有强度高、表面光滑的特点,但与混凝土的黏结力较差。因此,必要时可采取表面刻痕和压波的措施,以提高钢丝与混凝土的黏结力。钢丝的接长可借助钢丝拼接器(如图 4.47 所示),使用 20~22 号铁丝进行密排绑扎。

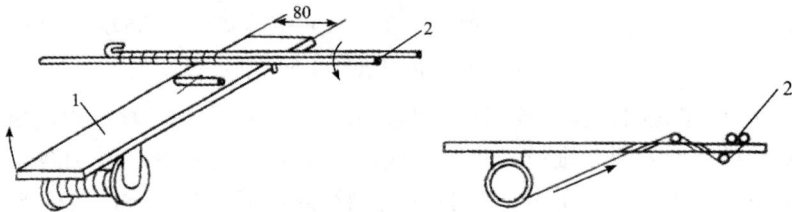

1—拼接器;2—钢丝。

图 4.47 钢丝拼接器

预应力筋的张拉控制应力应符合设计要求,施工中若采用超张拉,则其控制应力可比设计要求提高 5%,但其最大张拉控制应力不得超过表 4.28 的规定值。

表 4.28 张拉控制应力限值

钢 种	张拉控制应力限值	
	先张法	后张法
消除应力钢丝、钢绞线	$0.75f_{ptk}$	$0.75f_{ptk}$
热处理钢筋	$0.7f_{ptk}$	$0.65f_{ptk}$

注:f_{ptk} 为预应力筋极限抗拉强度标准值。

预应力筋张力 P 按下式计算：

$$P = (1 + m)\sigma_{con}A_p \tag{4.22}$$

式中：m——超张拉百分率(%)；

　　　σ_{con}——张拉控制应力(N/mm²)；

　　　A_p——预应力筋的截面面积(mm²)。

预应力筋的张拉程序可按下列程序之一进行：

$$0 \to 103\%\sigma_{con}$$

或

$$0 \to 105\%\sigma_{con} \xrightarrow{\text{持荷 2 min}} \sigma_{con}$$

在第一种张拉程序中，超张拉 3%的目的是为了弥补预应力筋因松弛而引起的预应力损失。这种张拉程序施工简便，因此在实际工程中多被采用。

在第二种张拉程序中，超张拉 5%并持荷 2 min，这样做的主要目的是进一步减少预应力筋的松弛损失。钢筋的松弛数值与张拉控制应力及持续时间有关：张拉控制应力越高，松弛现象也就越明显。同时，松弛损失还会随着时间的延长而增加，但在第一分钟内即可完成总损失值的 50%左右，而在 24 h 内则可完成 80%的损失。在上述张拉程序中，通过超张拉 5%σ_{con}并持荷 2 min，可以有效地减少 50%以上的松弛损失。

预应力筋张拉后，一般应校核预应力筋的伸长值。当实际伸长与计算伸长值的偏差超过±6%时，应暂停张拉，查明原因并采取措施予以调整后方可继续张拉。预应力筋的伸长值 ΔL 按下式计算：

$$\Delta L = \frac{F_p \times L}{A_p \times E_s} \tag{4.23}$$

式中：F_p——预应力筋的平均张拉力；

　　　L——预应力筋的长度(mm)；

　　　A_p——预应力筋的截面面积(mm²)；

　　　E_s——预应力筋的弹性模量(N/mm²)。

预应力筋的实际伸长值宜在初应力约为 10%σ_{con} 时开始测量，但必须加上初应力以下的推算伸长值。预应力筋张拉完毕后的位置不允许有过大偏差，与设计位置的偏差不得大于 5mm，同时也不得大于构件截面最短边长的 4%。

多根钢丝同时张拉时，必须事先调整初应力，以确保其相互间的应力一致。断丝和滑脱钢丝的数量不得大于钢丝总数的 3%，且一束钢丝中只允许断丝一根。构件在浇筑混凝土前发生断丝或滑脱的预应力钢丝必须予以更换。当采用钢丝作为预应力筋时，虽然不做伸长值校核，但应在钢丝锚固后，使用钢丝测力计或半导体频率计数测力计测定钢丝预应力，其偏差不得大于一个构件全部钢丝预应力总值的 5%。

2) 混凝土的浇筑与养护

为了减少预应力损失，在设计配合比时应考虑采取减少混凝土收缩和徐变的措施，具体措施包括：降低水灰比、控制水泥用量、采用良好的级配以及确保振捣密实。在振捣混凝土的过程中，振动器不得碰撞预应力筋。同时，在混凝土未达到一定强度之前，也不允许碰撞和踩动预应力筋，以保证预应力筋与混凝土之间形成良好的黏结力。

预应力混凝土可采用自然养护和湿热养护两种方式。当采用湿热养护时，应采取正确的养护制度，以减少由于温差引起的预应力损失。特别是在台座上生产的构件，当采用湿热养护时，由于温度升高会导致预应力筋膨胀，而台座长度并无变化，因此预应力筋的应力会减少。在这种情况下，如果混凝土逐渐硬结，则在混凝土硬化之前，由于温度升高而引起的预应力筋应力降低将无法恢复，从而形成温差应力损失。为了减少这种温差应力损失，应在混凝土达到一定强度(通常为 100 N/mm²)之前，将温度升高限制在一定范围内(一般不超过 20℃)。然而，当采用机组流水法并用钢模制作预应力构件时，由于湿热养护过程中钢模与预应力筋会同步伸缩，因此不存在因温差引起的预应力损失问题。

3) 预应力筋的放张

(1) 放张顺序。预应力筋的放张顺序应满足设计要求。当设计无具体要求时，应遵循下列规定：

① 对于轴心受预压构件(如压杆、桩等)，所有预应力筋应同时放张。

② 对于偏心受预压构件(如梁等)，应先同时放张预压力较小区域的预应力筋，再同时放张预压力较大区域的预应力筋。

③ 当不能按照上述规定进行放张时，应分阶段、对称、相互交错地进行放张，以防止在放张过程中构件发生翘曲、裂纹以及预应力筋断裂等现象。

(2) 放张方法。对于配筋不多的中小型钢筋混凝土构件，钢丝可以采用砂轮锯或切断机切断等方法进行放张。对于配筋多的钢筋混凝土构件，钢丝应同时放张；若逐根放张，则最后几根钢丝可能会由于承受过大的拉力而突然断裂，导致构件端部容易开裂。需要注意的是，钢丝和热处理钢筋不得用电弧切割，宜采用砂轮锯或切断机进行切断。当预应力筋数量较多时，可以使用千斤顶、砂箱、楔块等装置进行同时放张。预应力筋的放张装置如图 4.48 所示。

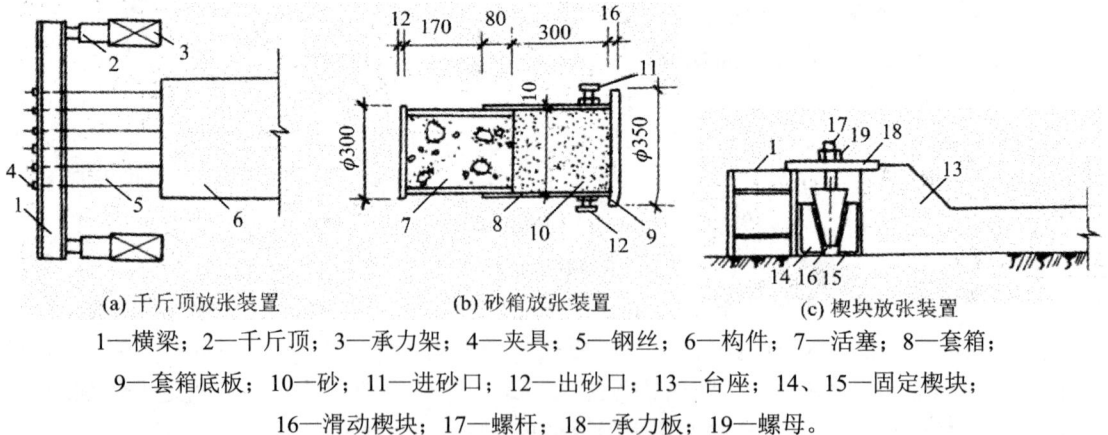

(a) 千斤顶放张装置　　　　(b) 砂箱放张装置　　　　(c) 楔块放张装置

1—横梁；2—千斤顶；3—承力架；4—夹具；5—钢丝；6—构件；7—活塞；8—套箱；
9—套箱底板；10—砂；11—进砂口；12—出砂口；13—台座；14、15—固定楔块；
16—滑动楔块；17—螺杆；18—承力板；19—螺母。

图 4.48　预应力筋放张装置

4.5.3　后张法

后张法是先制作构件并预留孔道，待构件混凝土强度达到设计规定的数值后，在孔道内穿入预应力筋进行张拉，并用锚具在构件端部将预应力筋锚固，最后进行孔道灌浆。后张法施工时，预应力筋的张拉力主要是靠构件端部的锚具传递给混凝土，使混凝土产生预应力。图4.49为预应力混凝土后张法施工示意图。

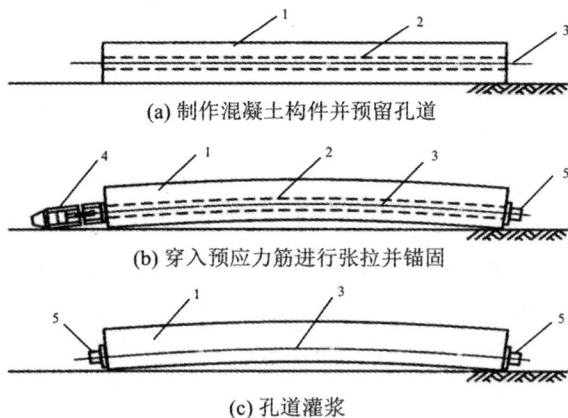

(a) 制作混凝土构件并预留孔道

(b) 穿入预应力筋进行张拉并锚固

(c) 孔道灌浆

1—混凝土构件；2—预留孔道；3—预应力筋；4—千斤顶；5—锚具。

图 4.49　后张法施工示意图

1. 后张法施工设备

后张法施工所需要的主要设备包括锚具和张拉设备。

1) 锚具

锚具是用于张拉和将预应力筋永久固定在预应力混凝土构件上，以传递预应力的工具。按锚固性能的不同，锚具可分为Ⅰ类锚具和Ⅱ类锚具。Ⅰ类锚具适用于承受动、静载的预应力混凝土结构；Ⅱ类锚具仅适用于有黏结预应力混凝土结构，且锚具只能处于预应力筋应力变化不大的部位。锚具的静载锚固性能应由预应力筋-锚具组装件静载试验测定的锚具效率系数 η_a 和达到实测极限拉力时的总应变 ε_{apu} 确定，其值应符合表4.29中的规定。

表 4.29　锚具效率系数与总应变

锚具类型	锚具效率系数 η_a	达到实测极限拉力时的总应变 $\varepsilon_{apu}/(\%)$
Ⅰ类	≥0.95	≥2.0
Ⅱ类	≥0.90	≥1.7

锚具效率系数 η_a 按下式计算：

$$\eta_a = \frac{F_{apu}}{\eta_p F_{apu}^c} \tag{4.24}$$

式中：F_{apu}——预应力筋-锚具组装件的实测极限拉力(kN)；

F_{apu}^c——预应力筋-锚具组装件中各根预应力钢材的极限拉力计算值之和(kN)；

η_p——预应力筋的效率系数。

对于重要预应力混凝土结构工程使用的锚具，预应力筋的效率系数 η_p 应按国家现行标准《预应力筋用锚具、夹具和连接器》(GB/T 14370—2015)的规定进行计算。对于一般预应力混凝土结构工程使用的锚具，当预应力筋为钢丝、钢绞线或热处理钢筋时，预应力筋

的效率系数 η_p 取 0.97。

除满足上述要求外，锚具尚应满足下列规定：

(1) 当预应力筋-锚具组装件达到实测极限拉力时，除锚具设计允许的现象外，全部零件均不得出现肉眼可见的裂缝或破坏。

(2) 锚具除能满足分级张拉及补张拉工艺要求外，宜具有能放松预应力筋的性能。

(3) 锚具或其附件上宜设置灌浆孔道，且灌浆孔道应有足够的截面积以保证浆液通畅。

后张法所用锚具根据其锚固原理和构造形式的不同，分为螺杆锚具、夹片锚具、锥销式锚具和镦头锚具四种。在预应力筋张拉过程中，根据锚具所在位置与作用的不同，锚具又可分为张拉端锚具和固定端锚具。预应力筋的种类有热处理钢筋束、消除应力钢筋束、钢绞线束、钢丝束。因此，按锚固钢筋或钢丝数量的不同，锚具可分为单根粗钢筋锚具、钢筋束和钢绞线束锚具、钢丝束锚具。

(1) 单根粗钢筋锚具。单根粗钢筋锚具分为螺栓端杆锚具和帮条锚具。

① 螺栓端杆锚具。螺栓端杆锚具(如图 4.50(a)所示)由螺栓端杆、钢筋和螺母组成，其适用于锚固直径不大于 36 mm 的热处理钢筋。螺栓端杆可用同类热处理钢筋或热处理 45 号钢制作。制作时，先粗加工至接近设计尺寸，再进行热处理，然后精加工至设计尺寸。热处理后不能有裂纹和伤痕。螺母可用 3 号钢制作。螺栓端杆锚具与预应力筋对焊，用张拉设备张拉螺栓端杆，然后用螺母锚固。

② 帮条锚具。帮条锚具(如图 4.50(b)所示)由一块方形衬板与三根帮条组成。衬板采用普通低碳钢板，帮条采用与预应力筋同类型的钢筋。帮条安装时，三根帮条与衬板相接触的截面应在一个垂直平面上，以免受力时产生扭曲。帮条锚具一般用在单根粗钢筋作预应力筋的固定端。

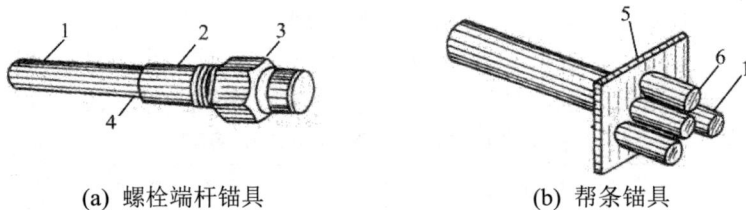

(a) 螺栓端杆锚具   (b) 帮条锚具

1—钢筋；2—螺栓端杆；3—螺母；4—焊接接头；5—衬板；6—帮条。

图 4.50　单根粗钢筋锚具

(2) 钢筋束和钢绞线束锚具。钢筋束和钢绞线束目前使用的锚具有 JM 型、KT-Z 型、XM 型、QM 型和镦头锚具等。

① JM 型锚具。JM 型锚具由锚环与夹片组成，如图 4.51 所示。夹片呈扇形，靠两侧的半圆槽锚固预应力筋。为增加夹片与预应力筋之间的摩擦力，在半圆槽内刻有截面为梯形的齿痕，夹片背面的坡度与锚环内圈的坡度一致。锚环分甲型和乙型两种。甲型锚环为一个具有锥形内孔的圆柱体，外形比较简单，使用时直接旋拧在构件端部的垫板上。乙型锚环在圆柱体外部增添正方形肋板，使用时锚环预埋在构件端部，不另设垫板。锚环和夹片均用 45 号钢制造，甲型锚环和夹片必须经过热处理，乙型锚环可不必进行热处理。

JM 型锚具可用于锚固 3～6 根直径为 12 mm 的光圆或螺纹钢筋束，也可以用于锚固 5～6 根直径为 12 mm 的钢绞线束。它既可以作为张拉端或固定端的锚具，也可作为重复使用的工具锚。

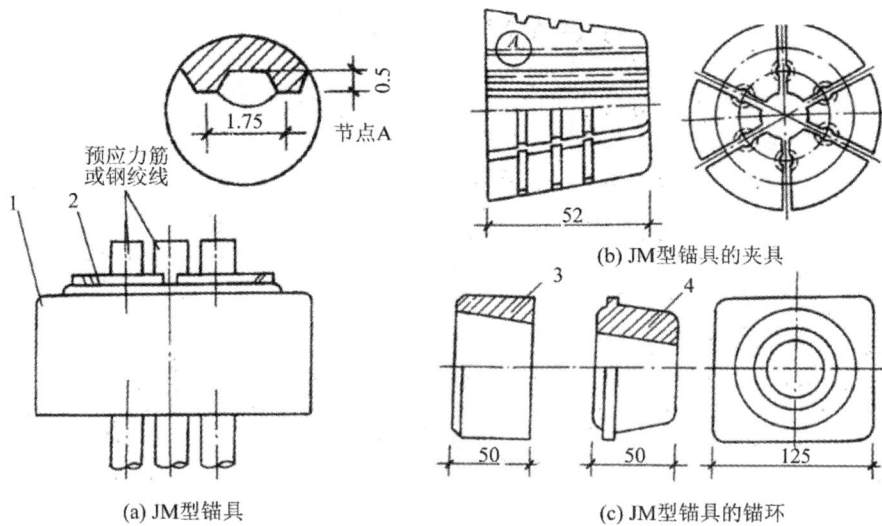

1—锚环；2—夹片；3—圆锚杯；4—方锚环。

图 4.51　JM 型锚具

③ KT-Z 型锚具。KT-Z 型锚具为可锻铸铁锥形锚具，由锚环和锚塞组成，如图 4.52 所示。KT-Z 型锚具分为 A 型和 B 型两种，当预应力筋的最大张拉力超过 450 kN 时采用 A 型，不超过 450 kN 时采用 B 型。KT-Z 型锚具适用于锚固 3～6 根直径为 12 mm 的钢筋束和钢绞线束。该锚具为半埋式，使用时先将锚环小头嵌入承压钢板中，并用断续焊缝焊牢，然后共同预埋在构件端部。预应力筋的锚固需借助千斤顶将锚塞顶入锚环，其顶压力为预应力筋张拉力的 50%～60%。使用 KT-Z 型锚具时，预应力筋在锚环小口处形成弯折，因而产生摩擦损失。预应力筋的损失值如下：钢筋束约为 $4\%\sigma_{con}$，钢绞线束约为 $2\%\sigma_{con}$。

③ XM 型锚具。XM 型锚具属于新型锚具，由锚环和夹片组成，如图 4.53 所示。三个夹片为一组，夹持一根预应力筋形成一个锚固单元。由一个锚固单元组成的锚具称为单孔锚具，由二个或二个以上的锚固单元组成的锚具称为多孔锚具。使用时，根据预应力筋的数量和分布，可以选择相应数量的锚固单元组合成多孔锚具。

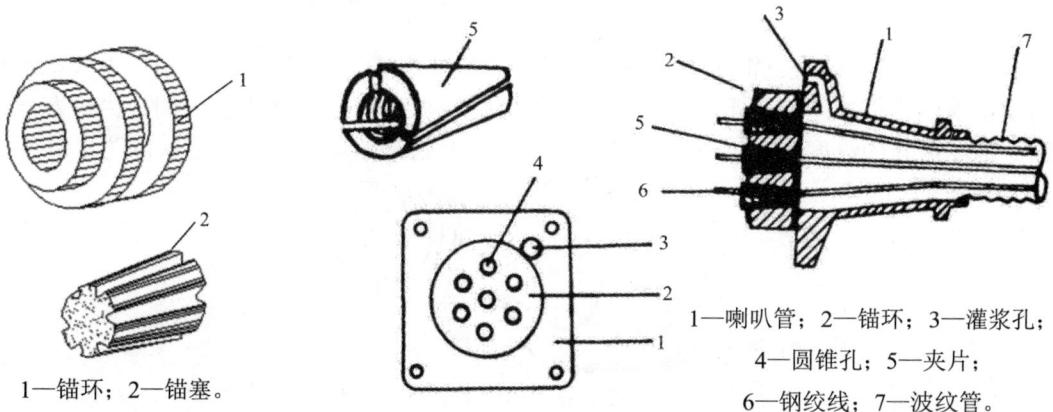

1—锚环；2—锚塞。

图 4.52　KT-Z 型锚具

1—喇叭管；2—锚环；3—灌浆孔；
4—圆锥孔；5—夹片；
6—钢绞线；7—波纹管。

图 4.53　XM 型锚具

XM 型锚具的夹片为斜开缝，以确保夹片能夹紧钢绞线束或钢筋束中每一根外围钢丝，形成可靠的锚固。夹片开缝宽度一般平均为 1.5 mm。XM 型锚具既可作为工作锚，又可兼作工具锚。

④ QM 型锚具。QM 型锚具与 XM 型锚具相似，它由锚板和夹片组成。QM 型锚具的锚孔是直的，锚板顶面是平的，夹片垂直开缝，且备有配套的喇叭形铸铁垫板与弹簧圈等。这种锚具适用于锚固 4～31 根 ϕ12 和 3～9 根 ϕ15 钢绞线束。QM 型锚具及其配件如图 4.54 所示。

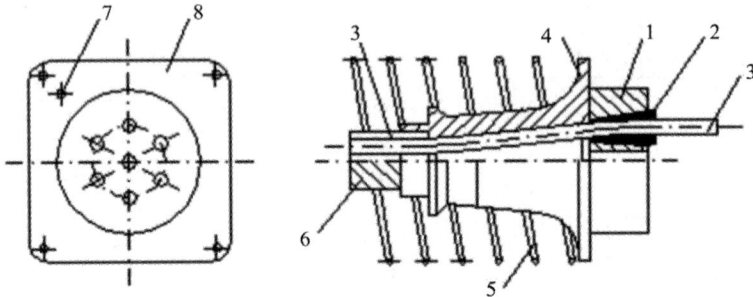

1—锚板；2—夹片；3—钢绞线；4—喇叭形铸铁垫板；5—弹簧圈；6—预留孔道用的波纹管；7—灌浆孔。

图 4.54 QM 型锚具及其配件

⑤ 镦头锚具。镦头锚具(如图 4.55 所示)用于固定端，它由锚固板和带镦头的预应力筋组成。

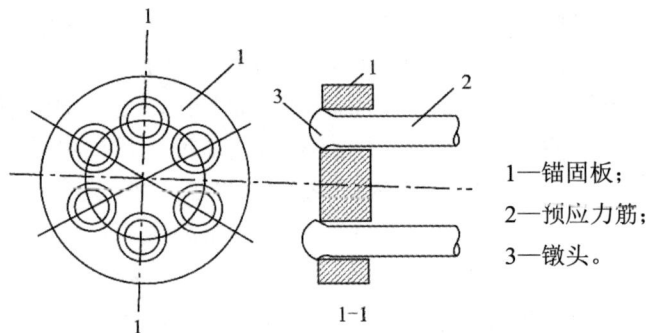

1—锚固板；
2—预应力筋；
3—镦头。

图 4.55 固定端用镦头锚具

(3) 钢丝束锚具。钢丝束锚具目前国内常用的有钢质锥形锚具、锥形螺杆锚具、钢丝束镦头锚具。

① 钢质锥形锚具。钢质锥形锚具由锚环和锚塞组成，如图 4.56 所示。钢质锥形锚具用于锚固以锥锚式双作用千斤顶张拉的钢丝束。钢丝分布在锚环锥孔内侧，由锚塞塞紧锚固。锚环内孔的锥度应与锚塞的锥度一致，锚塞上刻有细齿槽，夹紧钢丝以防止滑移。

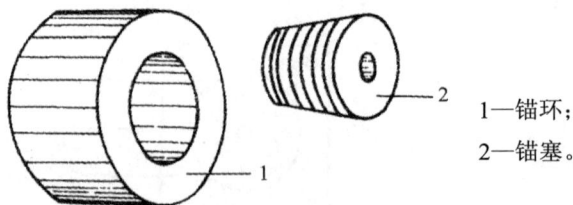

1—锚环；
2—锚塞。

图 4.56 钢质锥形锚具

钢质锥形锚具的缺点是当钢丝直径误差较大时，易产生单根滑丝现象，且滑丝后很难补救。若用加大顶锚力的办法来防止滑丝，则易使钢丝被咬伤。此外，钢丝锚固时呈辐射状态，弯折处受力较大。目前钢质锥形锚具在国外已少采用。

② 锥形螺杆锚具。锥形螺杆锚具(如图 4.57 所示)适用于锚固 14～28 根∅5 组成的钢丝束，由锥形螺杆、套筒、螺母、垫板组成。

③ 钢丝束镦头锚具。钢丝束镦头锚具(如图 4.58 所示)用于锚固 12～54 根∅5 碳素钢丝束，分 DM5A 和 DM5B 型两种。DM5A 型钢丝束镦头锚具用于张拉端，由锚环和螺母组成；DM5B 型钢丝束镦头锚具用于固定端，仅有一块锚板。

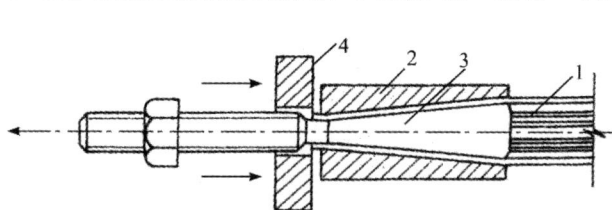

1—钢丝；2—套筒；3—锥形螺杆；4—垫板。　　　　1—A 型锚环；2—螺母；3—钢丝束；4—锚板。

图 4.57　锥形螺杆锚具　　　　　　　　　　图 4.58　钢丝束镦头锚具

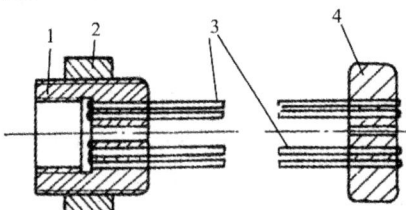

锚环的内外壁均有丝扣，内丝扣用于连接张拉螺杆，外丝扣用于拧紧螺母和锚固钢丝束。锚环和锚板四周钻有孔，以固定镦头的钢丝。孔数和间距由钢丝根数确定。钢丝可用液压冷镦器进行镦头。钢丝束一端可在制束时将头镦好，另一端则待穿束后镦头，但构件孔道端部要设置扩孔。张拉时，张拉螺丝杆一端与锚环内丝扣连接，另一端与拉杆式千斤顶的拉头连接。当张拉到控制应力时，若锚环有被拉出的趋势，则拧紧锚环外丝扣上的螺母加以锚固。

2) 张拉设备

后张拉法的主要张拉设备有千斤顶和高压油泵。

(1) 千斤顶。千斤顶分为拉杆式千斤顶(YL 型)、锥锚式千斤顶(YZ 型)、穿心式千斤顶(YC 型)。

① 拉杆式千斤顶(YL 型)。拉杆式千斤顶主要用于张拉带有螺丝端杆锚具的粗钢筋、锥形螺杆锚具钢丝束及镦头锚具钢丝束。拉杆式千斤顶构造如图 4.59 所示，主要由主缸 1、主缸活塞 2、副缸 4、副缸活塞 5、连接器 7、顶杆 8 和拉杆 9 等组成。张拉预应力筋时，首先使连接器 7 与预应力筋 11 的螺丝端杆 14 连接，并使顶杆 8 支承在构件端部的预埋钢板 13 上。当高压油泵将油液从主缸油嘴 3 注入主缸时，推动主缸活塞 2 向左移动，带动拉杆 9 和连接在拉杆末端的螺丝端杆 14 同时向右移动，预应力筋即被拉伸。当达到张拉力后，拧紧预应力筋端部的螺母 10，使预应力筋锚固在构件端部。锚固完毕后，改由副缸油嘴 6 进油，油液也回到油泵中。目前工地上常用的为 600 kN 拉杆式千斤顶，其主要技术性能见表 4.30。

表 4.30　拉杆式千斤顶的主要技术性能

项　目	单　位	技 术 性 能
最大张拉力	kN	600
张拉行程	nm	150
主缸活塞面积	cm²	152
最大工作油压	MPa	40
质量	kg	68

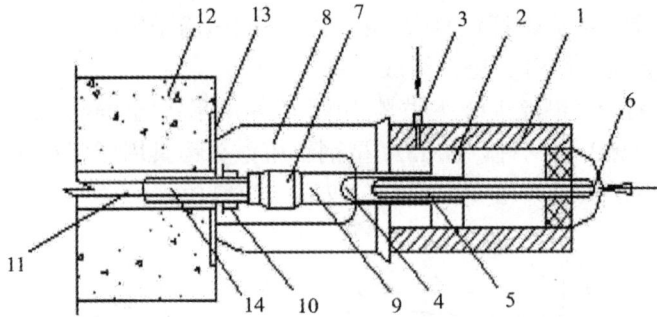

1—主缸；2—主缸活塞；3—主缸油嘴；4—副缸；5—副缸活塞；6—副缸油嘴；7—连接器；8—顶杆；
9—拉杆；10—螺母；11—预应力筋；12—混凝土构件；13—预埋钢板；14—螺栓端杆。

图 4.59   拉杆式千斤顶构造示意图

② 锥锚式千斤顶(YZ 型)。锥锚式千斤顶主要用于张拉 KT-Z 型锚具锚固的钢筋束或钢绞线束和使用钢质锥形锚具的预应力钢丝束，其张拉油缸用以张拉预应力筋，顶压油缸用于顶压锥塞，因此又称为双作用千斤顶，其构造如图 4.60 所示。

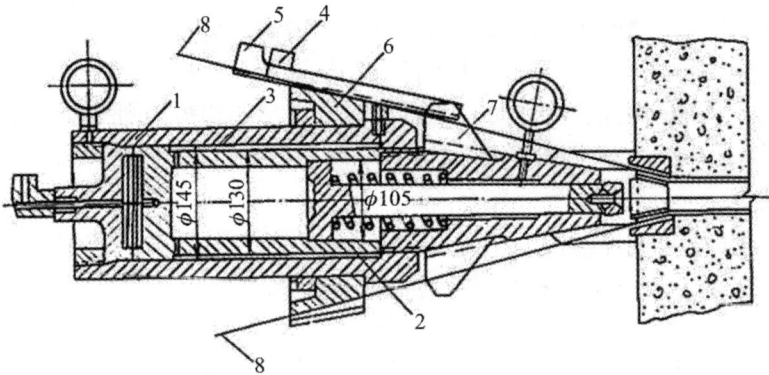

1—主缸；2—副缸；3—退楔缸；4—楔块(张拉时位置)；5—楔块(退出时位置)；
6—锥形卡环；7—退楔翼片；8—预应力筋。

图 4.60   锥锚式千斤顶构造图

锥锚式千斤顶张拉预应力筋时，主缸进油，主缸活塞移动，使固定在其上的钢筋被张拉。钢筋张拉后，改由副缸进油，随即由副缸活塞将锚塞顶入锚圈中。主、副缸的回油则是借助设置在主缸和副缸中的弹簧来进行的。

③ 穿心式千斤顶(YC 型)。穿心式千斤顶的适用性很强，它适用于张拉采用 JM12 型、QM 型、XM 型锚具的预应力钢丝束、钢筋束和钢绞线束。配置撑脚和拉杆等附件后，穿心式千斤顶又可作为拉杆式千斤顶使用；在千斤顶前端装上分束压器，并在千斤顶与撑套之间用钢管接长后，穿心式千斤顶可作为锥锚式千斤顶使用，用于张拉钢质锥形锚具。穿心式千斤顶的特点是千斤顶中心有穿通的孔道，以便预应力筋或拉杆穿过后用工具锚将其临时固定在千斤顶的顶部进行张拉。根据张拉力和构造的不同，穿心式千斤顶有 YC60 型、YC20D 型、YCD120 型、YCD200 型千斤顶和无顶压机构的 YCQ 型千斤顶。

采用千斤顶张拉预应力筋时，张拉力的大小通过油压表的读数表达，油压表读数表示千斤顶活塞单位面积的油压力。若张拉力为 N，活塞面积是 F，则油压表的相应读数 P 由下式计算：

$$P = \frac{N}{F} \tag{4.25}$$

由于千斤顶活塞与油缸之间存在一定的摩阻力，因此实际张拉力往往比用式(4.25)计算的值小。为保证预应力筋张拉力的准确性，应定期校验千斤顶与油压表读数的关系，制成表格或绘制 P 与 N 的关系曲线，供施工中直接查用。校验时，千斤顶活塞运行的方向应与实际张拉时活塞的运行方向一致，校验期限不应超过半年。若在使用过程中张拉设备出现反常现象，则应重新校验。

千斤顶校正的方法主要有标准测力计校正、压力机校正和两台千斤顶互相校正等。

(2) 高压油泵。高压油泵与液压千斤顶配套使用，它的作用是向液压千斤顶各个油缸供油，使其活塞按照一定速度伸出或回缩。

高压油泵按驱动方式分为手动和电动两种。一般采用电动高压油泵，油泵型号有 ZB0.8/500、ZB0.6/630、ZB4/500、ZB10/500(分数线上的数字表示每分钟的流量，分数线下的数字表示工作油压，单位为 kg/cm^2)等数种。选用时，应使油泵的额定压力大于或等于千斤顶的额定压力。

2. 预应力筋的制作

1) 单根预应力筋的制作

单根预应力筋一般用热处理钢筋制作，其制作过程包括配料、对焊、冷拉等工序。为保证质量，宜采用控制应力的方法进行冷拉。钢筋配料时应根据钢筋的品种测定冷拉率，如果在一批钢筋中冷拉率变化较大，则应尽可能把冷拉率相近的钢筋对焊在一起进行冷拉，以保证钢筋冷拉力的均匀性。

钢筋对焊接应在钢筋冷拉前进行。钢筋的下料长度由计算确定。当构件两端均采用螺丝端杆锚具时(如图 4.61 所示)，预应力筋的下料长度为

$$L = \frac{l + 2l_2 - 2l_1}{1 + \gamma - \sigma} + n\Delta \tag{4.26}$$

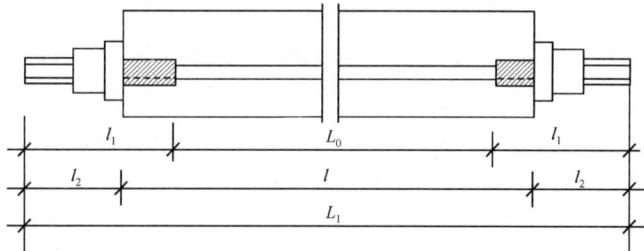

图 4.61　预应力筋下料长度计算图

当构件一端采用螺丝端杆锚具，另一端采用帮条锚具或镦头锚具时，预应力筋的下料长度为

$$L = \frac{l + l_2 + l_3 - 2l_1}{1 + \gamma - \sigma} + n\Delta \tag{4.27}$$

式中：l——构件的孔道长度；

l_1——螺丝端杆的长度，一般为 320 mm；

l_2——螺丝端杆伸出构件外的长度，一般为 120～150 mm，或按张拉端为 $l_2 = 2H + h + 5$ mm，锚固端为 $l_2 = H + h + 10$ mm 计算；

l_3——帮条锚具或镦头锚具所需钢筋长度;

γ——预应力筋的冷拉率(由试验确定);

σ——预应力筋的冷拉回弹率,一般为 0.4%~0.6%;

n——对焊接头数量;

Δ——每个对焊接头的压缩量,一般为 20~30 mm;

H——螺母的高度;

h——垫板的厚度。

2) 钢筋束和钢绞线束的制作

钢筋束由直径为 10 mm 的热处理钢筋编束而成,钢绞线束则由直径为 12 mm 或 15 mm 的钢绞线编束而成,每束包含 3~6 根钢绞线,一般不需进行对焊接长。预应力筋的制作一般包括开盘冷拉、下料和编束等工序,其中下料工序在钢筋冷拉后进行。钢绞线下料前,应在切割口两侧各 50 mm 处用铁丝绑扎固定,切割后应立即焊牢切割口,以防止钢绞线松散。为了保证穿入构件孔道的预应力筋在张拉时不发生扭结,应对预应力筋进行编束处理。编束时,一般先把预应力筋理顺,然后用 18~22 号铁丝每隔 1 m 左右绑扎一道,使其形成束状。

预应力筋束或钢绞线束的下料长度 L 可按下式计算。

一端张拉时,

$$L = l + a + b \tag{4.28}$$

两端张拉时,

$$L = l + 2a \tag{4.29}$$

式中:l——构件的孔道长度;

a——张拉端留量,与锚具和张拉千斤顶尺寸有关;

b——固定端留量,一般为 80 mm。

3) 钢丝束的制作

钢丝束的制作随锚具的不同而异,一般需经过调直、下料、编束和安装锚具等工序。当采用 XM 型锚具、QM 型锚具、钢质锥形锚具时,预应力钢丝束的制作和下料长度的计算基本与预应力筋束、钢绞线束的相同。当采用镦头锚具进行一端张拉时,应考虑钢丝束张拉锚固后螺母位于锚环中部的因素,钢丝的下料长度可按用下式计算(计算简图如图 4.62 所示):

$$L = L_0 + 2a + 2\delta - 0.5(H - H_1) - \Delta L - C \tag{4.30}$$

式中:L_0——孔道长度;

a——锚板的厚度;

δ——钢丝镦头留量,取钢丝直径的 2 倍;

H——锚杯的高度;

H_1——螺母的高度;

ΔL——张拉时钢丝的伸长值;

C——混凝土的弹性压缩(若很小,则可忽略不计)。

为了保证张拉时各钢丝应力均匀,对于使用锥形螺杆锚具和镦头锚具的钢丝束,每根钢丝的长度必须相等。下料长度的相对误差应控制在 $L/5000$ 以内,且该误差值不得大于 5 mm。

因此，下料时应在应力状态下进行切断，下料的控制应力设定为 300 MPa。

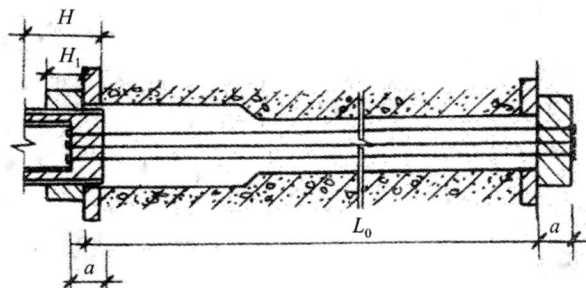

图 4.62　用镦头锚具时钢丝下料长度计算简图

为了保证钢丝不发生扭结，编束前必须对钢丝的直径进行测量，直径的相对误差不得超过 0.1 mm，以确保成束钢丝与锚具能够实现可靠连接。当采用锥形螺杆锚具时，编束过程如下：先在平整的场地上将钢丝理顺并放平；然后使用 22 号铁丝将钢丝每隔 1 m 编成帘子状；接着，每隔 1 m 放置 1 个螺旋衬圈，再将编好的钢丝帘围绕衬圈围成圆束，并用铁丝绑扎牢固。当采用镦头锚具时，根据钢丝分圈布置的特点，编束时首先将内圈和外圈钢丝分别用铁丝顺序编扎，然后将内圈钢丝放在外圈钢丝内部并扎牢。编束完成后，先在一端安装锚环并完成镦头工作，另一端的钢丝镦头则在钢丝束穿过孔道并安装上锚板后再进行。

3. 后张法施工工艺

后张法施工工艺与预应力施工有关的主要是孔道留设、预应力筋张拉和孔道灌浆三部分，图 4.63 为后张法施工工艺流程图。

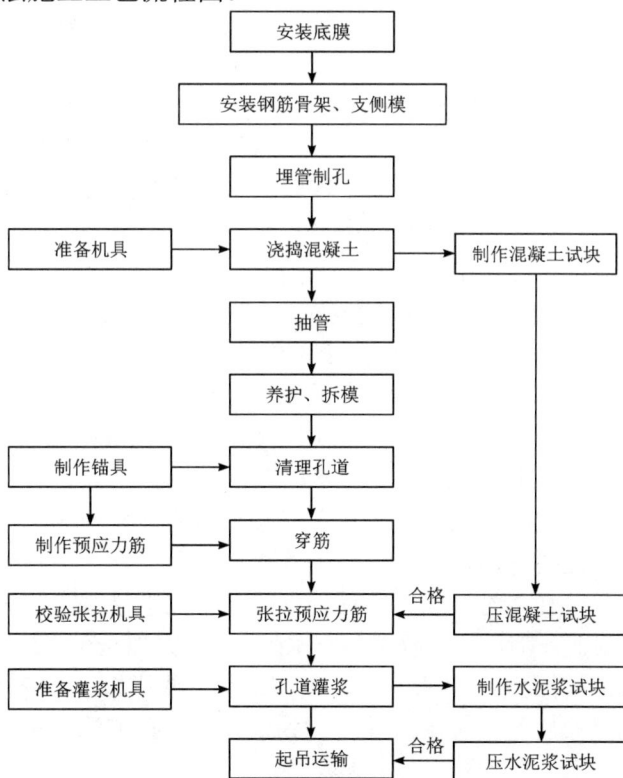

图 4.63　后张法施工工艺流程图

1) 孔道留设

后张法构件中孔道留设一般采用钢管抽芯法、胶管抽芯法、预埋管法。预应力筋的孔道形状有直线、曲线和折线三种。钢管抽芯法主要适用于直线孔道，而胶管抽芯法和预埋管法则既适用于直线孔道，也适用于曲线和折线孔道。

孔道留设是后张法构件制作中的关键工序之一。所留孔道的尺寸与位置必须正确，孔道要平顺，端部的预埋钢板应垂直于孔中心线。孔道的直径一般应比预应力筋的外径或需穿过孔道的锚具外径大 10～15 mm，以便于预应力筋的穿入。

(1) 钢管抽芯法。此法是将钢管预埋设在模板内的孔道位置处。在混凝土浇筑和养护过程中，需每隔一定时间慢慢转动钢管一次，以防止混凝土与钢管黏结。在混凝土初凝后、终凝前抽出钢管，从而在构件中形成孔道。为保证预埋孔道的质量，施工中应注意以下几点：

① 钢管需平直且表面光滑，安放位置要准确。若钢管不直，则转动及拔管时易将混凝土管壁挤裂。预埋前，钢管应除锈、刷油，以便抽管。钢管的位置通常用钢筋井字架固定，井字架间距一般为 1～2 m。在灌筑混凝土时，应防止振动器直接接触钢管，以免其位置发生移动。

② 每根钢管的长度最好不超过 15 m，以便于旋转和抽管。钢管两端应各伸出构件约 500 mm。对于较长构件，可使用两根钢管接长，接头处可用 5 mm 厚铁皮制成的套管连接，如图 4.64 所示。套管内表面应与钢管外表面紧密结合，以防漏浆堵塞孔道。

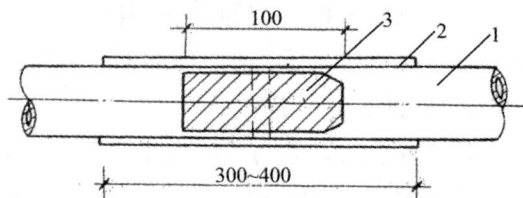

1—钢管；2—铁皮套筒；3—硬木塞。

图 4.64　钢管连接方式

③ 抽管时间的掌握需恰当准确。抽管时间与水泥品种、气温和养护条件有关。通常，抽管应在混凝土初凝后、终凝前进行，具体以用手指按压混凝土表面不显指纹时为宜。常温下，抽管时间约在混凝土浇筑后的 3～6 h 内。若抽管时间过早，则可能会造成塌孔事故；若抽管时间太晚，则混凝土与钢管可能黏结牢固，导致抽管困难或无法抽出。

④ 抽管的顺序宜先上后下。抽管时速度应均匀，边抽边转，并保持与孔道在一直线上。抽管后，应及时检查并清理孔道，以免给后续的穿筋工作带来困难。

⑤ 由于孔道灌浆的需要，每个构件在与孔道垂直的方向上应留设若干个灌浆孔和排气孔。孔距一般不大于 12 m，孔径为 20 mm。这些孔可用木塞或白铁皮管制成。

(2) 胶管抽芯法。留设孔道所用的胶管一般有两种：五层或七层夹布胶管和专为预应力混凝土设计的钢丝网橡皮管。前者在使用前必须在管内充气或充水。后者质地较硬，且具有一定的弹性，预留孔道时的使用方法与钢管相似。

当采用夹布胶管预留孔道时，胶管需使用钢筋井字架进行固定，间距不宜大于 0.5 m，并应与钢筋骨架牢固绑扎。随后，向胶管内充水(或充气)并加压至 0.5～0.8 N/mm²，此时胶管直径会增大约 3 mm。待混凝土初凝后，放出压缩空气或压力水，胶管直径会缩小并与混凝土脱离，此时抽出夹布胶管即可形成孔道。为保证留设孔道的质量，施工时应注意以下几个问题：

① 胶管必须配备良好的密封装置，以防止漏水和漏气。密封的方法是将胶管一端的外

表面削去 1～3 层胶皮及帆布，然后将带有粗丝扣的钢管(其一端用铁板密封并焊牢)插入胶管端头孔内。接着，使用 20 号铅丝与胶管外表面紧密缠绕，并将铅丝头用锡焊牢。胶管的另一端应接上阀门，其密封方法与前一端的密封方法基本相同。

② 胶管接头的处理应采用如图 4.65 所示的胶管接头方法。图中所示的 1 mm 厚的钢管由无缝钢管加工而成，其内径应等于或略小于胶管外径，以便于打入硬木塞后起到密封作用。白铁皮套管的外径应与胶管外径相等或稍大(约 0.5 mm)，以防止在振捣混凝土时胶管因振动而外移。

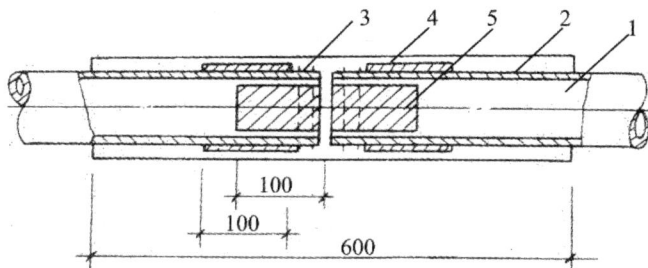

1—胶管；2—白铁皮套筒；3—钉子；4—厚 1 mm 的钢管；5—硬木塞。

图 4.65　胶管接头

③ 胶管的抽管时间相较于钢管略迟，一般可参照气温和浇筑后的小时数的乘积达到约 200℃·h 时进行。抽管顺序一般为先上后下，先曲后直。

(3) 预埋管法。预埋管法是将与孔道直径相同的金属波纹管预埋在构件中，无需后续抽出。金属波纹管一般采用黑铁皮管、薄钢管或镀锌双波纹金属软管制作。由于预埋管法省去了抽管工序，且孔道的位置和形状易于保证，因此目前应用较为普遍。金属波纹管具有重量轻、刚度好、弯折方便以及与混凝土黏结性好等优点。金属波纹管每根长 4～6 m，也可根据需要现场制作，长度不限。波纹管在 1 kN 径向力的作用下不变形，使用前应进行灌水试验，以检查有无渗漏现象。

波纹管采用钢筋井字架固定，间距不宜大于 0.8 m，在曲线孔道时应适当加密，并用铁丝绑扎牢固。波纹管的连接可采用大一号的同型波纹管，接头管长度应大于 200 mm，并使用密封胶带或塑料热塑管进行封口。

2) 预应力筋张拉

用后张法张拉预应力筋时，混凝土强度应符合设计要求，当设计无规定时，不应低于设计强度等级的 75%。

(1) 张拉控制应力。张拉控制应力越高，建立的预应力值越大，构件的抗裂性就越好。但是，如果张拉控制应力过高，那么构件在使用过程中会经常处于过高的应力状态，导致构件出现裂缝的荷载与破坏荷载很接近，往往构件在破坏前没有明显预兆。而且，当张拉控制应力过高时，构件混凝土的预压应力会过大，从而导致混凝土的徐变应力损失增加。因此，张拉控制应力应符合设计规定。当在施工中预应力筋需要超张拉时，其张拉应力可比设计要求提高 5%。

为了减少预应力筋的松弛损失，预应力筋的张拉程序可设定为

$$0 \to 1.05\sigma_{con} \xrightarrow{\text{持荷 2 min}} \sigma_{con}$$

或

$$0 \rightarrow 1.03\sigma_{con}$$

(2) 张拉顺序。张拉顺序应使构件不发生扭转与侧弯，不产生过大的偏心力。预应力筋一般应对称张拉。对于配有多根预应力筋的构件，当不可能同时张拉时，应分批、分阶段进行对称张拉，且张拉顺序应符合设计要求。

分批张拉时，后批张拉的作用力会使混凝土再次产生弹性压缩，从而导致先批张拉预应力筋的应力下降。此应力损失可按下式计算后加到先批预应力筋的张拉应力中：

$$\Delta\sigma = \frac{E_s(\sigma_{con} - \sigma_1)A_p}{E_c A_n} \tag{4.31}$$

式中：$\Delta\sigma$——先批张拉预应力筋应增加的应力；

　　　E_s——预应力筋的弹性模量；

　　　σ_{con}——张拉控制应力；

　　　σ_1——后批张拉预应力筋的第一批预应力损失(包括锚具变形后和摩擦损失)；

　　　E_c——混凝土的弹性模量；

　　　A_p——后批张拉预应力筋的截面积；

　　　A_n——混凝土构件的净截面积(包括构造钢筋的折算面积)。

分批张拉的损失也可以采取对先批预应力筋逐根复位补足的办法处理。

【例 4.6】　某屋架下弦的截面积尺寸为 240 mm × 220 mm，配有 4 根预应力筋。预应力筋采用 HRB500 级钢筋，直径为 25 mm，张拉控制应力 $\sigma_{con} = 0.85f_{pyk} = 0.85 \times 500 = 425$ N/mm²。采用 $0 \rightarrow 1.03\sigma_{con}$ 张拉程序，沿对角线分两批对称张拉。屋架下弦杆构造配筋为 $4\phi10$，孔道直径 $D = 48$ mm。试计算第一批预应力筋张拉应力增加值 $\Delta\sigma$。

解　采用两台 YL60 千斤顶进行张拉。考虑到第二批张拉对第一批预应力筋的影响，且已知

$$E_s = 180\ 000 \text{ N/mm}^2, \quad E_c = 32\ 500 \text{ N/mm}^2$$

$$\sigma_{con} = 425 \text{ N/mm}^2, \quad \sigma = 28 \text{ N/mm}^2 (\text{计算略去})$$

$$A_p = 491 \times 2 = 982 \text{ mm}^2$$

$$A_n = 240 \times 220 - 4 \times \frac{\pi \times 48 \times 48}{4} + 4 \times 78.5 \times \frac{1\ 200\ 000}{32\ 500} = 47498 \text{ mm}^2$$

代入式(4.31)中，得第一批预应力筋张拉应力增加值 $\Delta\sigma$ 为

$$\Delta\sigma = \frac{180\ 000 \times (425 - 28) \times 982}{32\ 500 \times 47\ 498} = 45.4 \text{ N/mm}^2$$

则第一批预应力筋张拉应力为

$$(425 + 45.4) \times 1.03 = 485 > 0.9f_{pyk} = 450 \text{ N/mm}^2$$

上述计算表明，若将分批张拉的影响计算补加到先批预应力筋张拉应力中，则将使张拉应力过大，超过了规范规定的 0.9 倍钢筋屈服强度，故采取重复张拉补足的办法。

【例 4.7】　在例 4.6 中，当 $\Delta\sigma = 12$ N/mm² 时，计算第一批、第二批预应力筋的张拉力及油压表读数。

解　当采用超张拉 $\Delta\sigma$ 时，钢筋的应力为

$$1.03 \times (425 + 12) = 450 \text{ N/mm}^2 = 0.9 f_{\text{pyk}}$$

故第一批预应力筋可超张拉 $\Delta\sigma$。

第一批预应力筋的张拉力为

$$N_1 = 1.03 \times (425 + 12) \times 491 = 221 \text{ kN}$$

油压表读数为

$$P_1 = \frac{221\ 000}{16\ 200} = 13.64 \text{ N/mm}^2 \quad (\text{活塞面积为 } 16\ 200 \text{ mm}^2)$$

第二批预应力筋的张拉力为

$$N_2 = 1.03 \times 425 \times 491 = 214.9 \text{ kN}$$

油压表读数为

$$P = \frac{221\ 000}{16\ 200} = 13.3 \text{ N/mm}^2$$

(3)叠层构件的张拉。对于叠浇生产的预应力混凝土构件，上层构件产生的水平摩阻力会阻止下层构件预应力筋张拉时混凝土弹性压缩的自由变形。当上层构件吊起后，由于摩阻力影响消失，将增加混凝土弹性压缩变形，因而引起预应力损失。该损失值与构件形式、隔离层和张拉方式有关。为了减少和弥补该项预应力损失，可自上而下逐层加大张拉力，但底层的张拉力相对于顶层增加的比例不宜超过 5%(对于钢丝、钢绞线、热处理钢筋)。

为了使逐层加大的张拉力符合实际情况，最好在正式张拉前对某叠层的第一、二层构件的张拉压缩值进行实测，然后按下式计算各层应增加的张拉力：

$$\Delta N = \frac{(n-1)(\Delta_1 - \Delta_2)}{L \times E_s A_p} \tag{4.32}$$

式中：ΔN——层间摩阻力；

　　　n——构件所在层数(自上而下计)；

　　　Δ_1——第一层构件张拉时的压缩值；

　　　Δ_2——第二层构件张拉时的压缩值；

　　　L——构件的长度；

　　　E_s——预应力筋的弹性模量；

　　　A_p——预应力筋的截面面积。

此外，为了减少叠层摩阻力引起的预应力损失，应进一步改善构件间隔离层的性能，并应限制重叠层数，一般为 3～4 层。

(4) 张拉端的设置。为了减少预应力筋与预留孔孔壁摩擦而引起的预应力损失，对于抽芯成形孔道，曲线预应力筋和长度大于 24 m 的直线预应力筋应在两端张拉，长度小于或等于 24 m 的直线预应力筋可在一端张拉；对于预埋波纹管孔道，曲线预应力筋和长度大于 30 m 的直线预应力筋可在一端张拉。当同一截面中有多根一端张拉的预应力筋时，张拉端宜分别设置在构件的两端，以免构件受力不均匀。

(5) 预应力值的校核和伸长值的测定。为了验证预应力值建立的可靠性，需对预应力筋的应力及损失进行检验和测定，以便在张拉时补足和调整预应力值。检验应力损失的一种便捷方法是，在预应力筋张拉 24 h 后、孔道灌浆前重新张拉一次，测读前后两次应力值之差，此差值即为钢筋预应力损失的一部分(虽非全部，但已完成很大部分)。预应力筋张拉锚固后，实际预应力值与工程设计规定检验值的相对允许偏差为±5%。

在测定预应力筋伸长值时，须先建立 10%σ_{con} 的初应力，预应力筋的伸长值也应从建立初应力后开始测量，并须加上初应力至测量应力之间的推算伸长值。推算伸长值可根据预应力筋弹性变形与应力呈直线变化的规律求得。例如，若某筋应力自 0.2σ_{con} 增至 0.3σ_{con} 时，其变形为 4 mm，即应力每增加 0.1σ_{con}，变形增加 4 mm，故可推算出该筋在初应力 10%σ_{con} 时的伸长值为 4 mm。对于后张法施工，尚应扣除混凝土构件在张拉过程中的弹性压缩值。预应力筋在张拉时，通过伸长值的校核，可以综合反映出张拉应力是否足够，孔道摩阻损失是否偏大，以及预应力筋是否存在异常现象等。当实际伸长值与计算伸长值的偏差超过±6%时，应暂停张拉，分析原因后采取措施。

3) 孔道灌浆

预应力筋张拉完毕后，应立即进行孔道灌浆。灌浆的主要目的是防止钢筋锈蚀，增强结构的整体性和耐久性，并提升结构的抗裂性和承载力。

灌浆所使用的水泥浆应具备足够的强度和黏结力，同时应具有良好的流动性、较小的干缩性和泌水性。水灰比应严格控制在 0.4～0.45 之间，搅拌后 3 小时的泌水率宜控制在 2%，且最大不得超过 3%。对于孔隙较大的孔道，可采用砂浆进行灌浆。

为了增强孔道灌浆的密实性，可以在水泥浆或砂浆中掺入对预应力筋无腐蚀作用的外加剂，如占水泥重量 0.25%的木质素磺酸钙或占水泥重量 0.05%的铝粉。

灌浆用的水泥浆或砂浆在使用前应过筛，并在灌浆过程中持续搅拌，以防止沉淀和析水。灌浆前，应使用压力水冲洗并温润孔道。灌浆操作可采用电动或手动灰浆泵进行。灌浆工作应连续进行，不得中断，并应采取措施防止空气压入孔道，以免影响灌浆质量。灌浆压力宜控制在 0.5～0.6 MPa 之间。

灌浆顺序应遵循先下后上的原则，以避免上层孔道漏浆时堵塞下层孔道。孔道灌浆完成后，当灰浆强度达到 15 N/mm²时，方可移动构件。灰浆强度需达到 100%设计强度后，才允许进行吊装作业。

4.5.4　无黏结预应力混凝土施工

无黏结预应力混凝土是指在预应力构件中，预应力筋与混凝土之间没有黏结力，预应力筋的张拉力完全依靠构件两端的锚具传递给构件。具体做法是在预应力筋表面涂刷涂料并包裹塑料布(或管)后，将其铺设在已经支设好的构件模板内，然后浇筑混凝土。待混凝土达到规定的强度后进行张拉并锚固。无黏结预应力混凝土的施工属于后张法施工，但其优点是不需要预留孔道、穿筋、灌浆等复杂工序，施工程序相对简单，从而加快了施工速度。同时，无黏结预应力筋的摩擦力较小，且容易弯成多跨曲线形状，特别适用于建造大跨度的单、双向连续多跨曲线配筋的梁板结构和屋盖。

1. 无黏结预应力筋的制作

1) 无黏结预应力筋的组成及要求

无黏结预应力筋主要由预应力钢材、涂料层、外包层和锚具组成，其横截示意图如图 4.66 所示。

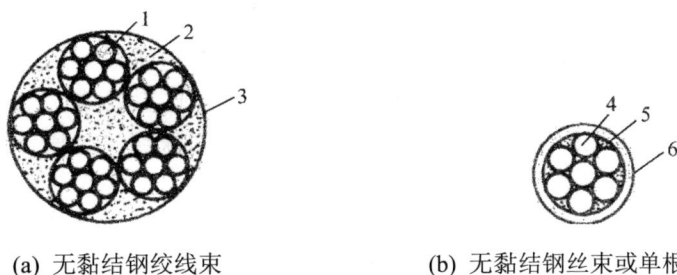

(a) 无黏结钢绞线束　　　　　　　(b) 无黏结钢丝束或单根钢绞线

1—钢绞线；2—沥青涂料；3—塑料布外包层；4—钢丝；5—油脂涂料；6—塑料管外包层。

图 4.66　无黏结预应力筋横截面示意图

无黏结预应力筋所用钢材主要有能消除应力的钢丝和钢绞线。钢丝和钢绞线不得有死弯，一旦发现死弯必须切断。每根钢丝必须通长，严禁存在接点。在计算预应力筋的下料长度时，需考虑构件长度、千斤顶长度、镦头的预留量、弹性回弹值、张拉伸长值、钢材品种以及施工方法等因素，具体的计算方法与有黏结预应力筋的计算方法基本相同。

预应力筋下料时，推荐使用砂轮锯或切断机进行切断，严禁采用电弧切割。对于钢丝束的钢丝下料，应采用等长下料的方式。而钢绞线下料时，应在切口两侧预先用 20 号或 22 号钢丝绑扎牢固，以防止切割后钢绞线松散。

涂料层的主要作用是使预应力筋与混凝土隔离，从而减少张拉时的摩擦损失，并防止预应力筋腐蚀。常用的涂料主要有防腐沥青和防腐油脂。这些涂料应具有良好的化学稳定性和韧性，在 $-20℃ \sim +70℃$ 的温度范围内应不开裂、不变脆、不流淌，并能较好地粘附在钢筋上。此外，涂料层还应具有不透水、不吸湿、润滑性好以及摩阻力小等特点。

外包层主要由塑料带或高压聚乙烯塑料管制作而成。它应在 $-20℃ \sim +70℃$ 的温度范围内不脆化，具有高的化学稳定性、强的抗破损性以及足够的韧性。同时，它还应具有良好的防水性，并对周围材料无侵蚀作用。在使用塑料之前，必须将其烘干或晒干，以避免成型过程中由于气泡引起塑料表面开裂。

制作单根无黏结预应力筋时，宜优先选用防腐油脂作为涂料。此时，钢筋与防腐油脂之间应保持一定的间隙，以使预应力筋能在塑料套管中任意滑动。对于成束的无黏结预应力筋，可以使用防腐沥青或防腐油脂作为涂料。当使用防腐沥青时，应使用密缠的塑料带作为外包层，且塑料带各圈之间的搭接宽度不应小于带宽的 1/2，缠绕层数也不应小于四层。

制作好的预应力筋可以以直线或盘圆的形式进行运输和堆放。存放地点应设有遮盖棚，以防止日晒雨淋。在装卸和堆放过程中，应采用软钢绳进行绑扎，并在吊点处垫上橡胶衬垫，以避免塑料套管外包层遭到损坏。

2) 锚具

在无黏结预应力构件中，预应力筋的张拉力主要是靠锚具传递给混凝土的。因此，无黏结预应力筋的锚具不仅受力比有黏结预应力筋的锚具大，而且需要承受重复荷载。无黏结预应力筋的锚具性能应符合Ⅰ类锚具的相关规定。

当预应力筋为高强钢丝时，主要采用镦头锚具；当预应力筋为钢绞线时，可采用 XM 型锚具和 QM 型锚具。XM 型和 QM 型锚具可夹持多根直径为 15 mm 或 12 mm 的钢绞线，或尺寸为 7 mm × 5 mm、7 mm × 4 mm 的平行钢丝束，以适应不同的结构要求。

3) 无黏结预应力筋的成型工艺

无黏结预应力筋的制作一般采用涂包成型工艺和挤压涂塑工艺。

(1) 涂包成型工艺。涂包成型工艺是将无黏结筋经过涂料槽涂刷涂料后，再通过归束滚轮成束并进行补充涂刷。涂料厚度一般为 2 mm，可以采用手工操作完成内涂刷防腐沥青或防腐油脂，并外包塑料布。涂好涂料的无黏结筋随即通过绕布转筒自动地交叉缠绕两层塑料布。当达到需要的长度后，进行切割，成为一根完整的无黏结预应力筋。此外，也可以在缠纸机上连续作业，完成编束、涂油、镦头、缠塑料布和切断等工序。这种涂包成型工艺的特点是质量好，适应性较强。缠纸机的工作示意图如图 4.67 所示。

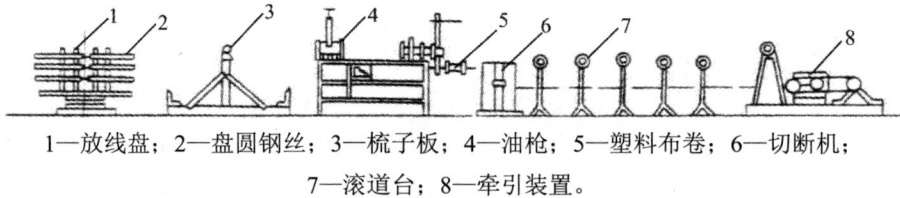

1—放线盘；2—盘圆钢丝；3—梳子板；4—油枪；5—塑料布卷；6—切断机；
7—滚道台；8—牵引装置。

图 4.67　缠纸机的工作示意图

制作无黏结预应力筋时，钢丝被放置在放线盘上，并穿过梳子板汇集成钢丝束。随后，通过油枪均匀涂油后，钢丝束被穿入锚环，并使用冷镦机进行冷镦锚头的操作。带有锚环的成束钢丝由牵引机向前牵引，同时启动装有塑料条的缠纸转盘，钢丝束在前进的同时进行塑料布条的缠绕工作。当钢丝束达到所需长度后，进行切割，从而成为一根完整的无黏结预应力筋。

(2) 挤压涂塑工艺。挤压涂塑工艺主要是将钢丝通过涂油装置进行涂油处理。涂油后的钢丝束随后通过塑料挤压机被涂刷上聚乙烯或聚丙烯塑料薄膜，并再经过冷却筒模进行成型，形成塑料套管。这种方法的涂装质量好，生产效率高，特别适用于大规模生产的单根钢绞线和 7 根钢丝束。挤压涂塑工艺的流水线图如图 4.68 所示。

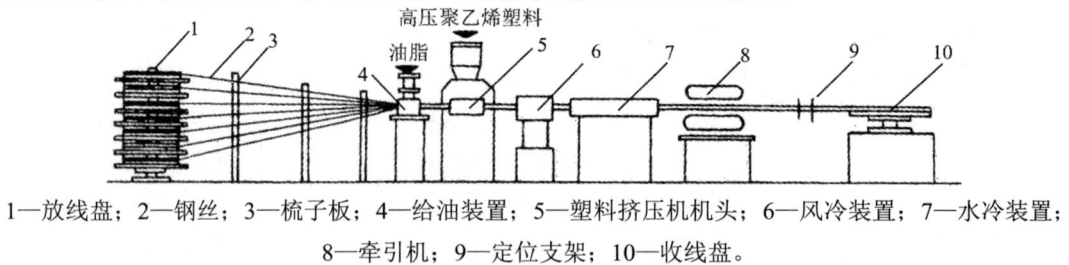

1—放线盘；2—钢丝；3—梳子板；4—给油装置；5—塑料挤压机机头；6—风冷装置；7—水冷装置；
8—牵引机；9—定位支架；10—收线盘。

图 4.68　挤压涂塑工艺的流水线图

2. 无黏结预应力施工工艺

下面主要介绍无黏结预应力构件制作工艺中的几个主要问题。

1) 预应力筋的铺设

无黏结预应力筋在铺设前，应检查其外包层的完好程度。对于外包层有轻微破损的情况，应使用塑料带进行补包；对于破损严重者，则应予以报废处理。在进行双向预应力筋铺设时，应遵循先下后上的原则，即先铺设下面的预应力筋，再铺设上面的预应力筋，以避免预应力筋之间相互穿插。

无黏结预应力筋应按照设计要求的曲线形状进行就位，并固定牢固。可以使用短钢筋或混凝土垫块等工具来架起预应力筋，以控制其标高。然后，使用铁丝将预应力筋绑扎在非预应力筋上，绑扎点的间距应不大于 1 m。对于钢丝束的曲率，可以通过垫设铁马凳来控制，铁马凳的间距则不宜大于 2 m。

　　2) 预应力筋的张拉

　　预应力筋张拉时，混凝土的强度应符合设计要求。当设计无具体要求时，混凝土的强度应至少达到设计强度的 75%，方可开始张拉。张拉程序一般采用 $0 \rightarrow 103\%\sigma_{con}$，以减少无黏结预应力筋的松弛损失。张拉顺序应根据预应力筋的铺设顺序来确定，即先铺设的预应力筋先张拉，后铺设的预应力筋后张拉。当预应力筋的长度小于 25 m 时，宜采用一端张拉的方式；当预应力筋的长度大于 25 m 时，宜采用两端张拉的方式；而当预应力筋的长度超过 50 m 时，则宜采取分段张拉的方式。

　　在预应力平板结构中，预应力筋往往很长，因此如何减少其摩阻损失值是一个重要的问题。影响摩阻损失值的主要因素包括润滑介质、外包层以及预应力筋的截面形式。其中，润滑介质和外包层的摩阻损失值对一定的预应力束来说是个定值，相对较为稳定。而截面形式的影响则较大，不同的截面形式其离散性也不同。但是，如果能保证截面形状在全长内保持一致，那么摩阻损失值就能在很小的范围内波动；否则，由于局部的阻塞就可能导致摩阻损失值无法准确测定。摩阻损失值可以通过标准测力计、传感器等测力装置进行测定。在施工时，为了降低摩阻损失值，宜采用多次重复张拉工艺。成束的无黏结预应力筋在正式张拉前，一般应先用千斤顶往复抽动 1～2 次。在张拉过程中，必须严防钢丝被拉断，并且要严格控制同一截面的断裂根数，不得大于 2%。预应力筋的张拉伸长值应按照设计要求进行控制。

　　3) 预应力筋端部处理

　　预应力筋端部处理包括张拉端部处理和固定端部处理。

　　(1) 张拉端部处理：预应力筋的张拉端部处理取决于无黏结预应力筋和锚具的种类。锚具的位置通常从混凝土的端面缩进一定的距离，并在其前面制作一个凹槽。待预应力筋张拉并锚固后，需要将伸出锚具外的钢绞线切割到规定的长度，即确保露出夹片锚具外的长度不小于 30 mm。随后，在凹槽的内壁涂抹环氧树脂类黏结剂，以增强新老材料之间的黏结力。最后，使用后浇膨胀混凝土、低收缩防水砂浆或环氧砂浆进行密封。

　　在对凹槽进行填砂浆或混凝土之前，应预先对无黏结预应力筋的端部和锚具的夹持部分进行防潮、防腐的封闭处理。

　　当无黏结预应力筋采用钢丝束镦头锚具时，其张拉端的处理如图 4.69 所示。其中，塑料套筒供钢丝束张拉时锚环从混凝土中拉出使用，而软塑料管则用来保护无黏结钢丝的末

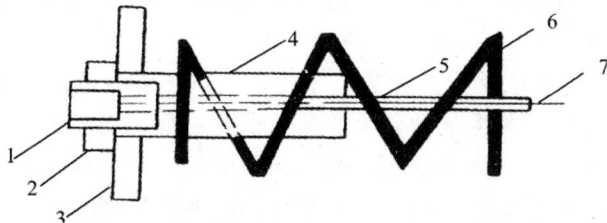

1—锚环；2—螺母；3—承压板；4—塑料套筒；5—软塑料管；6—螺旋筋；7—无黏结预应力筋。

图 4.69　镦头锚固系统张拉端

端，防止因穿锚具而损坏塑料管。对于无黏结钢丝的锚头，应特别重视防腐处理。当锚环被拉出后，塑料套筒内会产生空隙，此时必须使用油枪通过锚环的注油孔向套筒内注满防腐油脂。灌油后，将外露的锚具封闭好，以避免长期与大气接触而造成锈蚀。

采用无黏结钢绞线夹片式锚具时，张拉端头的构造相对简单，无需额外增设设施。张拉端头的钢绞线预留长度应不小于 150 mm，多余部分需割除。之后，在锚具及承压板的表面涂覆防水涂料，再进行封闭处理。锚固区域可以采用后浇的钢筋混凝土圈梁进行封闭，同时，将锚具外伸的钢绞线散开并打弯，埋入圈梁内进行加固，具体做法如图 4.70 所示

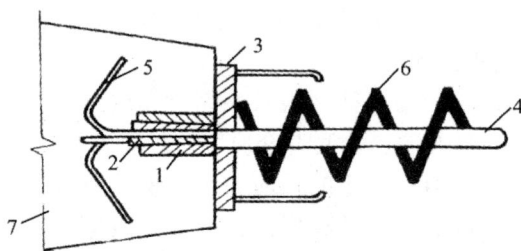

1—锚环；2—夹片；3—承压板；4—无黏结预应力筋；5—散开打弯钢丝；

6—螺旋筋；7—后浇混凝土。

图 4.70　夹片式锚具张拉端处理

(2) 固定端处理。无黏结预应力筋的固定端可以设置在构件内部。当采用无黏结钢丝束时，固定端可以使用扩大的镦头锚板，并通过螺旋筋进行加强。如果施工中的端头没有配置无黏结预应力筋，那么需要增设构造钢筋，以确保固定端板与混凝土之间具有可靠的锚固性能。当采用无黏结钢绞线时，锚固端可以通过压花成型的方式进行处理，并将其埋置在设计指定的部位。这种做法的关键在于，张拉前锚固端的混凝土强度等级必须达到设计要求的强度(≥C30)，这样才能形成可靠的黏结式锚头。

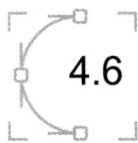

4.6　工程实践案例

【案例 4.1】　某单层工业厂房杯形基础施工。

杯形基础的施工程序包括放线、支下阶模板、安放钢筋网片、支上阶模板及杯口模板、浇捣混凝土、修整养护等步骤。放线、支模、绑扎钢筋均按照常规方法进行，而浇筑混凝土则遵循以下施工方法：

(1) 整个杯形基础需一次性浇筑完成，不得留设施工缝。混凝土的分层浇筑厚度通常控制在 25～30 cm，并特别关注基础台阶的变化部位。每层混凝土应一次性足量浇筑，使用拉耙和铁锹配合进行拉平，浇筑顺序为先边角后中间。在下料时，铁锹的背面应朝向模板，以确保模板侧面的砂浆充足；当浇至表面时，铁锹的背面应朝上。

(2) 混凝土的振捣采用插入式振动器，每个插点的振捣时间一般为 20～30 s，插点的布置建议采用行列式。在浇捣到斜坡部位时，为了减少或避免下阶混凝土落入基坑，可

以在四周 20 cm 的范围内不进行摊铺，如果在振捣过程中发现混凝土不足，那么可以随时进行补加。

(3) 为了防止台阶交角处出现"吊脚"(即上阶与下阶混凝土脱空)现象，我们采取了以下技术措施：

① 在下阶混凝土捣固下沉 20～30 mm 后，暂时不进行填平，而是继续浇筑上阶混凝土。首先使用铁锹沿着上阶模板的底圈做出混凝土的内、外坡，然后再进行上阶混凝土的浇筑。外坡混凝土会在上阶混凝土振捣的过程中自动摊平。待上阶混凝土浇筑完成后，再将下阶混凝土齐侧模板顶边进行拍实和抹平，具体见图 4.71(a)。

② 在捣完下阶混凝土并拍平表面后，在下阶侧模板的外侧先压上 200 mm × 100 mm 的压角混凝土并进行捣实，然后继续浇筑上阶混凝土。待压角混凝土接近初凝时，将其铲掉并重新搅拌利用，具体见图 4.71(b)。

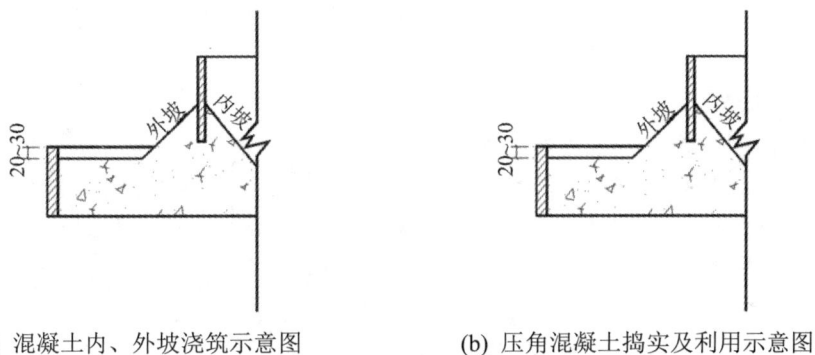

(a) 混凝土内、外坡浇筑示意图　　　　(b) 压角混凝土捣实及利用示意图

图 4.71　压角混凝土结构示意图

(4) 为了确保杯形基础杯口底标高的准确性，建议先振实杯口底的混凝土，然后再浇筑并振捣杯口模板四周的混凝土。振捣时间应尽量缩短，并应采取两侧对称浇筑的方式，以避免杯口模板因受力不均而挤向一侧或由于混凝土泛起导致模板上升。

对于本工程中的高杯口基础，可以采用后安装杯口模板的方法。即在混凝土浇筑至接近杯口底的位置时，再安装杯口模板并继续浇筑。

(5) 基础混凝土浇筑完成后，需要进行铲填和抹光工作。铲填工作应从低处向高处进行，铲高填低，并使用直尺检查斜坡的准确性。若坡面不平整，则应进行修整直至符合要求。接着使用铁抹子拍抹表面，将凸起的石子拍平，然后由高处向低处进行压光处理。在拍抹过程中，若局部砂浆不足，则应及时补浆。

为了提高杯口模板的周转率，可以在混凝土初凝后、终凝前将杯口模板拔出。当混凝土强度达到设计标号的 25%时，即可拆除侧模。

(6) 本基础工程采用自然养护方法，并严格执行硅酸盐水泥拌制的混凝土的养护洒水规定。

【案例 4.2】　某门式钢架无黏结预应力混凝土施工。

由于该门式钢架常年处于湿度较大的环境中，对结构的抗裂性要求较高。因此，在钢架的受拉区域配置了 20 根 ϕ112 预应力钢绞线，以对混凝土施加预应力。这 20 根钢绞线被分为 4 束，每束包含 5 根。钢架的示意图如图 4.72 所示。

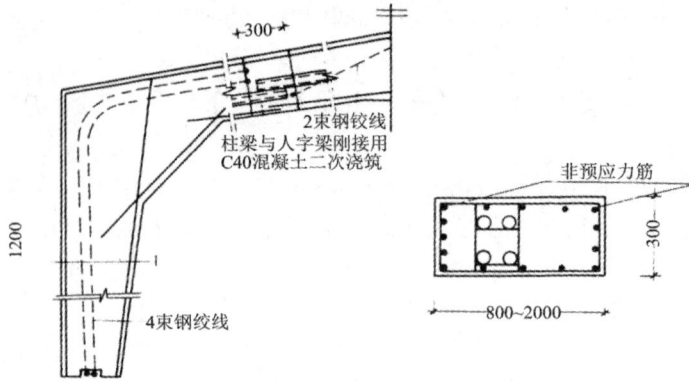

图 4.72　钢架示意图

由于门式钢架梁柱交接处的弯道部分留孔穿筋比较困难，为便于施工，我们采用无黏结预应力工艺。无黏结钢绞线束既可以使用成品，也可以自行加工。在本工程中，我们选择现场自行加工，具体工艺如下。

1. 钢绞线编束成型

首先，使用切割机将整盘钢绞线按照需要的长度割断，并将其放置在成型架上；接着，涂刷润滑防锈剂(建筑油脂、工业凡士林掺石墨、沥青掺柴油矿渣棉三种均可使用，但前两种的润滑效果更佳)；最后，进行编束成型。需要注意的是，门架中的钢束半径为 2500 mm，其圆心角的具体数值如图 4.73 所示。

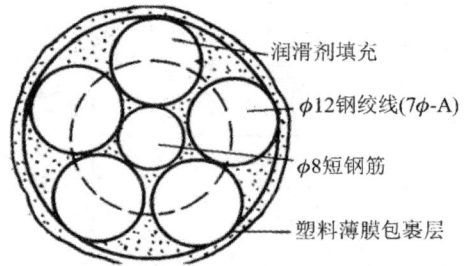

图 4.73　钢束

成束后，为防止钢绞线之间发生位移或滑动，我们在每 5 根钢绞线的中间位置，每隔 300 mm 安放一根长为 200 mm 的 $\phi8$ 短钢筋作为芯材，并使用 22 号铁丝将其扎紧。成型架的具体结构如图 4.74 所示。为了便于后续施工，每根钢绞线的两端都应进行编号，并使用不同颜色的油漆进行涂刷标记。例如，第一束的 5 根钢绞线分别编号为 1、5、9、13、17；第二束的 5 根钢绞线分别编号为 2、6、10、14、18；第三束的 5 根钢绞线分别编号为 3、7、11、15、19；第四束的 5 根钢绞线分别编号为 4、8、12、16、20。在后续的单根张拉过程中，我们将按照这些编号的顺序，对 4 束钢绞线进行循环张拉(具体张拉顺序如图 4.75 所示)。这样，在两端混凝土局部承压时，受力会比较均匀。

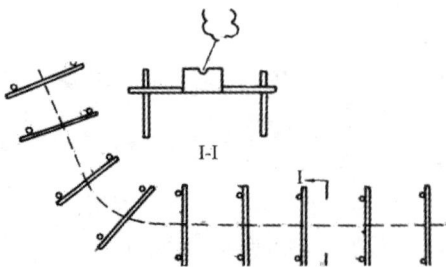

图 4.74　成型架

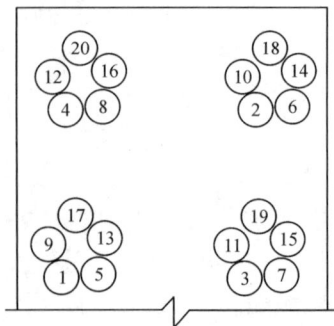

图 4.75　无黏结钢绞线束张拉顺序

2. 钢束包裹

包裹工序在成型架上进行。在包裹之前，需要在钢束表面再次涂刷两道润滑剂，并尽量用润滑剂将钢束表面的低凹处填平，以减小混凝土对钢束的握裹力。本工程采用的包裹材料是尼龙薄膜。首先，将成圆筒形的薄膜用电锯割成长约 80 mm 的尼龙带，然后由人工进行包裹。包裹从钢束的一端开始(注意，与千斤顶、锚具接触的部分不进行包裹)，尼龙带与钢束之间形成 45° 的斜角，采用一圈压半圈的方式向前包裹。在包裹的过程中，原来绑扎的铁丝需要陆续松开(一个人包裹长为 20 000 mm 的钢束一道大约需要 2 小时)。第二道包裹在相反的方向形成 45° 斜角，同样采用一圈压半圈的方式进行包裹。这样，钢束的每一点上都会有四层包裹层，尼龙带的尾部则使用黏结胶粘紧

3. 钢束绑扎

钢束包裹完成后，需要先将弯道部分临时固定，然后将其抬放到钢架底模板上。接下来，使用由 $\phi 8$ 钢筋焊接而成的支架，按照设计要求将四束钢绞线分开并进行固定。支架的间隔大约为 2000 mm，在弯道部分则采用单支架进行固定(注意，放入支架中的钢束不能出现任何绞扭情况)，完成这些步骤后，再进行非预应力筋的绑扎。

4. 钢束张拉

钢束端头锚固采用的是 XM12 型锚具，其具体结构如图 4.76 所示。每束由 5 根 $7\phi 4$ 的钢绞线组成，每个锚孔中都配备了三个楔形夹片，用于将钢绞线夹紧。

为了防止锚具因密封不良而受到气体或湿气的侵蚀，从而导致预应力损失，我们在每根钢绞线的两端都预留了长为 800 mm、直径为 40～72 mm 的扩张口。待张拉锚固完成后，我们会进行喷浆自锚处理，以增加结构的安全性，具体做法如图 4.77 所示。

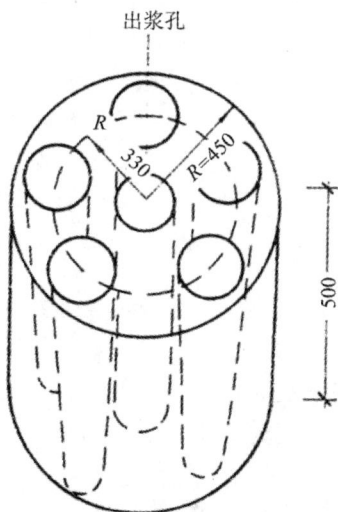

图 4.76　XM12 型锚具的结构　　　　图 4.77　两端扩张口

在预应力张拉过程中，采用了 YC18 型千斤顶，每根钢绞线的张拉力设计值为 98kN。在实际施工过程中，张拉力和伸长量均达到了规定的要求。"

本 章 小 结

钢筋混凝土结构是我国应用最为广泛的一种结构形式，因此，我们应认真学习钢筋混凝土工程的施工技术。本章的重点内容包括模板工程、钢筋工程、混凝土工程以及预应力混凝土工程。

模板的种类繁多，主要包括木模板、钢模板以及其他材料制成的模板，如胶合板模板、塑料模板、玻璃钢模板、压型钢模板、钢木(或竹)组合模板、装饰混凝土模板以及预应力混凝土模板等。按照施工方法的不同，模板又可以分为拆移式模板和活动式模板。而组合钢模板的构造原理是我们学习模板技术的基础。

钢筋的级别和品种也非常多，但在工地上，HPB235级和HPB335级钢筋是最为常用的。因此，我们需要重点掌握这两种钢筋的力学性能以及冷拉控制指标等。此外，还需要注意的是，由于不同级别的钢筋具有不同的物理力学性能，因此它们的弯心直径也是不同的。钢筋的连接方式主要以机械连接为主，而在钢筋的焊接技术中，对焊和电弧焊在工程中的应用较为广泛，因此应作为我们学习的重点内容。

在混凝土的冬期施工中，应尽量采用蓄热法和掺外加剂法，因为这两种方法都可以有效地节约能源。而蓄热法和掺外加剂法也是我们需要重点学习的内容。如果工期允许的话，我们应尽量避免在冬期进行施工。

预应力筋混凝土与普通混凝土相比，具有很多优点，如可以提高构件的抗裂度、刚度和耐久性，节约钢材，减轻结构自重等。因此，预应力混凝上是当前最有发展前途的结构材料之一。在预应力混凝土工程中，预应力筋的张拉是关键工作。张拉控制应力必须严格按照设计规定进行取值，因为如果张拉控制应力取值过大，预应力筋就容易断裂，同时构件的反拱也会过大。为了减少预应力筋的应力松弛损失，我们通常会采用超张拉的方法。

复习思考题

1. 试述模板的作用。对模板及其支架的基本要求有哪些？模板有哪些类型？它们各自的特点和适用范围是什么？

2. 试述定型组合钢模板的特点、组成及组合钢模的配板原则。

3. 试分析柱、梁、楼板模板的计算荷载及计算简图。模板支架、顶撑的承载能力如何计算？

4. 钢筋是如何分类的？可按哪些方面进行分类？如何进行分类？

5. 钢筋的性能主要有哪些内容？如何对进场的钢筋进行质量验收？

6. 钢筋加工包括哪些内容？

7. 钢筋闪光对焊工艺有几种？如何选用？

8. 钢筋闪光对焊接头质量检查包括哪些内容？

9. 电弧焊接头有哪几种类型？如何选用？质量检查内容有哪些？

10. 如何计算钢筋下料长度及编制钢筋配料单？

11. 试述钢筋加工工序以及绑扎、安装的要求。绑扎接头有哪些规定？

12. 钢筋工程的检查验收包括哪几个方面？应注意哪些问题？

13. 混凝土工程施工包括哪几个施工过程？

14. 如何根据实验室配合比求得混凝土施工配合比？施工配料如何计算？

15. 混凝土搅拌参数指的是什么？它们各自有什么影响？什么是一次投料、二次投料？它们各自有什么特点？为什么二次投料会使混凝土强度提高？

16. 混凝土运输有哪些要求？有哪些运输工具和机械？它们各自适用于何种情况？

17. 混凝土浇筑的基本要求有哪些？如何防止离析？

18. 什么是施工缝？留设位置如何选择？继续浇筑混凝土时，对施工缝有哪些要求？如何处理？

19. 什么是混凝土的自然养护？自然养护有哪些方法？具体做法是什么？混凝土的拆模强度如何？

20. 混凝土质量检查包括哪些内容？对试块制作有哪些规定？强度的评定标准是什么？

21. 混凝土冬期施工的特点是什么？混凝土受冻的临界强度是什么？混凝土冬期施工的主要方法有哪些？

22. 什么叫先张法？什么叫后张法？比较它们的异同点。

23. 先张法所用的夹具有哪些要求？

24. 先张法的张拉程序是什么？

25. 超张拉的作用是什么？

26. 后张法常用的锚具有哪些？对锚具有哪些要求？

27. 后张法孔道的留设方法有哪几种？它们各自适用于什么情况？

28. 后张法的张拉顺序如何确定？

29. 孔道灌浆的作用是什么？对灌浆材料有哪些要求？

30. 试述无黏结预应力施工的工艺。

第5章 结构安装工程施工

学习要求

1. 了解结构安装工程施工中常用的起重机械及其性能和使用范围。
2. 熟悉单层工业厂房结构的构件安装工艺、安装方法及安装方案。
3. 了解多层装配式框架结构的安装方案。
4. 掌握结构安装工程施工的质量标准和安全技术要求。

钢筋混凝土结构安装工程涉及使用各类起重机械将房屋的预制构件精准安装到设计位置,进而组装成完整的房屋结构,这是装配式结构施工的主导工程。

在工业与民用建筑施工中,经过标准化设计的通用构件可以形成定型产品,由专门的构件厂商批量生产,并供应给各个工程施工现场使用。大型构件则通常由施工单位在现场进行制作。与整体现浇式结构施工相比,装配式结构施工具有更高的机械化程度,施工速度更快,能够显著降低劳动强度并提高生产效率,因此被视为建筑工业化的重要发展方向之一。实践表明,结构安装工程施工具有以下几个显著特点:

(1) 预制构件种类繁多且数量庞大,制作加工环节相对复杂。现场构件的布置和排放难度大、要求高。

(2) 构件吊装需要依赖大型起重机械。合理选择和配置起重、运输机械是顺利完成结构安装的前提条件,它直接关系到吊装进度和工程质量。预制构件的尺寸、体积、重量、安装高度、安装位置等是选择起重设备的主要考量因素。同时,结构吊装方案和构件吊装方法的选择也需充分考虑工程结构特征和现场技术条件。

(3) 在构件的运输和吊装过程中,其受力情况可能会发生变化。由于构件的吊点或支承点的受力状态与使用时的受力状态存在差异,这可能导致内力增加或内力方向改变,使安装过程中的结构处于某种不稳定或不安全的状态。因此,在必要时需要对构件进行吊装强度和结构施工稳定性的验算,并采取相应的安全措施。

(4) 由于高空作业频繁且工作面狭窄,容易发生工伤事故,因此应加强安全技术措施的实施。

因此,在制订结构安装工程施工方案时,必须全面考虑具体工程的工期要求、场地条件、结构特征、构件特征及安装技术要求等因素,做好安装前的各项准备工作:明确构件加工制作计划任务和现场平面布置方案;合理选择和使用起重、运输机械;科学选择构件的吊装工艺;合理确定起重机开行路线与构件吊装顺序。做好安装前的准备工作,可以达到缩短工期、保证质量、降低工程成本的目标。

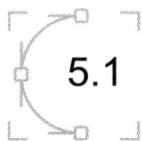

5.1　起重机械和索具设备

结构安装工程施工中常用的起重机械包括桅杆式起重机、履带式起重机、汽车式起重机、轮胎式起重机、塔式起重机等；常用的索具设备则包括卷扬机、钢丝绳、滑轮、吊钩、卡环、吊索、横吊梁等。这些索具设备是起重机械作业时常用的辅助工具及设备。塔式起重机已在第 3 章中详细介绍过，下面将主要介绍桅杆式起重机、履带式起重机、汽车式起重机和轮胎式起重机的相关内容。

5.1.1　桅杆式起重机

建筑工程中常用的桅杆式起重机包括独脚拔杆、人字拔杆、悬臂拔杆和牵缆式桅杆起重机等。桅杆式起重机制作简单，装拆方便，起重量较大，受地形限制小，能用于其他起重机械不能安装的一些特殊工程和设备。但桅杆式起重机的服务半径小，移动困难，需要较多的缆风绳来保持稳定。

1. 独脚拔杆

独脚拔杆由拔杆、起重滑轮组、卷扬机、缆风绳、锚碇、拉绳等组成，如图 5.1(a)所示。它只能用于举升重物，不能使重物在水平方向上移动。在使用时，β 角应保持不大于 10°，以避免吊装的构件碰撞拔杆。底部通常设置拖子以便移动，缆风绳数量一般为 6～12 根，缆风绳与地面的夹角 α 应在 30°～45°之间。根据所用材料的不同，独脚拔杆可分为木独脚拔杆、钢管独脚拔杆、金属格构式独脚拔杆三种。这三种独脚拔杆的起重高度和起重量是不同的：木独脚拔杆的起重高度一般为 8～15 m，起重量在 10 t 以下；钢管独脚拔杆的起重高度可达 30 m，起重量可达 45 t；金属格构式独脚拔杆的起重高度可达 70～80 m，起重量可达 100 t。

2. 人字拔杆

人字拔杆(如图 5.1(b)所示)一般由两根圆木或者两根钢管用钢丝绳绑扎或者用铁件铰接而成，两杆夹角一般为 20°～30°。底部设有拉杆或拉绳，以平衡水平推力。拔杆下端两脚的距离约为高度的 1/3～1/2。其中一根拔杆的底部装有一导向滑轮，起重索通过该滑轮连接到卷扬机。另一根钢丝绳连接到锚碇，以保证起重时底部的稳定。人字拔杆是前倾的，但每升高 1 m，前倾不超过 10 cm，并在后面用两根缆风绳拉结。

人字拔杆的特点是侧向稳定性比独脚拔杆好，但是构件起吊的活动范围较小，且缆风绳的数量相对较少。缆风绳的数量由拔杆的起重量和起重高度决定，一般不少于 5 根。人字拔杆一般用于安装重型构件或者作为辅助设备吊装厂房屋盖体系上的构件。

3. 悬臂拔杆

在独脚拔杆的中部或 2/3 高度位置安装一根可回转和升降的起重臂，即构成悬臂拔杆，具体如图 5.1(c)所示。由于悬臂拔杆铰接于拔杆中部，因此起吊重量大的构件时，拔杆会产生较大的弯矩。为加强拔杆在铰接部位的强度，可使用撑杆和拉条(或钢丝绳)进行加固。

悬臂拔杆的主要优势在于能够获得较大的起重高度，并且起重臂能左右摆动 120°～270°。然而，悬臂拔杆的起重量相对较小，因此通常用于吊装轻型构件。同时，由于悬臂拔杆具备较大的起重高度，也适合于吊装高炉等构筑物。

4．牵缆式桅杆起重机

在独脚拔杆下端装上一根可以回转和伸缩的起重臂，即成牵缆式桅杆起重机，如图 5.1(d)所示。这种起重机的起重臂可以起伏，机身可以回转 360°，起重半径大，可以把构件吊到工作范围内的任何位置。

牵缆式桅杆起重机所用的材料不同，其性能和作用也不相同。对于用角钢组成的格构式截面杆件的牵缆式起重机，桅杆高度可达 80 m，起重量可达 60 t 左右，大多用于重型工业厂房的吊装和化工厂大型塔罐或高炉的安装。起重量在 5 t 以下的牵缆式桅杆起重机，大多数用圆木制作，用于吊装一般小型构件。起重量在 10 t 左右的牵缆式桅杆起重机，大多数用无缝钢管制作，桅杆高度可达 25 m，适用于一般工业厂房的吊装。

牵缆式桅杆起重机需设置较多的缆风绳，比较适用于构件多且集中的工程。

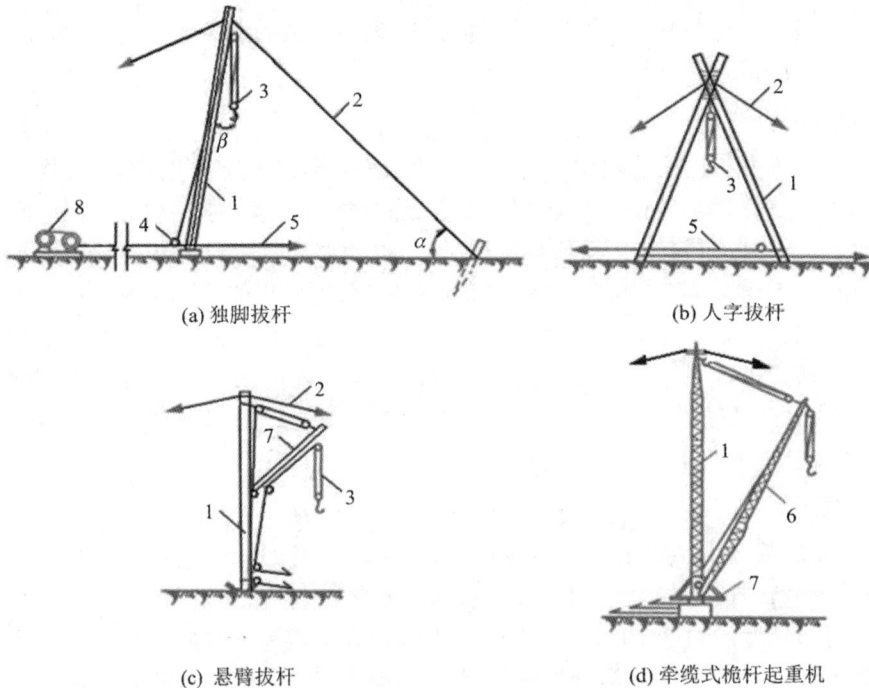

(a) 独脚拔杆   (b) 人字拔杆

(c) 悬臂拔杆   (d) 牵缆式桅杆起重机

1—拔杆；2—缆风绳；3—起重滑轮组；4—锚碇；5—拉绳；6—起重臂；7—回转盘；8—卷扬机。

图 5.1　桅杆式起重机

5.1.2　履带式起重机

履带式起重机主要由机身、回转装置、行走装置(即履带)、工作装置(包括起重臂、滑轮组、卷扬机)以及平衡重等部分组成，如图 5.2 所示。它是一种能够实现 360° 全回转的起重机，依靠两条宽大的履带着地行走。履带式起重机操作灵活，行走便捷，且具备负载行驶的能力；然而，其缺点也显而易见，如稳定性较差，行走时对路面造成较大破坏，以及行走速度相对较慢。在城市中和进行长距离转移时，通常需要借助拖车来运输履带式起重机，并且不宜进行超负荷吊装作业。

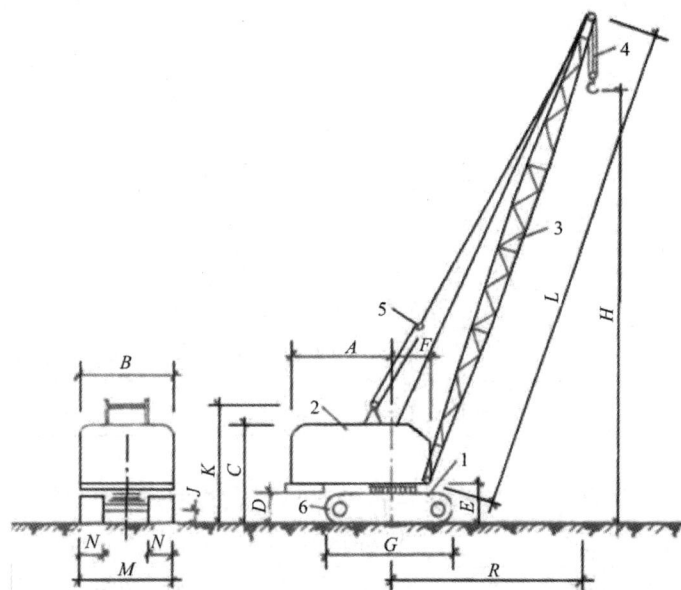

1—底盘；2—机棚；3—起重滑轮组；5—变幅滑轮组；6—履带。

图 5.2　履带式起重机

常用的履带式起重机型号包括 W1-50、W1-100、W1-200、Э-1252、西北 78D 等，这些起重机的外形尺寸及技术性能详见表 5.1 和表 5.2。而 W1-50 型和 W1-100 型履带式起重机的起重特性则分别见表 5.3 和表 5.4。

表 5.1　履带式起重机的外形尺寸　　单位：/mm

符号	名　称	型　号				
		W1-50	W1-100	W1-200	Э-1252	西北 78D
A	机身尾部到回转中心的距离	2900	3300	4500	3500	3450
B	机身宽度	2700	3120	3200	3120	3500
C	机身顶部到地面的高度	3220	3675	4125	3675	—
D	机身底部距离地面的高度	1000	1045	1190	1095	1220
E	起重臂下铰点中心距离地面的高度	1555	1700	2100	1700	1850
F	起重臂下铰点中心至回转中心的距离	1000	1300	1600	1300	1340
G	履带长度	3420	4005	4950	4005	4500(4450)
M	履带架宽度	2850	3200	4050	3200	3250(3500)
N	履带桥宽度	550	675	800	675	680(760)
J	行走底架距地面的高度	300	275	390	270	310
K	机身上部支架距地面的高度	3480	4170	6300	3930	4720(5270)

表 5.2　履带式起重机的技术性能

参数		单位	型号														
			W1-50			W1-100		W1-200			Э-1252			西北 78D			
起重臂长度		m	10	18	18	13	23	15	30	40	12.5	20	25	21	27	33	45
起重半径	最大起重量时	m	10	17	10	12.5	17	15.5	22.5	30	10.1	15.5	19	20.32	25.52	30.67	41.12
	最小起重量时	m	3.7	4.5	6	4.23	6.5	4.5	8	10	4	5.65	6.5	6.54	7.79	9.03	11.51
起重量	最小起重半径时	t	10	7.5	2	15	8	50	20	8	20	9	7	63.4	56.8	45.7	32
	最大起重半径时	t	2.6	1	1	3.5	1.7	8.2	4.3	1.5	5.5	2.5	1.7	16.8	11.3	83.3	4.34
起重高度	最小起重半径时	m	9.2	17.2	17.2	11	19	12	26.8	36	10.7	17.9	22.8	20.5	26.5	32.5	45
	最大起重半径时	m	3.7	7.6	14	5.8	16	3	19	25	8.1	12.7	17	10.5	13.5	16.5	22.65

表 5.3　W1-50 型履带式起重机的起重特性

臂长 10 m			臂长 18 m			臂长 10 m(带鹅头)		
R/m	Q/m	H/m	R/m	Q/m	H/m	R/m	Q/m	H/m
3.7	10	9.2	4.5	7.5	17.2	6	2	17.2
4	8.7	9	5	6.2	17	8	1.5	16
5	6.2	8.6	7	4.1	16.4	10	1	14
6	5	8.1	9	3	15.5	—	—	—
7	4.1	7.5	11	2.3	14.4	—	—	—
8	3.5	6.5	13	1.8	12.8	—	—	—
9	3	5.4	15	1.4	10.7	—	—	—
10	2.6	3.7	17	1	7.6	—	—	—

表 5.4　W1-100 型履带式起重机的起重特性

R/m	臂长 13 m		臂长 23 m		臂长 27 m		臂长 30 m	
	Q/t	H/m	Q/t	H/m	Q/t	H/m	Q/t	H/m
4.5	15	11	—	—	—	—	—	—
5	13	11	—	—	—	—	—	—
6	10	11	—	—	—	—	—	—
6.5	9	10.9	8	19	—	—	—	—
7	8	10.8	7.2	19	—	—	—	—
8	6.5	10.4	6	19	5	23	—	—

R/m	臂长 13 m		臂长 23 m		臂长 27 m		臂长 30 m	
	Q/t	H/m	Q/t	H/m	Q/t	H/m	Q/t	H/m
9	5.5	9.6	4.9	19	3.8	23	3.6	26
10	4.8	2.2	4.2	18.9	3.1	22.9	2.9	25.9
11	4	7.8	3.7	18.6	2.5	22.6	2.4	25.7
12	3.7	6.5	3.2	18.2	2.2	22.2	1.9	25.4
13	—	—	2.9	17.8	1.9	22	1.4	25
14	—	—	2.4	17.5	1.5	21.6	1.1	24.5
15	—	—	2.2	17	1.4	21	0.9	23.8
17			1.7	16	—	—		

起重量 Q、起重半径 R、起重高度 H 是履带式起重机主要技术性能的三个核心参数。起重半径 R 指的是起重机回转中心至吊钩的水平距离，起重高度 H 是指起重吊钩距离地面的高度，而起重量 Q 是指起吊的重量。

这三个参数之间存在着相互制约的关系，它们的数值变化受到起重臂的长度及其仰角大小的影响。对于每一种起重机械而言，都配备有几种不同的臂长。在臂长保持不变的情况下，随着起重臂仰角的增大，起重量 Q 和起重高度 H 会相应增大，而起重半径 R 则会减小。相反，在仰角保持不变的情况下，随着起重臂臂长的增加，起重半径 R 和起重高度 H 会随之增加，但起重量 Q 则会相应减少。

5.1.3　汽车式起重机

汽车式起重机是一种将机身和起重作业装置安装在汽车通用或专用底盘上的轮式起重机，其驾驶室与起重操纵室分开，并具备载重汽车的行驶性能。根据吊臂结构的不同，汽车式起重机可分为定长臂式、接长臂式和伸缩臂式三种类型。其中定长臂式汽车式起重机和接长臂式汽车式起重机多采用桁架结构臂，而伸缩臂式汽车式起重机则采用箱形结构臂。此外，根据传动装置传动方式的不同，汽车式起重机还可分为机械传动式、液压传动式和电力传动式三种。由于其灵活性好，能够迅速转换场地，因此汽车式起重机在建筑工地得到了广泛的应用。

近年来，汽车式起重机的品种和产量得到了极大的发展。我国生产的汽车式起重机型号丰富，包括 QT5、QY5、QT8、QY8、QY12、QT16、QY16、QY40、QY65、QY100 等。以 QY16 型汽车式起重机为例(见图 5.3)，其最大起重量为 16 t，臂长为 20 m，适用于一般单层工业厂房的结构吊装作业。

我国一些常用的液压汽车式起重机的技术性能见表 5.5。

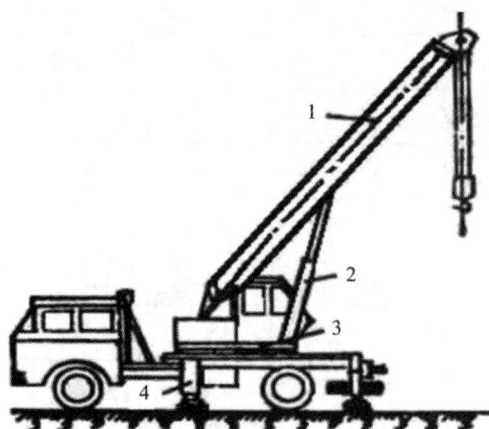

1—可伸缩的起重机；2—变幅液压千斤顶；3—可回转的起重平台；4—可伸缩的支脚。

图 5.3　QY16 型汽车式起重机

表 5.5　国产液压汽车式起重机的技术性能

参　数	型　号							
	QT5	QY5	QT8	QY8	QY12	QT16	QY16	QY40
底盘型号	SH142	CA10B	JN150C	DC150	JN150	专用	长江牌	专用
最大起重量/t	5	5	8	8	12	16	16	40
整机质量/t	7.9	7.95	15	15	17.3	21.5	21.5	45
吊臂节数	2	2	2	2	2	3	3	4
吊臂全伸长度/m	10.6	10.6	11.7	12.28	13.2	21	20	34.4
吊臂全缩长度/m	6.6	6.6	6.95	7.525	8.5	9.5	8.2	11.0
最大起升高度/m	11.15	10.82	12	12	12.8	21.1	20	35
最小工作半径/m	3	3	3.2	3.2	3.6	4	3.5	3.8
副臂伸出长度/m	5	5	—	—	—	—	—	—
吊臂伸出速度/(m/s)	0.14	0.14	0.09	—	0.21	0.33	0.07	23.4/180
起升速度/(m/min)	10	10	8	—	7.5	8	8.75	—
变幅速度/(° /s)	70/17	70/17	27	12	18	14	60	78/103

　　汽车式起重机在作业时，必须先打开支腿，以增大机械的支承面积，保证足够的稳定性。因此汽车式起重机不能负荷行驶。

5.1.4　轮胎式起重机

　　轮胎式起重机的构造与履带式起重机的基本相同。不同的是，轮胎式起重机不采用汽车底盘，而设计有轴距较小的专门底盘。轮胎式起重机在底盘上装有可伸缩的支腿，起重时可以使用这些支腿来增加机身的稳定性并保护轮胎。在必要时，还可以在支腿下面加垫块，以扩大支承面积。

轮胎式起重机的优点在于行驶速度快，能够迅速转移工作地点，同时不破坏路面，非常适合在城市道路上作业，因此多用于工业厂房结构的安装。然而，轮胎式起重机的缺点是不适合在松软或泥泞的地面上作业。

国产轮胎式起重机主要分为机械传动式和液压传动式两种类型。常用的轮胎式起重机型号包括 QL2-8、QL3-16、QL3-25、QL3-40、QL1-16 等。图 5.4 展示了 QL3-16 型轮胎式起重机的外观。轮胎式起重机的主要技术性能详见表 5.6

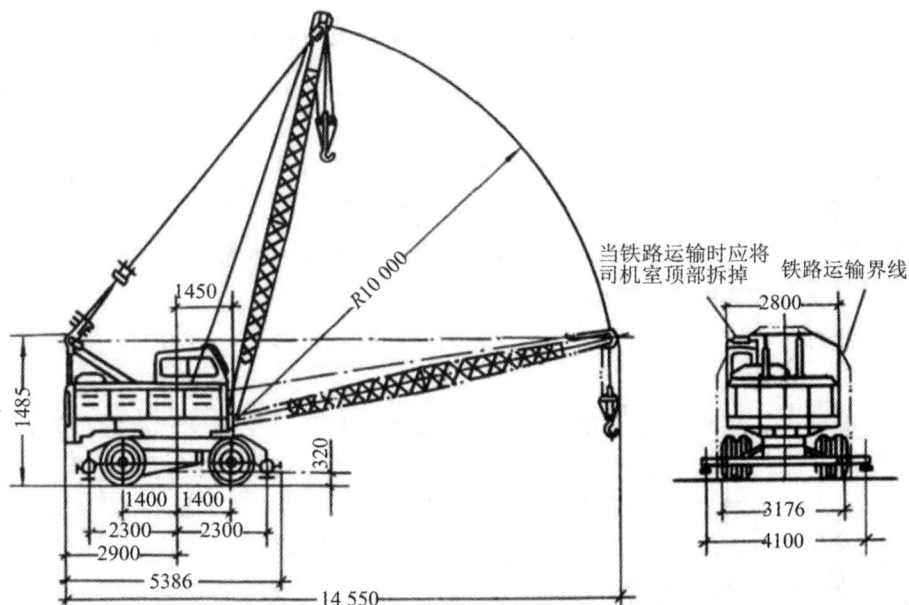

图 5.4　QL3-16 型轮胎式起重机

表 5.6　轮胎式起重机的主要技术性能

参　　数		单位	型　　号									
			QL3-16			QL3-25					QL1-16	
起重臂长度		m	10	15	20	12	17	22	27	32	10	15
起重半径	最小起重量时	m	4	4.7	8	4.5	6	7	8.5	10	4	4.7
	最大起重量时	m	11.0	15.5	20.0	11.5	14.5	19	21	21	11	15.5
起重量	最小起重半径时	用支腿	t	16	11	8	25	14.5	10.6	7.2	5	16	11
		不用支腿	t	7.5	6	—	6	3.5	3.4	—	—	7.5	6
	最大起重半径时	用支腿	t	2.8	1.5	0.8	4.6	2.8	1.4	0.8	0.6	2.8	1.5
		不用支腿	t	—	—	—	0.5	—	—	—	—	—	—
起重高度	最小起重半径时	m	8.3	13.2	17.95	—	—	—	—	—	8.3	8.3	8.3
	最大起重半径时	m	5.3	4.6	6.85	—	—	—	—	—	8.3	5.0	4.6

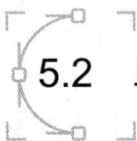

5.2 单层装配式混凝土结构工业厂房结构安装

单层工业厂房结构构件包括基础、柱子、吊车梁、连系梁、屋架、天窗架、屋面板等。除基础是现浇构件外，其余构件可为预制构件，即在现场或预制构件厂预制，然后运输到施工现场进行安装。因此，单层工业厂房的施工关键是制订一个切实可行的构件运输和结构安装方案。

1. 准备工作

准备工作的内容包括场地清理和道路修筑、杯形基础的准备、构件的检查与清理、构件的堆放、构件的弹线与编号及构件的运输等。

1) 场地清理和道路修筑

按照现场平面布置图，标出起重机的开行路线和构件堆放位置，注意保证足够的路面宽度和转弯半径，路宽一般为 3.5～6 m，转弯半径一般为 10～20 m；清理道路上的杂物，进行平整压实。对于回填土或松软土地基，要用枕木或厚钢板铺垫。

2) 杯形基础的准备

杯形基础的准备工作主要是在柱子安装前对杯底进行抄平，并在杯口顶面弹线，放出柱子安装的位置线。

杯底抄平是对杯底标高进行检查和调整，以确保吊装后牛腿面标高的准确性。在制作时，杯底标高一般比设计要求低(通常预留 50 mm)，以便在柱子长度存在误差时能够进行抄平调整。通常使用水泥砂浆或细石混凝土将杯底抹平，垫至所需标高。基础标高的控制可通过水准仪进行测量，小柱测中间一点，大柱测四个角点。

基础顶面的定位弹线需根据厂房的定位轴线测出，并与柱的安装中心线相对应。一般在基础顶面弹十字交叉的安装中心线，并标记红三角。

3) 构件的检查与清理

为保证吊装作业的安全和建筑工程的质量，在结构吊装之前，应对所有构件进行全面的检查，具体做法如下：

(1) 检查构件的外形尺寸和预定的安装位置。

(2) 检查预埋件的位置和尺寸是否符合要求。

(3) 仔细检查构件表面，查看有无损伤、缺陷、变形、扭曲、裂缝等问题，并确保表面无污物，若发现有污物需及时清除。

(4) 检查构件吊环的位置是否正确，以及吊环是否有损伤、变形等情况。

(5) 检查构件的强度。在吊装时，构件的混凝土强度不得低于设计强度的 75%。对于一些大跨度的构件(如屋架)，其强度应达到设计要求的 100%。

4) 构件的堆放

构件的堆放场地应先行平整压实，并按设计的受力情况搁置好垫木或支架，构件则按设计的受力情况搁置其上。构件重叠堆放时，一般可堆放 2～3 层，大型屋面板不宜超过 6

块，空心板不宜超过 8 块。堆放时，构件吊环要向上，标志要向外。

构件堆放原则如下：

(1) 每跨的构件尽量堆放在本跨内，以便于吊装。

(2) 堆放位置应便于支模和浇筑混凝土，确保有足够的作业空间。

(3) 应满足工艺安装的要求，尽可能将构件堆放在起重机的作业半径内，并尽量在起重机的范围内一次性起吊。

(4) 应保持场内车辆运输的畅通。

(5) 要注意吊装时的朝向，尽量避免起吊时在空中转向。

(6) 构件应摆放在坚实的地基上，避免地基下沉给构件造成损坏。

5) 构件的弹线与编号

在每一个构件上弹出安装的定位墨线和校正所用的墨线，作为构件安装、定位、校正的依据，具体做法如下。

(1) 柱子：在柱身三面弹出安装中心线，确保所弹中心线的位置与柱基杯口上的安装中心线相吻合。此外，在柱顶与牛腿面上还要弹出安装屋架及吊车梁的定位线。

(2) 屋架：在屋架上弦顶面弹出几何中心线，并从跨度中间向两端分别弹出天窗架、屋面板或檩条的安装定位线。同时，在屋架两端弹出安装中心线以及安装构件的两侧端线。

(3) 梁：在梁的两端及顶面弹出安装中心线和两端线。

(4) 编号：按照图纸将构件与其安装的位置进行对应的编号。安装时，可以根据相对应的编号进行安装、定位、校正。

6) 构件的运输

一些重量不大但数量众多的构件，可在预制厂制作，并用汽车运到工地。在运输过程中，要保证构件不变形、不损坏。构件的混凝土强度需达到设计强度的 75%时，方可进行运输。构件的支垫位置要正确，需符合受力情况，且上、下垫木要在同一水平线上。构件的运输顺序及下车位置应按照施工组织设计的规定进行，以避免因二次运输而造成的损伤。

2. 结构安装方法及技术要求

单层工业厂房结构的安装方法有分件安装法和综合安装法两种。

1) 分件安装法

分件安装法指的是在厂房结构吊装时，起重机每开行一次，仅吊装一种或几种构件。根据构件所在结构部位的不同，通常分三次吊装完成全部构件。

(1) 第一次吊装：吊装全部柱子，并对柱子进行校正和最后固定。当接头混凝土强度达到设计强度的 70%后，可进行第二次吊装。

(2) 第二次吊装：吊装全部吊车梁、连系梁及柱间支撑，经校正、最后固定及柱接头施工之后，可进行第三次吊装。

(3) 第三次吊装：依次按节间吊装屋架、天窗架、屋面板及屋面支撑等。

分件安装时构件的吊装顺序如图 5.5 所示。分件安装法的优点是：每次基本吊装同类型的构件，索具不需经常更换，且操作方法也基本相同，因此吊装速度快，能充分发挥起重机的作用，提高工作效率；构件可以分批供应，所以现场平面布置相对简单；同时，能为构件校正、接头焊接、混凝土灌筑及养护提供充足的时间。分件安装法的缺点是：起重机的开行路线较长，停机点多，不能为后续工序及早提供工作面。尽管如此，本法仍是目前国内装配式单层工业厂房结构安装中广泛采用的一种方法。

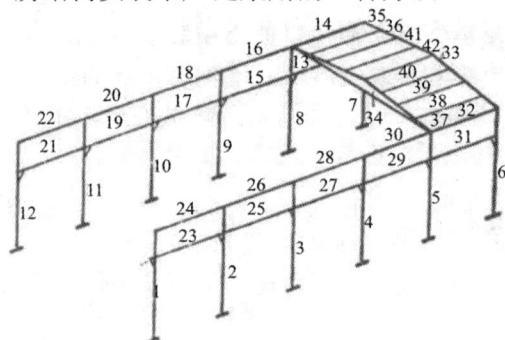

图 5.5　分件安装时构件的吊装顺序

2) 综合安装法

综合安装法是起重机在厂房内一次开行中(即每移动一次)就安装完一个节间内的各种类型的构件。该方法以每节间为单元，进行一次性安装。综合安装时构件的吊装顺序如图 5.6 所示，即先安装 4～6 根柱子，并加以校正和最后固定；随后吊装这个节间内的吊车梁、连系梁、屋架、天窗架和屋面板等构件。一个节间的全部构件安装完后，起重机移至下一节间进行安装，直至整个厂房结构吊装完毕。

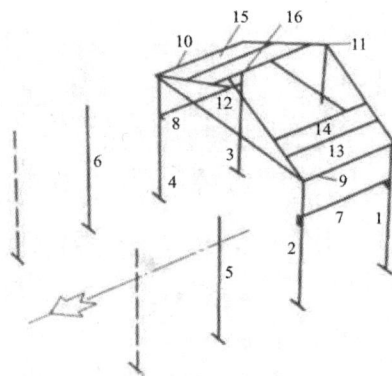

图 5.6　综合安装时构件的吊装顺序

综合安装法的优点是：起重机开行路线短，停机点少，能实现持续作业；一个节间吊装完成后，后续工种即可进入节间内工作，使得各工种可以进行交叉平行流水作业，有助于缩短工期。

综合安装法的缺点是：由于需要同时安装不同类型的构件，因此需要更换不同的索具，导致安装速度较慢；同时，这也使得构件供应紧张，现场平面布置变得复杂；此外，构件的校正困难，最后固定时间紧迫。综合安装法需要进行周密的安排和布置，施工现场需要很强的组织能力和管理水平，因此目前这种方法很少被采用。

只有在吊装某些特殊结构(如门架式结构)或采用某些移动困难的起重机(如桅杆式起重机)时，才会采用综合安装法。

3. 起重机的选用

一般钢筋混凝土单层工业厂房结构的吊装多采用履带式、汽车式、轮胎式起重机。在没有这些起重机的情况下，也可采用桅杆式起重机等。起重机型号的选择取决于三个主要工作参数：起重量、起重高度和起重半径。这三个参数均需满足结构安装的要求。

(1) 起重量 Q。起重机的起重量必须大于或等于所吊装构件的重量与索具的重量之和，即

$$Q \geqslant Q_1 + Q_2$$

式中：Q——起重机的起重量(t)；

Q_1——构件的重量(t)；

Q_2——索具的重量(t)。

(2) 起重高度 H。起重机的起重高度(如图 5.7 所示)必须满足所吊装构件的高度要求，即

$$H \geqslant h_1 + h_2 + h_3 + h_4$$

式中：H——起重机的起重高度(m)，从停机面算起至吊钩中心；

　　　h_1——安装支座表面高度(m)，从停机面算起；

　　　h_2——安装空隙，一般不小于 0.3 m；

　　　h_3——绑扎点至所吊装构件底面的距离(m)；

　　　h_4——索具高度(m)，自绑扎点至吊钩中心，视具体情况而定。

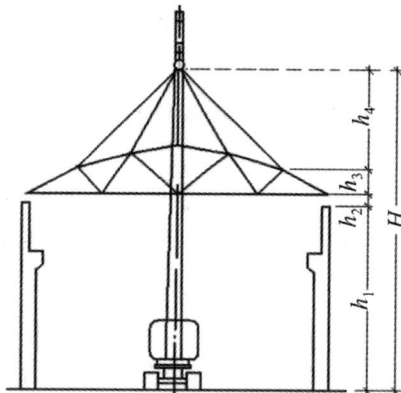

图 5.7　起重机的起重高度

(3) 起重半径。当起重机可以不受限制地开到所吊装构件附近进行吊装时，可不计算起重半径。但当起重机受限制不能靠近吊装位置进行吊装时，则应计算起重机的起重半径，确保在起重半径为一定值时的起重量与起重高度能满足吊装构件的要求，即要保证构件安装的位置在起重机的作业范围内。

(4) 最小杆长。当起重机的起重杆需要跨过已安装好的结构进行构件吊装(比如跨过屋架安装屋面板)时，为了不与屋架相碰，必须计算出起重机的最小杆长。这个杆长必须满足安装的要求。

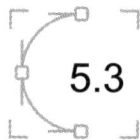

5.3　多层装配式框架结构安装

1. 结构简介

装配式钢筋混凝土框架结构已经广泛用于多层、高层民用建筑和多层工业厂房中。这种结构的全部构件均在工厂或现场预制，然后进行安装。装配式框架是指柱、梁、板均由装配式构件构成的结构体系，而装配整体式框架则是指由现浇柱、预制梁和板组合而成的结构体系。装配式框架柱的长度可为一层楼高，亦可为二层、三层或四层楼高，主要取决于起重机械的起重能力。条件允许时，应尽量加大柱子长度，以减少柱子接头数量，提高安装效率。

装配式框架结构主要分为梁板式结构和无梁式结构两种。

(1) 梁板式结构由柱、主梁、次梁、楼板组成。主梁大多沿横向框架方向布置，而次梁则沿纵向布置。有的结构采用梁柱整体式构件。柱与柱的接头通常设在弯矩较小的地方，或者梁柱节点处。

(2) 无梁式结构由柱、柱帽、柱间板和跨间板组成。跨间板搁置在柱间板上，柱间板又搁置在柱帽的凹缘上，而柱帽则支承在有四面牛腿的柱子上。近年来，无梁式结构常被做成升板结构进行升板施工。

2. 安装方案

装配式框架结构施工的主导工程是结构安装工程。施工前，需要根据建筑物的结构形式、构件的安装高度、构件的重量、吊装工程量、工期、机械设备条件及现场环境等因素，

制订合理的施工方案。

1) 起重机的选择

选择起重机时，主要根据装配式框架结构的高度、结构类型、构件重量及工程量等因素来确定。对于 5 层以下的民用建筑及高度在 18 m 以下的工业厂房，可选用履带式起重机或轮胎式起重机；一般多层工业厂房和 10 层以下的民用建筑多采用轨道式塔式起重机；对于高层建筑(10 层以上)，在普通塔式起重机无法满足需求的情况下，可采用爬升式塔式起重机或附着式塔式起重机。

选择起重机时，主要看起重机的工作参数，即起重量 Q、起重半径 R、起重高度 H。这些参数必须满足构件吊装的要求。起重机的选择可参考 5.2 节的阐述。

起重机的起重能力有时也用重力矩 M 来表示，$M = Q_j R_j$ (kN·m)，其中 Q_j 表示第 j 层的重量，R_j 表示第 j 层的起吊半径。在选择起重机的型号时，首先需要计算出最高一层的各主要构件的重量以及需要达到的起重半径，然后根据所需要的最大起重力矩和最大起重高度来选择合适的起重机。

2) 结构安装方法

多层装配式框架结构的安装方法与单层装配式混凝土结构工业厂房的安装方法相同，可分为分件安装法和综合安装法两种。

根据流水方式的不同，分件安装法分为分层分段流水安装法和分层大流水安装法两种。分层分段流水安装法是以一个楼层(或一个柱节)为一个施工层，每个施工层再划分为若干个施工段，进行构件起吊、校正、定位、焊接、接头灌浆等工序的流水作业。分层大流水安装法与分层分段流水安装法的不同之处在于，采用分层大流水安装法时，每个施工层不再划分施工段，而是按照一个楼层组织各工序进行流水作业。

选择分层分段流水安装法还是分层大流水安装法，要根据工地现场的具体情况(如施工现场的场地条件、各安装构件的装备情况等)来确定。

3. 柱的吊装

柱的吊装可分为绑扎、吊升、就位、临时固定、校正、最后固定、柱接头施工等几个步骤。

12 m 长以内的柱子多采用一点绑扎；12～20 m 长的柱子则需要采用两点绑扎；对于重量较大和更长的柱子，可采用三点或者多点绑扎。采用多点绑扎时，一定要进行吊装验算，以防止构件在吊装过程中受力不均而产生裂缝，甚至断裂。

在柱子起吊过程中，一定要保护好柱子底部的外伸钢筋。一般可以事先套上钢管三脚架或者垫木，以达到保护外伸钢筋的目的。采用一点绑扎的 12 m 长以内的柱子，一般采用旋转法起吊；采用两点、三点或者多点绑扎的柱子，起吊时一定要注意柱子的朝向。

框架底层柱子与基础杯口的连接方式与单层工业厂房中的连接方式相同。柱子吊装后，可以用管式支撑进行临时固定。临时固定后，需要对柱子进行校正，一般需要校正 2～3 次。首次校正在脱钩后、电焊前进行，以保证柱子摆放在已经放样定位的位置上。第二、第三次校正主要纠正电焊过程中钢筋受热收缩不均而引起的偏差，确保梁和楼板能够无偏差地吊装。柱子的垂直度校正首先要保证下节柱子的垂直度校正准确，以避免误差积累，一般可以用经纬仪观测进行垂直度校正。

柱子接头有榫式接头、插入式接头和浆锚式接头三种，如图 5.8 所示。

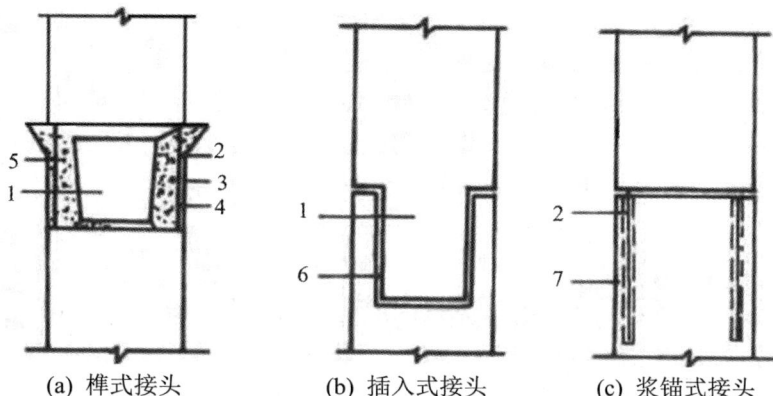

(a) 榫式接头　　　　(b) 插入式接头　　　　(c) 浆锚式接头

1—榫头；2—上柱外伸钢筋；3—剖口焊；4—下柱外伸钢筋；5—后浇接头混凝土；

6—下柱杯口；7—下柱预留孔。

图 5.8　柱子接头的形式

(1) 榫式接头：将上柱的下端混凝土做成榫头状，以承受施工荷载。上柱和下柱的外露钢筋的受力筋采用剖口焊进行焊接，再配置一些箍筋，最后浇筑接头混凝土以形成整体。待接头混凝土强度达到设计强度的 70%后，再吊装上层构件。

(2) 插入式接头：将上柱做成榫头状，下柱顶部做成杯口状，上柱插入杯口后用水泥砂浆灌筑填实。接头处灌浆的方法有压力灌浆和自重挤浆两种。

(3) 浆锚式接头：将上柱伸出的钢筋插入下柱的预留孔中，然后用水泥砂浆灌缝锚固上柱钢筋，使上、下柱形成一个整体。浆锚式接头可采用后灌浆和压浆两种工艺。

4．构件接头施工

构件的接头主要是梁与柱之间的接头，常用的有明牛腿式刚性接头、齿槽式接头、浇注整体式接头等，如图 5.9 所示。

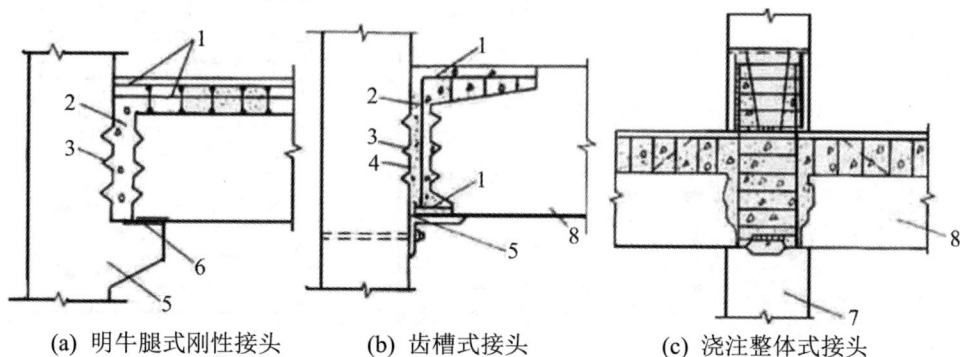

(a) 明牛腿式刚性接头　　(b) 齿槽式接头　　(c) 浇注整体式接头

1—剖口焊钢筋；2—浇捣细石混凝土；3—齿槽；4—附加钢筋；5—牛腿；

6—垫板；7—柱；8—梁。

图 5.9　梁与柱的接头

(1) 明牛腿式刚性接头。梁吊装后，只需将梁端预埋钢板与柱子牛腿上的预埋钢板进行焊接，起重机即可脱钩。最后进行梁与柱子的焊接。明牛腿式刚性接头安装方便，节点刚度大，受力可靠，但明牛腿会占用一部分空间。

(2) 齿槽式接头。齿槽式接头利用梁和柱接头处设置的齿槽来传递梁端剪力,以替代牛腿。梁和柱接头处设置角钢作为临时支撑,用于支撑梁。起重机脱钩时,须先将梁一端的上部接头钢筋焊接好,因为角钢支承面积小,安全性较低。

(3) 浇注整体式接头。浇注整体式接头的制作过程为:以每一层为一节,将梁搁置在柱子上,梁底钢筋按锚固长度的要求上弯或焊接,配上箍筋后,浇筑混凝土至楼面板。待混凝土强度达到设计要求后,可以安装和制作上节柱子,以此类推。

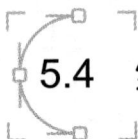

5.4 结构安装工程的质量标准与安全技术要求

1. 钢筋混凝土结构安装质量要求

预应力构件安装时,混凝土强度必须达到设计强度的 75% 以上,有的甚至要达到 100%。预应力构件孔道灌浆的强度达到 15 MPa 以上时,方可进行构件安装。在吊装装配式框架结构时,接头或接缝的混凝土强度必须达到 10 MPa 以上,方可吊装上一层结构的构件。

安装构件时,必须按照绑扎、吊升、就位、柱的临时固定、校正、最后固定、柱接头施工的顺序进行,以保证构件安装的质量。构件的安装必须具有一定的精度,确保安装在允许的偏差范围内。构件安装时的允许偏差见表 5.7。

表 5.7 构件安装时的允许偏差

项目	名　　称			允许偏差/mm
1	杯形基础	中心线对轴线的位移		10
		杯底标高		−10
2	柱	中心线对轴线的位移		5
		上下柱连接中心线的位移		3
		垂直度	≤5 m	5
			>5 m	10
			≥10 m 且多节	高度的 1%
		牛腿顶面和柱顶标高	≤5 m	−5
			>5 m	−8
3	梁或吊车梁	中心线对轴线的位移		5
		梁顶标高		−5
4	屋架	下弦中心线对轴线的位移		5
		垂直度	桁架	屋架高的 1/250
			薄腹梁	5
5	天窗架	构件中心线对定位轴线的位移		5
		垂直度(天窗架高)		1/300

续表

项目	名　　称		允许偏差/mm
6	板 相邻两板板底平整	抹灰	5
		不抹灰	3
7	墙板	中心线对轴线的位移	3
		垂直度	3
		每层山墙倾斜	2
		整个高度垂直度	10

2. 结构安装工程的安全技术要求

在结构安装工程的施工过程中，安全施工的措施非常重要。安全问题可以简单归纳为人和管理两方面。人的问题主要表现在安全意识和施工过程中的行为规范上。管理方面的问题则涵盖广泛，简而言之，包括施工过程中所有可能的问题。例如，人的安全意识和施工作业规范的问题，实际上都反映了管理上的不到位。我们这里所说的管理问题，主要表现为对起重机械设备的管理以及对施工现场环境的管理。

1) 人员的安全要求

人员主要指项目经理、施工技术负责人、作业队长、班组长、现场施工人员、技术人员、安全员、操作人员等。

安全员的主要安全职责和要求如下：

(1) 负责安全生产管理和监督检查工作。

(2) 贯彻执行劳动保护法规。

(3) 督促实施各项安全技术措施。

(4) 开展安全生产宣传教育和职工培训工作。

(5) 组织安全生产检查，研究和解决施工生产中的不安全因素，消除存在的隐患。

(6) 参加事故调查，提出事故处理意见，制止违章作业，遇有险情时有权制止施工。

操作人员的安全要求如下：

(1) 安装工作人员要进行身体检查，对不符合规范要求的心脏病或高血压患者，不得安排进行高空作业。

(2) 操作人员进入施工现场，必须佩戴安全帽，系好安全带等防护器械。

(3) 电焊作业人员必须穿戴好防护用品，包括防护罩。

(4) 结构安装时，施工现场必须统一指挥，所有作业人员都要服从指挥，并熟悉各种信号。

一个项目的主要安全责任人是项目经理，项目经理必须认真对待安全问题，做好职工的安全教育和培训工作。

2) 起重吊装机械的安全要求

起重吊装机械的安全要求如下：

(1) 起重机在吊装前，要检查起重臂、吊钩、钢丝绳等部件是否紧密牢固。吊钩、卡环出现变形或裂纹时，不得再使用。吊装所用的钢丝绳，必须事先认真检查，如表面磨损或腐蚀严重，不得使用。

(2) 起重机在工作时，应设置醒目的标志。作业时，严禁碰撞高压电线等障碍物。

(3) 起重机负重行驶时，必须缓慢进行，严禁在超负荷状态下同时进行两种操作动作。

(4) 操作人员必须按照起重机的作业手册进行操作，不得违章作业。

3. 施工现场的安全要求

施工现场的安全要求如下：

(1) 在施工作业前，应对现场的工作环境、车辆行驶的路线、空中的电线走向、建筑物的影响以及构件的重量等进行了解和熟悉。

(2) 施工现场的周围应设置临时栏杆，进行封闭式作业。严禁外来人员围观，更不得在作业时允许行人从吊臂下经过。

(3) 应清除吊臂活动范围内的障碍物，为起重机提供一个足够的作业区域。

(4) 在天气恶劣的情况下，严禁进行吊装作业，特别是大风、大雾、大雨、大雪等天气。在雨季和冬季施工时，必须注意采取防滑措施。

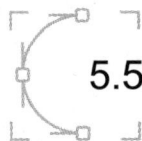

5.5 工程实践案例

【案例 5.1】 某厂金工车间的跨度 18 m，长 54 m，柱距 6 m，共有 9 个节间，建筑面积为 1002.36 m²。主要承重结构采用装配式钢筋混凝土工字形柱、预应力混凝土折线形屋架、1.5 m × 6 m 大型屋面板和 T 形吊车梁。车间平面位置如图 5.10 所示。

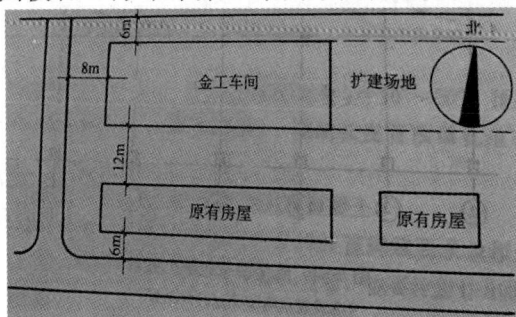

图 5.10 车间平面位置图

车间的结构平面图和剖面图如图 5.11 所示，杯基杯底标高为 −1.25 m。

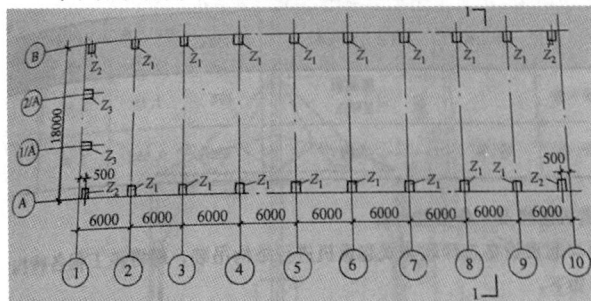

(a) 结构平面图

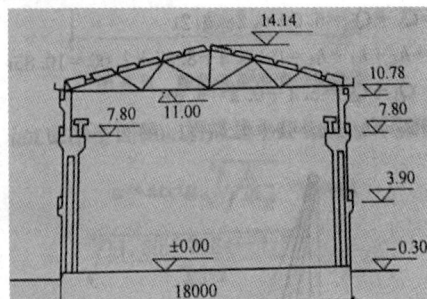

(b) 剖面图

图 5.11 某厂金工车间的结构平面图和剖面图

制订安装方案前，应先熟悉施工图，了解设计意图，并分别计算出主要构件的数量、重量、长度和安装标高，然后将其列于表 5.8 中，以便在计算时查阅。

表 5.8　车间主要构件一览表

项次	跨度	轴线	构件名称及编号	构件数量	构件质量/t	构件长度/m	安装标高/m
1	Ⓐ～Ⓑ	Ⓐ、Ⓑ	基础梁 YJL	18	1.13	5.97	
2	Ⓐ～Ⓑ	Ⓐ、Ⓑ ②～⑨ ①～② ⑨～⑩	连系梁 YLL$_1$ YLL$_2$	42 12	0.79 0.73	5.97 5.97	+3.90 +7.80 +10.78
3	Ⓐ～Ⓑ	Ⓐ、Ⓑ ②～⑨ ①、⑩ Ⓐ①Ⓐ Ⓐ②Ⓐ	柱 Z$_1$ Z$_2$ Z$_3$	16 4 2	6.00 6.00 5.4	12.25 12.25 14.4	-1.25 -1.25
4	Ⓐ～Ⓑ		屋架 YWJ$_{18\text{-}1}$	10	4.28	17.70	+11.00
5	Ⓐ～Ⓑ	Ⓐ、Ⓑ ②～⑨ ①～② ⑨～⑩	吊车梁 DCL$_{6\text{-}4}$Z DCL$_{6\text{-}4}$B	14 4	3.38 3.38	5.97 5.97	+7.80 +7.80
6	Ⓐ～Ⓑ		屋面板 YWB$_1$	108	1.10	5.97	+13.90
7	Ⓐ～Ⓑ	Ⓐ、Ⓑ	天沟	18	0.653	5.97	+11.00

1. 起重机的选择及工作参数计算

根据厂房的基本概况及现有的起重设备条件，初步选用 W1-100 型履带式起重机进行结构吊装。主要构件的吊装参数计算如下。

(1) 柱。柱子采用一点绑扎斜吊法吊装，柱起重高度计算简图如图 5.12 所示。

柱 Z$_1$ 的起重量为

$$Q = Q_1 + Q_2 = 6.0 + 0.2 = 6.2 \text{ t}$$

柱 Z$_1$ 的起重高度为

$$H = h_1 + h_2 + h_3 + h_4 = 0 + 0.3 + 8.55 + 2.0 = 10.85 \text{ m}$$

柱 Z$_3$ 的起重量为

$$Q = Q_1 + Q_2 = 5.4 + 0.2 = 5.6 \text{ t}$$

柱 Z$_3$ 的起重高度为

$$H = h_1 + h_2 + h_3 + h_4 = 0 + 0.30 + 11.0 + 2.0 = 13.30 \text{ m}$$

(2) 屋架。屋架起重高度计算简图如图 5.13 所示。

吊装屋架时，起重量为

$$Q = Q_1 + Q_2 = 4.28 + 0.2 = 4.48 \text{ t}$$

起重高度为

$$H = h_1 + h_2 + h_3 + h_4 = 11.3 + 0.3 + 1.14 + 6.0 = 18.74 \text{ m}$$

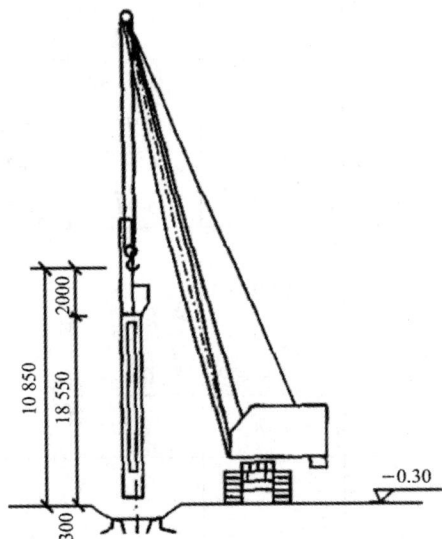

图 5.12 柱起重高度计算简图

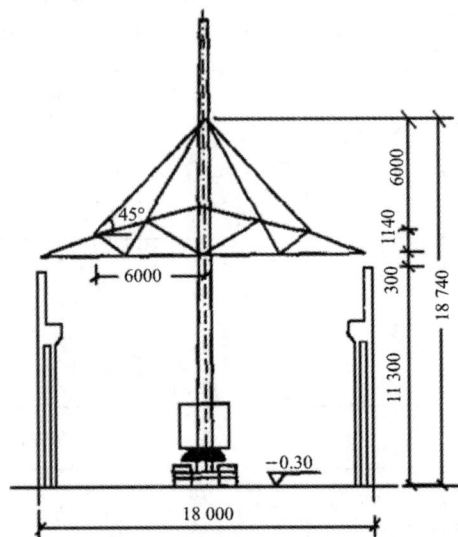

图 5.13 屋架起重高度计算简图

(3) 屋面板。吊装跨中屋面板时，起重量为

$$Q = Q_1 + Q_2 = 1.1 + 0.2 = 1.3 \text{ t}$$

起重高度为

$$\begin{aligned} H &= h_1 + h_2 + h_3 + h_4 \\ &= 11.30 + 2.64 + 0.3 + 0.24 + 2.5 \\ &= 16.98 \text{ m} \end{aligned}$$

安装屋面板时，起重机吊钩需跨过已安装的屋架 3m，并且起重臂轴线与已安装屋架上弦中线之间至少需要保持 1 m 的水平间隙。因此，起重机的起重仰角 α 和最小起重臂长度 L 分别为

$$\alpha = \arctan \sqrt[3]{\frac{h}{f+g}} = \arctan \sqrt[3]{\frac{11.30 + 2.64 - 1.70}{3+1}} = 55°\ 25'$$

$$L = \frac{h}{\sin\alpha} + \frac{f+g}{\cos\alpha} = \frac{12.24}{\sin 55°25'} + \frac{4.00}{\cos 55°25'} = 21.95 \text{ m}$$

根据上述计算，选用 W1-100 型履带式起重机吊装屋面板，起重臂长 L 取 23 m，起重仰角 α 取 55°，再对起重高度进行核算。假定起重机顶端至吊钩的距离 d 为 3.5 m，则实际的起重高度为

$$H = L\sin 55° + E - d = 23\sin 55° + 1.7 - 3.5 = 17.04 \text{ m} > 16.98 \text{ m}$$

即 $d = 23\sin55° + 1.7 - 16.98 = 3.56$ m，满足要求。此时，起重机吊板的起重半径为
$$R = F + L\cos\alpha = 1.3 + 23\cos55° = 14.49 \text{ m}$$

再以选定的起重臂($L = 23$ m)及起重仰角($\alpha = 55°$)用作图法复核吊装最边缘一块屋面板能否满足要求。

屋面板吊装工作参数计算简图及屋面板的排放布置图如图 5.14 所示。

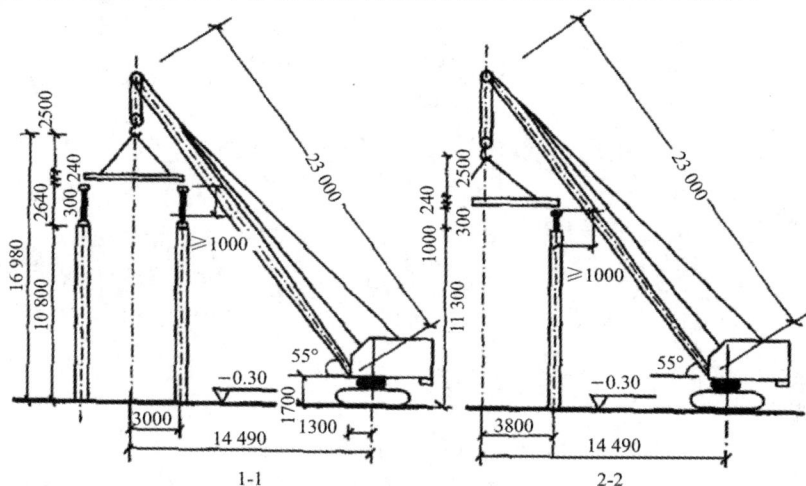

(a) 屋面板吊装工作参数计算简图

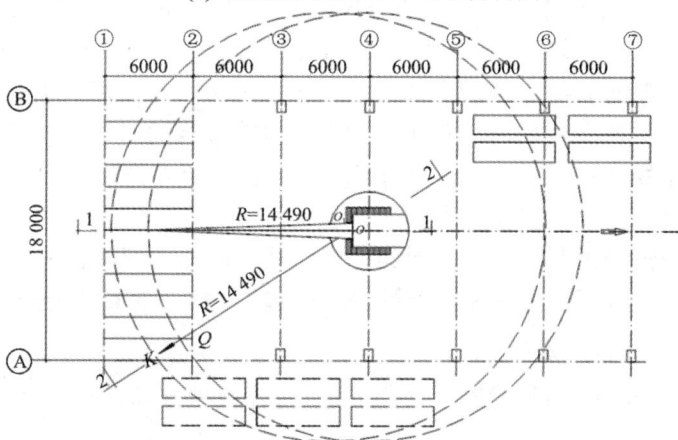

(b) 屋面板的排放布置图

图 5.14　屋面板吊装工作参数计算简图及屋面板的排放布置图

根据以上各种工作参数的计算结果，确定选用起重臂的长度为 23 m。并查阅 W1-100 型起重机的性能表，将相关数据列出，如表 5.9 所示。

表 5.9　结构吊装工作参数表

构件名称	柱 Z_1			柱 Z_3			屋　架			屋　面　板		
吊装工作参数	Q/t	H/m	R/m	Q/t	H/m	R/m	Q/t	H/m	R/m	Q/t	H/m	R/m
计算所需工作参数	6.2	10.85	—	5.6	13.3	—	4.48	18.74	—	1.3	16.94	—
采用数值	7.2	19.0	7.0	6.0	19.0	8.0	4.9	19.0	9.0	2.3	17.3	14.49

2. 结构安装方法及起重机的开行路线

采用分件安装法进行安装。吊柱时，由于 $R = 7$ m，故需跨边开行，每一停机点安装一根柱子。屋盖吊装则沿跨中开行。具体布置图如图 5.15 所示。

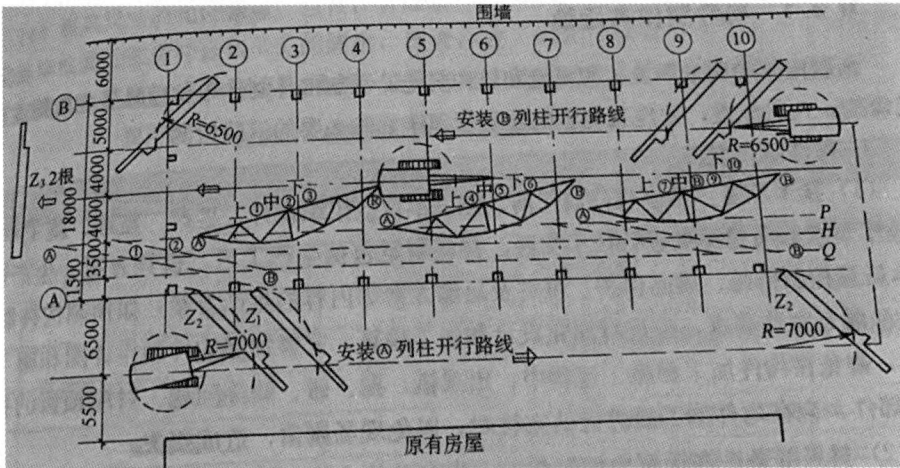

图 5.15　金工车间预制构件平面布置图

起重机自Ⓐ轴线跨外进场，自西向东逐根安装Ⓐ轴柱列，开行路线距Ⓐ轴 6.5 m，距原有房屋 5.5 m，此距离大于起重机回转中心至尾部的距离 3.2 m，因此回转时不会碰墙。Ⓐ轴柱列安装完毕后，起重机转入跨内，自东向西安装Ⓑ轴柱列。由于柱子在跨内预制且场地狭窄，安装时应适当缩小回转半径，取 $R = 6.5$ m。此时，开行路线距 B 轴线 5 m，距跨中 4 m，均大于 3.2 m，因此回转时起重机尾部不会碰撞叠浇的屋架。屋架的预制均布置在跨中轴线以南。吊完Ⓑ轴柱列后，起重机自西向东扶直屋架并使屋架就位，然后转向安装Ⓐ轴吊车梁、连系梁，接着安装Ⓑ轴吊车梁、连系梁。

起重机自东向西沿跨中开行，安装屋架、屋面板及屋面支撑等。在安装①轴线的屋架前，应先安装西端头的两根抗风柱和屋面板，之后起重机即可拆除起重杆并退场。

3. 现场预制构件平面布置

(1) Ⓐ轴柱列：由于跨外场地较宽，因此采取跨外预制方式，并使用三点共弧的安装方法进行布置。

(2) Ⓑ轴柱列：因距围墙较近，只能在跨内预制。由于场地狭窄，不能使用三点共弧斜向布置，因此采用两点共弧的方法进行布置。

(3) 屋架：采用正面斜向布置方式，每 3～4 榀为一叠，并靠Ⓐ轴线斜向就位。

本 章 小 结

结构安装工程是建筑工程施工中的重点和难点。在工程施工过程中，结构安装工程占据着举足轻重的地位。本章的主要内容包括：各种起重机械的类型及主要技术性能，尤其是一些常用起重机械的特点；单层装配式混凝土结构工业厂房的安装方法；多层装配式框架结构的安装流程；结构安装工程的质量标准和安全技术要求。

复习思考题

1. 常用的起重机械有哪些？试说明它们各自的优缺点。
2. 常用的索具设备有哪些？
3. 桅杆式起重机有哪几种类型？说明它们各自有什么特点？
4. 试述起重机的起重高度、起重半径、起重量之间的关系。
5. 比较履带式、汽车式、轮胎式起重机的异同点。
6. 简述塔式起重机的用途以及分类的情况。
7. 构件安装前为何需要进行弹线放样？应如何进行？
8. 构件安装前需要进行哪些方面的检查？为何需要进行这些检查和清理工作？
9. 杯形基础准备前的工作主要包括哪些？
10. 构件堆放的原则是什么？试解释其理由。
11. 单层工业厂房结构的安装方法有哪两种？简述它们各自的优缺点及实施过程。
12. 如何选择用于起重构件的起重机？
13. 多层装配式框架结构的形式主要包括哪几种？
14. 试述柱子吊装的具体过程。

第 6 章　防水工程施工

📓 **学习要求**

1. 了解防水工程的相关基本知识和技术术语。
2. 熟悉防水工程节点细部做法、防水工程施工对防水材料的要求及新型防水材料的特性。
3. 掌握地下防水工程结构自防水、卷材防水的主要施工方法和施工要点。
4. 掌握屋面防水工程卷材防水、刚性防水的施工方法和主要技术措施。

　　建筑工程防水是建筑产品的一项重要功能，它关系到建筑物的使用寿命、使用环境和卫生条件，同时也影响着人们的生产活动、工作及生活质量。防水工程在建筑施工中属于关键项目和隐蔽工程，对于保证工程质量具有重要作用。近年来，新型防水材料及其应用技术发展迅速，正朝着由多层向单层、由热施工向冷施工、由适用范围单一向广泛适用的方向发展。

　　在工业与民用建筑的防水工程中，主要防水部位包括屋面与地下室两大部分。实现防而不渗不漏的防水效果一直是建筑业难以解决的问题，因为它不仅与建筑物的设计结构、施工质量、工艺水平有关，还与防水材料等诸多因素有关。但随着近年来化工材料质量的提高，外掺剂的出现，以及刚柔相济、综合治理的设防理念的提出，防水工程的质量及设防效果得到了显著提高。工程实践表明，防水工程的施工质量是保证防水工程质量与效果的关键环节。因此，在防水工程施工中，必须严格把好质量关，切实保证防水工程质量。

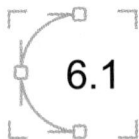

6.1　防 水 材 料

　　防水材料是防水工程的物质基础，是防止建筑物与构筑物受到雨水侵入、地下水等水分渗透的主要屏障，其优劣对防水工程的影响极大。建筑防水工程的质量涉及勘察、设计、选材、施工、维护和管理等诸多环节，而在这一系列环节中，恰当选材、精心施工、定期维护、重视管理是提高防水工程质量、延长防水工程使用寿命的关键所在。

6.1.1　卷材防水材料

　　防水卷材是建筑防水材料的主要品种之一，应用广泛，其数量占我国整个防水材料的90%。按材料组成的不同，防水卷材分为沥青防水卷材、高聚物改性沥青防水卷材和合成高分子防水卷材三个系列，包含几十个品种规格。

1. 沥青防水卷材

沥青防水卷材是用原纸、纤维织物、纤维毡等胎体材料浸涂沥青，表面撒布粉状、粒状或片状材料制成的可卷曲的片状防水材料。按胎体材料的不同，沥青防水卷材分为三类，即纸胎油毡、纤维胎油毡和特殊胎油毡。由于沥青防水卷材价格低廉，具有一定的防水性能，因此应用较广泛。

2. 高聚物改性沥青防水卷材

由于沥青防水卷材含蜡量高、延伸率低、温度敏感性强，它在高温下易流淌，在低温下易脆裂和龟裂。因此，只有对沥青进行改性处理，提高其拉伸强度、延伸率、在温度变化下的稳定性以及抗老化等性能，才能使其满足建筑防水材料的要求。

目前，沥青的改性方法主要有：采用合成高分子聚合物进行改性、沥青催化氧化、沥青的乳化等。经过改性后的沥青制成的卷材被称为改性沥青防水卷材。

合成高分子聚合物(简称高聚物)改性沥青防水卷材包括 SBS 改性沥青防水卷材、APP改性沥青防水卷材、PVC 改性焦油沥青防水卷材、再生胶改性沥青防水卷材以及其他改性沥青防水卷材等。下面将主要介绍 SBS 改性沥青防水卷材和 APP 改性沥青防水卷材。高聚物改性沥青防水卷材的特点及适用范围详见表 6.1，其外观质量应符合表 6.2 的规定。

表 6.1　高聚物改性沥青防水卷材的特点及适用范围

卷材名称	特　点	适用范围	施工工艺
SBS 改性沥青防水卷材	耐高、低温性能有明显提高，卷材的弹性和耐疲劳性明显改善	单层铺设的屋面防水工程或复合使用	冷施工或热熔铺贴
APP 改性沥青防水卷材	有良好的强度、延伸性、耐热性、耐紫外线照射及耐老化性能	单层铺设，适合于紫外线辐射强烈及炎热地区屋面使用	热熔法或冷粘法铺贴
PVC 改性焦油沥青防水卷材	有良好的耐热及耐低温性能，最低开卷温度为 −18℃	适用于冬季负温下施工	可热作业，也可冷作业
再生胶改性沥青防水卷材	有一定的延伸性，且低温柔性较好，有一定的防腐蚀能力，价格低廉，属于低档防水卷材	适用于变形较大或档次较低的屋面防水工程	热沥青粘贴

表 6.2　高聚物改性沥青防水卷材的外观质量

项　目	质　量　要　求
孔洞、缺边、裂口	不允许
边缘不整齐	不超过 10 mm
胎体露白、未浸透	不允许
撒布材料粒度、颜色	均匀
每卷卷材的接头	每卷不超过 1 处，较短一段的长度不应小于 1000 mm，接头处应加长 150 mm

(1) SBS 改性沥青防水卷材是以聚酯纤维无纺布为胎体，以 SBS 橡胶改性石油沥青为浸渍涂盖层，以塑料薄膜为防粘隔离层，经多道工艺加工而成的一种防水卷材。它属于弹性体防水卷材，具有良好的弹性、耐疲劳性、耐高温、耐低温、耐老化等性能，既可用冷粘贴施工，又可用热熔铺贴施工，适应性广，各季节均可施工。它是一种技术效果好的中、低档新型防水材料，适用于各类建筑防水、防潮工程，尤其适用于寒冷地区和结构变形频繁的建筑防水工程。

(2) APP 改性沥青防水卷材是以聚酯毡或玻纤毡为胎基，以无规聚丙烯(APP)或聚烯烃类聚合物(APAO、APO)作为改性剂制成的改性沥青为浸涂层，两面覆以隔离材料制成的防水卷材。它具有抗拉强度高、延伸率大、耐热性和抗老化性能良好等特点，且施工简单、无污染，适用于屋面、厕浴间、地下工程等各部位的防水，特别是炎热地区的建筑物防水。

3. 合成高分子防水卷材

合成高分子防水卷材是以合成橡胶、合成树脂或二者的共混材料为主要原料，掺入适量的稳定剂、促进剂、改进剂等化学助剂及填料，经过混炼、压延或挤出等工序加工而成的可卷曲片状防水材料。

合成高分子防水卷材有多个品种，包括三元乙丙橡胶防水卷材、丁基橡胶防水卷材、氯化聚乙烯防水卷材、氯磺化聚乙烯防水卷材、聚氯乙烯防水卷材等。这些卷材的性能差异较大，堆放时需按不同品种的标号、规格、等级分别放置，以避免混乱而造成错用事故。

合成高分子防水卷材的特点及适用范围见表 6.3，其外观质量应符合表 6.4 的规定。

表 6.3　合成高分子防水卷材的特点及适用范围

卷材名称	特　点	适用范围	施工工艺
三元乙丙橡胶防水卷材	防水性能优异，耐候性、耐臭氧性、耐化学腐蚀性佳，弹性和抗拉强度大，对基层变形开裂的适应性强，质量轻，使用温度范围宽，使用寿命长，但价格高，黏结材料尚需配套完善	屋面防水技术要求较高、防水层耐用年限要求长的工业与民用建筑，单层或复合使用	冷粘法或自粘法施工
丁基橡胶防水卷材	有较好的耐候性、抗拉强度和延伸率，其耐低温性能稍低于三元乙丙橡胶防水卷材的耐低温性能	单层或复合使用于要求较高的屋面防水工程	冷粘法施工
氯化聚乙烯防水卷材	具有良好的耐候、耐臭氧、耐热老化、耐油、耐化学腐蚀及抗撕裂的性能	单层或复合使用，宜用于紫外线强的炎热地区	冷粘法施工
氯磺化聚乙烯防水卷材	延伸率较大，弹性较好，对基层变形开裂的适应性较强，耐高、低温性能好，耐腐蚀性能优良，有很好的难燃性	适合于有腐蚀介质影响及在寒冷地区的屋面工程	冷粘法施工
聚氯乙烯防水卷材	具有较高的拉伸和撕裂强度，延伸率较大，耐老化性能好，原材料丰富，价格便宜，容易黏结	单层或复合使用于外露或有保护层的屋面防水	冷粘法或热风焊接法施工

表 6.4　合成高分子防水卷材的外观质量

项　目	质　量　要　求
折痕	每卷不超过 2 处，总长度不超过 20 mm
杂质	不允许有大于 0.5 mm 颗粒，每 1 m² 不超过 9 mm²
胶块	每卷不超过 6 处，每处面积不大于 4 mm²
凹痕	每卷不超过 6 处，深度不超过本身厚度的 30%，树脂类深度不超过 15%
每卷卷材的接头	橡胶类每 20 m 不超过 1 处，较短一段的长度不应小于 3000 mm，接头处应加长 150 mm；树脂类在 20 m 长度内不允许有接头

6.1.2　涂膜防水材料

防水涂料是一种在常温下呈黏稠状液体的高分子合成材料，涂刷在基层表面后，经过溶剂的挥发、水分的蒸发或各组分间的化学反应，会形成坚韧的防水膜，起到防水、防潮的作用。

涂膜防水层完整、无接缝、自重轻、施工简单方便、易于修补，且使用寿命长。若防水涂料配合密封灌缝材料一起使用，则可增强防水性能，有效防止渗漏水，延长防水层的耐用期限。

按液态组分的不同，防水涂料分为单组分防水涂料和双组分防水涂料两类。其中，单组分防水涂料按液态类型的不同，又可分为溶剂型防水涂料和水乳型防水涂料两种，而双组分防水涂料则属于反应型防水涂料。溶剂型、水乳型、反应型防水涂料的性能特点见表 6.5。

表 6.5　溶剂型、水乳型、反应型防水涂料的性能特点

名　称	性　能　特　点
溶剂型防水涂料	通过溶剂的挥发，高分子材料的分子链接触、搭接等过程而结膜； 涂层干燥快，结膜较薄且致密； 涂料储存的稳定性较好，应密封存放； 易燃、易爆、有毒，生产、运输和使用时应注意安全，特别注意防火； 溶剂苯有毒，对环境有污染，人体易受侵害，施工时，应注意通风，保证人身安全
水乳型防水涂料	通过水分蒸发，高分子材料固体微粒靠近、接触、变形等过程而结膜； 涂层干燥较慢，一次成膜的致密性较低； 储存期一般不宜超过半年； 无毒、不燃，生产、运输、使用比较安全； 施工较安全，操作简便，不污染环境，可在较为潮湿的找平层上施工，而不宜在 5℃以下的气温下施工
反应型防水涂料	通过高分子预聚物与固化剂等辅料发生化学反应而结膜； 可一次结成致密的、较厚的涂膜，几乎无收缩； 双组分涂料每组分需分开桶装且密封存放； 有异味，生产、运输、使用时应注意防火； 施工时需在现场按规定配方进行配料，搅拌应均匀，以保证施工质量，但价格较贵

按成膜物质主要成分的不同，防水涂料可分为沥青基防水涂料、高聚物改性沥青防水涂料和合成高分子防水涂料三大类。

(1) 沥青基防水涂料。沥青基防水涂料是以沥青为基料配制成的溶剂型或水乳型防水涂料，例如冷底子油、乳化沥青防水涂料等。这类防水涂料的各项性能指标相对较差，主要适用于Ⅲ、Ⅳ级防水等级的屋面，同时也适用于地下室、卫生间的防水工程。

(2) 高聚物改性沥青防水涂料。高聚物改性沥青防水涂料是以沥青为基料，通过添加合成橡胶、再生橡胶、SBS 等材料对沥青进行改性而制成的水乳型或溶剂型防水涂料。使用合成橡胶(如氯丁橡胶、丁基橡胶等)进行改性，可以改善沥青的气密性、耐化学腐蚀性、耐燃烧性、耐光性、耐候性等性能；使用再生橡胶进行改性，则能改善沥青的低温冷脆性、抗裂性，并增加其弹性；而使用 SBS 进行改性，则可以改善沥青的弹塑性、延伸性、耐老化、耐高温及耐低温性能等。高聚物改性沥青防水涂料主要包括氯丁橡胶沥青防水涂料(水乳型和溶剂型两类)、再生橡胶沥青防水涂料(水乳型和溶剂型两类)、SBS 改性沥青防水涂料等。

(3) 合成高分子防水涂料。合成高分子防水涂料是以合成橡胶或合成树脂为主要成膜物质，加入其他辅料配制而成的单组分或多组分防水涂料。它具有高弹性、优异的防水性能以及优良的耐高、低温性能。常用的合成高分子防水涂料包括聚氨酯防水涂料、丙烯酸酯防水涂料和有机硅防水涂料等品种。

6.1.3　密封材料

建筑密封材料用于填堵建筑物的施工缝、结构缝、板缝、门窗缝及各类节点处的接缝，以达到防水、防尘、保温、隔热、隔音等目的。这类材料应具备良好的弹塑性、黏接性、接注性、施工性、耐候性、延伸性、水密性、气密性，并能长期抵御外力(如拉伸、压缩、膨胀、振动等)的影响。

按形态的不同，建筑密封材料分为不定型密封材料和定型密封材料两大类。不定型密封材料呈黏稠状，如密封膏或嵌缝膏，将其嵌入缝中，具有良好的水密性、气密性、弹性、黏接性、耐老化性等特点，是建筑中常用的密封材料。定型密封材料则具有一定形状和尺寸，如密封条、密封带、密封垫等，供工程中特殊的密封部位使用。

按材质的不同，建筑密封材料分为改性沥青密封材料和合成高分子密封材料两大类。

1. 改性沥青密封材料

改性沥青密封材料是以沥青为基料，通过加入适量的合成高分子聚合物进行改性，再加入填充料和其他化学助剂配制而成的膏状密封材料。这类材料包括沥青嵌缝油膏和聚氯乙烯接缝油膏。

1) 沥青嵌缝油膏

沥青嵌缝油膏(简称油膏)是以石油沥青为基料，加入改性材料及填充料混合制成的冷用膏状材料，主要用于填嵌建筑物的防水接缝。

油膏按组成材料的不同分为沥青废橡胶防水嵌缝油膏和沥青桐油废橡胶防水嵌缝油膏两类。前者适用于预制混凝土屋面板或墙板等构件的板缝嵌填、地下工程等节点的防水密封处理，后者适用于各种混凝土屋面板或墙板等构件及地下工程的防水密封、补漏等。

2) 聚氯乙烯接缝油膏

聚氯乙烯接缝油膏是以聚氯乙烯树脂为基料，加入适量的改性材料及其他添加剂配制而成的一种弹塑性热施工的密封材料，简称 PVC 接缝材料。按工艺的不同，聚氯乙烯接缝油膏可分为热塑型(通常指聚氯乙烯胶泥)和热熔型(通常指塑料油膏)两类。

聚氯乙烯胶泥适用于各种坡度屋面防水工程，不但可灌缝密封，而且可以满涂屋面，还可以用于地下管道和厕浴间的密封防水。塑料油膏适用于混凝土屋面、外墙板等构件的接缝防水、补漏，也可作为涂料用于结构构件的防潮、防渗，还可作为黏结剂粘贴油毡等。

2. 合成高分子密封材料

合成高分子密封材料是以合成高分子材料为主体，加入适量的化学助剂、填充材料和着色剂，经过特定的生产工艺加工制成的膏状密封材料。这类材料具有良好的黏结性、弹性、耐候性、抗老化性，广泛用于建筑工程中。合成高分子密封材料包括水乳型丙烯酸建筑密封膏、氯硫化聚乙烯建筑密封膏、聚氨酯建筑密封膏、聚硫密封膏和有机硅橡胶密封膏等。

1) 水乳型丙烯酸建筑密封膏

水乳型丙烯酸建筑密封膏是以丙烯酸酯乳液为黏结剂，加入少量表面活性剂、增塑剂、改性剂以及填充料、颜料等配制而成的密封材料。

水乳型丙烯酸建筑密封膏在一般建筑基底(如混凝土、砖)上不产生污渍，并具有优良的抗紫外线性能，其拉伸强度高，伸长率大，在 -30℃～80℃ 的温度范围内均表现出良好的性能。它主要用于钢筋混凝土墙板、屋面板、楼板接缝处，穿墙、穿楼板的管道连接处，门窗框与墙体节点处，以及盥洗室的陶瓷器皿与墙体连接处等的密封和裂缝修补。

2) 氯硫化聚乙烯建筑密封膏

氯硫化聚乙烯建筑密封膏是以耐候性优异的氯硫化聚乙烯橡胶为主要原料，加入适量的助剂、填充剂，经过配料、塑炼、混炼、研磨等工艺加工制成的膏状密封材料。

氯硫化聚乙烯建筑密封膏属于高档密封材料，其黏结力强，弹性好，适应温度范围广(-40℃～85℃)，低温柔性好，抗紫外线能力强，耐湿热、耐气候老化能力强，且对多数金属材料具有良好的黏附能力。它适用于混凝土外墙板、玻璃屋顶、铝合金门窗等的嵌缝密封，也可用于卷材搭接和收头的防水密封。

3) 聚氨酯建筑密封膏

聚氨酯建筑密封膏是以异氰酸酯为基料，与含有活性氢化合物的固化剂组成的一种常温固化型弹性密封材料。

聚氨酯建筑密封膏的弹性、黏结性、大气稳定性等特别好，其延伸率、耐低温、耐水、耐油、耐腐蚀、耐疲劳等性能优异，使用时不需打底，适用于装配式建筑的屋面板、外墙板、楼板、阳台、窗框、卫生间等部位的接缝密封，也适用于混凝土建筑物变形缝的密封防水，以及储水池、游泳池、水塔等工程的接缝密封和混凝土裂缝的修补。

4) 聚硫密封膏

聚硫密封膏是以液态聚硫橡胶为基料，以金属过氧化物等为硫化剂的双组分型密封膏。基料和硫化剂可在常温下反应，生成弹性体。

聚硫密封膏属于高档密封材料，其黏结力强，弹性好，适应温度范围广(-40℃～95℃)，低温柔性好，抗紫外线能力强，耐湿热、耐气候老化能力强。它适用于门窗框四周、游泳池、储水池、地下室等部位的接缝密封。

5) 有机硅橡胶密封膏

有机硅橡胶密封膏分为单组分有机硅橡胶密封膏和双组分有机硅橡胶密封膏。目前,单组分有机硅橡胶密封膏的使用更广泛,而双组分有机硅橡胶密封膏的使用相对较少。

有机硅橡胶密封膏具有很强的黏结性能,良好的拉伸-压缩和膨胀-收缩的循环性能,以及优良的耐热、耐寒、抗老化、耐紫外线等性能。

高模量有机硅橡胶密封膏主要用于建筑物的结构型密封部位,如高层建筑的玻璃幕墙、隔热玻璃密封以及建筑门窗密封等。中模量有机硅橡胶密封膏适用于除具有极大伸缩性的接缝部位外的其他所有部位。

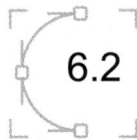

6.2　屋面防水工程

按屋面防水层所用材料的不同,屋面防水工程分为多种类型。本节主要介绍卷材防水屋面工程、涂膜防水屋面工程和刚性防水屋面工程的施工方法。

屋面工程根据建筑物的性质、重要程度、使用功能要求,将建筑屋面防水等级分为Ⅰ级、Ⅱ级、Ⅲ级、Ⅳ级四个等级,现行《屋面工程质量验收规范》(GB 50207—2012)根据建筑物的性质、重要程度、使用功能要求以及防水层合理使用年限对不同等级进行设防,具体见表6.6。

表 6.6　屋面防水等级和设防要求

项　目	屋面防水等级			
	Ⅰ	Ⅱ	Ⅲ	Ⅳ
建筑物类别	特别重要或对防水有特殊要求的建筑	重要的建筑和高层建筑	一般的建筑	非永久性的建筑
防水层合理使用年限	25 年	15 年	10 年	5 年
防水层选用材料	宜选用合成高分子防水卷材、高聚物改性沥青防水卷材、金属板材、合成高分子防水涂料、细石混凝土等材料	宜选用高聚物改性沥青防水卷材、合成高分子防水卷材、金属板材、合成高分子防水涂料、高聚物改性沥青防水涂料、细石混凝土、平瓦、油毡瓦等材料	宜选用三毡四油沥青防水卷材、高聚物改性沥青防水卷材、合成高分子防水卷材、金属板材、高聚物改性沥青防水涂料、合成高分子防水涂料、细石混凝土、平瓦、油毡等材料	宜选用二毡三油沥青防水卷材、高聚物改性沥青防水涂料等材料
设防要求	三道或三道以上的防水设防	二道防水设防	一道防水设防	一道防水设防

根据不同的屋面防水等级和防水层合理使用年限,分别选用高、中、低档防水材料,并进行一道或多道设防。当防水层采用多道设防时,可使用同种卷材或采用涂膜复合等方法。所谓一道防水设防,是指具有单独防水能力的一个防水层次。

6.2.1　卷材防水屋面工程

卷材防水屋面的构造如图 6.1 所示。

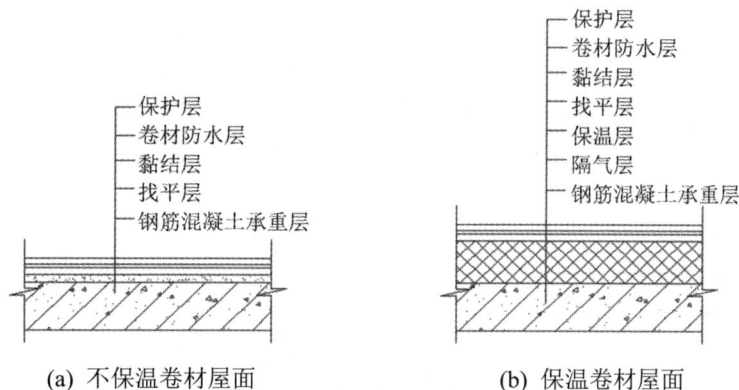

(a) 不保温卷材屋面　　　　(b) 保温卷材屋面

图 6.1　卷材防水屋面构造图

1. 找平层施工

卷材防水层要求基层具有较好的结构整体性和刚度。目前，大多数建筑以钢筋混凝土结构为主，因此应采用水泥砂浆、细石混凝土找平层或沥青砂浆找平层作为防水层的基层。找平层的厚度和技术要求如表 6.7 所示。

表 6.7　找平层的厚度和技术要求

类　别	基层种类	厚度/mm	技术要求
水泥砂浆找平层	整体混凝土	15～20	水泥∶砂体积比为 1∶2.5～1∶3，水泥强度等级不低于 32.5 级
细石混凝土找平层	整体混凝土	30～35	混凝土强度等级不低于 C20

找平层的基层若采用装配式钢筋混凝土板，则需满足以下要求：

(1) 板端和侧缝应使用细石混凝土进行灌缝，且混凝土的强度等级不应低于 C20；

(2) 当板缝宽度大于 40mm 或呈现上窄下宽的情况时，板缝内应设置构造钢筋；

(3) 板端缝应进行密封处理。

2. 卷材防水层施工

卷材防水层施工工艺流程为：基层表面清洗、修整→喷涂基层处理剂→节点附加层处理→定位、弹线、试铺→铺贴卷材→收头处理、节点密封→保护层施工。

卷材防水层多采用沥青防水卷材、高聚物改性沥青防水卷材、合成高分子防水卷材。由于卷材品种繁多、材性各异，因此规定选用的基层处理剂、接缝胶黏剂、密封材料等应与铺贴的卷材材性相容，以达到黏结良好、封闭严密的效果。

高聚物改性沥青防水卷材铺贴方法包括冷粘法、热熔法和自粘法。合成高分子防水卷材铺贴方法则包括冷粘法、自粘法和热风焊接法。

卷材铺贴方向(见图 6.2)应符合下列规定：

(1) 当屋面坡度小于 3%时，卷材宜平行于屋脊铺贴；

(2) 当屋面坡度在 3%～15%之间时，卷材可平行或垂直于屋脊铺贴；

(3) 当屋面坡度大于 15%或屋面受震动时，沥青防水卷材应垂直于屋脊铺贴，而高聚物改性沥青防水卷材和合成高分子防水卷材则可平行或垂直于屋脊铺贴。

卷材厚度的选用应符合表 6.8 的规定。

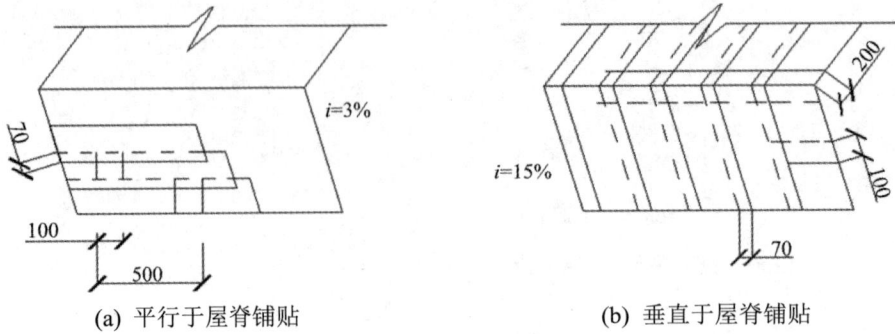

| (a) 平行于屋脊铺贴 | (b) 垂直于屋脊铺贴 |

图 6.2　卷材铺贴方向

表 6.8　卷材厚度选用表

屋面防水等级	设防道数	合成高分子防水卷材	高聚物改性沥青防水卷材	沥青防水卷材
Ⅰ 级	三道或三道以上设防	不应小于 1.5 mm	不应小于 3 mm	—
Ⅱ 级	二道设防	不应小于 1.2 mm	不应小于 3 mm	—
Ⅲ 级	一道设防	不应小于 1.2 mm	不应小于 4 mm	三毡四油
Ⅳ 级	一道设防	—	—	二毡三油

卷材的搭接宽度应符合表 6.9 的规定。

表 6.9　卷材搭接宽度　　　　　　　　　　　　　　　　单位：mm

卷材种类	采用不同铺贴方法时卷材的搭接宽度					
	短边搭接			长边搭接		
	满粘法	空铺法	点粘法	满粘法	空铺法	点粘法
沥青防水卷材	70	150	100	80	100	100
高聚物改性沥青防水卷材	80	100	100	80	100	100
合成高分子防水卷材	80	100	100	80	80	80

1) 冷粘法

采用冷粘法铺贴卷材时，应符合下列要求：

(1) 胶黏剂涂刷应均匀，确保不露底、不堆积。

(2) 根据胶黏剂的性能和施工环境要求，应严格控制胶黏剂涂刷与卷材铺贴的间隔时间。

(3) 铺贴的卷材下面的空气应排尽，并确保辊压黏结牢固。

(4) 铺贴的卷材应平整顺直，搭接尺寸准确，不得出现扭曲、皱折现象。

(5) 接缝口应使用密封材料封严，且宽度不应小于 10 mm。

胶黏剂的涂刷质量对卷材防水层的施工质量具有极大影响。涂刷不均匀、有堆积或漏涂现象，不仅会影响卷材的黏结力，还会造成材料浪费。根据胶黏剂的性能和施工环境要求的不同，有的可以涂刷后立即粘贴，有的则需待溶剂挥发后再粘贴。间隔时间还与气温、湿度、风力等因素有关。常见的排气屋面卷材铺贴法有空铺法、点粘法和条粘法，如图 6.3 所示。

卷材防水搭接缝的黏结质量主要取决于搭接宽度和黏结密封性能。搭接缝应平直、不扭曲，这是保证搭接质量的基础；同时，涂满胶黏剂、黏结牢固且溢出胶黏剂，才能证明黏结牢固、封闭严密。为保证搭接尺寸准确，一般在已铺卷材上以规定的搭接宽度弹出粉线作为标准。卷材铺贴完成后，要求接缝口用宽 10 mm 的密封材料封严，以提高防水层的密封抗渗性能。

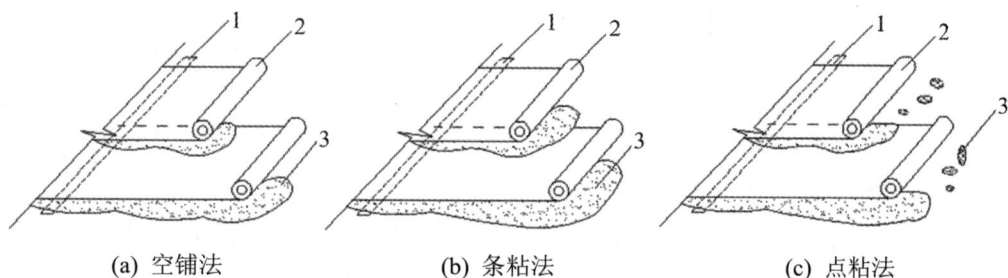

(a) 空铺法　　　　　(b) 条粘法　　　　　(c) 点粘法

1—卷材；2—胶黏剂；3—附加卷材条。

图 6.3　排气屋面卷材铺贴法

2) 热熔法

采用热熔法铺贴卷材时，应符合下列要求：

(1) 使用火焰加热器加热卷材应均匀，不得过分加热或烧穿卷材。

(2) 卷材表面热熔后应立即滚铺，确保卷材下面的空气排尽，并辊压黏结牢固，不得出现空鼓。

(3) 卷材接缝部位必须溢出热熔的改性沥青胶。

(4) 铺贴的卷材应平整顺直，搭接尺寸准确，不得出现扭曲、皱折现象。

3) 自粘法

采用自粘法铺贴卷材时，应符合下列要求：

(1) 铺贴卷材前，基层表面应均匀涂刷基层处理剂，待其干燥后应及时铺贴卷材。

(2) 铺贴卷材时，必须将自黏胶底面的隔离纸全部撕净。

(3) 卷材下面的空气应排尽，并确保辊压黏结牢固。

(4) 铺贴的卷材应平整顺直，搭接尺寸准确，不得出现扭曲、皱折现象。搭接部位宜采用热风加热，随即粘贴牢固。

(5) 接缝口应使用密封材料封严，且宽度不应小于 10 mm。

采用自粘法铺贴卷材的施工要点是：先将隔离纸撕净，否则无法实现完全粘贴；为了提高卷材与基层的黏结性能，基层应涂刷处理剂，并及时铺贴卷材；为保证接缝的黏结性能，搭接部位应采用热风加热，尤其在温度较低时施工，这一措施更为必要。

考虑到施工的可靠性、防水层的收缩以及外力可能导致缝口翘边开缝的情况，采用这种铺贴法时，接缝口应用密封材料封严，以提高其密封抗渗性能。

在铺贴立面或大坡面卷材时，由于立面和大坡面处的卷材容易下滑，可采用加热方法使自粘卷材与基层黏结牢固。必要时，还应采取钉压固定等措施。

4) 热风焊接法

采用热风焊接法铺贴卷材时，应符合下列要求：

(1) 焊接前，铺设的卷材应平整顺直，搭接尺寸准确，不得出现扭曲、皱折现象。

(2) 卷材的焊接面应清扫干净，确保无水滴、油污及附着物。

(3) 焊接时应先焊长边搭接缝，后焊短边搭接缝。

(4) 应严格控制热风加热温度和时间，焊接处不得有漏焊、跳焊、焊焦或焊接不牢等现象。

(5) 焊接时不得损害非焊接部位的卷材。

为使接缝焊接牢固、封闭严密，应先将接缝表面的油污、尘土、水滴等附着物擦拭干净，然后才能进行焊接施工。同时，焊接速度与热风温度、操作人员的熟练程度关系极大，焊接施工时必须严格控制，确保不出现漏焊、跳焊、焊焦或焊接不牢等现象。

3. 保护层施工

卷材防水层完工并经验收合格后，应做好成品保护。保护层的施工要求如下：

(1) 绿豆砂应清洁、预热，并铺撒均匀，确保其与沥青玛碲脂黏结，不得残留未黏结的绿豆砂。

(2) 云母或蛭石保护层不得含有粉料，撒铺应均匀，不得露底，多余的云母或蛭石应及时清除。

(3) 水泥砂浆保护层的表面应抹平压光，并设置表面分格缝，分格面积宜为 1 m²。

(4) 块体材料保护层应留设分格缝，分格面积不宜大于 100 m²，且分格缝宽度不宜小于 20 mm。

(5) 细石混凝土保护层的混凝土应密实，表面需抹平压光，并留设分格缝，分格面积应不大于 36 m²。

(6) 浅色涂料保护层应与卷材黏结牢固，厚薄需均匀，不得出现漏涂现象。

(7) 水泥砂浆、块材或细石混凝土保护层与防水层之间应设置隔离层。

(8) 刚性保护层与女儿墙、山墙之间应预留宽度为 30 mm 的缝隙，并使用密封材料嵌填严密。

6.2.2　涂膜防水屋面工程

涂膜防水层在用于 III 级、IV 级防水屋面时，均可单独采用一道设防，同时也可用作 I 级、II 级屋面多道防水设防中的一道防水层。当采用二道以上设防时，防水涂料与防水卷材应选用相容类材料；涂膜防水层与其他防水层之间(如刚性防水层在其上)应设置隔离层；当防水涂料与防水卷材复合使用形成一道防水层时，涂料与卷材也应选择相容类材料。

1. 施工工艺流程

涂膜防水屋面工程施工的工艺流程为：基层表面清理、修整→喷涂基层处理剂→特殊部位附加增强处理→涂布防水涂料及铺贴胎体增强材料→清理与检查、修整→保护层施工。

防水涂料主要采用高聚物改性沥青防水涂料和合成高分子防水涂料两类。其中，高聚物改性沥青防水涂料包括水乳型阳离子氯丁胶乳改性沥青防水涂料、溶剂型氯丁胶改性沥青防水涂料、再生胶改性沥青防水涂料、SBS(APP)改性沥青防水涂料等；合成高分子防水涂料则包括聚合物水泥防水涂料、丙烯酸酯防水涂料、单组分(双组分)聚氨酯防水涂料等。

除此之外，无机盐类防水涂料不适用于屋面防水工程；聚氯乙烯改性煤焦油防水涂料因具有毒性和污染性，且施工时需动用明火，目前已限制使用。

2. 施工要点

涂膜防水屋面工程施工要点包括以下内容：

(1) 涂膜应根据防水涂料的品种，分层分遍进行涂布，不得一次涂成。

(2) 必须在先涂的涂层干燥成膜后，方可涂后一遍涂料。

(3) 当需要铺设胎体增强材料时，若屋面坡度小于 15%，则应平行于屋脊进行铺设；若屋面坡度大于 15%，则应垂直于屋脊进行铺设。

(4) 胎体的长边搭接宽度不应小于 50 mm，短边搭接宽度不应小于 70 mm。

(5) 当采用二层胎体增强材料时，上下层不得相互垂直铺设，搭接缝应错开，且其间距不应少于幅宽的 1/3。

在满足厚度要求的前提下，防水涂膜涂刷的遍数越多，成膜的密实度越好。因此，涂刷时应采用多遍涂刷的方式，不论是厚质涂料还是薄质涂料，均不得一次成膜。每遍涂刷应保证均匀，不得出现露底、漏涂和堆积现象。进行多遍涂刷时，必须待前一层涂层干燥成膜后，方可涂刷后一遍涂料。两涂层之间的施工间隔时间不宜过长，否则容易形成分层现象。

当屋面坡度小于 15%时，胎体增强材料的铺设方向(平行或垂直于屋脊)应视施工方便而定。当屋面坡度大于 15%时，为防止胎体增强材料下滑，应垂直于屋脊进行铺设。若选择平行于屋脊铺设，则必须由最低标高处向上进行铺设，并确保胎体增强材料顺着流水方向搭接，以避免呛水现象。在铺贴胎体增强材料时，应边涂刷边铺贴，确保两者紧密结合，避免分离。

为了便于工程质量验收和确保涂膜防水层的完整性，规定胎体增强材料的长边搭接宽度不小于 50 mm，短边搭接宽度不小于 70 mm，这一规定并不受卷材搭接宽度的影响。当采用两层胎体增强材料时，上、下两层不得垂直铺设，以确保两层胎体材料具有一致的延伸性。同时，上、下层的搭接缝应错开，错开距离不小于幅宽的 1/3，以避免上、下层胎体材料产生重缝及防水层厚薄不均匀的情况。

涂膜防水屋面涂刷的防水涂料固化后，会形成具有一定厚度的涂膜。如果涂膜太薄，那么将无法起到有效的防水作用，且很难达到防水层合理使用年限的要求。因此，各类防水涂料的涂膜厚度应满足表 6.10 的规定

表 6.10　涂膜厚度选用表

屋面防水等级	设防道数	高聚物改性沥青防水涂料	合成高分子防水涂料
Ⅰ 级	三道或三道以上设防	—	不应小于 1.5 mm
Ⅱ 级	二道设防	不应小于 3 mm	不应小于 1.5 mm
Ⅲ 级	一道设防	不应小于 3 mm	不应小于 2 mm
Ⅳ 级	一道设防	不应小于 3 mm	—

高聚物改性沥青防水涂料(如溶剂型和水乳型防水涂料)被称为薄质涂料。涂布固化后，这类涂料很难形成较厚的涂膜。但由于这类涂料对沥青进行了较好的改性，材料性能较优，所以在防水等级为Ⅱ、Ⅲ级的屋面上使用时，其厚度不应小于 3 mm。这一厚度要求可通过薄涂多次或多布多涂的方式来实现。

合成高分子防水涂料(如多组分聚氨酯防水涂料、丙烯酸酯类浅色防水涂料等)的性能

显著优于高聚物改性沥青防水涂料。考虑到合成高分子防水涂料的价格较高，所以规定其厚度不应小于 2 mm。这一厚度可通过分遍涂刮的方式来达到。当合成高分子防水涂料与其他防水材料复合使用时，综合防水效果好，此时涂膜本身的厚度可适当减薄，但不应小于 1.5 mm。

　　天沟、檐沟、檐口、泛水和立面涂膜防水层的收头，应使用防水涂料进行多遍涂刷或用密封材料封严。特别地，天沟、檐口、泛水和涂膜防水层的收头是涂膜防水屋面的薄弱环节，施工时应确保涂膜防水层收头与基层黏结牢固，密封严密。

6.2.3　刚性防水屋面工程

1. 细石混凝土防水层

　　细石混凝土防水层包括普通细石混凝土防水层和补偿收缩混凝土防水层。由于刚性防水材料的表观密度大、抗拉强度低、极限拉应变小，常因混凝土的干缩变形、温度变形及结构变形而产生裂缝。因此，对于屋面防水等级为Ⅱ级及以上的重要建筑，只有在刚性与柔性防水材料结合做两道防水设防时方可使用细石混凝土防水层。细石混凝土防水层所用材料易得，耐穿刺能力强，耐久性能好，维修方便，所以在Ⅲ级屋面中推广应用较为广泛。为了解决细石混凝土防水层裂缝问题，除采取设分格缝等构造措施外，还可加入膨胀剂拌制补偿收缩混凝土。对于混凝土防水层的基层，因松散材料保温层强度低、压缩变形大，易使混凝土防水层产生受力裂缝，故不得在松散材料保温层上做细石混凝土防水层。对于受较大震动或冲击的屋面，以及屋面坡度大于 15% 的情况，由于易使混凝土产生疲劳裂缝或不易振捣密实，所以均不能采用细石混凝土防水层。

　　1) 细石混凝土防水材料要求

　　细石混凝土不得使用火山灰质水泥。当采用矿渣硅酸盐水泥时，应采取减少泌水性的措施。粗骨料的含泥量不应大于 1%，细骨料的含泥量不应大于 2%。混凝土的水灰比不应大于 0.55；每立方米混凝土的水泥用量不得少于 330 kg，含砂率宜控制在 35%～40%；灰砂比宜为 1∶2～1∶2.5；混凝土的强度等级不应低于 C20。

　　粗、细骨料的含泥量直接影响细石混凝土防水层的质量。若含泥量过大，则易导致混凝土产生裂纹。

　　提高混凝土的密实性有利于提高混凝土的抗风化能力和减缓碳化速度，同时也有利于提高混凝土的抗渗性。混凝土的水灰比是控制密实度的关键因素，过多的水分蒸发后在混凝土中形成微小的孔隙，会降低混凝土的密实性。因此，《屋面工程质量验收规范》(GB 50207—2012)规定水灰比不得大于 0.55。关于最小水泥用量、含砂率、灰砂比的限制，都是为了确保形成足够的水泥砂浆包裹粗骨料表面，并充分堵塞骨料间的空隙，以保证混凝土的密实性和提高混凝土的抗渗性。

　　2) 细石混凝土的防水性能

　　为了改善普通细石混凝土的防水性能，建议在混凝土中加入膨胀剂、减水剂、防水剂等外加剂。外加剂的掺量是关键的工艺参数，应按所选用的外加剂使用说明或通过试验来确定，并决定采用先掺法、后掺法还是同掺法，确保按配合比准确计量。细石混凝土应使用机械充分搅拌均匀并振捣密实，以提高其防水性能。

细石混凝土防水层的分格缝应设在屋面板的支承端、屋面转折处以及防水层与突出屋面结构的交接处，其纵横间距宜大于 6 m。分格缝内应嵌填密封材料。

3) 细石混凝土防水层的设置要求

细石混凝土防水层的厚度不小于 40 mm，目前国内多采用 40 mm 的厚度。若细石混凝土防水层的厚度小于 40 mm，则混凝土失水过快，水泥水化不充分，会降低混凝土的抗渗性能。此外，由于混凝土防水层过薄，一些石子的粒径可能超过防水层厚度的一半，上部砂浆收缩后容易在此处产生微裂缝，从而形成渗水的通道，因此规定细石混凝土防水层的厚度不应小于 40 mm。细石混凝土防水层中宜配置双向钢筋网片，当钢筋间距为 100～200 mm 时，可满足刚性防水屋面的构造及计算要求。在分格缝处，钢筋应断开，以使各分格中的细石混凝土防水层能自由伸缩。

刚性防水层与山墙、女儿墙以及突出屋面结构的交接处，由于变形复杂，易于开裂而造成渗漏。同时，由于刚性防水层受温度和干湿度变化的影响，会导致女儿墙开裂的现象，这在历次调研中均有发现。因此，规定在这些部位应留设缝隙，并用柔性密封材料进行处理，以防渗漏。

2. 密封材料嵌缝

在屋面工程中，构件与构件、构件与配件的拼接缝，以及天沟、檐沟、泛水、变形缝等细部构造的防水层收头，都是屋面渗漏水的主要部位。密封防水处理的质量直接影响屋面防水的连续性和整体性。屋面密封防水处理不能视为独立的一道防水层，而应与卷材防水屋面、涂膜防水屋面、刚性防水屋面以及隔热屋面配合使用，并且适用于防水等级为Ⅰ～Ⅲ级的屋面。

密封防水部位的基层质量应符合下列要求：

(1) 基层应牢固，表面应平整、密实，不得出现蜂窝、麻面、起皮和起砂现象。

(2) 嵌填密封材料的基层应保持干净、干燥。

需要注意的是，基层处理剂涂刷完毕后再铺放背衬材料，可能会对接缝壁的基层处理剂造成破坏，从而削弱其作用。因此，设计时应选择与背衬材料不相容的基层处理剂。

基层处理剂配制时通常加有溶剂，当溶剂尚未完全挥发时嵌填密封材料，会影响密封材料与基层处理剂的黏结性能，降低基层处理剂的作用。因此，嵌填密封材料应在基层处理剂达到表干状态后进行。同时，基层处理剂表干后应立即嵌填密封材料，否则基层处理剂可能被污染，削弱密封材料与基层的黏结强度。

接缝处的密封材料底部应填放背衬材料，外露的密封材料上应设置保护层，其宽度不应小于 200 mm。

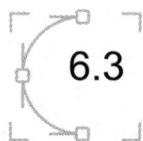

6.3　地下防水工程

6.3.1　防水等级与设防措施

地下工程的防水包括两个部分内容，一是主体防水，二是细部构造防水。目前，主体采用防水混凝土结构自防水的效果良好，而细部构造(如施工缝、变形缝、后浇带、诱导缝)的渗漏水现象最为普遍，工程界有"十缝九漏"的说法。明挖法施工时，对于不同防水等级的地下工程，主体防水"应"或"宜"采用防水混凝土。当工程的防水等级为1～3级时，还应在防水混凝土的迎水面增设一至两道其他防水层，这被称为"多道设防"。一道防水设防是指具有单独防水能力的一个防水层。多道设防时，所增设的防水层可采用多道卷材，亦可采用卷材、涂料、刚性防水材料复合使用。多道设防主要利用不同防水材料的材性，体现地下防水工程"刚柔相济"的设计原则。

1. 地下工程质量防水等级

地下工程质量防水等级分为4级，各级标准应符合表6.11的规定。

表 6.11　地下工程防水等级标准

防水等级	标　　准
1 级	不允许渗水，结构表面无湿渍
2 级	不允许漏水，结构表面可有少量湿渍； 工业与民用建筑：湿渍总面积不大于总防水面积的 1%，单个湿渍面积不大于 0.1 m²，任意 100 m² 防水面积不超过一处； 其他地下工程：湿渍总面积不大于防水面积的 6%，单个湿渍面积不大于 0.2 m²，任意 100 m² 防水面积不超过 4 处；
3 级	有少量漏水点，不得有线流和漏泥沙； 单个湿渍面积不大于 0.3 m²，单个漏水点的漏水量不大于 2.5 L/d，任意 100 m² 防水面积不超过 7 处；
4 级	有漏水点，不得有线流和漏泥沙； 整个工程平均漏水量不大于 2 L/(m² · d)，任意 100 m² 防水面积的平均漏水量不大于 4 L/(m² · d)。

2. 地下工程的防水设防要求

地下工程的防水设防要求应按表6.12和表6.13选用。

表 6.12　明挖法地下工程的防水设防要求

工程部位		主体						施工缝					后浇带				变形缝、诱导缝						
防水等级	防水措施	防水混凝土	防水砂浆	防水卷材	防水涂料	塑料防水板	金属板	遇水膨胀止水条	中埋式止水带	外贴式止水带	外抹式防水砂浆	外涂防水涂料	膨胀混凝土	遇水膨胀止水带	外贴式止水带	防水嵌缝材料	中埋式止水带	外贴式止水带	可卸式止水带	防水嵌缝材料	外贴式防水卷材	外涂防水涂料	遇水膨胀止水条
防水等级	1 级	应选	应选一到二种					应选二种					应选	应选二种			应选	应选二种					
	2 级	应选	应选一种					应选一到二种					应选	应选一到二种			应选	应选一到二种					
	3 级	应选	应选一种					宜选一到二种					应选	宜选一到二种			应选	宜选一到二种					
	4 级	宜选	—					宜选一种					应选	宜选一种			应选	宜选一种					

表 6.13　暗挖法地下工程的防水设防要求

工程	主体				内衬砌施工缝					内衬砌变形缝、诱导缝				
防水措施	复合式衬砌	离壁式衬砌、衬套	贴壁式衬砌	喷射混凝土	外贴式止水带	遇水膨胀止水条	防水嵌缝材料	中埋式止水带	外涂防水涂料	中埋式止水带	外贴式止水带	可卸式止水带	防水嵌缝材料	遇水膨胀止水条
防水等级 1 级	应选一种			—	应选二种					应选	应选二种			
防水等级 2 级	应选一种			—	应选一到二种					应选	应选一到二种			
防水等级 3 级	—	应选一种			宜选一到二种					应选	宜选一种			
防水等级 4 级	—	应选一种			宜选一种					应选	宜选一种			

3. 施工准备

进行防水结构或防水层施工之前，应确保现场无水、无泥浆，这是保证地下防水工程施工质量的一个重要条件。因此，在地下防水工程施工期间，必须做好周围环境的排水工作，并降低地下水位。

应排除基坑周围的地面水和基坑内的积水，以便在干燥、无泥浆的条件下进行施工。排水时应注意避免基土流失，防止因改变基底构造而导致地面沉陷。

为了确保地下防水工程的施工质量，规定将地下水位降低至防水工程底部最低高程以下 500 mm 的位置，并保持该地下水位直至整个防水工程完成。

6.3.2　防水混凝土

1. 防水混凝土材料要求

防水混凝土是在普通混凝土骨料级配的基础上，通过调整和控制配合比的方法，以提高自身密实度和抗渗性的一种混凝土。它是根据所需抗渗等级进行配制的，同时也要满足结构设计强度的要求。常用的抗渗等级有 P6、P8、P10。防水混凝土的抗渗能力不应小于 0.6 MPa，即其抗渗等级不低于 P6。

防水混凝土材料应满足下列要求：

(1) 水泥品种应按设计要求选用，其强度等级不应低于 32.5 级，不得使用过期或受潮结块的水泥。

(2) 碎石或卵石的粒径宜为 5～40 mm，含泥量不得大于 1.0%，泥块含量不得大于 0.5%。

(3) 砂宜用中砂，含泥量不得大于 3.0%，泥块含量不得大于 1.0%。

(4) 拌制混凝土所用的水应采用不含有害物质的洁净水。

(5) 外加剂的技术性能应符合国家或行业标准一等品及以上的质量要求。

(6) 掺入粉煤灰、硅粉等掺合料可以减少水泥用量，降低水化热，防止和减少混凝土裂缝的产生。粉煤灰的级别不应低于二级，掺量不宜大于 20%；硅粉的掺量不应大于 3%，其他掺合料的掺量应通过试验确定。

防水混凝土的配合比应满足下列要求：

(1) 试配要求的抗渗水压值应比设计值提高 0.2 MPa。

(2) 水泥用量不得少于 300 kg/m³。掺有活性掺合料时，水泥用量不得少于 280 kg/m³。

(3) 砂率宜为 35%～45%，灰砂比宜为 1∶2～1∶2.5。

(4) 水灰比不得大于 0.55。

(5) 普通防水混凝土坍落度不宜大于 50 mm，泵送时入泵坍落度宜为 100～140 mm。

2．防水混凝土的施工要求

防水混凝土的浇筑质量是保证防水混凝土施工质量的关键。混凝土自高处倾落的自由高度不应超过 1.5 m，否则应采用吊筒、溜管或溜槽等工具进行浇筑，以防产生离析导致石子堆积。混凝土应严格做到分层连续浇筑，两层浇筑的间隔时间一般不超过 2 h，夏季气温高时应适当缩短。浇筑竖向结构混凝土与大体积混凝土时，应随混凝土浇筑高度的上升逐步减小坍落度，以防止泌水过多。混凝土应使用机械振捣，不得漏振。添加加气剂及防水剂的混凝土，宜采用高频振动器振捣，以有效排除大气泡，使小气泡分布更均匀。防水混凝土浇筑后严禁开洞，因此，所有的预留孔和预埋件必须在混凝土浇筑前确保位置准确。防水混凝土在常温下初凝后，应在其表面覆盖草袋，并浇水养护，保持湿润，养护时间不少于 14 d。

施工缝是防水混凝土结构容易发生渗漏的薄弱部位，施工时应尽可能不留或少留施工缝，尤其不得留垂直施工缝。底板混凝土应连续浇筑，不得留施工缝。墙体一般只允许留水平施工缝，其位置一般宜留在高出底板上表面不小于 300 mm 的墙身上。在墙体上预留孔洞时，施工缝距孔洞边缘不宜小于 300 mm。若必须留设垂直施工缝，则应留在结构的变形缝处。

施工缝部位应认真做好防水处理，使两层之间黏结密实并延长渗水路线，阻隔地下水的渗透。施工缝的形式包括高低缝、凸缝、钢板止水缝等，如图 6.4 所示。凸缝效果较好，但施工麻烦，当墙较厚、抗渗要求高时宜采用；凹缝抗渗效果较差，但施工简便；对防水要求高或墙壁薄、钢筋密的结构，可采用钢板止水缝。

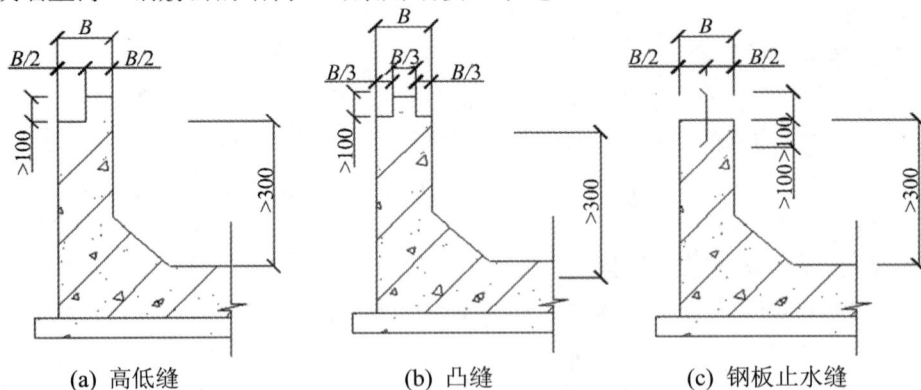

(a) 高低缝   (b) 凸缝   (c) 钢板止水缝

图 6.4 施工缝的形式

施工缝两侧混凝土的浇筑时间间隔不能太长，以免接缝处新、旧混凝土收缩值相差过大而产生裂缝。在施工缝上继续浇筑前，应将施工缝处松散的混凝土凿除，清理浮粒和杂物，用水冲洗干净并保持湿润，再铺一层 20～25 mm 厚的水泥砂浆，水泥砂浆所用的材料和灰砂比应与原混凝土的材料和灰砂比相同。

在整个地下工程施工期间，必须连续降低水位，使地下水标高保持在地下工程底部最低标高以下不小于 300 mm，以确保施工期间地下防水结构基本干燥且不承受地下水压力，直至地下工程施工全部完成。

3. 后浇带、穿墙管道、埋设件等细部构造处理

1) 后浇带

为防止混凝土由于收缩和温度效应而产生裂缝，一般在防水混凝土结构较长或体积较大时设置后浇带。后浇带的位置应设在受力和变形较小而收缩应力最大的部位，其宽度一般为 0.7～1.0 m，并可采用垂直平缝或阶梯缝形式。

对于后浇带两侧先浇筑的混凝土，有设计要求时可按设计施工期进行浇筑；当设计无要求时，应在混凝土龄期达到 42 d 后才可采用微膨胀混凝土进行后浇带施工，因为此时混凝土已得到充分收缩和变形，可以保证后浇筑混凝土具有一定的补偿收缩性能。后浇带内的受力钢筋不应切断，搭接接头应错开布置。此外，后浇带内的钢筋还应设置一定的加强措施。

2) 穿墙管道

穿墙管道的防水施工应满足下列要求：

(1) 穿墙管的止水环与主管或翼环与套管之间应连续满焊，并做好防腐处理。

(2) 在穿墙管处进行防水层施工前，应将套管内表面清理干净。

(3) 套管内的管道安装完毕后，应在两管间嵌入内衬填料，端部用密封材料填缝。当进行柔性穿墙时，穿墙内侧应用法兰压紧。

(4) 穿墙管外侧的防水层应铺设严密，不留接茬；如需增铺附加层，应按设计要求进行施工。

3) 埋设件

埋设件的防水施工应满足下列要求：

(1) 埋设件的端部或预留孔(槽)底部的混凝土厚度不得小于 250 mm；当厚度小于 250 mm 时，必须采取局部加厚或其他防水措施。

(2) 预留的地坑、孔洞、沟槽的防水层应与孔(槽)外的结构防水层保持连续。

(3) 当固定模板用的螺栓必须穿过混凝土结构时，可采用工具式螺栓或螺栓加堵头，且螺栓上应加焊止水环。拆模后应采取加强防水的措施，将留下的凹槽封堵密实。凹槽封堵节点图如图 6.5 所示。

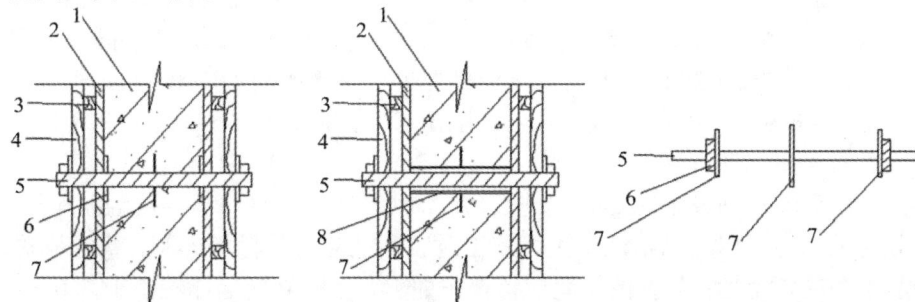

(a) 螺杆加焊止水环节点图　(b) 预埋套管穿螺杆节点图　(c) 止水螺杆节点图

1—钢筋混凝土结构；2—模板；3—水平围檩；4—竖向围檩；5—对拉螺杆；6—垫木；
7—钢板止水环；8—预埋套管。

图 6.5　凹槽封堵节点图

6.3.3 地下卷材防水层施工

地下防水工程的防水层严禁在雨天、雪天和五级风及以上时施工，其施工环境气温条件应符合表 6.14 的规定。

表 6.14　防水层施工环境气温条件

防水层材料	施工环境气温
高聚物改性沥青防水卷材	冷粘法：不低于 5℃；热熔法：不低于 −10℃
合成高分子防水卷材	冷粘法：不低于 5℃；热焊接法：不低于 −10℃
有机防水涂料	溶剂型：−5～35℃，水溶型：5～35℃
无机防水涂料	5℃～35℃
防水混凝土、水泥砂浆	5℃～35℃

目前，大部分合成高分子卷材主要采用冷粘法、自粘法进行铺贴，为保证其在较潮湿基面上的黏结质量，施工时建议选用湿固化型胶黏剂或潮湿界面隔离剂。

防水卷材的厚度选用应符合表 6.15 的规定。

表 6.15　防水卷材厚度

防水等级	设防道数	合成高分子防水卷材	高聚物改性沥青防水卷材
1 级	三道或三道以上设防	单层：不应小于 1.5 mm；双层：每层不应小于 1.2 mm	单层：不应小于 4 mm；双层：每层不应小于 3 mm
2 级	二道设防		
3 级	一道设防	不应小于 1.5 mm	不应小于 4 mm
	复合设防	不应小于 1.2 mm	不应小于 3 mm

卷材防水层是一种柔性防水层，具有良好的韧性和延伸性，能适应一定的结构振动和微小变形，防水效果良好，因此在地下防水工程中得到较广泛的应用。地下工程的卷材防水层适用于在混凝土结构或砌体结构的迎水面铺贴，一般采用外防外贴和外防内贴两种施工方法。由于外防外贴法的防水效果优于外防内贴法的防水效果，所以在施工场地和条件不受限制时，通常优先采用外防外贴法。外防外贴法卷材防水做法如图 6.6 所示。

外防外贴法的施工要点如下：先在地基上铺设防水层，然后进行底板和结构主体的施工，接着砌筑永久性保护墙。保护墙的高度为防水结构底板厚度(B)加 100 mm，墙底应干铺一层防水卷材，其上部用 30 mm 厚的聚苯板做保护层，高度约为 200 mm。永久性保护墙及聚苯板需用 1∶3 水泥砂浆抹灰找平。保护墙沿长度方向每隔 5～6 m 处和转角处应断开，断缝处嵌入卷材条或沥青麻丝。

高聚物改性沥青卷材铺设采用热熔法施工，施工时需注意卷材与基层接触面加热均匀；合成高分子卷材铺设可采用冷黏结法施工，施工时胶黏剂应与卷材相容，且需涂刷均匀。

在立面与平面的转角处，卷材的接缝应留在平面上，且距立面墙体不小于 600 mm。铺贴双层卷材时，双层卷材不得相互垂直铺贴，上下两层和相邻两幅卷材的接缝应相互错开 1/3～1/2 幅宽；卷材长边与短边的搭接宽度不应小于 100 mm。

外防内贴法是指在混凝土地基浇筑完成后，先在地基上砌筑永久性保护墙，然后将卷材铺设在地基和永久性保护墙上，如图 6.7 所示。

虚线范围内用3：7
灰土回填分层夯实

墙及地下室顶板按工程设计

30厚聚苯乙烯泡沫
塑料板保护层

(用聚醋酸乙烯胶粘结)或
20厚1：3水泥砂浆保护层

钢筋混凝土底板按工程设计

50厚C20细石混凝土保护层

点粘350号石油沥青油毡一层

高聚物改性沥青防水卷材

高聚物改性沥青防水卷材

刷基层处理剂一遍

刷基层处理剂一遍

20厚1：2水泥砂浆找平层

20厚1：2水泥砂浆找平层

C15混凝土垫层>100厚

钢筋混凝土墙按工程设计

素土夯实

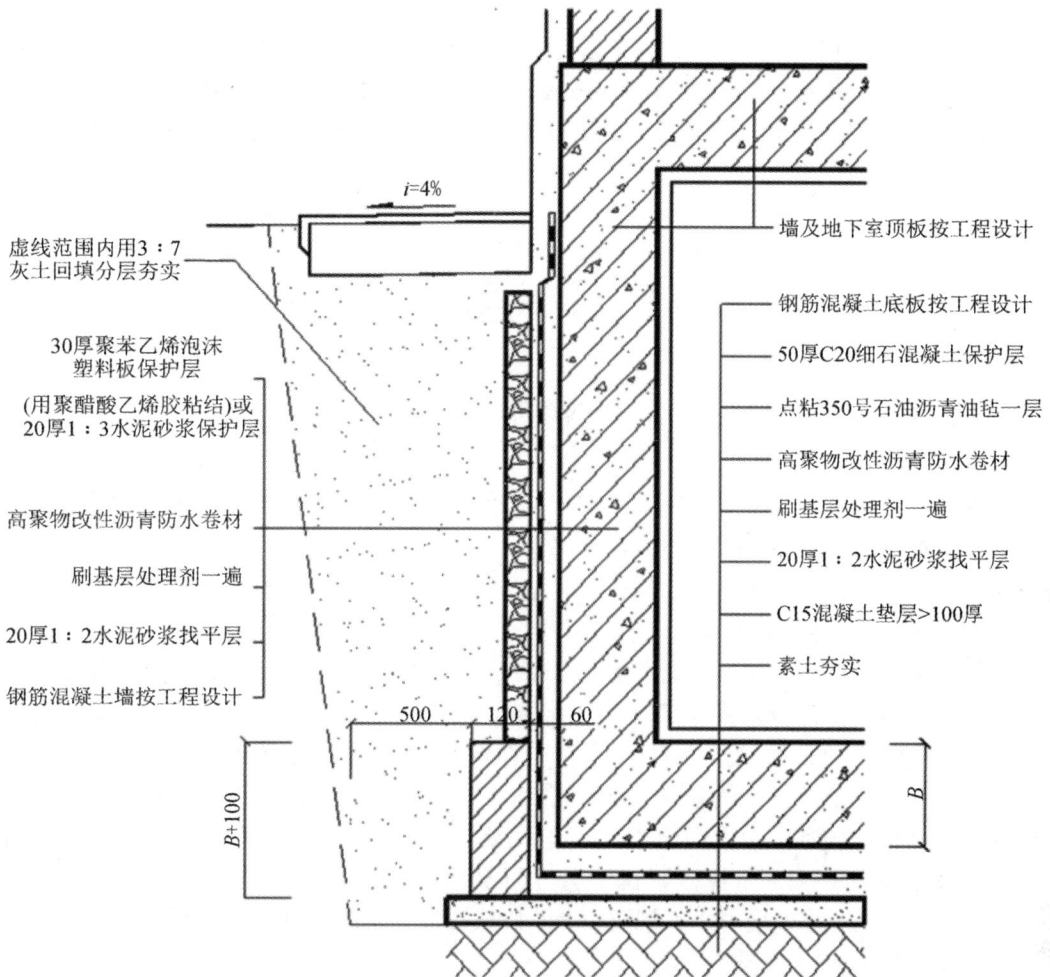

图 6.6　外防外贴法卷材防水做法

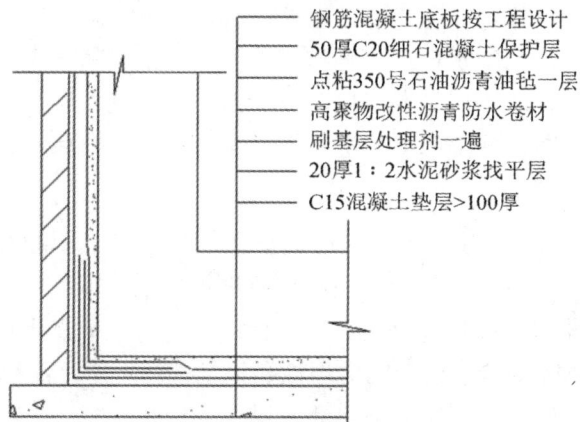

钢筋混凝土底板按工程设计
50厚C20细石混凝土保护层
点粘350号石油沥青油毡一层
高聚物改性沥青防水卷材
刷基层处理剂一遍
20厚1：2水泥砂浆找平层
C15混凝土垫层>100厚

图 6.7　外防内贴法卷材防水做法

外防内贴法的施工要点如下：保护墙砌完后，用1：3水泥砂浆在永久保护墙和地基上进行抹灰找平。地基与永久保护墙接触部分应平铺一层卷材。待找平层干燥后，即可涂刷基层处理剂，基层处理剂干燥后再铺贴卷材防水层。卷材宜选用高聚物改性沥青聚酯油毡或高分子防水卷材，铺贴顺序为先立面后平面，先转角后大面。所有转角处应铺设附加层，附加层应选用抗拉强度较高的卷材，铺贴应仔细，粘贴应紧密。卷材防水完工后，应做好成品保护工作。立面可抹水泥砂浆，贴塑料板或采用其他可靠材料；平面可抹 20 mm 厚的水泥砂浆或浇筑 30～50 mm 厚的细石混凝土。待结构完工后，进行回填土工作。

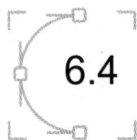

6.4 工程实践案例

【案例 6.1】 某建筑人防地下室防水施工方案。

1. 工程概况

本地下室防水等级为 2 级，采用"刚性防水＋柔性防水"的复合防水方式。刚性防水即结构自防水，利用抗渗混凝土达到防水效果。底板厚度为 500 mm，其中四区部分底板厚度为 800 mm，地下室外墙厚度为 500 mm。混凝土采用商品混凝土，强度等级为 C35，抗渗等级为 S8。

柔性防水做法如下：地下室外墙混凝土浇筑完毕后，外侧做 20 mm 厚的 1∶2 防水砂浆保护层，并涂刷 1.5 mm 厚的 SBS 单组分橡胶防水涂膜；对于基础底板，在底板和承台交接处以及底板转角处增设柔性防水层(有胎体增强材料)，具体做法参照施工大样图。在底板下无承台的地基上部，铺设 20 mm 厚的 1∶2 防水水泥砂浆(掺 3%防水粉)。钢筋混凝土底板采用结构自防水，上面喷涂 7 mm 厚的氯丁胶聚合物水泥砂浆，上部设置细石混凝土保护层，并铺设 1∶2.5 水泥砂浆找平层，加 5%的防水剂。

地下室外墙施工缝处采用止水钢板和遇水膨胀橡胶止水条。底板防水面积约为 62 000 m²，外墙防水面积约为 12 160 m²。

2. 施工重点与难点

对于 SBS 防水卷材，其对基层的干燥要求较高，因此控制基层的干燥程度是一个重点。阴阳角、管道根部等部位的防水处理，直接影响到整个地下防水施工质量的优劣，是施工中的一大难点。对于柔性防水层，要确保其不空鼓、不起泡、不翘边；对于刚性防水层，要确保其不渗不漏，从而使整个地下防水施工质量达到优良标准。

3. 施工准备

(1) 技术准备。施工前，技术人员应认真审图，掌握施工图的细部构造及有关技术要求，对图纸不明确之处，应及时与设计院沟通并进行图纸会审；同时，及时编制地下防水工程施工方案，并经监理工程师审核同意后执行；应对各个节点进行专项设计，并配备详细的节点设计图纸，以确保节点设计的合理性和科学性；此外，需做好试验室的准备工作，施工前应对材料进行试验，确保试验合格后方可投入使用。

(2) 生产准备。组织优秀的防水施工队伍，并严格审查队伍资质，确保施工人员持证上岗。非专业防水工不得进行防水工程的施工。建立以工段长为施工负责人的机制，并与监理公司密切配合，对地下防水工程进行严格管理，确保整个施工过程处于有效控制中。

防水工程施工完成后，应制订严格详细的成品保护措施，以确保成品不被破坏。铺贴防水层的基层应干燥、平整、牢固，不得有起砂、空鼓、开裂等现象。阴阳角处应做成半径为 50 mm 的圆弧形钝角。按施工工艺和规范要求砌永久性 240 砖保护墙，并用 1∶3 水泥砂浆抹好找平层。

(3) 材料准备。防水材料(包括附材)应通过考察比较，选择优质厂家，以确保满足本工程及设计、施工规范的要求。按要求选齐 SBS 改性沥青防水卷材。所有材料应具有材料出厂合格证、建委认证和产品鉴定证书。同时，应确认防水卷材包装上的材料名称、出产厂家、出厂日期的有效性。材料进场后，应按规定检查外观和厚度，并由本单位试验员取样复试，形成材料试验报告并存档。对于不合格的产品，严禁入场；对于合格的产品，应按有关规定进行保管和标识。

(4) 机具准备。清理基层所需工具包括小平铲、扫帚、钢丝刷，质量检查所需工具包括钢卷尺(50 m、30 m)，涂基层处理剂所需工具包括流动刷、油等。

4. 施工方法

底板卷材防水采用外防内贴法，底层卷材使用热熔点粘，上层卷材则采用热熔满粘。地下室外墙卷材防水采用外防外贴法，两层卷材均使用热熔满粘。刚性防水混凝土采用商品混凝土，使用高频振捣棒进行振捣，并通过泵送施工。

1) 底板卷材防水

底板卷材防水施工的工艺流程为：抹砂浆找平→砌防水保护墙→基层处理→涂刷冷底子油→铺贴卷材。

(1) 抹砂浆找平。

仅在浇筑混凝土墙及底板前砌筑的保护墙上使用 1∶3 水泥砂浆进行找平，其他部位不需要找平。

(2) 砌防水保护墙。

在地基浇筑完毕且强度达到 1.2 MPa 后，于地基上沿四周使用 1∶3 水泥砂浆砌筑 240 mm 厚的永久保护砖墙，砌筑高度为底板厚度加 100 mm。在永久保护墙上，使用 1∶3 白灰砂浆接砌 300 mm 高的临时保护墙。永久保护砖墙上需抹 20 mm 厚的 1∶3 水泥砂浆找平层，而临时保护墙上则需抹 20 mm 厚的 1∶3 白灰砂浆找平层。

(3) 基层处理。

底板地基施工时，表面应一次磨平、压光，以达到防水基层的效果。防水保护墙的墙面防水基层采用 20 mm 厚的 1∶3 水泥砂浆进行找平。在底板与保护墙及集水井、电梯井边等阴阳角处，均使用 1∶3 水泥砂浆做成半径为 50 mm 的圆弧。

基层铺贴卷材前，必须严格检查基层是否坚实、平整，不能有松动、起鼓等现象。面层凸出或严重粗糙、平整度不达标或起砂时，必须进行剔凿处理。当使用 2 m 长的直尺进行检查时，直尺与基层表面间的空隙不应超过 5 mm，空隙只允许平缓变化，且每米长度内不得超过一处。

防水基层必须干燥，含水率在 9% 以内才能进行施工。检测时，在基层表面放置一油毡或玻璃，3～5 h 后观察其下面有无水珠，基本无水珠时即可进行施工。阴角部位应用水泥砂浆抹成八字形，对于易渗漏的部位，应再加铺一层卷材，施工时要细心认真。

(4) 涂刷冷底子油。

待基层检验合格后方可涂刷冷底子油，涂刷应均匀。小面积或细部不易喷刷时，可用胶刷均匀涂刷，厚度以 0.5 mm 为宜，不得有麻点、漏刷等现象。晾干 8h 并确认指触不粘时，方可铺贴卷材。

(5) 铺贴卷材。

进行弹线分块，即按照卷材的宽度及搭接长度弹粉线进行分割。在平立面转角处，卷材的接缝应留在平面上，且距立面不小于 600 mm。

2) 地下室外墙卷材防水

地下室外墙卷材防水施工的工艺流程为：基层处理→铺贴卷材→振捣混凝土。

(1) 基层处理。

外墙结构经有关部门验收后进行清理。原穿墙螺栓孔用与外墙混凝土相同标号的膨胀水泥砂浆压实抹平。施工时必须将孔内杂物清理干净并湿润，局部有松散混凝土时应凿除，直至混凝土密实部位。

(2) 铺贴卷材。

主体结构完成后，铺贴立面卷材时，需先将接茬部位的各层卷材揭开，将其表面清理干净后进行检查。如果卷材有局部损伤，则采用热融修补后再继续施工。涂刷冷底子油，干燥至不粘手后铺贴阴阳角附加层防水卷材，然后由下向上铺贴立面防水层，要求满铺粘贴，铺法与底板防水层的铺法相同。在铺贴过程中，要做好墙角卷材的搭接，以确保防水质量。防水层做完之后及时做保护层，苯板保护层的厚度为 50 mm，且苯板的容重必须符合设计要求。在卷材接茬的搭接部位，两层卷材要错茬接缝，上层卷材要盖过下层卷材。先做阴阳角细部附加层，后铺墙面。卷材接缝、搭接长度等要求与底板卷材的相同。

(3) 振捣混凝土。

施工过程中严格控制混凝土振捣工作，采用高频振捣机械进行振捣，振捣时间宜为 10～30 s，以混凝土泛浆和不冒气泡为准，确保混凝土振捣密实，避免漏振、欠振和过振。后浇带处的止水带要定位准确，施工过程中由专人看护，严防振捣棒撞击止水带，确保其位置准确。

3) 混凝土工程

(1) 混凝土养护。

根据施工进度安排，基础混凝土施工将在夏季进行。为避免混凝土裂缝，加强混凝土养护非常关键。混凝土养护采用覆盖塑料布并浇水的方法，保证混凝土表面处于湿润状态，养护时间不少于 14 d。对于其中部分大体积混凝土，养护时间不少于 21 d。另外，要按规定设置测温孔，加强测温，控制混凝土中心温度和表面温度的差值，以及混凝土表面温度与大气温度的差值，均不大于 25℃。

(2) 拆模。

非承重构件的防水混凝土强度达到 1.2 MPa，且拆模时构件不缺棱掉角，方可拆除模板。承重构件的防水混凝土拆模时间要根据设计、规范和同条件试块强度来确定。

(3) 施工缝留置与处理。

水平施工缝留置在高于基础表面 300 mm 的墙体上。墙体有预留孔洞时，施工缝距孔洞边缘不小于 300 mm。垂直施工缝留置在后浇带处。水平施工缝浇筑混凝土前，应先将其表面浮浆和杂物清除，然后铺净浆，再铺 30～50 mm 厚的 1∶1 水泥砂浆或涂刷混凝土界面处理剂，并及时浇筑混凝土。垂直施工缝浇筑混凝土前，应将其表面清理干净，再涂刷水泥净浆或混凝土界面处理剂，并及时浇筑混凝土。

4) 细部构造

(1) 水平施工缝的防水措施。

在本工程中，高于基础表面 300 mm 的墙体上的水平施工缝设置了 300 mm 高的钢板止水带。

(2) 外墙后浇带的防水措施。

外墙后浇带处设置了两个 300 mm 宽的止水带，它们与水平方向的钢板止水带要交圈、封闭，搭接处长为 200 mm。

(3) 外墙与顶板交接处施工缝的防水措施。

在外墙与顶板下皮标高处，分别采用遇水膨胀止水条。防水混凝土结构内部设置的各种钢筋或绑扎铁丝不得接触模板。固定模板用的螺栓采用工具式螺栓，螺栓上焊有方形止水环。拆模后，采取加强防水措施将留下的凹槽封堵密实，并在迎水面上涂刷防水涂料。

本 章 小 结

本章主要讲述地下防水工程与屋面防水工程的基本知识和相关技术名词。重点介绍地下防水工程的结构自防水、卷材防水等几种常见施工方法和施工操作要点，以及注意事项。对于屋面防水工程，则重点介绍卷材防水的铺贴方法、铺贴要求、铺贴顺序，以及刚性防水屋面的适用范围和要点。无论是地下防水工程还是屋面防水工程，细部和节点的做法都是防水的薄弱环节，也是保证防水工程质量的关键，因此在学习过程中应引起高度重视。

复习思考题

1. 常见的三大卷材是什么？在新型品种中，APP 卷材有什么特点？
2. 试简述卷材铺贴方向的规定及卷材施工的工艺流程。
3. 涂膜防水屋面施工的要点有哪些？
4. 屋面防水和地下防水的设防等级是如何划分的？
5. 防水混凝土对材料的要求有哪些特殊之处？
6. 试简述后浇带混凝土施工的要点。

第 7 章　外墙外保温工程施工

学习要求

1. 了解墙体外保温工程的特点、基本知识和相关技术名词。
2. 了解保温材料的性能指标。
3. 掌握聚苯板薄抹灰外墙外保温系统、胶粉聚苯颗粒保温浆料外墙外保温系统、有网现浇系统的技术要求、施工方法、施工要点以及饰面面层的适用状况。
4. 了解外墙外保温工程验收的内容、方法和质量要求。

外墙外保温是将保温隔热体系置于外墙外侧，使建筑达到保温的施工方法。由于外保温将保温隔热体系置于外墙壁外侧，主体结构所受的温差作用大幅度下降，温度变形减小，对结构墙体起到保护作用，并可有效阻断冷(热)桥，有利于结构寿命的延长。因此，从结构稳定性方面来说，外保温隔热具有明显的优势，在可选择的情况下应首选外保温隔热。

7.1　概　　述

随着对建筑节能认识的加深，人们已经意识到建筑节能不仅能够节约能源、节约开支、改善室内热环境，还能有效减少环境污染和温室效应，有助于保持生态平衡和实现可持续发展。外墙外保温正是建筑节能的重要措施之一。

外墙外保温工程是一种新型且先进的节能方法。外墙外保温系统由保温层、保护层和固定材料(如胶黏剂、锚固件等)构成，是安装在外墙外表面的非承重保温构造的总称。

7.1.1　外墙外保温工程的基本规定

外墙外保温工程的基本规定如下：
(1) 应能适应基层的正常变形而不产生裂缝或空鼓。
(2) 应能长期承受自重而不产生有害的变形。
(3) 应能承受风荷载的作用而不产生破坏。
(4) 应能耐受室外气候的长期反复作用而不产生破坏。
(5) 在正常使用中或地震时不应发生脱落。
(6) 应具有防止火焰沿外墙面蔓延的能力。
(7) 应具有防水渗透性能。

(8) 外保温复合墙体的保温、隔热和防潮性能应符合国家现行相关标准，包括《民用建筑热工设计规范》(GB 50176—2016)、《严寒和寒冷地区居住建筑节能设计标准》(JGJ 26—2018)、《夏热冬冷地区居住建筑节能设计标准》(JGJ 134—2010)和《夏热冬暖地区居住建筑节能设计标准》(JGJ 75—2012)的有关规定。

(9) 各组成部分应具有物理-化学稳定性。所有组成材料应彼此相容，并具有防腐性。在可能受到生物侵害(如鼠害、虫害等)时，外墙外保温工程还应具有防生物侵害性能。

(10) 在正确使用和正常维护的情况下，外墙外保温工程的使用年限不应少于 25 年。

7.1.2　新型外墙外保温系统的特点

新型外墙外保温材料包括模塑聚苯乙烯泡沫塑料(EPS)、挤塑聚苯乙烯泡沫塑料(XPS)、硬质聚氨酯泡沫塑料、石棉板、胶粉聚苯颗粒保温浆料以及膨胀玻化微珠保温砂浆，其集保温、隔热、阻燃、吸声、吸水和装饰等功能于一体。当采用阻燃、自熄型聚苯乙烯泡沫塑料板材时，可外用专用抹面胶浆铺贴耐碱玻璃纤维网格布，形成浑然一体的牢固保护层，表面可涂美观耐污染的高弹性装饰涂料或贴各种面砖。

新型外墙外保温系统具有如下特点：

(1) 节能。由于采用导热系数较低的材料整体包裹建筑物，消除了冷桥，减少了外界自然环境对建筑的冷热冲击，因此可达到较好的保温节能效果。

(2) 牢固。由于采用了高弹力强力黏合基料或与混凝土一起现浇，必要时辅以机械锚固，使保温材料与墙面的黏结具有可靠的附载效果，同时耐候性、耐久性更强。

(3) 防水。新型外墙外保温材料具有高弹性和整体性，解决了墙面开裂、表面渗水的通病，特别对陈旧墙面局部裂纹有整体覆盖作用。

(4) 质轻。采用保温材料可减小建筑外墙厚度，不但减小了砌筑工程量、缩短了工期，而且减轻了建筑物自重。

(5) 阻燃。部分保温材料为阻燃型材料，具有隔热、无毒、自熄、防火功能。

(6) 易施工。墙体保温系统施工对建筑物基层的混凝土、红砖、砌块、石材、石膏板等有广泛的适用性，施工工具简单，具有一般抹灰水平的技术工人经短期培训即可进行现场操作施工。

7.2　聚苯板薄抹灰外墙外保温工程

7.2.1　技术名词解释

下面介绍与聚苯板薄抹灰外墙外保温工程相关的技术名词的含义。

(1) 聚苯板：由可发性聚苯乙烯珠粒经加热预发泡后在模具中加热成型而制得的具有闭孔结构的聚苯乙烯泡沫塑料板材。聚苯板出厂前应在自然条件下陈化 42 d 或在 60℃蒸汽中陈化 5 d 才可出厂使用。挤塑聚苯板因其强度较高，有利于抵抗各种外力作用，特别适用于建筑物的首层及二层等易受撞击的位置。

(2) 聚苯板薄抹灰外墙外保温系统：以聚苯板(包括挤塑聚苯板(XPS 板)和膨胀聚苯板(EPS 板))作为保温隔热层，采用耐碱玻璃纤维网格布增强薄抹灰防护层和外饰面层，并通过黏结方式固定的外墙保温系统。由于聚苯板的绝热作用，该系统在冬季可起到保温作用，在夏季则可起到隔热作用。

(3) 胶黏剂：由水泥基胶凝材料、高分子聚合物材料以及填料和添加剂等组成，用于基层墙体和保温板之间黏结的聚合物水泥砂浆，有液体胶黏剂与干粉料两种。在施工现场，需按照使用说明加入一定比例的水泥或拌和用水，搅拌均匀后即可使用。

(4) 锚栓：由膨胀件和膨胀套管组成，依靠膨胀产生的摩擦力或机械锁定作用连接保温系统与基层墙体的机械固定件。

(5) 抗裂砂浆：由聚合物乳液和外加剂制成的抗裂剂、水泥和砂按一定比例加水搅拌制成的砂浆。这种砂浆能满足一定变形而保持不开裂。

(6) 耐碱玻璃纤维网格布：表面经高分子材料涂覆处理、具有耐碱功能的网格状玻璃纤维织物，作为增强材料内置于抹面胶浆中，用以提高抹面层的抗裂性和抗冲击性。

(7) 抹面胶浆：由水泥基胶凝材料、高分子聚合物材料以及填料和添加剂等组成，具有一定变形能力和良好黏结性能，与玻璃纤维网格布共同组成抹面层的聚合物水泥砂浆或非水泥基聚合物砂浆。

7.2.2   性能指标

聚苯板薄抹灰外墙外保温系统及其所用材料的主要性能指标应分别符合表 7.1～表 7.7 中的要求。

表 7.1   聚苯板薄抹灰外墙外保温系统的性能指标

实 验 项 目		性 能 指 标
吸水量/(g/m²)，浸水 24 h		≤1000
抗冲击强度/J	普通型	≥3.0
	加强型	≥10.0
抗风压值/kPa		不小于工程项目的风荷载设计值
耐冻融性		表面无裂纹、空鼓、起泡、剥离现象
水蒸气湿流密度/(g/(m²·h))		≥0.85
不透水性		试样防护层内侧无水渗透
耐候性		表面无裂纹、粉化、剥落现象

表 7.2   胶黏剂的性能指标

实 验 项 目		性 能 指 标
拉伸黏结强度/MPa (与水泥砂浆)	原强度	≥0.60
	耐水	≥0.40
拉伸黏结强度/MPa (与膨胀聚苯板)	原强度	≥0.10，破坏界面在膨胀聚苯板上
	耐水	≥0.10，破坏界面在膨胀聚苯板上
可操作时间/h		1.5～4.0

表 7.3 膨胀聚苯板的主要性能指标

实 验 项 目	性 能 指 标
导热系数/(W/(m·K)]	≤0.041
表观密度/(kg/m³)	18.0～22.0
垂直于板面方向的抗拉强度/MPa	≥0.10
尺寸稳定性/(%)	≤0.30

表 7.4 膨胀聚苯板的允许偏差

实 验 项 目		允 许 偏 差
厚度/mm	≤50	±1.5
	>50	±2.0
长度/mm		±2.0
宽度/mm		±1.0
对角线差/mm		±3.0
板边平直度/mm		±2.0
板面平整度/mm		±1.0

注：本表的允许偏差值以 1200 mm × 600 mm 的膨胀聚苯板为基准。

表 7.5 抹面胶浆的性能指标

实 验 项 目		性 能 指 标
拉伸黏结强度/MPa (与膨胀聚苯板)	原强度	≥0.10，破坏界面在膨胀聚苯板上
	耐 水	≥0.10，破坏界面在膨胀聚苯板上
	耐冻融	≥0.10，破坏界面在膨胀聚苯板上
柔韧性	抗压强度/抗折强度(水泥基)/(%)	≤3.0
	开裂应变(非水泥基)/(%)	≥1.5
可操作时间/h		1.5～4.0

表 7.6 耐碱玻璃纤维网格布的主要性能指标

实 验 项 目	性 能 指 标
单位面积质量/(g/m²)	≥130
耐碱断裂强力(经、纬向)/(N/50 mm)	≥750
耐碱断裂强力保留率(经、纬向)/(%)	≥50
断裂应变(经、纬向)/(%)	≤5.0

表 7.7　锚栓的主要性能指标

实 验 项 目	性 能 指 标
锚栓的有效深度/mm	≥25
塑料圆盘的直径/mm	≥50
单个锚栓抗拉承载力标准值/kN	≥0.30
单个锚栓对系统传热增加值/(W/(m²·K))	≤0.004

7.2.3　聚苯板薄抹灰外墙外保温系统的基本构造和技术要求

1. 基本构造

聚苯板薄抹灰外墙外保温系统以挤塑聚苯板(XPS板)或膨胀聚苯板(EPS板)作为保温芯材。该系统采用聚合物黏结砂浆将聚苯板粘贴在外墙外侧,然后使用聚合物抗裂砂浆复合耐碱玻璃纤维网格布(或钢丝网)作为罩面层,以起到抗裂、防渗的作用,从而构成一套完整的体系。该体系主要由基层墙体(包括混凝土墙体及各种砌体墙体)、黏结层(使用胶黏剂)、保温层(聚苯板)、连接件(锚栓)、薄抹灰增强防护层(由抹面胶浆并复合耐碱玻璃纤维网格布构成)、饰面层(包括弹性底涂、柔性耐水腻子及涂料)构成,见图 7.1。

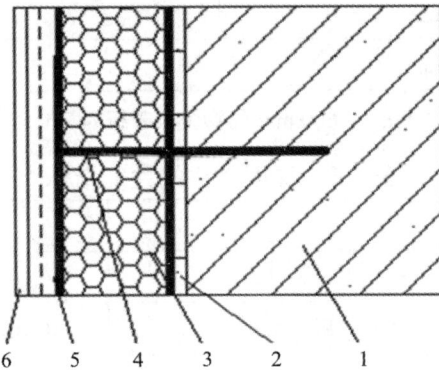

6　　5　　4　　3　　2　　1

1—基层墙体;2—黏结层;3—保温层;4—连接件;5—薄抹灰增强保护层;6—饰面层。

图 7.1　聚苯板薄抹灰外墙外保温系统的基本构造图

聚苯板薄抹灰外墙外保温系统的主要特点是:自重轻、导热系数低,保温效果显著;不占用室内使用面积;能彻底消除局部冷桥现象,保护墙体结构;施工省时、省事、省工,且易操作。

下面介绍聚苯板薄抹灰外墙外保温系统的几种常见构造做法。

1) 聚苯板外保温角部固定。

保温板应从墙壁的基部或坚固的支撑处开始安装,底部应设置铝合金托架。保温板应自下而上逐排沿水平方向依次安装,并通过拉线进行校核,逐列使用铅坠进行校直。在阳角与阴角的垂直接缝处,保温板应交错排列,见图 7.2。在安装过程中,应采用点粘或条粘的方法,通过挤紧黏结层,使保温板能够有规则、牢固地黏结在外墙面上。在安装保温板时及安装后的至少 24 h 之内,空气温度和外墙表面温度均不应低于 5℃。

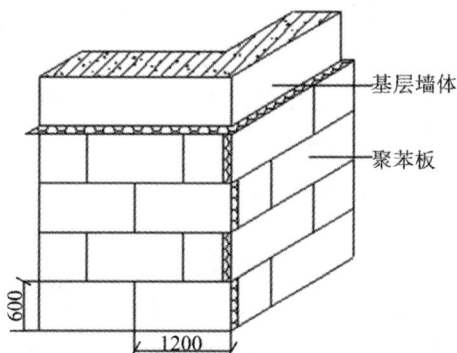

图 7.2   聚苯板排列图(墙角处板应交错互锁)

2) EPS 板、XPS 板薄抹灰外墙保温

基层表面应清洁，无油污及妨碍黏结的附着物。凸起、空鼓和疏松部位应剔除干净，并用聚合物水泥砂浆找平。根据建筑立面设计要求，在墙面弹出外门窗的水平、垂直控制线，以及伸缩缝、装饰缝等位置线。在外墙的大角(阴阳角)及其他必要位置挂垂直线，并在每个楼层的适当位置挂水平线，以控制 EPS 板、XPS 板的垂直度和平整度。

3) EPS 板、XPS 板粘贴

EPS 板、XPS 板粘贴施工采用点框粘法和条粘法。

(1) 点框粘法：在挤塑板的四周涂抹宽度约为 50 mm 的黏结砂浆，厚度为 5～10 mm；中间布设 9 个黏结点(也可根据工程实际情况布置 8 个或 3 个点)，其中直径为 80 mm、厚度为 10 mm 的点有 6 个，直径为 100 mm、厚度为 10 mm 的点有 3 个，呈梅花状布置，确保黏结面积不小于 40%。在板的侧面留一个宽度为 50 mm 的排气口，见图 7.3。

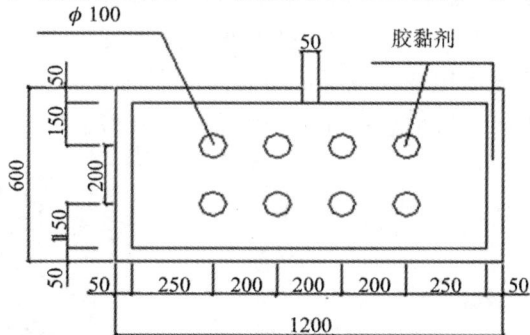

图 7.3   点框粘法示意图

(2) 条粘法：在每块标准板面(尺寸为 600 mm × 1200 mm)上，用锯齿镘刀涂满宽度约为 80 mm 的胶黏剂，胶黏剂的厚度为 5～8 mm，黏结条的间距约为 80 mm，必须确保聚苯板与基层墙面的黏结面积达到 70%以上。

EPS 板、XPS 板抹完黏结砂浆后，应立即将板平贴在基层墙体上并滑动就位。粘贴时应轻揉、均匀挤压砂浆层；为了保证板面的平整度，应随时用一根长度不小于 2 m 的靠尺进行压平操作。板应横向铺贴，每排板应错缝 1/2 板长。粘贴板时操作应迅速，在挤塑板安装就位之前，黏结砂浆不得有结皮现象。板的接缝应紧密平齐，不得在板侧面涂抹砂浆或挤放黏结砂浆，以免引起开裂。管道处粘贴时，应根据现场形状对板进行裁剪。板必须与墙面黏结牢固，无松动或虚黏现象。超出 2 mm 的缝隙应用相应板条填塞严实，拼缝高差大于 1.5 mm 处应用砂纸或专用打磨机打磨平整。板表面不平整处需至少静置 24 h 后才能用砂纸磨平，打磨板面的动作应是轻柔的圆周运动，打磨时散落的碎屑应随时清理干净。

4) 墙体构造及墙角构造细节处理

首层墙体的具体构造及墙角构造细节处理见图7.4。

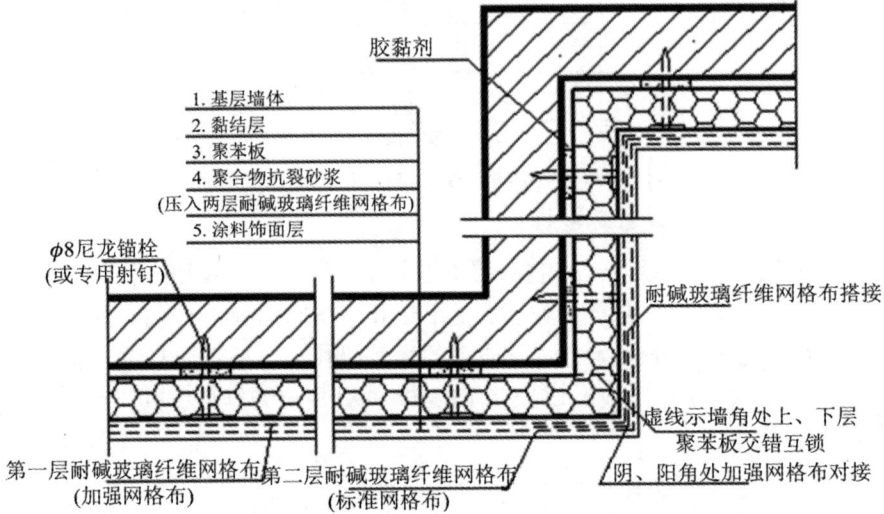

图 7.4　首层墙体构造及墙角构造细节处理

5) 檐口和勒脚包边处理

在檐口、勒脚、门窗洞口处以及墙身变形缝的两侧，应预先贴附窄幅的耐碱玻璃纤维网格布，进行系统包边处理。勒脚保温构造，带窗套窗口保温构造，墙身变形缝保温平面、剖面构造分别见图7.5、图7.6、图7.7。当 EPS 板、XPS 板需要切割以适应非标准尺寸或局部不规则形状时，应采用电热丝或其他适宜的工具进行切割，且切口必须与板面保持垂直。整块墙面的边角处应使用最小尺寸不小于 300 mm 的板材

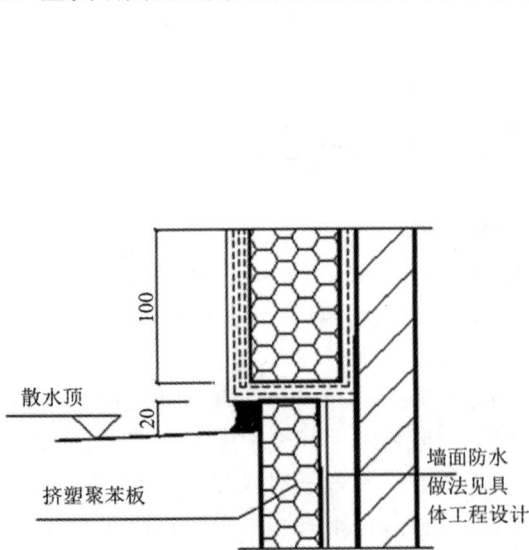

图 7.5　勒脚保温构造图

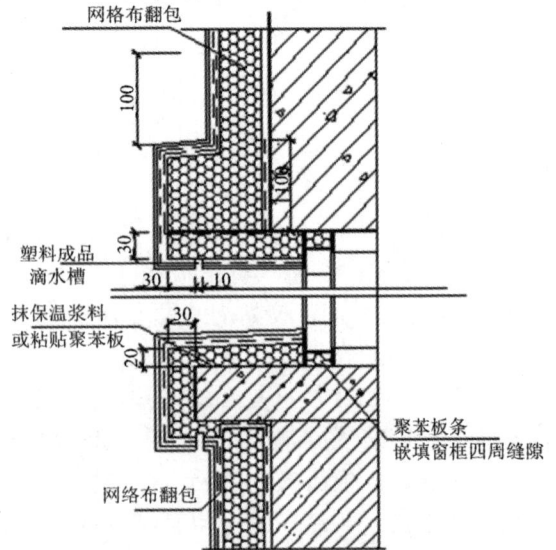

图 7.6　带窗套窗口保温构造图

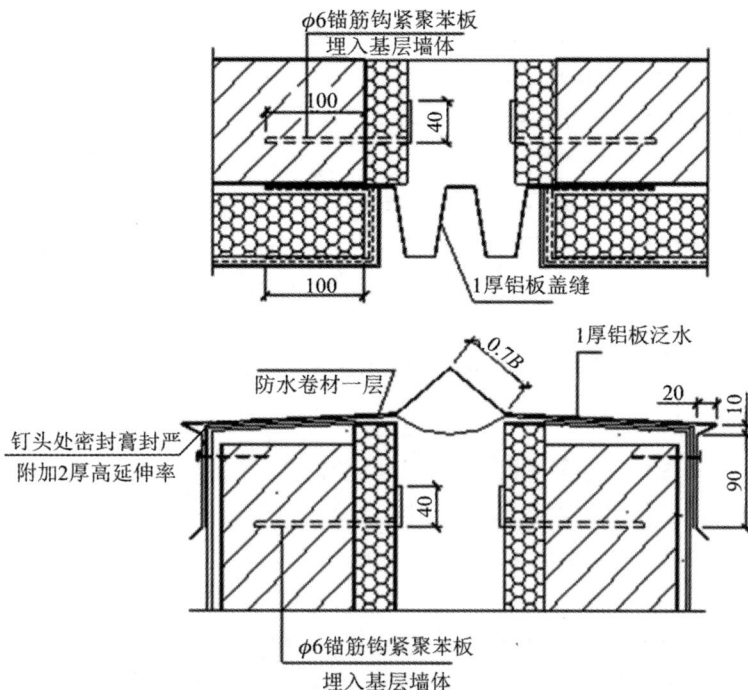

图 7.7　墙体变形缝保温平面、剖面构造图

6) 固定件安装

在挤塑板上使用冲击钻进行钻孔，孔洞的深入墙基面的锚固深度应按设计要求执行(若设计要求未明确，则锚固深度不小于 50 mm)。锚栓的数量应以设计或图示为准。锚栓安装完成后，其表面应与保温板相平。聚苯板的排列及锚固点的布置图，以及聚苯板洞口四角的切割和顶部锚固的要求，分别见图 7.8 和图 7.9。

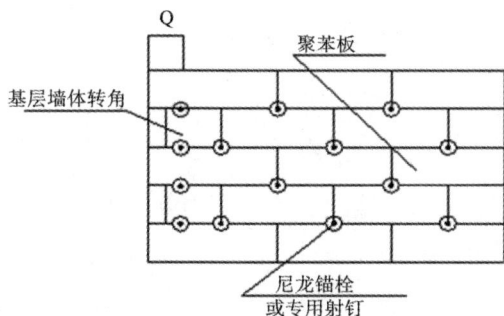

图 7.8　聚苯板的排列及锚固点的布置图

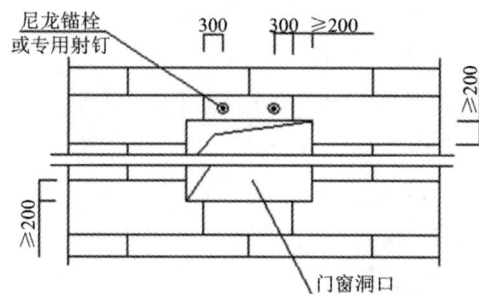

图 7.9　聚苯板洞口四角的切割和顶部锚固要求

2. 技术要求

聚苯板薄抹灰外墙外保温工程的技术要求如下：

(1) 聚苯板的宽度不宜大于 1200 mm，高度不宜大于 600 mm。当建筑高度超过 20 m 时，在受负风压作用较大的部位，宜使用锚栓进行辅助固定。

(2) 聚苯板应按顺砌方式粘贴，竖缝应逐行错开。墙角处的聚苯板应交错互锁，洞口四角部位的板不得进行拼接，而应使用整块板切割成形。

(3) 粘贴聚苯板时，胶黏剂应涂抹在板的背面,涂胶黏剂的面积不得小于板面积的40%。

布点应均匀，一般可采用点框粘法进行粘贴，板的侧边不得涂抹胶黏剂。粘贴应牢固，不得出现松动和空鼓现象。板缝应挤紧并挤平，板间的缝隙不得大于 2 mm(若大于 2 mm，则可使用板条将缝隙填塞)，板间的高差不得大于 1.5 mm(若大于 1.5 mm，则应进行打磨使其平整)。

(4) 必须进行基层与胶黏剂的拉伸黏结强度检验，拉伸黏结强度不应低于 0.3 MPa，且黏结界面的脱开面积不应大于 50%。

(5) 当墙面的连续高度或宽度超过 23 m 时，应设置抗裂分隔缝，缝宽不得小于 20 mm。

7.2.4 聚苯板薄抹灰外墙外保温工程施工

1. 施工工艺流程

聚苯板薄抹灰外墙外保温工程的施工工艺流程为：准备材料、工具→处理基层→弹线、配制黏结胶浆→黏结(或锚固)聚苯板→打磨、找平聚苯板→处理特殊部位→涂抹底层胶浆→铺压玻璃纤维网格布、配制抹面胶浆→用抹面胶浆找平→面层涂饰→竣工验收。

2. 施工条件

聚苯板薄抹灰外墙外保温工程施工时应具备以下条件：

(1) 施工现场应具备通电、通水条件，并保持清洁、文明的施工环境。

(2) 施工现场的环境温度和基层墙体表面温度均不应低于 5℃。夏季应避免阳光暴晒，5 级以上大风天气和雨天不得施工。

(3) 在施工过程中，应采取必要的保护措施防止施工墙面受到污染。待建筑泛水、密封膏等构造细部按设计要求施工完毕后，方可拆除保护物。

(4) 外墙主体结构工程和外墙门窗应施工完毕并验收合格。

(5) 伸出外墙面的消防楼梯、水落管、各种进户管线等预埋件和连接件应安装完毕，并按外保温系统的厚度留出间隙。

3. 施工要点

聚苯板薄抹灰外墙外保温工程的施工要点如下：

(1) 脚手架的选择。

外墙保温用的脚手架可采用双排钢管脚手架或吊架，架管或管头与墙面间的最小距离应为 450 mm，以方便施工。

(2) 基层墙体处理。

基层墙体必须清理干净，确保墙面无油、灰尘、污垢、涂料、防水剂等污染物或其他有碍黏结的材料，并应剔除墙面的凸出物。当基层墙体的表面平整度不符合要求时，可用 1:3 水泥砂浆进行找平。基层墙体处理完毕后，应将墙面稍微湿润。

(3) 黏结聚苯板。

根据设计图纸的要求，在经过平整处理的外墙上，沿散水标高用墨线弹出散水及勒角水平线。当需设系统变形缝时，应在墙面相应位置弹出变形缝及宽度线，并标出聚苯板的黏结位置。

沿聚苯板的周围用不锈钢抹子涂抹配制好的黏结胶浆，胶浆带宽 50 mm、厚 15 mm。

当采用标准尺寸聚苯板时，应在板的中间部位均匀布置 8 个点的水泥胶浆，每点的直径为 100 mm、厚度为 15 mm、中心距为 200 mm。涂抹完水泥胶浆后，应立即将板平贴在基层墙体上滑动就位，并随时用 2 m 长的靠尺进行整平操作。

聚苯板应从建筑物的外墙勒角部位开始，自下而上进行黏结。上下板排列应互相错缝，严禁上下通缝；上下排板间竖向接缝应垂直交错连接，以保证转角处板材的安装垂直度。窗口带造型的部位应在墙面聚苯板黏结后，另外贴带造型的聚苯板，以保证板不产生裂缝。

黏结上墙后的聚苯板静置 24 h 后，应用粗砂纸磨平，然后再将整个聚苯板打磨一遍。打磨动作应是轻柔的圆周运动，不得沿与聚苯板接缝平行的方向进行打磨。

(4) 网格布的铺设。

标准网格布的铺设采用二道抹面胶浆法。首先，用不锈钢抹子在聚苯板表面均匀涂抹一层面积略大于一块网格布的抹面胶浆，厚度约为 1.6 mm；然后，立即将网格布压入湿的抹面胶浆中。待胶浆稍干且硬至可以碰触时，再用抹子涂抹第二道抹面胶浆，直至网格布全部被覆盖。此时，网格布应位于两道抹面胶浆的中间。

网格布的铺设应自上而下沿外墙进行。遇到门窗洞口时，应在洞口四角处沿 45°方向补贴一块标准网格布，以防开裂。标准网格布间应相互搭接至少 150 mm，但加强网格布间需对接，其对接边缘应紧密。翻网处网宽不少于 100 mm。窗口翻网处及第一层起始边侧面应涂抹水泥胶浆，面网用靠尺归方找平，并将水泥胶浆压实。铺设网格布时，网格布的弯曲面应朝向墙面，并从中央向四周用抹子抹平，直至网格布完全埋入抹面胶浆内且目测无任何可分辨的网格布纹路。

全部抹面胶浆涂刷和网格布铺设完毕后，应静置养护 24 h 后，方可进行下一道工序的施工。在潮湿的气候条件下，应延长养护时间，保护已完工的成品，避免雨水的渗透和冲刷。

(5) 面层涂饰的施工。

在面层涂饰施工前，应首先检查抹面胶浆上是否有抹子刻痕、网格布是否完全埋入。然后，修补抹面胶浆的缺陷或凹凸不平处，并用专用细砂纸打磨一遍，必要时可批腻子。

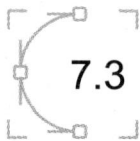

7.3　胶粉聚苯颗粒保温浆料外墙外保温工程

7.3.1　技术名词解释

(1) 胶粉聚苯颗粒保温浆料：由聚苯颗粒(体积比不小于 80%)和胶粉料组成的保温灰浆。

(2) 胶粉聚苯颗粒保温浆料外墙外保温系统：以胶粉聚苯颗粒保温浆料为保温隔热材料，抹在基层墙体表面，由嵌埋有耐碱玻璃纤维网格布增强的聚合物抗裂砂浆防护层和涂料或面砖外饰面层组成。

(3) 界面砂浆：由高分子聚合物乳液与助剂配制成的界面剂，与水泥和中砂按一定比例搅拌均匀制成的砂浆。

(4) 胶粉料：由无机胶凝材料与各种外加剂在工厂采用预混合干拌技术制成的，专门用于配制胶粉聚苯颗粒保温浆料的复合胶凝材料。

(5) 聚苯颗粒：由聚苯乙烯泡沫塑料经粉碎、混合而制成的，具有一定粒度、级配的，专门用于配制胶粉聚苯颗粒保温浆料的轻骨料。

(6) 抗裂柔性耐水腻子：由柔性乳液、助剂和粉料等制成的，具有一定柔韧性和耐水性的腻子。

(7) 面砖黏结砂浆：由聚合物乳液和外加剂制得的面砖专用胶液，与普通硅酸盐水泥和中砂按一定比例混合搅拌均匀制成的黏结砂浆。

(8) 面砖勾缝料：由多分子材料、水泥、各种填料、助剂等配制而成的陶瓷面砖勾缝料。

(9) 柔性底层涂料：由柔性防水乳液、多种助剂、填料配制而成的，具有防水和透气效果的封底涂层。

7.3.2 性能指标

胶粉聚苯颗粒保温浆料外墙外保温系统及其所用材料的主要性能指标应分别符合表 7.8～表 7.16 中的要求。

表 7.8 胶粉聚苯颗粒保温浆料外墙外保温系统的性能指标

实 验 项 目		性 能 指 标	
耐候性		经 80 次高温(70℃)→淋水(15℃)循环和 20 次加热(50℃)→冷冻(-20℃)循环后，不得出现开裂、空鼓或脱落。抗裂防护层与保温层的拉伸黏结强度不应小于 0.1 MPa，破坏界面应位于保温层	
吸水量/(g/m²) 浸水 1 h		≤1000	
抗冲击强度	C 型	普通型(单网)	3J 冲击合格
		加强型(双网)	10J 冲击合格
	T 型	3.0J 冲击合格	
抗风压值		不小于工程项目的风荷载设计值	
耐冻融性		严寒及寒冷地区 30 次循环、夏热冬冷地区 10 次循环后，表面无裂纹、空鼓、起泡、剥离现象	
水蒸气湿流密度/(g/(m² · h))		≥0.85	
不透水性		试样防护层内侧无水渗透	
耐磨损，500L 砂		无开裂、龟裂或表面保护层剥落、损伤	
系统抗拉强度(C 型)/MPa		≥0.1，并且破坏部位不得位于各层界面	
饰面砖黏结强度(T 型)/MPa		≥0.4(现场抽测)	
抗震性能(T 型)		设防烈度等级下，面砖饰面及外保温系统无脱落	
火反应性		不应被点燃，实验结束后试件厚度变化不超过 10%	

表 7.9　胶粉聚苯颗粒保温浆料的性能指标

项　　目	单　　位	性能指标
湿表观密度	kg/m³	≤420
干表观密度	kg/m³	180～250
导热系数	W/(m·K)	≤0.060
蓄热系数	W/(m²·K)	≥0.95
抗压强度	kPa	≥200
压剪黏结强度	kPa	≥50
线性收缩率	%	≤0.3
软化系数	—	≥0.5
难燃性	—	B₁级

表 7.10　界面砂浆的性能指标

项　　目		单　　位	性能指标
界面砂浆的压剪黏结强度	原强度	MPa	≥0.7
	耐水	MPa	≥0.5
	耐冻融	MPa	≥0.5

表 7.11　胶粉料的性能指标

项　　目	单　　位	性能指标
初凝时间	h	≥4
终凝时间	h	≤12
安定性(试饼法)	—	合格
拉伸黏结强度	MPa	≥0.6
浸水拉伸黏结强度	MPa	≥0.4

表 7.12　聚苯颗粒的性能指标

项　　目	单　　位	性能指标
堆积密度	kg/m³	8.0～21.0
粒度(5mm 筛孔筛余)	%	≤5

表 7.13　抗裂柔性耐水腻子的性能指标

项　　目	单　　位	指　　标
容器中状态	—	无结块、均匀
施工性	—	刮涂无障碍
干燥时间(表干)	h	≤5
打磨性	—	手工可打磨

续表

项　目		单　位	指　标
耐水性 96h		—	无异常
耐碱性 48h		—	无异常
黏结强度	标准状态	MPa	≥0.60
	冻融循环(5 次)	MPa	≥0.40
柔韧性		—	直径为 50 mm，无裂纹
低温储存稳定性		—	−5℃冷冻 4 h 无变化，刮涂无困难

表 7.14　柔性底层涂料的性能指标

项　目		单　位	指　标
容器中状态		—	搅拌后无结块，呈均匀状态
施工性		—	刷涂无障碍
干燥时间	表干时间	h	≤4
	实干时间	h	≤8
断裂伸长率		%	≥100
表面憎水率		%	≥98

表 7.15　面砖勾缝料的性能指标

项　目		单位	性能指标
外观		—	均匀一致
颜色		—	与标准相一致
凝结时间		h	大于 2 h，小于 24 h
拉伸黏结强度	常温状态 14 d	MPa	≥0.60
	耐水(常温状态 14 d，浸水 48 h，放置 2 h)	MPa	≥0.50
压折比		—	≤3.0
透水性(24 h)		mL	≤3.0

表 7.16　热镀锌电焊网的性能指标

项　目	单　位	性能指标
工艺	—	热镀锌电焊网
丝径	mm	0.90 ± 0.04
网孔大小	mm	12.7 × 12.7
焊点抗拉力	N	＞65
镀锌层质量	g/m²	≥122

7.3.3　胶粉聚苯颗粒保温浆料外墙外保温系统的基本构造和技术要求

1. 基本构造

基层表面应清理干净，确保无油污、浮尘等杂物，大于 10 mm 的凸起物应剔除并铲平。确定好施工规矩(包括四角挂垂直线、大角找方)，拉设垂直、水平通线，按照厚度线使用稍干的保温浆料制作标准厚度的灰饼及冲筋。

胶粉聚苯颗粒保温浆料外墙外保温系统常见的基本构造有两种：涂料饰面胶粉聚苯颗粒外保温构造和面砖饰面胶粉聚苯颗粒外保温构造，分别见图 7.10 和图 7.11。

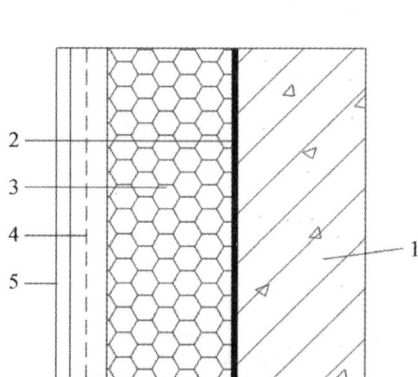

1—基层墙体；2—界面砂浆；
3—胶粉聚苯颗料保温层；
4—抗裂砂浆耐碱网格布 + 柔性底层涂料；
5—柔性耐水腻子 + 外墙涂料。

图 7.10　涂料饰面胶粉聚苯颗粒外保温构造图

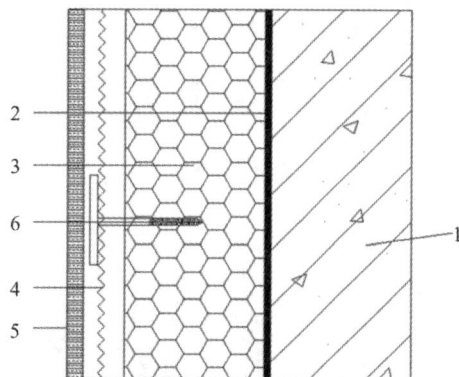

1—基层墙体；2—界面砂浆；3—胶粉聚苯颗料保温层；
4—第一遍抗裂砂浆+热镀锌电焊网 + 第二遍抗裂砂浆；
5—黏结砂浆 + 面砖 + 勾缝材料；
6—塑料锚栓，套管外直径为7~10 mm。

图 7.11　面砖饰面胶粉聚苯颗粒外保温构造图

下面介绍胶粉聚苯颗粒保温浆料外墙外保温系统的几种常见构造做法。

(1) 首层墙体和墙角的构造做法及细节处理如图 7.12 所示。

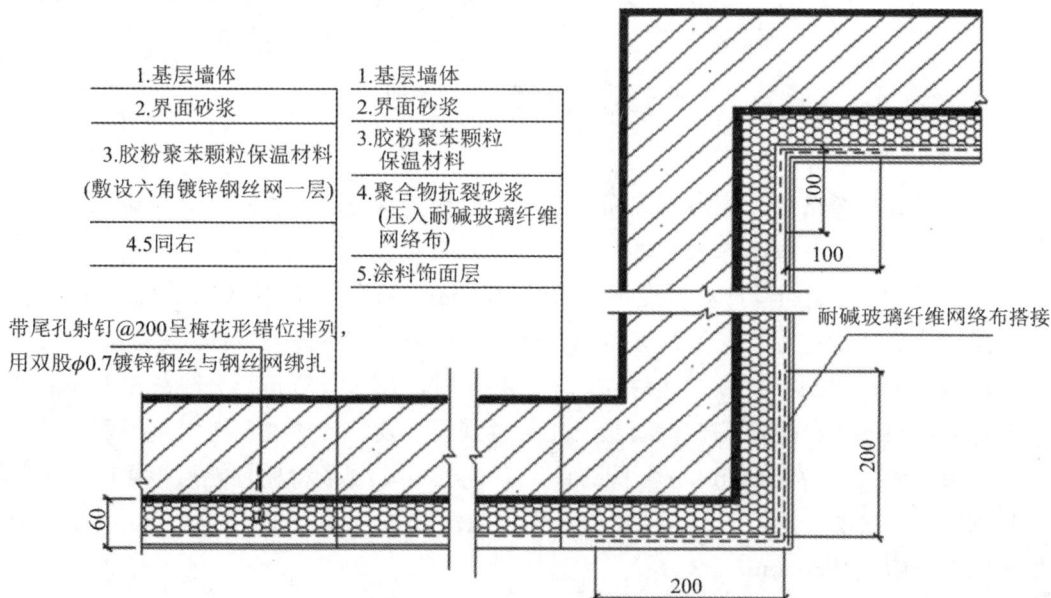

1.基层墙体
2.界面砂浆
3.胶粉聚苯颗粒保温材料
(敷设六角镀锌钢丝网一层)
4.5同右

带尾孔射钉@200呈梅花形错位排列，用双股φ0.7镀锌钢丝与钢丝网绑扎

1.基层墙体
2.界面砂浆
3.胶粉聚苯颗粒保温材料
4.聚合物抗裂砂浆(压入耐碱玻璃纤维网络布)
5.涂料饰面层

耐碱玻璃纤维网络布搭接

图 7.12　首层墙体和墙角构造图

(2) 勒脚、阳台、墙身变形缝等细部及特殊部位的处理构造做法分别见图 7.13、图 7.14、图 7.15。

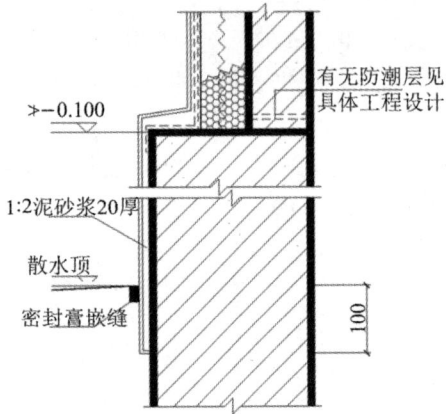

图 7.13　勒脚构造图

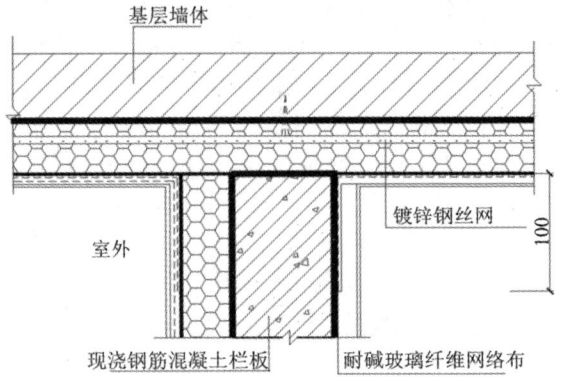

图 7.14　阳台构造图

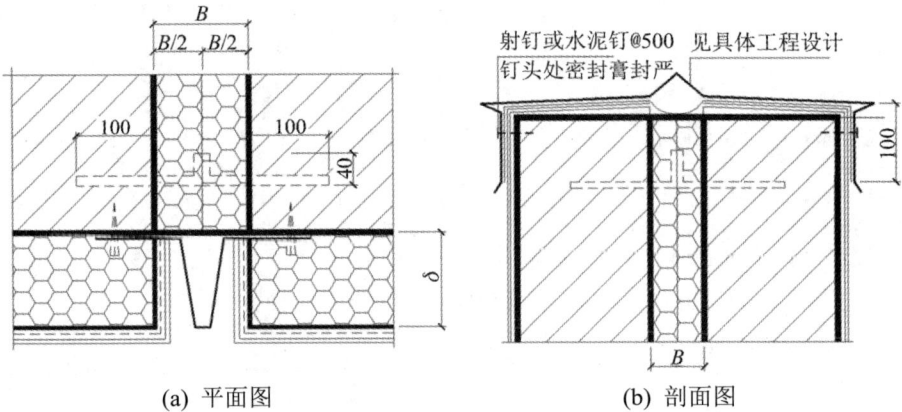

(a) 平面图　　　　　　　(b) 剖面图

图 7.15　墙身变形缝构造图

2. 技术要求

基层表面处理合格后，应涂刷界面砂浆。胶粉聚苯颗粒保温浆料宜分层抹灰，每层厚度不宜超过 20 mm，且每遍抹灰的时间间隔应在 24 h 以上。第一遍抹灰应压实，最后一遍则应进行找平。保温层的设计总厚度不宜超过 100 mm。抗裂砂浆层的施工必须在保温浆料充分干燥固化后才能进行。在涂抹涂料饰面层前，应先在抗裂砂浆抹面层上涂刷高分子柔性底层涂料，随后再刮涂抗裂柔性耐水腻子；必要时，还应设置抗裂分隔缝。对于胶粉聚苯颗粒保温浆料的干密度，应在保温层硬化且达到设计要求的厚度后进行现场取样检验，其干密度值不应大于 250 kg/m³，且不应小于 180 kg/m³。现场检验保温层厚度时，应符合设计要求，不得出现负偏差。当高层建筑采用粘贴面砖时，面砖的重量应≤20 kg/m²，且单块面砖的面积应≤1000 mm²。

7.3.4　胶粉聚苯颗粒保温浆料外墙外保温工程施工

1. 施工工艺流程

胶粉聚苯颗粒保温浆料外墙外保温工程的施工工艺流程为：基层墙体处理→涂刷界面剂→吊垂、套方、弹控制线→贴饼、冲筋→抹第一遍聚苯颗粒保温浆料→(等待 24 h 后)抹第二遍胶粉聚苯颗粒保温浆料→(晾干后)划分格线、开分格槽、粘贴分格条→抹抗裂砂浆→铺压耐碱玻璃纤维网格布→抗裂砂浆找平、压光→涂刷柔性底层涂料→刮柔性耐水腻子→验收。

2. 施工要点

基层墙体表面应清理干净，确保无油渍、浮尘，对于大于 10 mm 的突起部分，应予以铲平。若处理后的基层墙体表面符合要求，则均应涂刷界面砂浆。若基层墙体为黏土砖材质，则可先浇水淋湿。

保温浆料应分层施工，每层抹灰的厚度不宜超过 25 mm，且各层施工之间的时间间隔应在 24 h 以上。保温层的总厚度必须满足设计要求，不得出现负偏差。保温浆料底层的抹灰应自上而下、从左至右进行，在压实的基础上可适当增加施工抹灰的厚度，抹至距离保温标准贴饼约 1 cm 为宜；中层的抹灰需抹至与标准贴饼平齐，确保表面平整；面层的抹灰应在中层抹灰 4~6 h 后开始，主要以修补为主，并进行高压密实处理。在分层施工过程中，洞口边的墙体与门窗边框的连接处应留出相应的保温层厚度。

抗裂砂浆防护层的施工应在保温浆料充分干燥固化后进行。在抹抗裂砂浆时，其厚度应控制在 3~5 mm 之间，饱满度需达到 100%，并及时使用铁抹子将耐碱玻璃纤维网格布压入抗裂砂浆中。网格布之间的搭接长度不应小于 100 mm。当采用加强网格布时，应采取对接方式而非搭接(包括阴阳墙角部分)，并严禁进行干搭接。网格布的铺贴应确保平整、无褶皱。若饰面为面砖，则需在保温层表面先铺设一层与基层墙体拉牢的四角钢镀锌丝网(丝径为 1.2 mm，孔径为 20 mm×20 mm，网边搭接 40 mm，并使用双股 $\phi 0.7@150$~$\phi 0.8@150$ 的镀锌钢丝进行绑扎)，然后再抹抗裂砂浆作为防护层，面砖则使用胶黏剂粘贴在防护层上。

涂料饰面时，保温层分为一般型保温层和加强型保温层。当建筑物高度大于 30 m 且保温层厚度大于 60 mm 时，应采用加强型保温层。加强型保温层的做法是在保温层中距外表面 20 mm 处铺设一层六角镀锌钢丝网(丝径为 0.8 mm，孔径为 25 mm×25 mm)，并将其与基层墙体拉牢。

墙面分格缝的设置应符合设计要求，并在施工时遵循现行的国家和行业标准、规范、规程的要求。变形缝盖板可选用 1 mm 厚的铝板或 0.7 mm 厚的镀锌薄钢板。凡在盖缝板外侧进行抹灰时，均需在与抹灰层相接触的盖缝板部位钻孔，钻孔面积应约占接触面积的 25%，以增加抹灰层与基础的咬合作用。

抹灰、抹保温浆料及涂料时的环境温度应保持在 5℃以上，严禁在雨中施工。遇雨或雨季施工时，应采取可靠的保证措施。同时，抹灰、抹保温浆料的工作应避免在阳光暴晒和 5 级以上大风天气下进行。

施工完成后，应做好成品保护工作，防止施工污染。在拆卸脚手架或升降外挂架时，应确保墙面免受碰撞。严禁踩踏窗台、线脚，对于损坏部位的墙面，应及时进行修补。

7.3.5　质量保证

1. 保证项目

所用材料品种、质量、性能、做法及厚度必须符合设计及节能标准要求，并有检测报告。保温层厚度均匀，不允许有负偏差。各构件抹灰层间以及保温层与墙体间必须黏结牢固，无脱层、空鼓、裂缝，面层无粉化、起皮、爆灰等现象。

2. 基本项目

表面平整、洁净、接槎平整、无明显抹纹，线角、分割条顺直、清晰。外墙面所有门窗口、孔洞、槽、盒的位置和尺寸准确，表面整齐洁净，管道后面抹灰平整无缺陷。分格条(缝)宽度、深度均匀一致，条(缝)平整光滑，棱角整齐，横平竖直，通顺。滴水线(槽)的流水坡度正确，线(槽)顺直。

3. 允许偏差及检验方法

允许偏差的指标有立面垂直、表面平整、阴阳角垂直、阴阳角方正、分格条(缝)平直、立面总高度垂直度、上下窗口左右偏移、同层窗口上下以及保温层厚度 9 个指标，具体的检验方法见表 7.17。

表 7.17　允许偏差及检验方法

项次	项目	允许偏差/mm		检查方法
		保温层	抗裂层	
1	立面垂直	5	3	用 2 m 托线板检查
2	表面平整	4	2	用 2 m 靠尺及塞尺检查
3	阴阳角垂直	4	2	用 2 m 托线板检查
4	阴阳角方正	5	2	用 20 cm 方尺及塞尺检查
5	分格条(缝)平直	3		拉 5 m 小线和尺量检查
6	立面总高度垂直度	H/1000 且不大于 20		用经纬仪、吊线检查
7	上下窗口左右偏移	不大于 20		用经纬仪、吊线检查
8	同层窗口上下	不大于 20		用经纬仪、拉通线检查
9	保温层厚度	不允许有负偏差		用探针、钢尺检查

注：H 为立面总高度。

7.4 钢丝网架板现浇混凝土外墙外保温工程

7.4.1 材料性能指标

钢丝网架板现浇混凝土外墙外保温系统简称有网现浇系统,该系统以现浇混凝土为基层,采用单面钢丝网架聚苯板作为保温隔热材料。单面钢丝网架聚苯板置于外墙外模板内侧,并使用 φ6 钢筋钩紧钢丝网片作为辅助固定件,与钢筋混凝土现浇成为一体。聚苯板的抹面层由抗裂砂浆厚抹灰的防护层和涂料(薄抹灰)或面砖(厚抹灰)的外饰面层组成,二者共同构成外墙保温系统。

钢丝网架板现浇混凝土外墙外保温系统所使用的材料包括单面钢丝网架聚苯板和斜嵌入式钢丝网架两种,具体的质量要求分别见表 7.18 和表 7.19。

表 7.18 单面钢丝网架聚苯板的质量要求

项 目	质 量 要 求
外观	界面砂浆涂敷均匀,与钢丝和聚苯板附着牢固
焊点质量	斜丝脱焊点不超过 3%
钢丝挑头	穿透聚苯板挑头不小于 30 mm
聚苯板对接	板长 3000 mm 范围内,聚苯板对接不得多于两处,且对接处需要用胶黏剂粘牢

表 7.19 斜嵌入式钢丝网架的质量要求

项 目	性 能 指 标
镀锌低碳钢丝	用于钢丝网片的镀锌低碳钢丝直径为 2.00 mm、2.20 mm,用于斜插丝的镀锌低碳钢丝直径为 2.20 mm、2.50 mm,允许误差为 ±0.05 mm,其性能指标应符合《钢丝网架夹芯板用钢丝》(YB/T 126—1997)中的要求
焊点强度	抗拉力不小于 330N,无过烧现象
焊点质量	网片漏焊、脱焊点不超过焊点数的 0.8%,且不应集中在一处。连续脱焊点不应多于 2 点。板端 200 mm 区段内的焊点不允许脱焊、虚焊。斜插丝脱焊点不超过 2%
斜插钢丝(腹丝)密度	(100~150)根/m²
斜插钢丝与钢丝网片所夹锐角	60°±5°
钢丝挑头	网边挑头长度不大于 6 mm,插丝挑头长度不大于 5 mm
穿透聚苯板挑头	当聚苯板厚度≤50 mm 时,穿透聚苯板挑头离板面垂直距离≥30 mm;当 50 mm<聚苯板厚度≤80 mm 时,穿透聚苯板挑头离板面垂直距离≥35 mm;当 80 mm<聚苯板厚度≤150 mm,穿透聚苯板挑头离板面垂直距离≥40 mm
聚苯板对接	在不大于 3000 mm 长的板中,聚苯板对接不得多于两处,且对接处需用聚氨酯胶粘牢
钢丝网片与聚苯板的最短距离	5 mm±1 mm

注:横向钢丝应对准聚苯板横向凹槽中心。

7.4.2 钢丝网架板现浇混凝土外墙外保温系统的基本构造和技术要求

1. 基本构造

钢丝网架板现浇混凝土外墙外保温系统的构造如图 7.16 所示。

钢丝网架板的宽度宜设为 1.2 m，高度宜与建筑物层高相匹配。每平方米钢丝网架板上斜插腹丝的数量宜控制在 100～200 根之间。斜插腹丝的脱焊点不应超过 3%，且穿透板的挑头长度不应小于 30 mm。在板长 3000 mm 的范围内，板对接的次数不得多于 2 次，且对接处应使用聚苯胶粘牢。

在安装钢丝网架板时，板之间的周边高低槽应使用聚苯胶进行黏结；每层间相邻板之间的水平缝的钢丝网应断开；相邻板之间的垂直缝则应采用镀锌钢丝进行绑扎，以确保钢丝网片之间的连接；同时，应采取可靠措施，确保钢丝网架板和辅助固定件的安装位置准确无误。

厚抹面层的厚度(从板凸槽上表面开始计算)

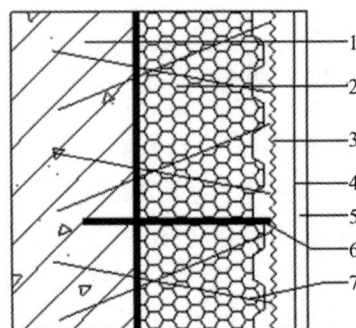

1—现浇混凝土外墙；2—单面钢丝网架板；
3—掺外加剂的水泥砂浆厚抹面层；
4—黏结砂浆层；5—饰面层；
6—φ6 钢筋；7—钢丝网架。
图 7.16 钢丝网架板现浇混凝土外墙外
保温系统的构造图

不宜超过 30 mm。板的凹槽内应使用抗裂砂浆填塞至饱满状态，抹面层应全面覆盖钢丝网片和板面锚固件，并采取相应的防裂措施。厚抹面层的抹灰工作应分遍进行，并应在干湿交替的条件下进行养护。当抗裂砂浆必须留置施工缝时，应采用阶梯坡形槎进行处理。

钢丝网架聚苯板具有质轻、吸水率低、耐候性能好、高弹性能佳、施工简便、工期短、一次浇筑成型后与墙体结合紧密、施工安全、冬期施工无须采取外保温措施等显著特点。钢丝网架聚苯板的板型如图 7.17 所示

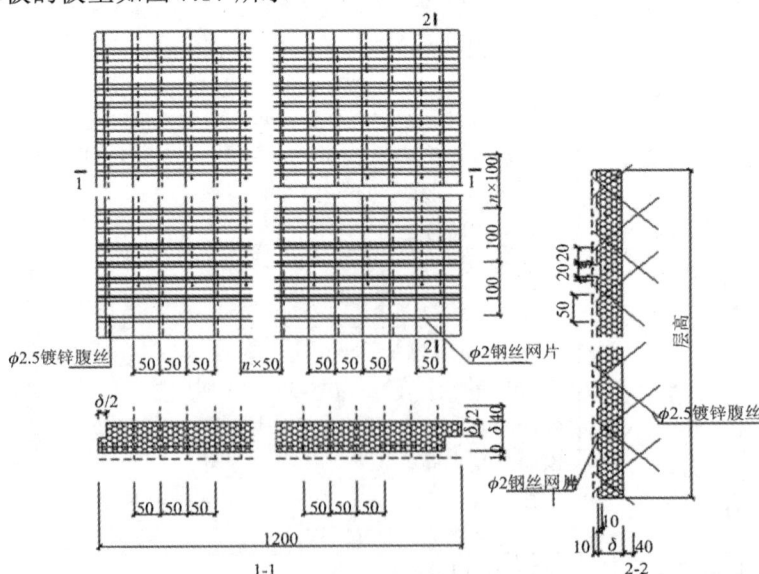

图 7.17 钢丝网架聚苯板板型图

墙体中阴阳墙角的具体构造做法及细节处理如图 7.18 所示。

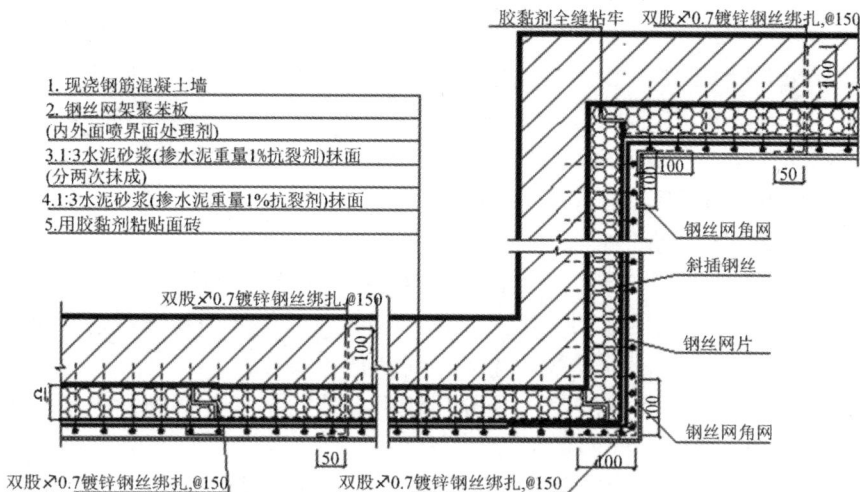

图 7.18 墙体中阴阳墙角的构造做法图

勒脚、女儿墙、窗口等细部及特殊部位的构造图分别见图 7.19、图 7.20、图 7.21。

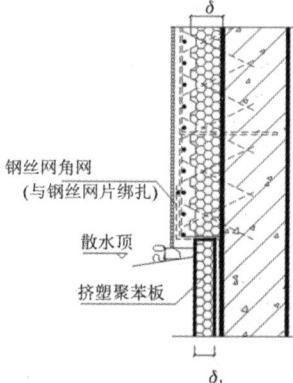

图 7.19 勒脚构造图

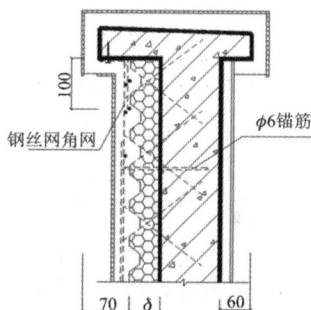

图 7.20 女儿墙构造图

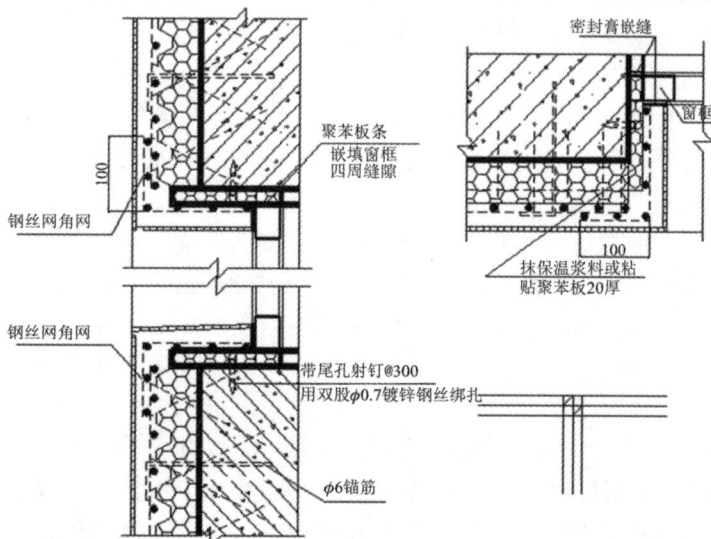

图 7.21 窗口构造图

2. 技术要求

(1) 板面斜插腹丝的数量不得超过 200 根/m²，且应采用直径为 2.5 mm 的镀锌钢丝。板的两面应预先喷刷界面砂浆。加工质量应符合现行行业标准《钢丝网架水泥聚苯乙烯夹芯板》(JC 623—1996)的相关规定。

(2) 聚苯板安装就位后，应使用 L 形直径为 6 mm 的锚筋穿透板面，并与混凝土墙体的钢筋牢固绑定。锚筋穿过聚苯板的部分应涂刷两遍防锈漆。L 形锚筋的数量不得少于 4 根/m²，且锚固深度不得小于 100 mm。

(3) 在每层层间应设置水平抗裂分隔缝。聚苯板面的钢丝网片在楼层分层处应断开，不得相连。抹灰时应嵌入层间塑料分隔条或泡沫塑料棒，外表用建筑密封膏进行嵌缝。垂直抗裂分隔缝的设置应依据墙面面积，不宜大于 30 m²。

(4) 应采用钢制大模板进行施工，并应制订可靠的技术保证措施，以确保钢丝网架板和辅助固定件的安装位置准确无误。

(5) 墙体混凝土应分层浇注和振捣，分层高度应控制在 500 mm 以内。严禁混凝土泵正对聚苯板下料，振捣棒也不得接触聚苯板，以防止板受损。

(6) 界面砂浆应均匀涂敷，与钢丝和聚苯板附着牢固。斜丝脱焊点不得超过 3%，且穿过板的挑头长度不应小于 30 mm。在板长 300 mm 的范围内，对接接头不得超过两处，且对接处应使用胶黏剂粘牢。

7.4.3　钢丝网架板现浇混凝土外墙外保温工程施工

1. 施工工艺流程

钢丝网架板现浇混凝土外墙外保温工程的施工工艺流程为：墙体放线→绑扎外墙钢筋并进行钢筋隐检→安装钢丝网架聚苯板→验收钢丝网架聚苯板→支设外墙模板→验收模板→浇筑墙体混凝土→检验墙体及钢丝网架聚苯板→钢丝网架聚苯板板面抹灰。

2. 施工要点

钢丝网架板现浇混凝土外墙外保温工程的施工要点如下。

(1) 外墙外保温板安装。

在混凝土内外墙钢筋绑扎并经验收合格后，方可进行外墙外保温板的安装。需按照设计图纸上的墙体厚度弹出水平线和垂直线，同时在外墙钢筋外侧绑扎塑料卡垫块，每块板(1200 × 2700)内不小于 4 块。

保温板就位后，使用 L 形直径为 6 mm 的钢筋按垫块位置穿过保温板，并用火烧丝将其两侧与钢丝网及墙体绑扎牢固。L 形钢筋的长度为 200 mm，弯钩长为 30 mm，其穿过保温板的部分需涂刷两道防锈漆。保温板外侧的低碳钢丝网片应在楼层层高分界处断开，外墙的阳角、阴角以及窗口、阳台底边处需附加角网及连接平网，搭接长度不小于 200 mm。

(2) 模板安装。

在安装模板时，应选用钢制模板，并根据保温板的厚度来确定模板的组合配制尺寸及数量。当底层混凝土的强度不低于 7.5 MPa 时，按照弹出的墙体位置线开始安装模板。安装上一层模板时，可利用下一层外墙的螺栓孔挂设三角平台架及金属防护栏。在安装外墙钢制模板前，必须在现浇混凝土墙体根部或保温板外侧采取可靠的定位措施，以防止模板挤靠保温板。将模板放置在三角平台架上并就位，然后穿入螺栓进行紧固校正。模板的连接拼接要严密、牢固，避免出现错台和漏浆现象。

(3) 混凝土浇筑。

混凝土可以采用商品混凝土或现场搅拌混凝土。保温板顶面要采取遮挡措施，新、旧混凝土接槎处应均匀浇筑 3～5 cm 同强度等级的细石混凝土。混凝土应分层浇筑，每层厚度控制在 500 mm 以内。振捣棒振动间距一般应小于 50 cm，振捣时间以表面浮浆不再下沉为准。洞口处浇筑混凝土时，应在洞口两边同时浇筑，并使两侧浇筑高度大体一致，振捣棒应距洞口边 30 cm 以上。施工缝应留在门洞过梁跨中 1/3 范围内，也可留在纵横墙的交接处。采用预制板时，宜采用钢管脚手架，墙体混凝土表面标高应低于板底 3～5 cm。

(4) 模板拆除。

在常温条件下，墙体混凝土强度不应低于 1.0 MPa；冬期施工时，墙体混凝土强度不应低于 7.5 MPa，方可拆除模板。混凝土的强度等级应以现场同条件养护的试块抗压强度为标准。拆模顺序为先拆除外墙外侧模板，再拆除外墙内侧模板，并及时修补混凝土墙面的缺陷。穿墙套管拆除后，应以干硬性砂浆补洞，洞口处所缺保温板应用保温材料填好。

(5) 混凝土养护。

混凝土的养护可以按照有关章节中的混凝土养护方法进行。

(6) 混凝土墙体检验。

墙体混凝土必须振捣密实均匀，墙面及接槎处应光滑、平整，墙面不得有孔洞、露筋等缺陷，允许偏差应符合有关规范要求。聚苯板压缩厚度允许的偏差为板设计厚度的 1/10，检查方法是：用钢尺测上、中、下三点厚度，然后取平均值。

(7) 外墙外保温板抹灰。

保温板表面有余浆以及有疏松空鼓现象者，均应清除干净，做到无灰尘、油渍和污垢。绑扎阴阳角及拼缝网时，需用铁丝与保温板钢丝网绑扎牢固。两层之间保温板钢丝网应剪断。水泥可用 425 号普通硅酸盐水泥，砂子用中砂，含泥量不大于 3%。水泥砂浆按 1∶3 比例配制，并按水泥重量的 1% 掺入防裂剂。板面应喷界面剂且应均匀一致，待其干燥后可进行抹灰。

抹灰应分底层和面层进行，每层厚度不大于 10 mm，总厚度不大于 20 mm，以盖住钢丝网为宜。待底层抹灰凝结后可抹面层，常温下 24 h 后即可粘贴面砖。

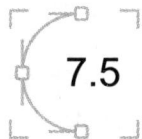

7.5　外墙外保温工程验收

7.5.1　工程验收标准

按照现行国家标准《建筑工程施工质量验收统一标准》(GB 50300—2023)的规定，进行外墙外保温工程施工质量的验收。

外墙外保温工程的分部工程、子分部工程和分项工程的划分如图 7.22 所示。

分项工程应每 500～1000 m² 划分为一个检验批，不足 500 m² 也应划分为一个检验批。在每个检验批中，每 100 m² 应至少抽查一处，且每处不得小于 10 m²。

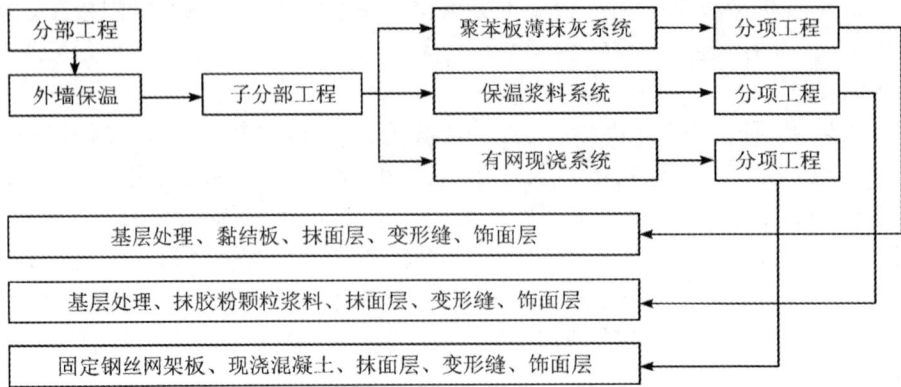

图 7.22　外墙外保温工程分部工程、子分部工程和分项工程划分图

1. 主控项目验收标准

主控项目验收标准如下。

(1) 外墙外保温系统及主要组成材料的性能应符合《外墙外保温工程技术标准》(JGJ 144—2019)的要求。检查方法：核查型式、检验报告、进场复检报告。

(2) 保温层厚度应符合图纸设计要求。检查方法：采用插针法进行检查。

(3) 聚苯板薄抹灰系统与聚苯板的黏结面积应符合相关要求。检查方法：进行现场测量。

2. 一般项目验收标准

一般项目验收标准如下：

(1) 聚苯板薄抹灰系统和保温浆料保温层的垂直度、尺寸允许偏差以及抹面层和饰面层分项工程应符合现行国家标准《建筑装饰装修工程质量验收规范》(GB 50210—2018)的规定。

(2) 现浇混凝土分项工程的施工质量应符合现行国家标准《混凝土结构工程施工质量验收规范》(GB 50204—2015)的规定。

(3) 有网现浇系统的抹面层厚度应符合《外墙外保温工程技术标准》(JGJ 144—2019)的要求。检查方法：采用插针法进行检查。

(4) 系统的抗冲击性应符合《外墙外保温工程技术标准》(JGJ 144—2019)的要求。在保护层施工完成后 28 d 进行检查。应根据抹面层和饰面层的性能不同而选取冲击点。采用摆动冲击方式，摆动中心固定在冲击点的垂直线上，摆长至少为 1.5 m。取钢球从静止开始下落的位置与冲击点之间的高差等于规定的落差。其中，10J 级钢球的质量为 1000 g，直径为 6.25 cm，落差为 1.02 m；3J 级钢球的质量为 500 g，落差为 0.61 m。

7.5.2　工程验收资料

1. 工程竣工应提交的文件

工程竣工时应提交的文件包括：外墙外保温系统的设计文件、图纸会审纪要、设计变更记录等；施工方案和施工工艺文件；外墙外保温系统的型式检验报告，以及其主要组成材料的产品合格证、出厂检验报告、进场复检报告和现场验收记录；施工技术交底文件；施工工艺记录及施工质量检验记录等。

2. 产品合格证与使用说明书

聚苯板系列产品应随产品交货时提供产品合格证与使用说明书。

产品合格证应包括以下内容：产品名称、标准编号、商标，生产企业名称、地址，产品规格、等级，生产日期、质量保证期，以及检验部门印章和检验人员代号。

使用说明书应包括以下内容：产品用途及使用范围、产品的特点及选用方法、产品结构及组成材料、使用环境条件、使用方法、材料存储方式、成品保护措施和验收标准等。

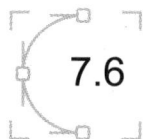

7.6　工程实践案例

【案例 7.1】 某小区高层住宅楼，地下 1 层，地上 26 层，建筑面积为 30 966 m²，建筑高度为 82.9 m，保温面积为 16 800 m²。该工程的主体采用钢筋混凝土剪力墙结构，从 ±0.000 至屋顶，采用混凝土外墙与单面钢丝网架聚苯板一次浇筑成型的施工工艺，主体验收评定等级为优良。外墙抹灰无大面积空鼓，无通长裂缝，评定等级同样为优良。以下是该工程单面钢丝网架聚苯板外保温一次浇筑成型的施工方案。

1. 材料要求

1) 单面钢丝网架聚苯板

该工程采用阻燃聚苯板，其密度不小于 20 kg/m³，厚度为 50 mm，外形尺寸为 1.2 m × 2.8 m。该聚苯板单面为齿槽型，其齿槽距离与钢丝相对应，侧边带有 20 mm 深的企口槽。聚苯板的技术性能应符合《绝热用挤塑聚苯乙烯泡沫塑料(XPS)》(GB/T 10801.2—2018)的要求。

钢丝网架采用 $\phi 2$ 钢丝点焊网片，网眼尺寸为 50 mm × 50 mm。钢丝网与聚苯板通过 $\phi 2.5$ 镀锌斜插丝连成一体，斜插丝的长度为 130 mm。

2) L 形锚固筋

L 形锚固筋采用 $\phi 6$ 圆钢制成，其长度为 150 mm，直弯钩的长度为 30 mm。穿过保温板的部分应刷两道防锈漆。

3) U 形筋

U 形筋由刻痕钢丝弯制而成，其外形尺寸为 150 mm × 150 mm。

4) 耐碱玻璃纤维网格布

抹灰中使用的耐碱玻璃纤维网格布应符合相关规范的质量要求。

2. 机具设备

该工程除采用现浇钢筋混凝土剪力墙结构和普通抹灰所用的机具设备外，还增加了剪裁切割单面钢丝网架聚苯板所需的大头剪和手工锯。

3. 劳动组织

本工程共需要 11 名工人。其中，负责剪裁切割钢丝网架聚苯板的木工 3 人，负责安装聚苯板的木工 3 人，负责绑扎 L 形固定筋和钢丝网架片的钢筋工 2 人，负责剪裁及黏结网格布的工人 3 人。现浇钢筋混凝土剪力墙的普通抹灰施工所需劳动力另行组织。

施工时应严格执行现浇钢筋混凝土剪力墙及外墙抹灰施工的相关规定。

4. 施工工艺流程

本工程的施工工艺流程为：墙体放线→绑扎外墙钢筋→钢筋隐检→拼装聚苯板→验收聚苯板→支外墙模板→验收模板→浇筑墙体混凝土→主体完成后验收墙体及聚苯板→聚苯板板面抹灰。

5. 施工要点

1) 绑扎钢筋

按设计要求绑扎墙体钢筋,绑扎过程中严禁碰撞预埋件,若碰动则应按设计位置重新固定。

2) 单面钢丝网架聚苯板安装

(1) 安装时,宜利用钢筋混凝土墙体施工时用的外挂架。外挂架上、下两端与单面钢丝网架聚苯板接触处应用竹胶板垫实,以防外挂架挤坏保温板。

(2) 根据外墙面尺寸及安装顺序进行单面钢丝网架聚苯板拼装设计,并尽量减少拼接缝。安装顺序为先装阳角,再从左到右顺序拼装。根据排版尺寸裁剪单面钢丝网架聚苯板,要求下料切锯平直,裁剪得当。

(3) 根据单面钢丝网架聚苯板排版图,在绑扎好的外墙钢筋外侧弹出每块板的位置线。根据混凝土保护层厚度,在钢筋外侧绑扎相应厚度的水泥砂浆垫块。砂浆垫块位置要与 L 形 $\phi 6$ 锚固筋相对应,并与墙体内侧钢筋保护层砂浆相对应。一般情况下,垫块距阳角边不应大于 200 mm,竖向和水平间距不应大于 600 mm,且每块单面钢丝网架聚苯板竖向不少于 2 排。安装时,按排版设计时规定的安装顺序逐块安装。板间接缝除楼层间采用平缝外,均为企口缝。每安装完一块板,检验其位置、标高、水平度和垂直度。符合要求后,将 L 形 $\phi 6$ 锚固筋按垫块位置穿过聚苯板,用火烧丝将其与钢丝网及墙体钢筋绑扎牢固。板间企口缝应接平,拼装应严密。

(4) 在单面钢丝网架聚苯板竖向拼缝处,用火烧丝将平铺宽度为 200 mm 的附加网片与钢丝网架绑扎牢固。再用 U 形 $\phi 8$ 镀锌钢丝穿过聚苯板与外墙钢筋绑扎牢固。U 形 $\phi 8$ 镀锌钢丝间距为 500 mm,具体做法见图 7.23。

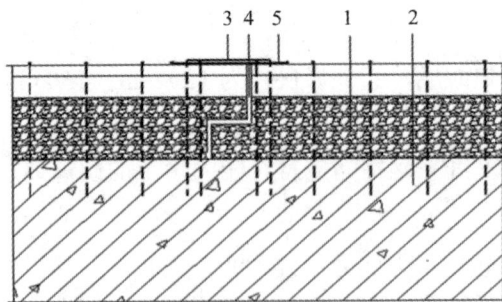

1—单面钢丝网架聚苯板；2—钢筋混凝土外墙；3—U 形 $\phi 8$ 镀锌钢丝；

4—聚苯板拼缝；5—附加钢丝网。

图 7.23 竖向拼缝做法图

(5) 在外墙阳角处,单面钢丝网架聚苯板的企口缝拼接部位应敷设附加钢丝角网。钢丝角网的宽度不小于 100 mm,并用火烧丝与外墙钢筋绑扎牢固,具体做法见图 7.24。

(6) 门窗洞口各阳角处均同样附加钢丝角网。门窗洞角部设置 45° 平网,宽度为 250 mm,长度为 700 mm。门窗洞口附加钢丝角网的布置见图 7.25(注:网格布的尺寸为 200 mm × 300 mm)。

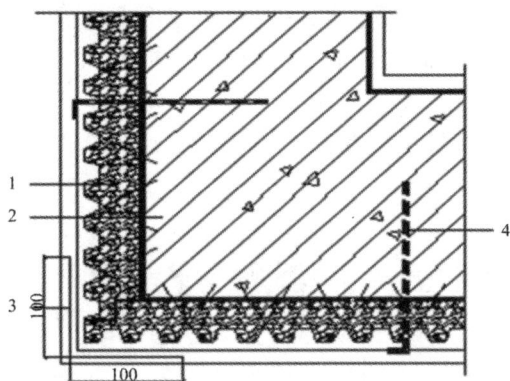

1—单面钢丝网架聚苯板;2—钢筋混凝土外墙;
3—附加钢丝角网;4—一级钢筋直径为 6 mm 的锚固筋。

图 7.24 外墙阳角做法图

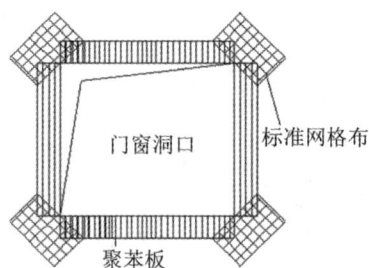

图 7.25 门窗洞口附加钢丝角网布置图

(7) 保温板外侧的低碳钢丝网片均按楼层层高断开,各层之间互不连接。

3) 模板安装

(1) 按照弹出的墙线位置安装模板。外墙的外模板可以直接在钢丝网架聚苯板外安装,但外模板面禁止刷脱模剂。

(2) 在安装外墙外侧模板前,必须在现浇混凝土墙体根部和单面钢丝网架聚苯板外侧采取可靠的定位措施。模板就位时,要防止挤压、刮碰钢丝网架聚苯板。

(3) 安装模板的穿墙螺栓时,严禁直接捅入。应预先用钢筋从内侧向外侧将穿墙螺栓孔处的聚苯板戳破,然后再安装套管和穿墙螺栓,具体做法见图 7.26。

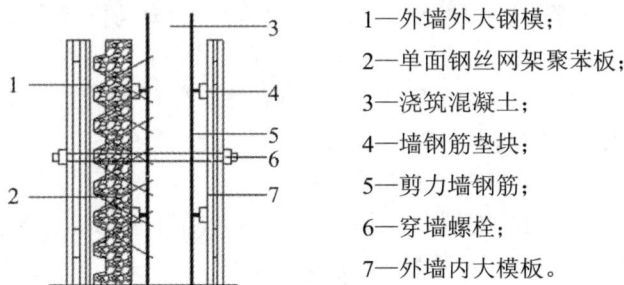

1—外墙外大钢模;
2—单面钢丝网架聚苯板;
3—浇筑混凝土;
4—墙钢筋垫块;
5—剪力墙钢筋;
6—穿墙螺栓;
7—外墙内大模板。

图 7.26 保温板与外墙模板安装

4) 浇筑混凝土

(1) 浇筑混凝土时,应使用镀锌铁皮遮盖外侧模板和单面钢丝网架聚苯板,以保护聚苯板的上企口,并防止混凝土落入单面钢丝网架聚苯板和模板的夹缝中。混凝土应分层浇筑并振捣,每层浇筑厚度控制在 500 mm 左右。混凝土下料点应分散分布,以避免堆积。混凝土泵管的出料方向不得对准保温板,振捣棒不得斜向插入墙体外层钢筋之外,以免接触聚苯板。

(2) 外墙混凝土浇筑到楼层顶标高时，应在外墙外侧留出企口。企口宽度为 30～50 mm，厚度与楼层楼板厚度相同，其作用是便于外墙外保温板的安装、固定，并确保浇筑时不漏浆。

5) 拆模

(1) 混凝土达到规定强度后方可拆模。拆模时，应先拆除外墙外侧模板，再拆除内侧模板。在拆除模板的过程中，应避免挤压、刮碰单面钢丝网架聚苯板。模板拆除后，应及时修整板面、边、角，并使用保温砂浆修补聚苯板板面上的缺陷。

(2) 墙体内模板拆除后，应及时使用干硬性砂浆捻塞混凝土墙体内的孔洞。孔洞填满后，所缺的聚苯板部分须使用聚苯板黏胶进行补齐。

6) 抹灰

(1) 抹灰前，应将钢丝网架和聚苯板面的余浆、余灰清理干净，确保表面无灰尘、油渍、污垢及疏松空鼓现象。对于局部变形的网架，应修整归位；受损的聚苯板，应进行粘补并修理平整。

(2) 聚苯板面应洗净并确保无水后，再喷 EC-1 界面处理剂(或其他有效的界面处理剂)。要求喷涂均匀一致，不漏喷、不堆积、不流淌。待界面处理剂干燥后，方可进行抹灰。

(3) 抹灰分为找平层抹灰和面层抹灰两步。找平层抹灰凝结后，方可进行面层抹灰。找平层砂浆的强度不宜过高，建议采用混合砂浆，并分两次抹成。每次抹灰的厚度宜不大于 10 mm。抹灰后，应加强养护，建议使用水性养护剂进行养护。面层则抹 1∶3 的水泥砂浆，厚度约为 10 mm。抹灰的总厚度以盖住钢丝网架且不大于 20 mm 为宜。

(4) 楼层间应设置水平分格缝。其他竖向、水平分格缝的位置应根据立面分格设计来确定。分格的面积一般不应超过 15 m²。分格缝的深度应贯穿第二次找平层和面层。

(5) 当外墙面涂刷普通涂料时，常温下，面层抹完灰 24 h 后即可抹厚度为 3～5 mm 的抗裂砂浆。随后，立即将耐碱玻璃纤维网格布压入砂浆内。待砂浆干至不粘手时，再抹面层聚合物砂浆，抹灰厚度约为 1～2 mm，以盖住玻璃纤维网格布为宜。

(6) 铺贴大面网格布时，应将弯曲的一面朝里，并沿水平方向绷直绷平。使用抹子由中间向上、下两边抹平，使其紧贴底层聚合物砂浆。网格布的横向搭接宽度应不小于 100 mm，竖向搭接宽度应不小于 80 mm。在阴阳角处，每面的网格布均应绕过角线不小于 200 mm。

(7) 门窗洞口内侧周边与大墙面形成的 45° 阳角部分，均应加一层尺寸为 300 mm × 200 mm 的网格布进行加强。门窗洞角部应设置 45° 网格布，宽度为 200 mm，长度为 300 mm。大面网格布应搭接在门穿洞周边的网格布上。

(8) 在分格缝部位，应沿分格缝将网格布埋入聚合物砂浆内。如果网格布在分格缝处断开，则必须进行搭接，且搭接宽度不应小于 65 mm。

(9) 施工时应避免大风天气。当气温低于 +5℃时，应停止施工。

6. 质量要求

(1) 本工程应严格执行《混凝土结构工程施工质量验收规范》(GB 50204—2015)、《建筑装饰装修工程质量验收标准》(GB 50210—2018)、《建筑工程施工质量评价标准》(GB/T 50375—2016) 的有关规定。

(2) 单面钢丝网架聚苯板安装的允许偏差及检验方法见表 7.20。

(3) 网格布粘贴时应横向铺设，并确保压贴密实，不得出现空鼓、皱折、翘曲、外露等现象。水平方向的搭接宽度应不小于 100 mm，垂直方向的搭接长度应不小于 80 mm。

表 7.20 单面钢丝网架聚苯板安装的允许偏差及检验方法

项 次	项 目	允许偏差		检验方法
		多层	高层	
1	轴线位移	5	3	尺量检查
2	每层垂直度	3	3	用 2 m 托线板检查
3	相邻两块板表面高低差	2	2	用直尺和尺量检查
4	表面平整度	2	2	用 2 m 靠尺和楔形塞尺检查
5	预留洞中心线位移	8	8	拉线和尺量检查
6	预留洞截面尺寸	+8 0	+8 0	尺量检查
7	板与板之间缝宽	2	2	尺量检查

本 章 小 结

本章详细阐述了聚苯板薄抹外墙外保温工程、胶粉聚苯颗粒保温浆料外墙外保温工程以及钢丝网架板现浇混凝土外墙外保温工程的特点、技术要求、施工程序、施工方法、施工要点和施工措施。为确保以上三种施工方案的质量可靠性，所使用的保温材料的主要性能指标必须符合相关规范的要求。同时，对于所涉及的技术术语的含义，必须有明确的了解和深刻的记忆。

聚苯板薄抹灰外墙外保温系统是在主体结构完工后，使用胶黏剂黏结聚苯板，其防护层由嵌埋的耐碱玻璃纤维网格布和聚合物抗裂砂浆构成，饰面通常为涂料。

胶粉聚苯颗粒保温浆料外墙外保温系统由胶粉料和聚苯颗粒混合形成的保温浆料构成，分多遍抹在外墙上，并嵌埋耐碱玻璃纤维网格布和抹聚合物砂浆。饰面可以为涂料，但大多数情况下饰面为面砖。

钢丝网架板现浇混凝土外墙外保温系统以现浇混凝土为基层墙体，单面钢丝网架聚苯板位于外墙外模板内侧，与钢筋混凝土现浇成整体。聚苯板的抹面层为抗裂砂浆，与混凝土黏结牢固，施工方便且造价低，应用普遍。饰面层通常为面砖。

为解决外墙外保温工程的热桥部位及热桥影响问题，本章对女儿墙、变形缝、封闭阳台、门窗外侧洞等部位的保温做法进行了简要介绍。在实际工作中，应按工程的具体设计要求进行施工。

复 习 思 考 题

1. 新型外墙外保温系统有哪些特点？

2. 什么叫聚苯板薄抹灰外墙外保温系统？画出它的基本构造图。

3. 聚苯板是如何制成的？其表观密度应为多少？出厂时有何具体要求？

4. 解释抗裂砂浆、耐碱玻璃纤维网格布、抹面胶浆的概念。

5. 画出首层聚苯板薄抹灰外保温墙体构造及阴阳墙角构造处理图。

6. 画图说明聚苯板洞口四角切割和顶部锚固的具体要求。

7. 简要叙述聚苯板薄抹灰外墙外保温工程的主要技术要求。

8. 简要说明聚苯板薄抹灰外墙外保温工程的施工工艺流程、施工条件以及施工要点。

9. 胶粉聚苯颗粒保温浆料外墙外保温系统是如何定义的？

10. 解释界面砂浆、胶粉聚苯颗粒保温浆料、聚苯颗粒及抗裂柔性耐水腻子的概念。

11. 画出面砖饰面胶粉聚苯颗粒外墙外保温构造图。

12. 简要叙述胶粉聚苯颗粒外墙外保温工程的主要技术要求。

13. 简要叙述胶粉聚苯颗粒外墙外保温工程的主要施工操作要点。

14. 简述钢丝网架板现浇混凝土外墙外保温工程的主要技术要求。

15. 简述钢丝网架板现浇混凝土外墙外保温工程的施工工艺流程和主要施工操作要点。

16. 外墙外保温工程的验收标准是什么？

17. 外墙外保温工程的主控项目和一般项目应如何进行验收？

第 8 章　装饰装修工程施工

📖 学习要求

1. 掌握常见装饰工程施工的工艺要点。
2. 熟悉装饰工程施工的质量标准。
3. 了解装饰工程质量通病产生的原因。

装饰装修工程是采用适当的材料和正确的构造，运用科学的施工工艺方法，为保护建筑主体结构，满足人们的视觉要求和使用功能，对建筑物和主体结构的内外表面进行的装设和修饰，以及对建筑及其室内环境进行的艺术加工和处理。装饰装修工程的主要作用是：保护结构体，延长使用寿命；美化建筑，增强艺术效果；优化环境，创造使用条件。它具体包括抹灰工程、门窗工程、吊顶工程、轻质隔墙工程、饰面板(砖)工程、幕墙工程、涂饰工程、裱糊与软包工程及其他细部工程等。

装饰装修工程施工的特点是项目繁多，涉及面广，工程量大，施工工期长，耗用的劳动量多。因此，为了加快施工进度、降低工程成本、满足装饰功能、增强装饰效果，应进一步提高装饰装修工程的工业化施工水平，大力发展新型材料，优化施工工艺。

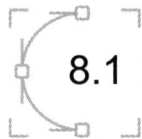

8.1　抹灰工程施工

抹灰工程按使用材料和装饰效果的不同，可分为一般抹灰和装饰抹灰两大类。

8.1.1　一般抹灰

一般抹灰是指采用石灰砂浆、水泥砂浆、水泥混合砂浆、聚合物水泥砂浆、麻刀灰、纸筋灰、石灰膏等抹灰材料进行涂抹的施工。

1. 一般抹灰的分类

按使用要求、质量标准和操作工序的不同，一般抹灰分为普通抹灰和高级抹灰。

(1) 普通抹灰：一底层、一面层，两遍成活(或一底层、一中层、一面层，三遍成活)。普通抹灰的主要工序为做标筋，分层赶平、修整，表面压光。

(2) 高级抹灰：一底层、数层中层、一面层，多遍成活。高级抹灰的主要工序为阴阳角找方，设置标筋，分层赶平、修整，表面压光。

为了保证抹灰质量和表面平整，避免裂缝，一般抹灰工程施工是分层进行的。抹灰层的组成如图 8.1 所示。

(1) 底层。底层主要起与基层黏结的作用，所用材料应根据基层的不同而异。基层为砌体时，由于黏土砖、砌块与砂浆的黏结力较好，又有灰缝存在，一般采用水泥砂浆打底；基层为混凝土时，为了保证黏结牢固，一般应采用混合砂浆或水泥砂浆打底；基层为木板条、苇箔、钢丝网时，由于这些材料与砂浆的黏结力较低，特别是木板条容易吸水膨胀，干燥后收缩，导致抹灰层脱落，因此，应采用石灰砂浆作底灰，并在砂浆中掺入适量的麻刀等材料，施工时将砂浆挤入基层缝隙内，使之拉结牢固。

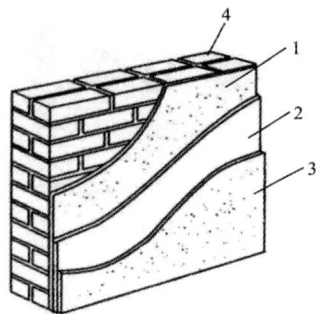

1—底层；2—中层；3—面层。

图 8.1　抹灰层的组成

(2) 中层。中层主要起找平作用，根据质量要求不同，可一次或多次涂抹，所用材料基本与底层所用材料相同。

(3) 面层。面层亦称罩面，主要起装饰作用，必须仔细操作，确保表面平整、光滑、无裂痕。

各抹灰层厚度应根据基层材料、砂浆种类、墙面平整度、抹灰质量以及气候、温度条件而定。抹灰层的平均总厚度应根据基层材料和抹灰部位而定，均应符合规范要求。

2. 工程材料要求

建筑装饰装修工程所用材料的品种、规格和质量应符合设计要求和国家现行标准的规定，严禁使用国家明令淘汰的材料。建筑装饰装修工程所用材料的燃烧性能应符合现行国家标准的规定，并应符合国家有关建筑装饰装修材料有害物质限量标准的规定。

所用材料进场时，应对其品种、规格、外观和尺寸进行验收。材料包装应完好，并应附有产品合格证书、中文说明书及相关性能的检测报告。对于进口产品，应按规定进行商品检验。进场后需要进行复验的材料种类及项目应符合现行国家标准的规定。同一厂家生产的同一品种、同一类型的进场材料应至少抽取一组样品进行复验，当合同另有约定时，按合同执行。

建筑装饰装修工程所使用的材料应按设计要求进行防火、防腐和防虫处理。现场配制的材料，如砂浆、胶黏剂等，应按设计要求或产品说明书进行配制。

3. 一般抹灰施工

1) 基层处理

抹灰前必须对基层进行处理，如将砖墙灰缝剔成凹槽、将混凝土墙面凿毛或刮 108 胶水泥腻子，板条间应有 8～10 mm 间隙(见图 8.2)。同时，应清除基层表面的灰尘、污垢，填平脚手孔洞、管线沟槽、门窗框缝隙并洒水湿润。在不同结构基层的交接处(如砖墙、板条墙或混凝土墙的连接处)，应采取防止开裂的加强措施。当采用加强网时，其与相交基层的搭接宽度应各不小于 100 mm，以防抹灰层因基层温度变化而胀缩不一产生裂缝(见图8.3)。使用 1∶1∶4 水泥白灰砂浆抹灰时，在门口、墙、柱易受碰撞的阳角处，宜用 1∶2 的水泥砂浆抹出不低于 1.5 m 高的护角(见图 8.4)。对于砖砌体的基层，应待砌体充分沉降后，方能进行底层抹灰，以防砌体沉降拉裂抹灰层。

为了控制抹灰层的厚度和平整度，在抹灰前还必须先找好规矩，即四角规方，横线找平，竖线吊直，弹出准线和墙裙、踢脚板线，并在墙面做出标志(灰饼)和标筋(冲筋)，以便找平。如图 8.5 所示为抹灰操作中灰饼与冲筋的做法。

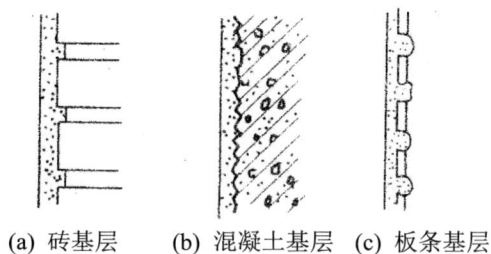

(a) 砖基层　　(b) 混凝土基层　(c) 板条基层

图 8.2　抹灰基层处理

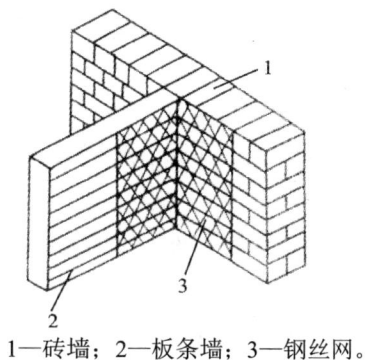

1—砖墙；2—板条墙；3—钢丝网。

图 8.3　不同基层接缝处理

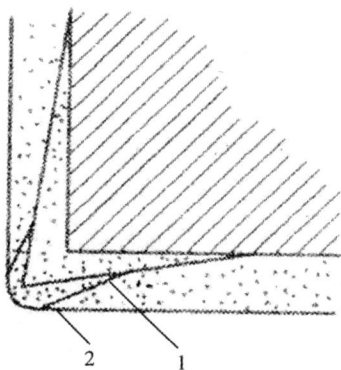

1—1∶1∶4 水泥白灰砂浆；2—1∶2 水泥砂浆。

图 8.4　墙柱阳角包角抹灰

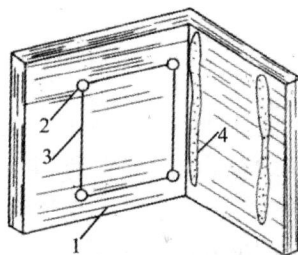

1—基层；2—灰饼；3—引线；4—冲筋。

图 8.5　抹灰操作中灰饼与冲筋的做法

2) 抹灰施工

在一般房屋建筑中，室内抹灰应在给水、排水、燃气管道等安装完毕后进行。抹灰前，必须将管道穿越的墙洞和楼板洞填嵌密实。散热器和密集管道等背后的墙面抹灰，宜在散热器和管道安装前进行，抹灰面接槎应顺平。室外抹灰工程应在安装好门窗框、阳台栏杆、预埋件，并将施工洞口堵塞密实后进行。

抹灰层施工采用分层涂抹，多遍成活。分层涂抹时，应待底层水分蒸发、充分干燥后再涂抹下一层。在中层砂浆凝固前，应在层面上每隔一定距离交叉划出斜痕，以增强抹灰层与面层的黏结力。各种砂浆的抹灰层，在凝结前应防止快干、水冲、撞击和振动。凝结后，应采取措施防止玷污和损坏。水泥砂浆的抹灰层应在湿润的条件下养护。

纸筋灰罩面或麻刀灰罩面应待石灰砂浆或混合砂浆底灰七八成干后进行。若底灰过干，则应浇水湿润。罩面灰一般用铁皮抹子或塑料抹子分两遍抹成，要求抹平压光。

石灰膏罩面是在石灰砂浆或混合砂浆底灰尚潮湿的情况下刮抹石灰膏。刮抹后约 2 小时，待石灰膏尚未干时压实赶平，使表面光滑不开裂。

石膏罩面时，先将底层灰(1∶2.5～1∶3 石灰砂浆或 1∶2∶9 混合砂浆)表面用木抹子带水搓细。待底层灰六七成干时罩面，罩面时用 6∶4 或 5∶5 石膏、石灰膏灰浆。灰浆应随拌随用，稠度以 80 mm 为宜。

冬期施工时，抹灰砂浆应采取保温措施。涂抹时，砂浆的温度不宜低于 5℃。砂浆抹灰层硬化初期不得受冻。气温低于 5℃时，室外抹灰所用的砂浆中可掺入混凝土防冻剂，掺量应由试验确定。做涂料墙面的抹灰砂浆中不得掺入含氯盐的防冻剂。抹灰层可采取加温措施加速干燥。当采用加热空气时，应设通风设备排除湿气。

3) 机械喷涂抹灰

抹灰施工可采用手工抹灰和机械化抹灰两种方法。手工抹灰指人工用抹子涂抹砂浆，其劳动强度大、施工效率低，但工艺性较强。机械化抹灰可提高工效，减轻劳动强度，并保证工程质量，是抹灰施工的发展方向。目前应用较广的机械化抹灰为机械喷涂抹灰，其工艺流程如图 8.6 所示。机械喷涂抹灰的工作原理是利用灰浆泵和空气压缩机将灰浆和压缩空气送入喷枪，同时在喷嘴前形成灰浆射流，将灰浆喷涂在基层上。

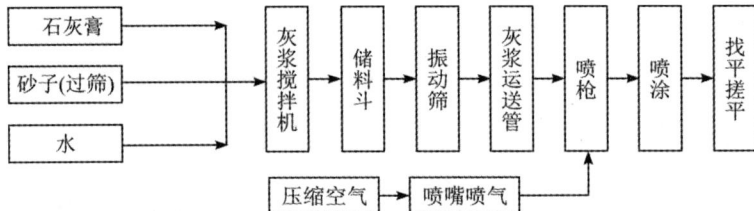

图 8.6   机械喷涂抹灰的工艺流程图

喷嘴与墙面的距离应控制在 300 mm 范围内。当喷涂干燥、吸水性强、冲筋较厚的墙面时，喷嘴与墙面的距离宜为 100～150 mm，喷嘴需与墙面保持垂直，喷枪移动速度应稍慢，压缩空气量宜调小些；当喷涂潮湿、吸水性差、冲筋较薄的墙面时，喷嘴与墙面的距离应为 150～300 mm，并与墙面成 65°角，喷枪移动速度可稍快些，压缩空气量宜调大些，这样喷射面大，灰层较薄，灰浆不易流淌。喷射压力应控制在 0.15～0.2 MPa 之间，压力过大，射出速度快，会使砂子弹回；压力过小，冲击力不足，会影响黏结力，造成砂浆流淌。

喷涂抹灰所用砂浆稠度为 90～110 mm，其配合比是：石灰砂浆为 1∶3～1∶3.5，水泥石灰混合砂浆以 1∶1∶4 为最佳。喷涂必须分层连续进行。喷涂前，应先进行运转、疏通和清洗管路，然后压入石灰膏润滑管道，避免堵塞。每次喷涂完毕，亦应将石灰膏输入管道，把残留的砂浆带出，再压送清水冲洗。最后送入气压为 0.4 MPa 的压缩空气吹刷数分钟，以防砂浆在管道中结块，影响下次使用。

目前，机械喷涂抹灰仅适用于底层和中层，而喷涂后的找平、搓毛、罩面等工艺性较强的工序仍需手工操作。要实现抹灰工程的全面机械化，还有待进一步研究。

8.1.2   装饰抹灰

装饰抹灰的种类很多，但底层的施工方法基本相同(均采用 1∶3 水泥砂浆打底)，仅面层的施工方法有所不同。以下介绍几种常用的装饰面层的施工方法。

1. 水刷石

水刷石饰面是通过将水泥石子浆罩面中尚未干硬的水泥刷掉，使各色石子外露，形成具有"绒面感"的表面。这是石粒类材料饰面的传统做法，具有耐久性强、装饰效果良好、造价较低等特点，是传统的外墙装饰做法之一。

水刷石面层的施工工艺流程如下：清理基层→湿润墙面→设置标筋→抹底层砂浆→抹中层砂浆→弹线、粘贴分格条→抹水泥石子浆→洗刷→检查质量→养护。

水刷石面层施工的主要要点如下：

(1) 在水泥石子浆大面积施工前，为防止面层开裂，在中层砂浆六七成干时，按设计要求弹线、分格。钉分格条时，木分格条应事先在水中浸透。用以固定分格条两侧的纯水泥浆应抹成"八"字形，角度约为 45°。

(2) 在水刷石面层施工前，应根据中层抹灰的干燥程度进行浇水湿润。随后用铁抹子满刮一道水灰比为 0.37～0.40 的水泥浆，随即抹水泥石子浆面层。面层厚度通常为石子粒径的 2.5 倍。水泥石子浆的稠度以 50～70 mm 为宜，用铁抹子一次抹平压实。抹灰顺序应自下而上，同一平面的面层要求一次完成，不宜留施工缝。当必须留施工缝时，应留在分格条位置上。

(3) 罩面灰收水后，用铁抹子溜一遍，将遗留的孔隙抹平，然后用软毛刷蘸水刷去表面灰浆，再拍平；阳角部位要往外刷，水刷石罩面应分遍拍平压实，确保石子分布均匀、紧密。

(4) 当水泥石子浆开始凝固时，便可进行刷洗。用刷子从上而下蘸水刷掉或用喷雾器喷水冲掉面层水泥浆，使石子露出灰浆面层 1～2 mm 为宜。要严格掌握刷洗时间，刷洗过早或过度，石子颗粒露出灰浆面太多容易脱落；刷洗过晚，则灰浆洗不净，石子不显露，饰面浑浊不清晰，影响美观。

(5) 刷洗后，即可用抹子柄敲击分格条，用抹尖扎入木条上下活动，轻轻取出木条，然后修饰分格缝，并描好颜色。

2. 干粘石

干粘石是一种将干石子直接粘在砂浆层上的装饰抹灰做法。干粘石的装饰效果与水刷石的相近，但湿作业量少，能节约原材料，并提高施工效率。

干粘石面层的施工工艺流程如下：清理基层→湿润墙体→设置标筋→抹底层砂浆→抹中层砂浆→弹线、粘贴分格条→抹面层砂浆→撒石子→修整拍平。

干粘石面层施工的主要要点如下：在中层水泥砂浆浇水湿润后，粘贴分格条，并刷一遍水灰比为 0.4～0.5 的水泥浆。随后，按格抹砂浆黏结层(厚 4～6 mm，砂浆稠度不大于 80 mm)。黏结砂浆抹平后，应立即甩石子，先甩四周易干部位，然后甩中间，确保大面均匀，边角和分格条两侧不漏粘。

当黏结砂浆表面均匀粘满一层石子后，即用抹子轻轻拍平压实，使石子嵌入砂浆深度不小于石子粒径的 1/2。操作时，拍压不宜过度，用力不宜过大，以免产生渗浆糊面现象，导致表面浑浊、不干净、不明亮，影响美观。

干粘石也可用机械喷石代替手工甩石，利用压缩空气和喷枪将石子均匀有力地喷射到黏结层上。在黏结层砂浆硬化期间，应保持其湿润。

3. 斩假石

斩假石又称为剁斧石，是在水泥砂浆基层上涂抹水泥石子浆，待硬化后，使用剁斧、齿斧及各种凿子等工具剁出规则的石纹，使其表面形态类似天然花岗石、玄武石、青条石的表面形态。

斩假石面层的施工工艺流程如下：清理基层→湿润墙面→设置标筋→抹底层砂浆→抹中层砂浆→弹线、粘贴分格条→抹水泥石子浆面层→养护→斩剁→清理。

斩假石面层施工的主要要点如下：在已凝固的底层灰上弹出分格线，洒水湿润，然后按分格线将木分格条用稠水泥浆粘贴在墙面上。待分格条粘牢后，在各个分格区内刮一道水灰比为 0.37～0.40 的水泥浆，随即抹上 1：1.25 的水泥石子浆，并压实抹平。隔 24 h 后，洒水养护。待面层水泥石子浆养护到试剁不掉石屑时，即可开始斩剁。斩剁时，采用各式剁斧从上而下进行。边角处应斩剁成横向纹道，或留出窄条不剁，其他中间部位宜斩剁成竖向条纹。剁的方向要一致，剁纹要均匀，一般要斩剁两遍成活。斩剁完毕后，即可取出分格条。全部斩剁完后，清扫斩假石表面。

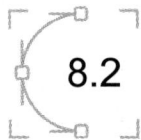

8.2 饰面板(砖)工程施工

饰面板(砖)工程是指将饰面板(砖)镶贴(或安装)在墙柱表面以形成装饰效果。饰面板(砖)的种类繁多，常用的有天然石饰面板、人造石饰面板、金属饰面板、饰面墙板和饰面砖等。随着科学技术的发展，新型装饰材料的不断涌现，进一步丰富了装饰工程的内容。

8.2.1 常用材料及要求

1. 天然石饰面板

常用的天然石饰面板有大理石和花岗石饰面板。这些饰面板应表面平整，边缘整齐，棱角不得有损坏，表面不得有隐伤、风化等缺陷，并应附有产品合格证。选材时，应确保饰面色调和谐，纹理自然、对称、均匀，做到浑然一体。同时，要把纹理、色彩最佳的饰面板用于主要的部位，以提高装饰效果。

2. 人造石饰面板

人造石饰面板主要有预制水墨石、水刷石饰面板、人造大理石饰面板。这些饰面板应几何尺寸准确，表面平整，边缘整齐，棱角不得有损坏，面层石粒均匀、色彩协调，不得有气孔、裂纹、刻痕和露筋等缺陷。

3. 金属饰面板

金属饰面板包括铝合金板、镀锌板、彩色压型钢板、不锈钢板和铜板等多种类型。金属板饰面具有典雅庄重、质感丰富等特点。尤其是铝合金板，其价格相对便宜，易于加工成型，具有质量轻、强度高、经久耐用、便于运输和施工等优点，且其表面光亮，可反射太阳光，同时还具备防火、防潮、防腐蚀等特性。它是一种高档次的建筑装饰材料，装饰效果别具一格，因此应用较广。

4. 饰面墙板

随着建筑工业化的发展，结构与装饰合一也成了装饰工程的发展方向。饰面墙板就是将墙板制作与饰面结合，一次成型，从而进一步扩大了装饰装修工程的内容，并加速了装饰装修工程的进度。饰面墙板按其生产方式有以下四种：

(1) 露石混凝土饰面板。当墙板采用平模生产时，在混凝土浇筑后、尚未凝固前，采用水冲法或酸洗法除去表面的水泥浆，使骨料外露形成饰面层。为了获得色彩丰富、多样化的饰面层，可选择具有不同颜色的骨料，亦可在未凝固的混凝土表面直接嵌卵石或用带色的石子嵌成各种花纹图案。

(2) 正打印花或压花混凝土饰面板。墙板的正打印花饰面是将带有图案的模型板铺在将要做的砂浆层上，然后用抹子拍打、抹压，使砂浆从模型板花饰的孔洞中挤出，抹光后揭模即成。压花饰面则是先在墙板上铺上模型板，随即倒上砂浆，摊开抹匀，待砂浆从花孔处漏下后，抹光并揭去模型板即成。

(3) 模塑混凝土饰面板。这是采取"反打"工艺的一种饰面做法，即将墙板的外表利用衬模塑造成平滑面、花纹面、浮雕面等质感强、具有不同图案的饰面层。

(4) 饰面板(砖)预制墙板。墙板预制时，根据建筑装饰要求，将天然大理石、人造美术石、陶瓷锦砖、瓷板、面砖等饰面材料直接粘贴在混凝土墙板表面。

5. 饰面砖

常用的饰面砖有釉面瓷砖、面砖、陶瓷锦砖和玻璃锦砖等。饰面砖应表面光洁、质地坚固，尺寸、色泽一致，不得有暗痕和裂纹，其性能指标均应符合现行国家标准的规定。釉面瓷砖有白色、彩色、印花、图案等多个品种。面砖有毛面和釉面两种，颜色有米黄、深黄、乳白、淡蓝等多种。陶瓷锦砖(马赛克)的形状有正方形、长方形、六角形等多种，由于尺寸小，产品先按各种图案组合反贴在纸上，每张大小为 300 mm × 300 mm，称作一联，每 40 联为一箱。玻璃锦砖是半透明的玻璃质饰面材料，单块尺寸为 20 mm × 20 mm，每张纸板粘有 225 个单块，标准尺寸为 325 mm × 325 mm，每箱装 40 张。

8.2.2 饰面板(砖)施工

饰面板(砖)可采用胶粘法和传统法施工。

1. 饰面板(砖)胶粘法施工

胶粘法施工即利用胶黏剂将饰面板(砖)直接粘贴于基层上。此种施工方法具有工艺简单、操作方便、黏结力强、耐久性好、施工速度快等优点，是实现装饰装修工程干法施工的有效措施。

2. 饰面板(砖)传统法施工

1) 小规格饰面板(砖)施工

边长小于 400 mm 的小规格饰面板(砖)一般采用镶贴法施工。施工时先用 1∶3 水泥砂浆打底划毛，待底子灰凝固后找规矩，并弹出分格线；然后按镶贴顺序将已湿润的板材背面抹上厚度为 2~3 mm 的素水泥浆进行粘贴；最后用木棰轻敲，并注意随时用靠尺找平。

2) 大规格饰面板(砖)施工

边长大于 400 mm 或安装高度超过 1 m 的饰面板(砖)多采用安装法施工。安装的工艺有湿法工艺、干法工艺和 G·P·C 工艺。

(1) 湿法工艺。按照设计要求在基层表面绑扎钢筋骨架，并在饰面板周边侧面钻孔，以便与钢筋骨架连接，如图 8.7 所示。板材安装前，应对基层抄平并进行预排。安装时由下往上，每层从中间或从一端开始，依次将饰面板用铜丝或钢丝与钢筋骨架绑扎牢固。板材与基层间的缝隙(即灌浆厚度)一般为 20～50 mm。灌浆前，应先在竖缝内填塞 15～20 mm 深的麻丝或泡沫塑料条以防漏浆。然后用 1∶2.5 水泥砂浆分层灌缝，待下层初凝后再灌上层，直到距饰面板上口 50～100 mm 为止。待安装好上一层板后再继续灌缝处理，依次逐层往上操作。每日安装固定后，需将饰面清理干净。若饰面层的光泽受到影响，则可以重新打蜡出光。要注意采取措施保护棱角。采用传统的湿法作业安装天然石材时，由于水泥砂浆在水化时会析出大量的氢氧化钙，渗透到石材表面，产生不规则的花斑，俗称泛碱现象，严重影响装饰效果。因此，在天然石材安装前，应对石材饰面进行防碱背涂处理。

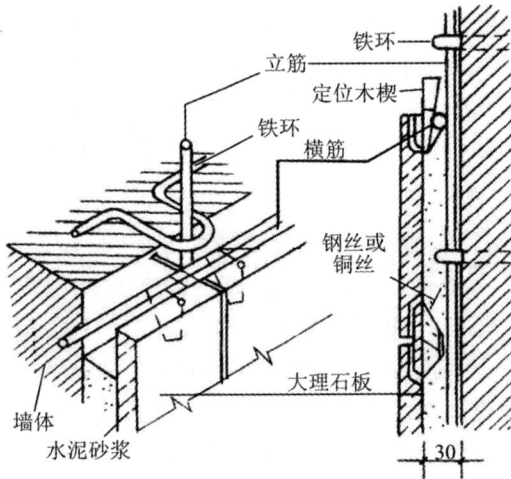

图 8.7　湿法工艺

(2) 干法工艺。干法工艺是直接在板上打孔，然后用不锈钢连接器与埋在混凝土墙体内的膨胀螺栓相连，板与墙体间形成 80～90 mm 宽的空气层，如图 8.8 所示。此种工艺一般多用于高度在 30 m 以下的钢筋混凝土结构，不适用于砖墙或加气混凝土基层。

(3) G·P·C工艺。G·P·C工艺是干法工艺的发展，即把钢筋混凝土衬板和石材面板(两者用不锈钢连接环连接，并浇筑成整体)组成的复合板，通过连接器具悬挂到钢筋混凝土结构或钢结构上的做法，如图 8.9 所示

图 8.8　干法工艺

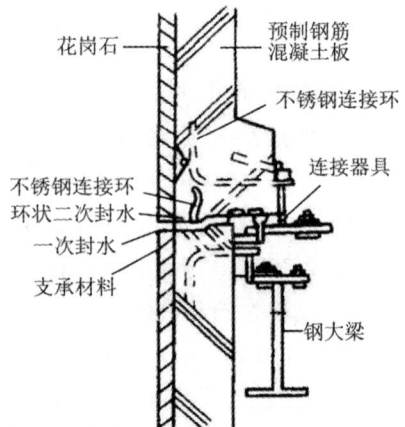

图 8.9　G·P·C工艺

3) 面砖或釉面瓷砖的镶贴

镶贴面砖或釉面瓷砖的主要工序为：基层处理、湿润基体表面→水泥砂浆打底→选砖、预排→浸砖→镶贴面砖→勾缝→清洁面层。基层应平整而粗糙，镶贴前应清理干净并加以湿润。底子抹灰后一般养护1~2 d可进行镶贴。墙面镶贴时，要注意以下几个要点：

(1) 镶贴前要找好规矩。用水平尺找平，校核方正，算好纵横皮数和镶贴块数，划出皮数杆，定出水平标准，进行预排。瓷砖墙面常见的排砖法如图8.10所示，外墙面砖排缝如图8.11所示。

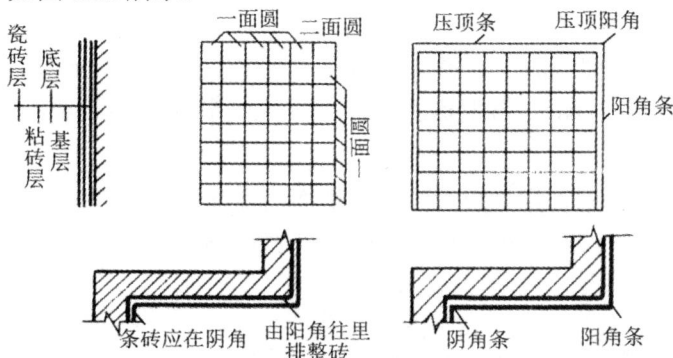

图 8.10　瓷砖墙面排砖示意图　　　　图 8.11　外墙面砖排缝示意图

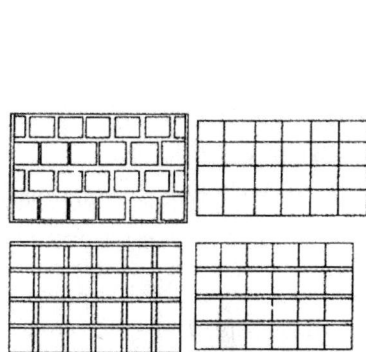

(2) 在有脸盆、镜箱的墙面，应按脸盆下水管部位进行分中，然后往两边排砖。肥皂盒则可按预定尺寸和砖数进行排砖。脸盆、镜箱和肥皂盒部分的瓷砖排列如图8.12所示。

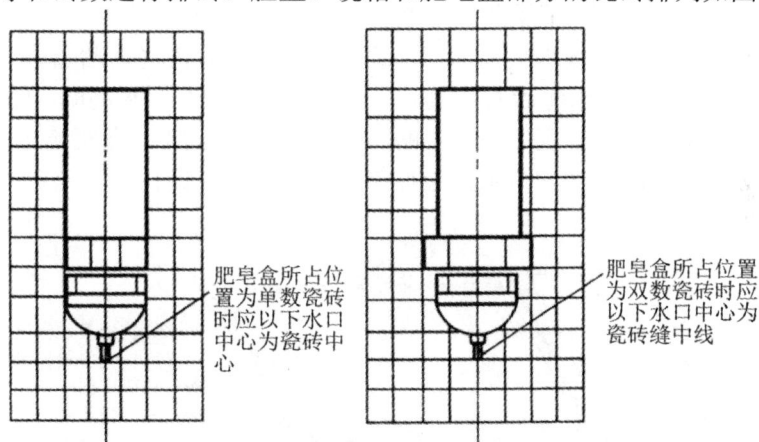

图 8.12　脸盆、镜箱和肥皂盒部分瓷砖排列示意图

(3) 先用废瓷砖按照黏结层的厚度用混合砂浆贴灰饼。贴灰饼时，将砖的楞角翘出，以楞角作为标准，上下用托线板挂直，横向用2 m长的靠尺板或小线拉平。灰饼的间距约为1.5 m。

(4) 铺贴釉面瓷砖时，先浇水湿润墙面；然后根据已弹好的水平线(或皮数杆)，在最下面一皮砖的下口放好垫尺板(平尺板)，并注意地漏的标高和位置；最后用水平尺检验，作为贴第一皮砖的依据。铺贴时一般由下往上逐层粘贴。

(5) 除采用掺108胶水泥浆作黏结层，可以抹一行(或数行)贴一行(或数行)外，其他方法均需将黏结砂浆铺满在瓷砖背面，然后逐块进行粘贴。108胶水泥浆要随调随用，在15℃环境下操作时，从涂抹108胶水泥浆到镶贴瓷砖和修整缝隙为止，全部工作宜在3 h内完成。要注意随时用棉丝或干布将缝中挤出的浆液擦净。

(6) 对于镶贴后的每块瓷砖，当采用混合砂浆黏结层时，可用小铲刀轻轻敲击；当采用 108 胶水泥浆黏结层时，可用手轻压，并用橡皮锤轻轻敲击，使其与基层黏结密实牢固。操作时随时用靠尺检查平正方直情况，并修正缝隙。凡遇黏结不密实、缺灰等情况，应取下瓷砖重新粘贴，不得在砖口处塞灰，以防空鼓。

(7) 镶贴瓷砖时一般从阳角开始，使不成整块的砖留在阴角。先贴阳角大面，后贴阴角、凹槽等难度较大的部位。

(8) 贴瓷砖时，上口须成一线，每层砖缝须横平竖直。

(9) 瓷砖镶贴完毕后，用清水或布、棉丝清洗干净，用同色水泥浆擦缝。全部工程完成后，要根据不同污染情况，用棉丝、砂纸清理或用稀盐酸刷洗，并随即用清水冲刷干净。

4) 陶瓷锦砖的镶贴

镶贴陶瓷锦砖前，应按照设计图案要求及图纸尺寸，核实墙面的实际尺寸。根据排砖模数和分格要求，绘制出施工大样图，并加工好分格条。同时，对陶瓷锦砖进行统一编号，便于镶贴时对号入座。

在基层上用 12～15 mm 厚的 1∶3 水泥砂浆打底，找平划毛，并进行洒水养护。镶贴前，需弹出水平和垂直分格线，确定好规矩。然后，在湿润的底层上刷一道素水泥浆，再抹一层 2～3 mm 厚的 1∶0.3 水泥纸筋灰或 3 mm 厚的 1∶1 水泥砂浆(掺 2%乳胶)作为黏结层，用靠尺刮平、抹子抹平。同时，将陶瓷锦砖底面朝上铺在木垫板上，向缝里撒满 1∶2 干水泥砂，用软毛刷子刷净底面浮砂，再薄涂一层黏结灰浆(见图 8.13)。之后逐张拿起陶瓷锦砖，清理四边余灰，按平尺板上口沿线由下往上对齐接缝粘贴于墙上。粘贴时应仔细拍实，使其表面平整。待水泥砂浆初凝后，用软毛刷将护纸刷水润湿，约 0.5 h 后揭纸，并检查缝的平直大小，进行校正拨直。粘贴 48 h 后，除取出米厘条后留下的大缝用 1∶1 水泥砂浆嵌缝外，其他小缝均用素水泥浆嵌平。待嵌缝材料硬化后，用稀盐酸溶液刷洗，并随即用清水冲洗干净。

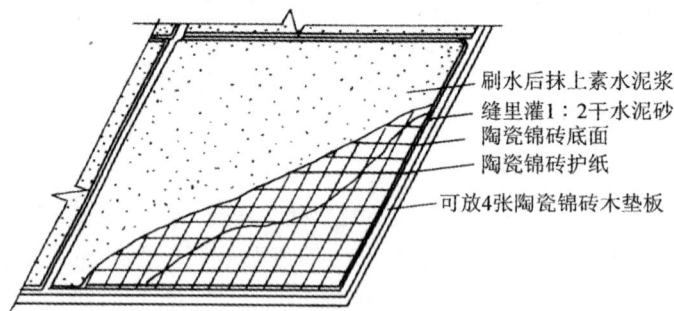

刷水后抹上素水泥浆
缝里灌1∶2干水泥砂
陶瓷锦砖底面
陶瓷锦砖护纸
可放4张陶瓷锦砖木垫板

图 8.13　陶瓷锦砖的镶贴

8.3　涂料工程施工

涂料工程包括油漆涂饰和涂料涂饰，它是将胶体的溶液涂敷在物体表面，使之与基层黏结，并形成一层完整而坚韧的保护薄膜。这样做的目的是达到装饰、美化和保护基层免受外界侵蚀的效果。

8.3.1　油漆涂饰

1. 建筑工程中常用的油漆

建筑工程中常用油漆的种类及其主要特性如下。

(1) 清油。清油又称为鱼油、熟油，干燥后漆膜柔软，易发黏。它多用于调制厚漆、红丹防锈漆以及打底和调配腻子，也可单独涂刷于金属、木材表面。

(2) 厚漆。厚漆又称为铅油，有红、白、黄、绿、灰、黑等色。使用时需加清油、松香水等稀释。厚漆的漆膜柔软，与面漆的黏结性能好，但干燥慢，光亮度、坚硬性较差。它可用于各种涂层打底或单独做表面涂层，亦可用来调配色油和腻子。

(3) 调和漆。调和漆有油性和磁性两类。油性调和漆的漆膜附着力强，有较好的弹性，不易粉化、脱落及龟裂，经久耐用，但其漆膜较软，干燥缓慢，光泽差，适用于室外面层涂刷。常用的磁性调和漆有酯胶调和漆和酚醛调和漆等，漆膜较硬，颜色鲜明，光亮平滑，能耐水洗，但其耐候性差，易失光、龟裂和粉化，故仅用于室内面层涂刷。调和漆有大红、奶油、白、绿、灰、黑等色，不需调配，使用时只需调匀或配色。稠度过大时可用松节油或 200 号溶剂汽油稀释。

(4) 清漆。清漆以树脂为主要成膜物质，分油质清漆和挥发性清漆两类。油质清漆又称为凡立水，常用的有酯胶清漆、酚醛清漆、钙酯清漆和醇酸清漆等，其漆膜干燥快，光泽透明，适用于木门窗、板壁的涂刷及金属表面的罩光。挥发性清漆又称为泡立水，常用的有漆片，其漆膜干燥快、坚硬光亮，但耐水、耐热、耐候性差，易失光，多用于室内木材面层打底或家具罩面。

此外，建筑工程中用的油漆还有碰漆、大漆、硝基纤维漆(即蜡克)、耐热漆、耐火漆、防锈漆及防腐漆等。

2. 油漆涂饰施工

油漆涂饰施工包括基层处理、打底子、抹腻子和涂刷油漆等工序。

1) 基层处理

为了使油漆和基层表面黏结牢固并节省材料，必须对涂刷的木材、金属、抹灰层和混凝土等基层表面进行处理。

(1) 木材基层处理。木材基层表面涂刷油漆前，要求将表面的灰尘、污垢清除干净。对于表面的缝隙、毛刺、掀岔和脂囊，需修整后用腻子填补。抹腻子时要深入压实宽缝、深洞，并抹平刮光。磨砂纸时要打磨至光滑，但不能磨穿油底，也不可磨损棱角。

(2) 金属基层处理。金属基层表面涂刷油漆前，应清除表面的锈斑、尘土、油渍、焊渣等杂物。

(3) 抹灰层和混凝土基层处理。抹灰层和混凝土基层表面涂刷油漆前，要求表面干燥、洁净，不得有起皮和松散等缺陷，粗糙处应磨光，缝隙和小孔洞应用腻子补平。

2) 打底子

打底子是指在处理好的基层表面上刷一遍冷底子油(可适当加色)，并确保其厚薄均匀一致，以保证整个油漆面色泽均匀。

3) 抹腻子

腻子是由油料加上填料(如石膏粉、大白粉)、水或松香水拌制成的膏状物。抹腻子的目的是使表面平整。对于高级油漆施工，需在基层上全部抹一层腻子，待其干燥后用砂纸打磨，然后再抹腻子，再打磨，直到表面平整光滑为止。有时，抹腻子、用砂纸打磨可与涂刷油漆交替进行。腻子磨光后，需清理干净表面，再涂刷一道清油，以便节约油漆。

4) 涂刷油漆

按质量要求的不同，油漆可分为普通油漆、中级油漆和高级油漆三种。油漆等级的具体划分及组成如表 8.1 所示。一般来说，松软木材面和金属面多采用普通或中级油漆进行涂饰；而硬质木材面和抹灰面则更倾向于采用中级或高级油漆。涂饰的方法多种多样，包括刷涂、喷涂、擦涂、揩涂及滚涂等。

表 8.1   油漆等级划分及组成

基层种类	油漆名称	油 漆 等 级		
		普通	中级	高级
木材面	混色油漆	底层：干性油 面层：一遍厚漆	底层：干性油； 面层：一遍厚漆，一遍调和漆	底层：干性油； 面层：一遍厚漆，一遍调和漆，一遍树脂漆
	清漆	—	底层：酯胶清漆； 面层：酯胶清漆	底层：酚醛清漆； 面层：酚醛清漆
金属面	混色油漆	底层：防锈漆； 面层：防锈漆	底层：防锈漆； 面层：一遍厚漆，一遍调和漆	—
抹灰面	混色油漆	—	底层：干性油； 面层：一遍厚漆，一遍调和漆	底层：干性油； 面层：一遍厚漆，一遍调和漆，一遍无光漆

(1) 刷涂法。刷涂法是用棕刷蘸取油漆后刷涂在物体的表面上。此法的优点是设备简单，操作方便，用料节省，且不受物体形状、大小的限制，其缺点是工效较低，因此不适于快干性和扩散性不良的油漆施工。

(2) 喷涂法。喷涂法是利用喷雾器或喷浆机将油漆喷射在物体表面上，喷射时每层应往复进行，纵横交错，一次不能喷得过厚，需分几次喷涂，以达到均匀覆盖而不流淌。喷涂时，喷枪应均匀移动，速度控制在 10~18 mm/min，喷枪与物面的距离应保持在 250~350 mm，气压应设为 0.3~0.4 MPa，使用大喷枪时气压应为 0.5~0.7 MPa。此法的优点是工效高，漆膜分散均匀，表面平整光滑，干燥速度快；其缺点是油漆消耗较大，需要喷枪、空气压缩机等设备，且施工时应有通风、防火、防爆等安全措施。

(3) 擦涂法。擦涂法是用棉花团或布包蘸取油漆后在物体表面上擦涂几遍，待漆膜稍干后再连续转圈揩擦多遍，直到漆膜均匀擦亮为止。此法的优点是漆膜光亮、质量好，其缺点是费工、效率低。

(4) 揩涂法。揩涂法仅适用于生漆的施工，它是用布或丝团浸蘸油漆后在物体表面来回左右滚动，反复搓揩，以达到漆膜均匀一致的目的。

(5) 滚涂法。滚涂法是用羊皮、橡皮或其他吸附材料制成的辊筒滚上油漆后，再滚涂在物体表面上。此法的优点是漆膜均匀，可使用较稠的油料，特别适用于墙面滚花涂饰。

在整个涂刷油漆的过程中，油漆不得任意稀释。涂刷最后一遍油漆时，不宜添加催干剂。涂刷过程中，应待前一遍油漆完全干燥后方可涂刷后一遍油漆。

3. 油漆涂饰工程的安全技术

油漆涂饰工程的安全技术如下：

(1) 油漆材料及所用设备必须有专人保管，并应放置在专用库房内。各类储油原料的桶必须配备封盖。

(2) 油漆材料库房内严禁吸烟，并应配备消防设备。若库房周围有火源，则应按防火安全规定采取措施隔绝火源。

(3) 油漆原料间的照明设备应安装防爆装置，且开关应设置在门外。

(4) 使用喷灯时，加油量不得过满，打气不应过足，使用时间不宜过长。点火时，灯嘴不准对人。

(5) 操作者应做好个人防护工作，正确穿戴安全防护用具。

(6) 使用溶剂(如甲苯等有毒物质)时，应保护好眼睛、皮肤等，并随时注意防止中毒现象发生。

(7) 熬胶、烧油桶等作业应离开建筑物 10 m 以外进行。熬炼桐油时，应距离建筑物 30～50 m。

(8) 在喷涂硝基漆或其他挥发性、易燃性溶剂的涂料时，严禁使用明火。

(9) 为了防止静电集聚引起事故，罐体涂漆时应设有接地线装置。

8.3.2　涂料涂饰

建筑涂料的品种繁多，分类方法也多种多样。按成膜物质的不同，建筑涂料可以分为有机涂料(如丙烯酸酯及其乳液涂料)、无机涂料(如硅酸盐涂料)以及有机和无机复合涂料(如丙烯酸-硅溶胶复合乳液涂料)；按其分散介质的不同，可以分为溶剂型涂料(如丙烯酸酯溶液涂料)、水溶性涂料(如聚乙烯醇水玻璃内墙涂料)以及水乳型涂料(如苯乙烯-丙烯酸乳液涂料)；按涂料功能的不同，可以分为装饰涂料、防火涂料、防水涂料、防腐涂料、防霉涂料以及防结露涂料等；按涂层质感的不同，可以分为薄质涂料、厚质涂料和复层涂料等；按在建筑物中使用部位的不同，可以分为内墙涂料、外墙涂料、地面涂料、顶棚涂料以及屋面防水涂料等。下面仅介绍几种常用的建筑涂料。

1. JDL-82A 着色砂丙烯酸系建筑涂料

JDL-82A 着色砂丙烯酸系建筑涂料由丙烯酸系乳液、人工着色石英砂及各种助剂混合而成。该涂料的特点是结膜快、耐污染、耐褪色性能良好，且色彩鲜艳、质感丰富、黏结力强，适用于混凝土、水泥砂浆、石棉水泥板、纸面石膏板、砖墙等基层。该涂料的施工要求如下：

(1) 施工前需先进行基层处理，清除墙面的油污、铁锈、油迹等，且墙面应具有一定的强度，无粉化、起砂和空鼓现象。墙面若有缺棱掉角处，则应用砂浆修补；若有孔洞，则应用水泥与 108 胶按 100∶20 的比例加适量水配成的腻子进行处理。

(2) 喷涂时，机具应采用喷嘴孔径为 5～7 mm 的喷斗，喷斗与墙面的距离保持在 300～400 mm，空气压缩机的压力应设为 0.5～0.7 MPa。涂料的最低施工温度为 5℃，储存温度范围为 5℃～40℃。

2. 彩砂涂料

彩砂涂料是丙烯酸酯类建筑涂料的一种，这类涂料具有优异的耐候性、耐水性、耐碱性和保色性等特性，将逐步取代一些低劣的涂料产品，如 106 涂料等。从耐久性和装饰效果来看，彩砂涂料属于中、高档建筑涂料。彩砂涂料采用着色骨料代替一般涂料中的颜料和填料，从根本上解决了褪色问题。同时，由于着色骨料是经过高温烧结、人工制造的，因此具有色彩鲜艳、质感丰富等特点。彩砂涂料所使用的合成树脂乳液改进了涂料的耐水性、成膜温度、与基层的黏结力以及耐候性，从而提高了涂料的耐久性。

彩砂涂料施工的工艺流程和施工要点如下：

(1) 基层处理。基层表面应平整、洁净，并基本干燥，同时需要具有一定的强度。若需刮腻子找平，则可使用水泥与 108 胶按 100∶20 的比例(加适量水)配成的 108 胶水泥腻子，不能使用强度低的材料作腻子，以免涂膜成片脱落。为减少基层的吸水性，便于刮腻子，可先在基层上刷一道 108 胶与水按 1∶3 的比例配成的水溶液。新抹的水泥砂浆层至少间隔 3 d，最好 7 d 后再喷涂彩砂涂料，否则会引起涂层表面泛白和"花脸"现象。

(2) 弹线分格。在大面积墙面上喷涂彩砂涂料时，均应弹线做分格缝，以便于涂料施工接槎。分格缝的做法是，按墨线粘贴 20 mm 宽的分格条，在喷罩面胶前取出，然后把缝内的胶和石粒刮净。

(3) 配料。彩砂涂料的配合比为 BB-01 乳液(或 BB-02 乳液)∶骨料∶增稠剂(2%水溶液)∶成膜助剂∶防霉剂和水 = 100∶400～500∶20∶4～6∶适量。无论是单组合分包装还是双组分包装的彩砂涂料，都应按配合比充分搅拌均匀，不能随意加水稀释，以免影响涂层质量。涂料有沉淀时应随时搅拌均匀。涂料一般用量为 2 kg/m²。

(4) 喷涂。喷涂时，喷斗要把握平稳，出料口与墙面垂直，喷嘴与墙面的距离约为 400～500 mm，空气压缩机的压力应保持在 0.6～0.8 MPa，喷嘴直径以 5 mm 为宜。喷涂时喷斗要缓慢移动，使涂层充分盖底。若发现涂层局部尚未盖底，则应在涂层干燥前进行喷涂找补。一般在喷涂后用胶辊滚压两遍，把悬浮石料压入涂料中，做到饰面密实平整，观感好。滚压后约 2 h 再喷罩面胶两遍，以使石料黏结牢固，不致掉落。风雨天不宜施工，以免涂料被风吹跑或被雨水冲淋掉。

3. 乳胶漆

乳胶漆属于乳液涂料，是以合成树脂乳液为主要成膜物质，加入颜料、填料以及保护胶体、增塑剂、耐湿剂、防冻剂、消泡剂、防霉剂等辅助材料，经过研磨或分散处理而制成的涂料。乳胶漆的种类繁多，通常以合成树脂乳液来命名，如醋酸乙烯乳胶漆、丙烯酸酯乳胶漆、苯-丙乳胶漆、乙-丙乳胶漆、聚氨酯乳胶漆等。乳胶漆作为墙涂料具有可洗刷性，易于保持清洁，因此很适宜作为内墙面装饰。

乳胶漆具有以下特点：

(1) 安全无毒。乳胶漆以水为分散介质，随水分的蒸发而干燥成膜。施工时无有机溶剂逸出，不污染空气，不危害人体健康，且不浪费溶剂。

(2) 涂膜透气性好。乳胶漆形成的涂膜是多孔且透气的，可避免因涂膜内外湿度差异而引起鼓泡或结露现象。

(3) 操作方便。乳胶漆可采用刷涂、滚涂、喷涂等多种施工方法。施工后的容器和工具可以用水洗刷，且涂膜干燥较快。施工时两遍之间的间歇只需几个小时，这有利于连续作业和加快施工进度。

(4) 涂膜耐碱性好。乳胶漆具有良好的耐碱性，可在初步干燥、返白的墙面上涂刷。基层内的少量水分可通过涂膜向外散发，而不会顶坏涂膜。

乳胶漆适用于混凝土、水泥砂浆、石棉水泥板、纸面石膏板等基层。涂刷乳胶漆时，要求基层有足够的强度，无粉化、起砂或掉皮现象。新墙面可用乳胶加腻子粉作腻子嵌平，磨光后涂刷。旧墙面应除去风化物、旧涂层，用水清洗后方可涂刷。

喷涂乳胶漆时，空气压缩机的压力应控制在 0.5～0.8 MPa。手握喷斗要稳，出料口与墙面保持垂直，喷嘴距离墙面约 500 mm。喷涂顺序为先门、窗口，然后横向来回旋喷涂墙面，以防止漏喷和流坠。顶棚和墙面一般喷涂两遍成活，两遍时间相隔约 2 h。当顶棚和墙面喷涂不同颜色的涂料时，应先喷涂顶棚，后喷涂墙面。喷涂前，用纸或塑料布将不喷涂的部位(如门窗扇及其他装饰体)遮盖住，以免污染。

4. 喷塑涂料

喷塑涂料是以丙烯酸酯乳和无机高分子材料为主要成膜物质，并含有骨料的建筑涂料，又称为"浮雕涂料"或"华丽喷砖"，适用于内、外墙装饰。

喷塑涂料涂层的结构分为底油、骨架、面油三部分。底油是聚乙烯-丙烯酸酯共聚乳液，既能抗碱、耐水，又能增强骨架和基层的黏合力；骨架是喷塑涂料涂层特有的一层成型层，也是其主要构成部分，即用特制的喷枪、喷嘴将涂料喷涂在底油上，再经过辊压形成主体花纹图案；面油是喷塑涂料涂层的表面层，其中加入了各种耐晒彩色颜料，使喷塑涂料涂层呈现出柔和的色彩。

喷塑涂料可用于水泥砂浆、混凝土、水泥石棉板、胶合板等基层。根据喷嘴的大小，喷塑可以分为小花、中花、大花三种。施工时应预先制作样板，经过有关单位鉴定后方可进行。

喷塑涂料施工的工艺流程和施工要点如下：

(1) 基层处理与养护。喷塑施工前，基层需先养护。夏季气温在 27℃ 左右时，现抹水泥砂浆需养护 4～7 d，现浇混凝土需养护 7 d；冬季气温在 10℃ 以上时，现抹水泥砂浆需养护 7～10 d，现浇混凝土需养护 14 d 后方可开始喷塑。当用胶合板做基层时，胶合板和基体应均匀地刷一道胶水。胶合板用钉子固定时，钉帽应打扁并进入板面 0.5～1 mm，钉眼用腻子抹平，板与板之间用腻子补平。喷塑前，应将工作面周围的门窗框、扇以及不做喷塑的墙面用旧报纸或塑料布遮盖防护，避免污染。雨天和风力较大时不宜施工。

(2) 粘分格条。外墙面大面积喷塑时必须有分格条，分格条应宽窄厚薄一致，粘贴在中层砂浆面上应横平竖直、交接严密。分格条粘贴前一天应先泡水浸透，完工后应适时取出，取出时注意不要碰坏喷塑材料。

(3) 喷刷底油。使用油刷或喷枪将底油涂布于基层上。

(4) 喷点料(骨架材料)。使用单斗喷枪喷点料,空气压缩机的压力设为 0.5～0.6 MPa,风速为 5 m/s。喷嘴距离墙面 500～600 mm,与饰面成 60°～90° 角。由一人持喷枪,一人负责搅拌骨料成糊状,一人专门添料。在每一个分格块内连续喷,表面颜色要一致,花纹大小要均匀,不显接槎。喷出的材料不得有空鼓、起皮、漏喷、脱落、裂缝及流坠等现象。

(5) 压花。喷点料 15 min 后,用蘸有松节油的塑料辊在喷点上均匀轻松滚压,压花的厚度以 5～6 mm 为宜。

(6) 喷面油。面油色彩按设计要求一次性配足,以保证整个饰面的色泽均匀。面油不宜过厚,不可漏喷,一般以喷两道为宜。第一道用水性面油,第二道用油性面油,但需待第一道涂膜干后再喷涂第二道。在常温下,前后两道喷涂的时间间隔不应小于 4 h。油性面油有毒、易燃,施工现场应有良好的通风条件,工人应带好防护用品并注意防火。

(7) 分格缝上色。基层上原有的分格条在喷涂后即可揭起,分格缝可根据设计要求的颜色重新描绘。

8.4 建筑幕墙工程

建筑幕墙是由金属构件与玻璃、铝材、石板等面板材料组成的建筑外围护结构。它大片连续,不承受主体结构的荷载,具有装饰效果好、自重小、安装速度快等特点,是建筑外墙轻型化、装配化的理想形式,因此在现代建筑中得到了广泛的应用。

幕墙的组成如图 8.14 所示。由面板构成的幕墙构件连接在横梁上,横梁再连接在立柱上,立柱则悬挂在主体结构上。为了使立柱在温度变化和主体结构侧移时有足够的变形空间,立柱上下采用活动接头连接,这样立柱各段可以上下相对移动。建筑幕墙按面板材料不同可分为玻璃幕墙、铝材幕墙、石材幕墙、钢板幕墙、预制彩色混凝土板幕墙、塑料幕墙、建筑陶瓷幕墙和铜质面板幕墙等。以下主要介绍玻璃幕墙和铝板幕墙。

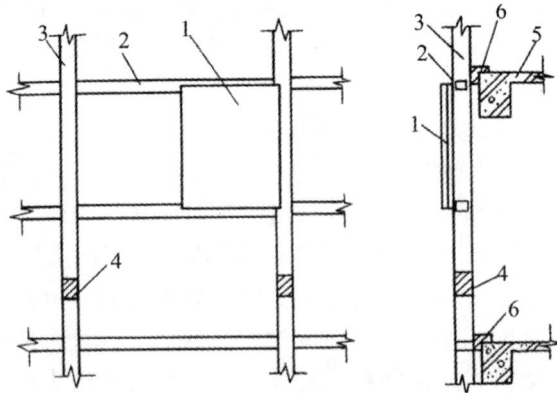

1—幕墙构件;2—横梁;3—立柱;4—立柱活动接头;5—主体结构;6—立柱悬挂柱。

图 8.14 幕墙的组成示意图

8.4.1 玻璃幕墙

1. 玻璃幕墙的分类

按结构及构造形式的不同，玻璃幕墙可分为明框玻璃幕墙、隐框玻璃幕墙、半隐框玻璃幕墙和全玻璃幕墙等；按施工方法的不同，玻璃幕墙可分为现场组合的分件式玻璃幕墙和工厂预制后在现场安装的单元式玻璃幕墙。

(1) 明框玻璃幕墙。明框玻璃幕墙的玻璃板镶嵌在铝框内，形成四边都有铝框固定的幕墙构件。幕墙构件连接在横梁上，形成横梁、立柱均外露，铝框分隔明显的立面。明框玻璃幕墙是最传统的形式，工作性能可靠，相对于隐框玻璃幕墙更容易满足施工技术水平的要求，应用广泛。

(2) 隐框玻璃幕墙。隐框玻璃幕墙一般是将玻璃用硅酮结构密封胶(也称为结构胶)黏结在铝框上，大多数情况下，不再加金属构件。因此，铝框全部隐蔽在玻璃后面，形成大面积全玻璃镜面。对于这种幕墙，玻璃与铝框之间完全靠结构胶黏结，结构胶要承受玻璃的自重、风荷载、地震作用以及温度变化的影响，因此，结构胶是保证隐框玻璃幕墙安全性的最关键因素。

(3) 半隐框玻璃幕墙。将玻璃两对边镶嵌在铝框内，另外两对边用结构胶黏结在铝框上，形成半隐框玻璃幕墙。其中，立柱外露、横梁隐蔽的半隐框玻璃幕墙称为竖框横隐玻璃幕墙；横梁外露、立柱隐蔽的半隐框玻璃幕墙称为竖隐横框玻璃幕墙。

(4) 全玻璃幕墙。为满足游览观光需要，建筑物底层、顶层及旋转餐厅的外墙全部使用大面积玻璃板，且支承结构也都采用玻璃肋，称之为全玻璃幕墙。高度不超过 4.5 m 的全玻璃幕墙宜采用上部悬挂方式，以防失稳问题发生。

2. 玻璃幕墙的材料

玻璃幕墙所使用的材料，概括起来，有骨架材料、面板材料、密封填缝材料、黏结材料和其他辅助材料五大类型。幕墙所用材料应符合国家现行产业标准的规定，并应具备出厂合格证。作为建筑物的外围护结构，幕墙经常受到自然环境不利因素的影响，因此，幕墙所用材料需要具备足够的耐候性和耐久性，同时具备防风雨、防日晒、防盗、防撞击、保温隔热等功能。

无论是在加工制作、安装施工过程中，还是在交付使用后，幕墙的防火都十分重要。因此，幕墙应尽量采用不燃材料或难燃材料。但目前国内外仍有少量材料不具备防火性能，如双面胶带、填充棒等。因此，在设计及安装施工中都需要格外注意，并采取相应的防火措施。

隐框和半隐框玻璃幕墙所使用的硅酮结构密封胶必须具有性能和与接触材料相容性的试验合格报告。接触材料包括铝合金型材、玻璃、双面胶带和耐候硅酮结构密封胶等。相容性是指硅酮结构密封胶与这些材料接触时，仅起黏结作用，而不发生任何影响黏结性能的化学变化。

玻璃是玻璃幕墙的主要材料之一，它直接决定幕墙的各项性能，同时也是幕墙艺术风格的主要体现者。因此，选用合适的玻璃是玻璃幕墙设计的重要内容，如果玻璃选用不当，可能会产生严重的后果。玻璃幕墙所采用的玻璃通常有钢化玻璃、热反射玻璃、吸热玻璃、夹层玻璃、夹丝(网)玻璃和中空玻璃等。

3. 玻璃幕墙安装施工

玻璃幕墙现场安装施工有单元式和分件式两种方式。单元式安装施工是将立柱、横梁和玻璃板材在工厂已拼装为一个安装单元(一般为一层楼高度)，然后在现场整体吊装就位。分件式安装施工是最常用的方法，它是将立柱、横梁、玻璃板材等材料分别运到工地，现场逐件进行安装，其主要工序如下。

(1) 放线定位。放线定位即将骨架的位置弹到主体结构上。放线工作应根据土建单位提供的中心线及标高控制点进行。对于由横梁、立柱组成的幕墙骨架，一般先弹出立柱的位置，然后再确定立柱的锚固点。待立柱通长布置完毕，再将横梁弹到立柱上。如果是全玻璃安装，则应首先将玻璃的位置弹到地面上，再根据外缘尺寸确定锚固点。放线是玻璃幕墙施工中技术难度较大的一项工作，施工人员需充分理解设计意图，并具备丰富的工作经验。

(2) 预埋件检查。为了保证幕墙与主体结构连接牢固可靠，幕墙与主体结构连接的预埋件应在主体结构施工时，按设计要求的数量、位置和方法进行埋设。施工安装前，应检查各连接位置的预埋件是否齐全，位置是否符合设计要求。当预埋件遗漏、位置偏差过大或倾斜时，需与设计单位协商采取补救措施。

(3) 骨架安装施工。依据放线的位置进行骨架安装。骨架固定常采用连接件将骨架与主体结构相连。连接件与主体结构可以通过预埋件或后埋锚栓固定，但当采用后埋锚栓固定时，应通过试验确定其承载力。骨架安装一般先安装立柱(因为立柱与主体结构相连)，再安装横梁。横梁与立柱的连接依据骨架材料的不同，可以采用焊接、螺栓连接、穿插件连接或用角铝连接等方法。

(4) 玻璃安装。安装玻璃时，不同类型的玻璃幕墙采用不同的固定方法。对于型钢骨架，由于型钢没有镶嵌玻璃的凹槽，因此常用窗框作为过渡，先将玻璃安装在铝合金窗框上，再将窗框与骨架相连。对于铝合金型材的幕墙框架，由于其在成型时已将固定玻璃的凹槽与整个断面一次挤压成型，因此可以直接安装玻璃。玻璃与硬性金属之间应避免直接接触，应使用封缝材料进行过渡。对于隐框玻璃幕墙，在安装玻璃框前应对玻璃及四周的铝框进行必要的清洁，以确保嵌缝耐候胶能可靠黏结。安装前，玻璃的镀膜面应粘贴保护膜进行保护，交工前再全部揭去。

(5) 密封处理。玻璃或玻璃组件安装完毕后，必须及时使用耐候密封胶进行嵌缝密封，以保证玻璃幕墙的气密性、水密性等性能。

(6) 清洁维护。玻璃幕墙安装完毕后，应从上到下使用中性清洁剂对幕墙表面及外露构件进行清洁。清洁剂在使用前应进行腐蚀性检验，证明其对铝合金和玻璃无腐蚀作用后方可使用。

8.4.2　铝板幕墙

铝板幕墙具有强度高、质量轻的特点，易于加工成型，质量精度高，生产周期短，且防火、防腐性能好，装饰效果典雅庄重、质感丰富，是一种高档次的建筑外墙装饰材料。但铝板幕墙的节点构造复杂，施工精度要求高，需要由经过培训的、有经验的工人操作完成。

铝板幕墙主要由铝合金板和骨架组成。承重骨架由立柱和横梁拼接而成，多采用铝合金型材或型钢制作。骨架的立柱、横梁通过连接件与主体结构固定。铝合金板可选用已生产的各种定型产品，也可根据设计要求，与铝合金型材生产厂家协商定制。铝合金板的截面如图 8.15 所示。铝合金板与骨架通过连接件连成整体。根据铝合金板截面类型的不同，连接件可以采用螺钉，也可采用特制的卡具。

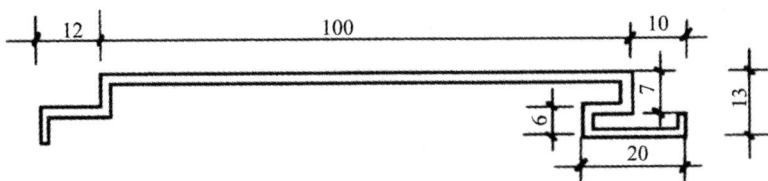

图 8.15 铝合金板的截面示意图

铝板幕墙的主要施工工序为：放线定位→连接件安装→骨架安装→铝板安装→收口处理。安装铝板幕墙时，要控制好安装高度、铝板与墙面的距离以及铝板表面的垂直度。施工后的幕墙表面应平整、连接可靠，无翘起、卷边等现象。

8.5 裱 糊 工 程

8.5.1 常用材料及质量要求

1. 常用材料

壁纸是室内装饰中常用的一种装饰材料，广泛用于墙面、柱面及顶棚的裱糊装饰。裱糊工程常用的材料包括塑料壁纸、墙布、金属壁纸、草席壁纸和胶黏剂等。

1) 塑料壁纸

塑料壁纸是目前应用较为广泛的壁纸，主要以聚氯乙烯(PVC)为原料生产。在国际市场上，塑料壁纸大致可分为三类，即普通壁纸、发泡壁纸和特种壁纸。

(1) 普通壁纸是以 80 g/m² 的木浆纸作为基材，表面再涂以约 100 g/m² 的高分子乳液，经印花、压花而成。这种壁纸花色品种多，适用面广，价格低廉，具有耐光、耐老化、耐水擦洗等特点，便于维护且耐用，广泛用于一般住房、公共建筑的内墙、柱面、顶棚的装饰。

(2) 发泡壁纸亦称为浮雕壁纸，是以 100 g/m² 的纸作为基材，涂塑 300～400 g/m² 掺有发泡剂的聚氯乙烯糊状料，印花后，再经加热发泡而成。壁纸表面呈凹凸花纹，立体感强，装饰效果好，并富有弹性。这类壁纸包括高发泡壁纸、低发泡壁纸、压花壁纸等品种。其中，高发泡壁纸的发泡率较大，表面呈比较突出的、富有弹性的凹凸花纹，是一种集装饰、吸声于一体的多功能壁纸，适用于影剧院、会议室、讲演厅、住宅天花板等的装饰。低发泡壁纸是在发泡平面上印有图案的品种，适用于室内墙裙、客厅和内廊的装饰。

(3) 特种壁纸是指具有特殊功能的塑料面层壁纸，如耐水壁纸、防火壁纸、抗腐蚀壁纸、抗静电壁纸、健康壁纸、吸声壁纸等。

2) 墙布

墙布没有底纹，为便于粘贴施工，需要具有一定的厚度，以便挺括上墙。墙布的基材包括玻璃纤维织物、合成纤维无纺布等，表面经过树脂乳液涂覆后再进行印刷。由于这类织物表面较为粗糙，因此印刷的图案也会显得比较粗糙，装饰效果相对较差。

3) 金属壁纸

金属壁纸的面层为铝箔，通过胶黏剂与底层贴合。它具有金属光泽，金属感强，表面可以进行压花或印花处理。金属壁纸的特点是强度高、不易破损、不会老化、耐擦洗、耐沾污，是一种高档壁纸。

4) 草席壁纸

草席壁纸以天然的草席编织物作为面料。草席料预先染成不同的颜色和色调，通过不同的密度和排列方式进行编织，再与底纸贴合，可以得到各种不同外观的草席壁纸。这种壁纸形成的图案使人感觉更贴近大自然，顺应了人们返璞归真的趋势，并带来温暖感。但草席壁纸的缺点是较易受机械损伤，不能擦洗，保养要求较高。

2. 质量要求

对壁纸的质量要求如下：

(1) 壁纸应整洁，图案清晰。

(2) 印花壁纸的套色偏差应不大于 1 mm，且无漏印现象。

(3) 压花壁纸的压花深浅应一致，不允许出现光面。

(4) 壁纸的褪色性、耐磨性、湿强度、施工性均应符合现行材料标准的有关规定。材料进场后需经检验合格方可使用。

(5) 运输和储存时，所有壁纸均不得日晒雨淋。压延壁纸和墙布应平放，发泡壁纸和复合壁纸则应竖放。胶黏剂应按壁纸的品种选用。

8.5.2 塑料壁纸裱糊施工

1. 材料选择

塑料壁纸的选择包括确定壁纸的种类、色彩和图案花纹。在选择时，应考虑建筑物的用途、保养条件、有无特殊要求以及造价等因素。

胶黏剂应具备良好的黏结强度、耐老化性和耐碱性，同时还应具有防潮、防霉的性能。干燥后，胶黏剂也应保持一定的柔性，以适应基层和壁纸的伸缩变化。

商品壁纸胶黏剂有液状和粉状两种形式。液状胶黏剂大多为聚乙烯醇溶液或其部分缩醛产物的溶液，以及其他配合剂。粉状胶黏剂则主要以淀粉为主。液状胶黏剂使用方便，可直接应用。粉状胶黏剂则需按照说明进行配制。此外，用户也可根据需要自行配制胶黏剂。

2. 基层处理

基层处理的质量对整个壁纸粘贴效果有很大影响。各种墙面抹灰层，只要具有一定强度、表面平整光洁且不疏松掉面，都可以直接粘贴塑料壁纸。例如，水泥白灰砂浆、白灰砂浆、石膏砂浆、纸筋灰以及石膏板、石棉水泥板等板材的表面，都适合直接粘贴塑料壁纸。

对基层的总体要求是：表面应坚实、平滑，无毛刺、砂粒、凸起物，无剥落、起鼓和大的裂缝。若不符合这些要求，则应根据具体情况进行适当的基层处理。

批嵌时，视基层情况可局部进行。凸出物应铲平，大的凹槽和裂缝需要填平。对于质量较差的基层，则应进行满批处理。待腻子干燥后，用砂纸磨光、磨平。批嵌用的腻子可以自行配制。

为防止基层吸水过快，导致胶黏剂脱水而影响壁纸的黏结效果，可在基层表面刷一道用水稀释的 108 胶作为底胶进行封闭处理。刷底胶时，应确保均匀、稀薄，不留刷痕。

3. 施工要点

塑料壁纸裱糊施工的要点如下：

(1) 弹垂直线。为使壁纸粘贴的花纹、图案、线条纵横连贯，底胶干燥后，应根据房间大小、门窗位置、壁纸宽度和花纹图案进行弹线。从墙的阴角开始，以壁纸宽度为基准弹垂直线，作为裱糊时的操作准线。

(2) 裁纸。裱糊壁纸时，纸幅必须保持垂直，以确保花纹、图案的连贯性。裁纸应根据实际弹线尺寸进行统筹规划。纸幅要编号并按顺序粘贴。分幅拼花裁切时，主要墙面的花纹应对称且完整。裁切的一边只能搭缝，不能对缝。裁边应平直整齐，不得有纸毛、飞刺等现象。

(3) 湿润处理。以纸为底层的壁纸遇水会膨胀，约 5～10 min 后胀足，干燥后又会收缩。因此，施工前，壁纸应浸水湿润，充分膨胀后再粘贴上墙，以确保壁纸贴得平整。

(4) 涂刷胶黏剂。胶黏剂要涂刷均匀，不漏刷。基层表面涂刷的胶黏剂的宽度应比壁纸宽 20～30 mm。涂刷一段后，再进行裱糊。若使用背面带胶的壁纸，则只需在基层表面涂刷胶黏剂。裱糊顶棚时，基层和壁纸背面均应涂刷胶黏剂。

(5) 裱糊施工。裱糊时，应先贴长墙面，后贴短墙面。每个墙面从显眼的墙角开始，以整幅纸进行裱糊，将窄条纸的裁切边留在不显眼的阴角处。裱糊第一幅壁纸前，应弹垂直线作为准线。从第二幅壁纸开始，先上后下进行对缝裱糊。对缝必须严密，不显接槎。花纹图案的对缝必须端正吻合，拼缝对齐后，再用刮板由上向下赶平压实。挤出的多余胶黏剂用湿棉丝及时揩擦干净，不得有气泡和斑污。每次裱糊 2～3 幅后，要吊线检查垂直度，以防累积误差。阳角转角处不得留拼缝。基层阴角若不垂直，一般不做对接缝，改为搭缝。裱糊过程中和干燥前，应防止穿堂风劲吹和温度突然变化。冬季施工应在供暖条件下进行。

(6) 清理修整。整个房间贴好后，应进行全面、细致的检查。对未贴好的局部进行清理修整，要求修整后不留痕迹。

8.6　工程实践案例

【案例 8.1】　某医院病房楼首层大厅的轻钢龙骨纸面石膏板吊顶施工。

根据环保、节能、符合消防规范的要求，以施工方便、美观大方、经济实用为原则，针对轻钢龙骨纸面石膏板吊顶的施工特点，通过弹线、安装吊件及吊杆、安装龙骨及配件、安装石膏板等步骤逐步完成。

(1) 弹线。根据顶棚设计标高，沿墙四周弹线，作为顶棚安装的标准线，其允许偏差在 ±5 mm 以内。

(2) 安装吊件及吊杆。根据施工大样图，确定吊顶位置并弹线，再根据弹出的吊点位置钻孔，安装膨胀螺栓。吊杆采用$\phi 8$钢筋，安装时上端与膨胀螺栓焊接(焊接位置需用防锈漆做好防锈处理)，下端套线并配好螺帽。吊杆安装应保持垂直。

(3) 安装龙骨及配件。将主龙骨用吊杆件连接在吊杆上，拧紧螺丝卡牢。主龙骨安装完毕后应进行调平，使顶棚的起拱高度不小于房间短向跨度的 1/200。主龙骨的安装间隔应≤1200 mm。次龙骨用吊杆件固定于主龙骨上，次龙骨的安装间隔应≤800 mm。横撑龙骨与次龙骨垂直连接，间距约为 400 mm。主、次龙骨安装后，需认真检查骨架是否有位移，确认无位移后才可进行石膏板安装。

(4) 安装石膏板。对已安装好的龙骨进行检查，待检查无误且符合要求后才可进行石膏板安装。石膏板安装使用镀锌自攻螺钉与龙骨固定，螺钉间距为 150～170 mm。在间隙中涂上防锈漆，并用石膏粉将缝填平。然后用砂布涂上胶液封口，以防止伸缩开裂。

轻钢龙骨纸面石膏板吊顶施工节点如图 8.16 所示。

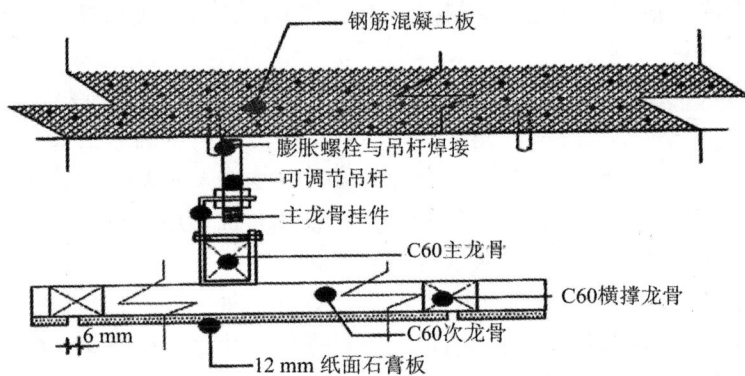

图 8.16　轻钢龙骨纸面石膏板吊顶施工节点图

本 章 小 结

本章阐述了抹灰工程、饰面板(砖)工程、幕墙工程、涂饰工程、裱糊工程中常见的施工工艺要点及施工质量标准，并对常见的装饰工程质量通病原因进行了分析。学习本章后，学生应对装饰工程的施工过程有一定的认识和理解。

复 习 思 考 题

(1) 装饰装修工程的作用及特点是什么？它具体包括哪些内容？
(2) 试述一般抹灰的分类、组成以及各层的作用。

(3) 试述一般抹灰施工的分层做法及其施工要点。

(4) 简述机械喷涂抹灰的工艺流程、适用范围及施工要点。

(5) 常见的装饰抹灰有哪几类？各自的做法是怎样的？

(6) 试述饰面板(砖)的常用施工方法。

(7) 油漆涂饰的常用材料有哪些？油漆涂饰施工包括哪些主要工序？

(8) 简述常用的建筑涂料及其施工方法。

(9) 简述常用的刷浆材料及其施工方法。

(10) 常用的建筑幕墙有哪几种？它们各有什么特点？主要施工工序包括哪些？

(11) 裱糊工程常用的材料有哪些？在施工时需注意哪些问题？

参 考 文 献

[1] 姚谨英，姚晓霞. 建筑施工技术[M]. 7 版. 北京：中国建筑工业出版社，2022.

[2] 孙玉龙. 建筑施工技术[M]. 北京：清华大学出版社，2020.

[3] 中国建筑工业出版社. 新版建筑工程施工质量验收规范汇编：2021 年版[M]. 北京：中国建筑工业出版社，中国计划出版社，2021.

[4] 朱星，钱军，强伟. 建筑施工技术[M]. 南京：南京大学出版社，2019.

[5] 郭晓霞，李明. 建筑施工技术[M]. 2 版. 武汉：武汉理工大学出版社，2018.

[6] 重庆大学，同济大学，哈尔滨工业大学. 土木工程施工[M]. 3 版. 北京：中国建筑工业出版社，2016.